航天科技图书出版基金资助出版

解密好奇号

——火星巡视探测器任务与设计

主　编　谢更新　张玉花

副主编　唐　平　张元勋　王湘玲

中国宇航出版社

·北京·

图书在版编目（ＣＩＰ）数据

解密好奇号：火星巡视探测器任务与设计 / 谢更新，
张玉花主编 . -- 北京：中国宇航出版社，2021.1
ISBN 978 - 7 - 5159 - 1797 - 9

Ⅰ.①解… Ⅱ.①谢… ②张… Ⅲ.①火星探测器—
基本知识 Ⅳ.①V476.4

中国版本图书馆 CIP 数据核字(2020)第 125993 号

责任编辑	彭晨光　朱琳琳	**封面设计**	宇星文化	

出　版
发　行　**中国宇航出版社**

社　址	北京市阜成路 8 号　**邮　编**　100830	**版　次**　2021 年 1 月第 1 版
	(010)60286808　　(010)68768548	2021 年 1 月第 1 次印刷
网　址	www.caphbook.com	**规　格**　787×1092
经　销	新华书店	**开　本**　1/16
发行部	(010)60286888　　(010)68371900	**印　张**　29.25　**彩　插**　16 面
	(010)60286887　　(010)60286804(传真)	**字　数**　712 千字
零售店	读者服务部　　　　(010)68371105	**书　号**　ISBN 978 - 7 - 5159 - 1797 - 9
承　印	天津画中画印刷有限公司	**定　价**　148.00 元

本书如有印装质量问题，可与发行部联系调换

航天科技图书出版基金简介

航天科技图书出版基金是由中国航天科技集团公司于2007年设立的，旨在鼓励航天科技人员著书立说，不断积累和传承航天科技知识，为航天事业提供知识储备和技术支持，繁荣航天科技图书出版工作，促进航天事业又好又快地发展。基金资助项目由航天科技图书出版基金评审委员会审定，由中国宇航出版社出版。

申请出版基金资助的项目包括航天基础理论著作，航天工程技术著作，航天科技工具书，航天型号管理经验与管理思想集萃，世界航天各学科前沿技术发展译著以及有代表性的科研生产、经营管理译著，向社会公众普及航天知识、宣传航天文化的优秀读物等。出版基金每年评审1～2次，资助20～30项。

欢迎广大作者积极申请航天科技图书出版基金。可以登录中国宇航出版社网站，点击"出版基金"专栏查询详情并下载基金申请表；也可以通过电话、信函索取申报指南和基金申请表。

网址：http：//www.caphbook.com

电话：（010）68767205，68768904

序

习近平主席提出，探索浩瀚的宇宙是全人类的共同梦想。探索的道路是充满创新与荆棘的路径，但人类仍勇往直前。1957年10月4日，世界上第一颗人造地球卫星斯普特尼克1号发射成功，开启了人类的航天时代；1961年尤里·加加林成为第一位进入太空的地球人，实现了人类进入太空的愿望；1969年阿姆斯特朗成功登上月球，以他个人的"一小步"，带动了人类航天技术发展的"一大步"；1970年4月24日，我国第一颗人造卫星东方红一号发射成功，开启了中国航天史的新纪元；2013年，嫦娥3号月球探测器成功发射，标志着我国成为世界上第三个具有月球软着陆能力的国家。人类对宇宙的探索越来越远，深空特别是火星更是成为各国争相探索的热点，美国、俄罗斯、欧盟等国家和地区均已积极开展了相关的火星探测活动，并取得了丰富的成果。我国也于2020年7月发射了"天问一号"探测器，开启了火星探索之旅。

美国好奇号火星车是迄今为止最为成功的行星车之一，它使用了可拼接扩展的隔热设计、安全准确的着陆方式、灵活稳定的供电以及自主快速的通信等多项先进技术。好奇号是在火星表面着陆并成功运行至今的最先进的火星探测器，它携带了10种有效载荷，先后发现了火星上存在水、有机物、微生物等的直接证据，初步探索了火星大气的演化，测定了火星的辐射环境，取得了多项重大发现。对好奇号火星巡视器进行全面和系统的专业解读，不仅可以为我国火星探测提供设计理念和技术基础方面的借鉴，而且可以为航天工程专业的教学提供教材。

本书从美国好奇号火星车的研制历程、主要任务、科学目标、各分系统及创新点与取得的成绩等方面，系统地描述了好奇号火星车的科学目标的具体实施情况，它概括了好奇号火星车的总体技术方案；对好奇号火星车的有效载荷分系统、移动分系统、结构与机构分系统、自主导航分系统、综合电子分系统、电源分系统、热控分系统、测控数传分系统等进行了重点的剖析；对好奇号火星车的着陆与地面验证技术进行了重点的阐释；全面总结了好奇号火星探测任务实施的经验；分析了NASA的项目管理体制及好奇号的研制经验，对我国航天工程具有较强的借鉴意义。

　　本书在全面解析好奇号火星车的同时，也系统地梳理了火星车研制的关键技术，展望了火星探测的发展前景、路径及技术需求，填补了我国在火星探测领域专业著作的空白，对我国未来的火星探测具有十分重要的引领和推动作用。

王礼恒

二〇二〇年八月

英文缩写词对应全称及翻译

MSL	Mars Science Laboratory	火星科学实验室
SAM	Sample Analysis at Mars	样本分析仪
ICSU	International Council for Science	国际科学联合会理事会
COSPAR	Committee for Space Research	空间研究委员会
MER	Mars Exploration Rover	火星探测漫游者
EDL	Entry，Descent，and Landing	再入-下降-着陆仪
APXS	Alpha Proton X–ray Spectrometer	α粒子X射线光谱仪
SEIS	Seismic	内部结构地震实验仪
RISE	Rotation and Interior Structure Experiment	自转和内部结构实验仪
DAN	Dynamic Albedo of Neutrons	中子动态反照率探测器
REMS	Rover Enviromental Monitoring Station	环境监测站
CheMin	Chemistry & Mineralogy	化学与矿物学分析仪
ChemCam	Chemistry & Camera	化学分析相机
RAD	Radiation Assessment Detector	辐射评估探测仪
MastCam	Mast Camera	桅杆相机
BUD	Bridle and Umbilical Device	缰绳脐带装置
PICA	Phenolic Impregnated Carbon Ablator	酚醛浸渍碳烧蚀
MLEs	Mars Lander Engines	火星着陆发动机组
MARDI	Mars Descent Imager	火星下降成像仪
IMU	Inertial Measurement Unit	惯性测量单元
SA/SPAH	Sample Acquisition，Processing，and Handling	样本获取、处理与传送系统
DRT	Dust Removal Tool	除尘工具

CHIMRA	Collection and Handling for In – situ Martian Rock Analysis	火星岩石原位采样分析仪
MMRTG	Multi – Mission Radioisotope Thermoelectric Generator	多任务同位素热电发电机
MAHLI	Mars Hand Lens Imager	手持透镜成像仪
MEDLI	The Mars Science Laboratory Entry，Descent，and Landing Instrumentation	火星科学实验室再入-下降-着陆仪
MEADS	Mars Entry Atmospheric Data System	火星再入大气数据收集系统
RSH	RAD Sensor Head	辐射评估探测仪传感头
REB	RAD Electronics Box	辐射评估探测仪电子箱
TF	Trigger Frame	触发信号
FEE	Front – End Electronics	前端电子元件
RAE	RAD Analog Electronics Board	辐射评估探测仪分析电路板
RDE	RAD Digital Electronics Board	辐射评估探测仪数字电路板
RSE	RAD Sleep Electronics Board	辐射评估探测仪休眠电路板
	Mixed Mode ASIC（VIRENA）	混合模式的专用集成电路
	ASIC Control FPGA	专用集成电路控制现场可编程门阵列
ADC	Analog to Digital Converter	模数转换器
MSL Rover	Mars Science Laboratory Rover	好奇号巡视器
RMI	Remote Micro – Imager	缩微成像仪
LIBS	Laser – Induced Breakdown Spectroscopy	激光气化岩石分光仪
CCD	Charge Coupled Device	电荷耦合器件
GTS	Ground Temperature Sensor	地表温度传感器
UVA	Ultraviolet A	低频长波紫外线
UVB	Ultraviolet B	中频中波紫外线

UVC	Ultraviolet C	高频短波紫外线
MUV	Middle Ultraviolet	中紫外线
NUV	Near Ultraviolet	近紫外线
PT	Platinum Thermistor	铂热电阻
CSIC – INTA	Centro de Astrobiología（西班牙语）	西班牙天体生物学中心
IKI	Space Research Institute of the Russian Academy of Sciences	俄罗斯科学院空间研究所
DAN/PNG	Pulsed Neutron Generator	中子脉冲发生器
DAN/DE	Detector Equipment	中子探测仪
CTEN	Counter of Thermal and Epithermal Neutrons	热中子计数器
CEN	Counter of Epithermal Neutrons	超热中子计数器
DEM	Digital Elevation Models	图像数字高程模型
DEA	Digital Electronics Assembly	数字电子组件
LMST	Location Mars Standard Time	火星当地时间
RGB	Red Green Blue	RGB 色彩模式
QMS	Quadrupole Mass Spectrometer	四极杆质谱仪
GC	Gas Chromatography	气相色谱仪
TLS	Tunable Laser	可调谐激光器
GCMS	Gas Chromatography Mass Spectrometry	气相色谱质谱联用仪
SMS	Sample Manipulation System	样本操纵系统
CSPL	Chemical Separation and Processing Laboratory	化学分离加工实验室
SSIT	Solid Sample Inlet Tubes	固体样本进入系统
XRD	X – Ray Diffraction	X 射线衍射技术
XRF	X – Ray Fluorescence	X 射线荧光
RTG	Radioisotope Thermoelectric Generator	同位素热电发电机
CTE	Charge Transfer Efficiency	电荷转移效率
FWHM	Full Width at Half Maxima	半高全宽
LED	Light – Emitting Diode	发光二极管
CMOS	Complementary Metal Oxide Semiconductor	互补金属氧化物半导体

TZI	Tracking Zoom Imagers	跟踪变焦成像系统
FFI	Foreign Function Interface	语言交互接口
IDD	Instrument Deployment Device	仪器部署装置
RAM	Random Access Memory	随机存取存储器
MB	Mossbauer Spectrometer	穆斯堡尔光谱仪
T&G	Touch and Go	一触即走
PIXE	Particle - Induced X - ray Emission	α 粒子引导 X 射线发射
SSE	Sensor Support Electronics	传感器电子支持设备
DPAM	Descent Stage Power and Analog Module	下降级功率与模拟模块
RCE	Rover Compute Elements	巡视器计算模块
MISP	MEDLI Integrated Sensor Plug	集成传感器插口
TPS	Thermal Protection System	防热系统
CDP	Center Differential Pivot	中心差速轴
RSM	Remote Sensing Mast	遥感桅杆
Sol	Solar	火星太阳日
GRC	Glenn Research Center	格伦研究中心
PTFE	Poly Tetra Fluoroethylene	聚四氟乙烯
RAMP	Rover Avionics Mounting Panel	巡视器电子设备安装板
ROM	Range Of Motion	活动范围
JPL	Jet Propulsion Laboratory	喷气推进实验室
DBA	Drill Bit Assembly	钻机钻头组件
DSM	Drill Spindle Mechanism	钻机主轴机构
DCM	Drill Chuck Mechanism	钻机卡盘机构
DPM	Drill Percussion Mechanism	钻机冲锤机构
DTM	Drill Translation Mechanism	钻机转换机构
WOB	Weight - On - Bit	
DCSS	Drill Contact Sensor / Stabilizer	钻机接触传感器/稳定器
VM	Vibration Mechanism	振动机构

RAT	Rock Abrasion Tool	岩石打磨工具
RA	Robot Arm	机械臂
CDR	CoreDraw	平面设计软件（文件格式）
SSR	Specific Sliding Ratio	特定滑动率
LPSTC	Lowest Point of Single Tooth Contact	单齿接触最低点
HPSTC	Highest Point of Single Tooth Contact	单齿接触最高点
MDSC	Martian Dust Simulation Chamber	火星灰尘模拟器
UV	Ultraviolet	紫外线
CE	Cleaning Efficiency	清洁效率
NavCam	Navigation Camera	导航相机
HazCam	Hazard Avoidance Camera	避障相机
VO	Visual Odometry	视觉测程法
BA	Bundle Adjustment	光束法平差
CPU	Central Processing Unit	中央处理器
MSR	Mars Sample Return	火星采样返回
RPAM	Rover Power Analog Modules	巡视器功率与模拟模块
DMC	Distributed Motor Controller	分布式电机控制器
PCI	Peripheral Component Interconnect	外部控制接口
ATLO	Assembly，Test，and Launch Operations	装配、测试和发射
ASIC	Application Specific Integrated Circuit	专用集成电路
FPGA	Field Programmable Gate Array	现场可编程门阵列
COTS	Commercial Off The Shelf	商用非定制
RDC	Resolver to Digital Converter	旋变数字转换器
ASC	Analog Sensor Chain	模拟传感器链
UT	University of Tennessee	田纳西大学
PWM	Pulse Width Modulation	脉宽调制
POR	Power – On Reset	上电复位
LDPC	Low – Density Parity – Check	低密度奇偶校验码

DSN	Deep Space Network	深空网
MPCS	Mission – data Processing and Controlling System	任务数据处理与控制系统
UHF	Ultra High Frequency	特高频
ODY	Odyssey	奥德赛轨道器
MRO	Mars Reconnaissance Orbiter	火星勘测轨道器
MSLICE	Mars Science Interface	火星科学仪器接口
RPA	Rover Power Assembly	巡视器能源组件
CPA	Cruising Power Assembly	巡航级能源组件
PBC	Peripheral Bus Controler	母线控制器
SDS	Shunt Driver System	并联驱动系统
BCB	Battery Current Breaker	电源断路器
MREU	Mars Remote Engineering Unit	火星远程工程单元
LCCs	Load Control Cards	负载控制板卡
GPHS	General Heat Source	通用热源
SNAP	Space Nuclear Auxiliary Power	空间核辅助能源
RTGHX	Radioisotope Thermoelectric Generator Heat Exchange	同位素热电发电机热交换器
TSS	Thermal Synthesizer System	热合成系统
SINDA	System Improved Numerical Differencing Analyzer	改进系统数值差异分析器
CFD	Computational Fluid Dynamics	计算流体动力学
RCS	Reaction Control System	姿态控制系统
BIP	Backshell Interface Plate	后盖接口板
PSS	Parachute Support Structure	降落伞支撑结构
PCC	Parachute Closeout Cone	降落伞收放筒
IPA	Integrated Pump Assembly	集成泵组
CFC	Chlorofluorocarbons	氯氟化碳
MPF	Mars Pathfinder	火星探路者

RF	Radio Frequency Electronics	射频电子电路
WRP	Wide Range Pumps	大功率泵
TEC	Thermo Electric Cooler	热电制冷器
MEB	Main Electronics Box	主电子盒
HC	High Conductance	高电导陷波
PID	Proportional Integral Differential	比例积分微分控制
SDST	Small Deep Space Transponder	小型深空应答机
PLGA	Parachute Low Gain Antenna	降落伞低增益天线
TLGA	Tilted Low Gain Antenna	倾斜低增益天线
MGA	Medium Gain Antenna	中增益天线
PUHF	Parachute Ultra High Frequency	降落伞特高频
WTS	Waveguide Transfer Switch	波导转换开关
TWT	Traveling Wave Tube	行波管
SSPA	Solid State Power Amplifier	固态功率放大器
EPC	Electronic Power Converter	电路功率调节器
TDS	Terminal Descent Sensor	末端下降传感器
GNC	Guidance，Navigation ，and Control	制导、导航与控制
LAURA	Langley Aerothermal Upwind Relaxation Algorithm	Langley 气动迎风松弛算法
DPLR	Data Parallel Line Relaxation	数据并行松弛算法
AGL	Above Ground Level	地平面高度
PDV	Power Descent Vehicle	动力下降级
DS	Descent Stage	下降级
AFT	Allowable Flight Temperature	允许飞行温度
IR	Infrared Radiation	红外线
TRR	The Test Readiness Review	测试准备评审
UPS	Uniteruptable Power Supplies	不间断电源
NTS	National Technical Systems	美国国家技术系统
CAB	Centrifuge Adaptor Box	离心机适配器盒子

Ames	Ames Research Center	艾姆斯研究中心
TQM	Total Quality Management	全面质量管理
NESC	NASA Engineering and Safety Center	美国国家航空航天局工程和安全中心
LCC	Life Cycle Cost	寿命周期成本
DSMC	Defense System Management College	国防系统管理学院
PMBOK	Project Management Body Of Knowledge	项目管理知识体系
ISO	International Organization for Standardization	国际标准化组织
ISECG	International Space Exploration Coordination Group	国际太空探索合作组织
ARM	Asteroid Redirect Mission	小行星转向任务
SpaceX	Space Exploration Technologies Corporation	太空探索技术公司
DRA	Design Reference Architecture	美国载人登陆火星计划
ESTEC	European Space Research and Technology Centre	欧洲空间研究与技术中心
LEO	Low Earth Orbit	近地轨道
ESMD	Exploration Systems Mission Directorate	探索系统任务委员会
ESAS	Exploration Systems Architecture Study	探索体系研究
MAWG	Mars Architecture Working Group	火星探测工作组
DAV	Descent/Ascent Vehicle	下降/上升器
SHAB	Surface HABitat	人类月面居住舱
MTV	Mars Transfer Vehicle	火星转移飞行器
CEV	Crew Exploration Vehicle	载人探索飞行器
CCSDS	Consultative Committee for Space Data Systems	空间数据系统咨询委员会
NASA	National Aeronautics and Space Administration	美国国家航空航天局
ESA	European Space Agency	欧洲空间局
TDRSS	Tracking and Data Relay Satellite System	跟踪和数据中继卫星系统

目　录

第 1 章 绪 论

北京时间 2012 年 8 月 6 日 13 时 31 分,美国国家航空航天局(NASA)新一代火星探测器——火星科学实验室(Mars Science Laboratory,MSL)(又名好奇号火星车)经过 8.5 个月的飞行,成功着陆在火星表面,并传回第一组火星照片。火星科学实验室是迄今为止最庞大、最复杂、最先进、最昂贵的火星探测器,它不仅使人类对火星的认识发生了革命性变化,而且将成为美国 2033 年实现载人登陆火星计划、验证关键技术的支撑。本书将围绕好奇号巡视器的研制历程、关键系统组成及关键技术攻关情况进行深入的分析探讨。

1.1 火星探测背景

探索是文明发展和社会进步的推动力。在人类探索历程中,太空探索活动最能直接扩展人类认识的疆界,极富挑战性。从 1957 年第一颗人造地球卫星发射升空、1969 年人类首次踏上月球,到 2019 年 10 月 23 日旅行者 1 号远离太阳 211 亿 km 的距离,人类太空活动已涉及太阳、行星及其卫星、小行星等各种类型天体和太阳系边缘过渡区,几乎覆盖了整个太阳系。

火星探测起步于 20 世纪 60 年代。1960 年,苏联发射了人类首颗火星探测器,揭开了火星探测的序幕。截至 2020 年 3 月,人类共实施了 46 次火星探测活动,其中,美国 21 次,苏联/俄罗斯 20 次,日本 1 次,欧洲空间局 2 次,印度 1 次,中国 1 次;完全成功或部分成功 25 次(例如,欧洲的 ExoMars - 2016 探测器的着陆器在着陆阶段与地球失联,视为部分成功)。

在探测时间跨度方面,火星探测历程可分为以下 3 个阶段:

第 1 阶段(1960—1975 年)——起步期,实施了 24 次任务,主要特征是美、苏在冷战背景下,以此作为竞技场开展竞争,掀起了火星探测的一轮高潮。

第 2 阶段(1976—1990 年)——低潮期,冷战时期,随着美、苏竞争战略重点转移,火星探测进入低潮期,仅实施 2 次任务。

第 3 阶段(20 世纪 90 年代至今)——竞争期,已实施 20 次任务,以发展新技术和获得科学上的发现为主要驱动力,催生了又一个高峰期。

国际太空探索合作组织(International Space Exploration Coordination Group,ISECG)总结了各国 2030 年前的火星探测规划。各国火星探测活动及预期规划见表 1 - 1。目前已经明确的火星探测任务有 4 次,其中在 2020 年的窗口中有 3 次火星探测发射任务,在 2022 年预计有 1 次火星探测发射任务(该任务原定于 2020 年窗口期发射,但因准备工作未完成推迟)。2030 年前,预计还将有至少 3 次火星探测任务。

表 1-1　各国火星探测活动及预期规划

序号	名称	国别	发射时间	活动情况
1	火星-1960A(Mars-1960A)	苏联	1960.10.10	运载火箭故障,发射失败
2	火星-1960B(Mars-1960B)	苏联	1960.10.14	
3	火星-1962A(Mars-1962A)	苏联	1962.10.24	进入地球轨道时爆炸解体
4	火星-1(Mars-1)	苏联	1962.11.1	在距离地球1.06亿km处,通信中断
5	火星-1962B(Mars-1962B)	苏联	1962.11.4	进入地-火转移轨道时解体
6	水手-3(Mariner-3)	美国	1964.11.5	美国发射的第一个火星探测器。穿过火星大气时,一个保护盾未推出,探测仪未开盖,失败
7	水手-4(Mariner-4)	美国	1964.11.28	成功飞掠火星。人类首次飞掠火星,并从9 846 km处拍摄传回了21幅照片,覆盖1%火星面积
8	探测器-2(Zond-2)	苏联	1964.11.30	从空间站向火星发射,从距离火星1 500 km处掠过。通信失去联系,没有获得数据
9	探测器-3(Zond-3)	苏联	1965	错过了发射时间,成为日心-火星轨道探测器,拍摄了月球图像
10	水手-6(Mariner-6)	美国	1969.2.25	成功掠过火星。在接近火星时,发回了图片,图片覆盖火星20%面积
11	水手-7(Mariner-7)	美国	1969.3.27	
12	火星-1969A(Mars-1969A)	苏联	1969	发射后7 min,发动机故障,爆炸
13	火星-1969B(Mars-1969B)	苏联	1969	发射后1 min,探测器坠落
14	水手-8(Mariner-8)	美国	1971.5.8	火箭发射时失败
15	宇宙-419(Cosmos-419)	苏联	1971.5.10	发动机点火定时器设置错误,导致失败
16	火星-2(Mars-2)	苏联	1971.5.19	进入了火星1 380 km环火轨道,但是着陆舱未能实现软着陆
17	火星-3(Mars-3)	苏联	1971.5.28	首次实现了火星软着陆,但是在传输了20 s数据后,通信中断
18	水手-9(Mariner-9)	美国	1971.5.30	成功进入环绕火星轨道。发回7 329张照片,覆盖80%火星面积。对火卫进行了探测
19	火星-4(Mars-4)	苏联	1973.7.21	从距离火星2 200 km处飞过,向地面发回了火星照片。制动发动机没有启动,没能实现绕火星轨道飞行
20	火星-5(Mars-5)	苏联	1973.7.25	进入环绕火星轨道飞行,但是不久后失去联系
21	火星-6(Mars-6)	苏联	1973.8.5	探测器从距离火星1 600 km处飞过,释放了着陆舱。着陆舱在距离火星表面20 km时打开降落伞,即将降落时通信信号中断
22	火星-7(Mars-7)	苏联	1973.8.9	探测器从距离火星1 300 km处飞过,释放了着陆舱。着陆舱由于故障进入双曲线轨道

续表

序号	名称	国别	发射时间	活动情况
23	海盗-1(Viking-1)	美国	1975.8.20	成功。由轨道器和着陆器组成,着陆器成功实现软着陆。近距离(90 km)飞过火卫1
24	海盗-2(Viking-2)	美国	1975.9.9	成功。由轨道器和着陆器组成,着陆器成功实现软着陆。近距离(22 km)飞过火卫2
25	福布斯-1(Phobos-1)	苏联	1988.7.7	指令错误,接近火星时失去联系
26	福布斯-2(Phobos-2)	苏联	1988.7.12	进入了环火轨道,3个月内获得大量对火星、火卫2、火星周围环境的探测数据和40 m分辨率的照片。后来失去联系,未能着陆
27	火星观测者(Mars Observer)	美国	1992.9.25	当准备点火再入火星轨道时,失去联系
28	火星全球勘测者 (Mars Global Surveyor)	美国	1996.11.7	成功。探测器持续运行了10年,成为最成功的探测器之一
29	火星-8(Mars-8)	苏联/俄罗斯	1996.11.16	上面级加速失败,未能进入地-火轨道
30	火星探路者(Mars Pathfinder)	美国	1996.12.4	成功。采用新方式着陆,着陆器内包括一个16 kg的巡视器
31	希望号(Nozomi)	日本	1998.7.3	推进阀门故障,导致推进剂流失,未能进入预定轨道
32	火星气候轨道器(Mars Climate Orbiter)	美国	1998.12.11	计算单位错误,导致探测器进入密集大气层烧毁
33	火星极地着陆器 (Mars Polar Lander) 深空-2(Deep Space-2)	美国	1999.1.3	着陆时失去联系,失败
34	火星奥德赛号(Mars Odyssey)	美国	2001.4.7	进行了2年半的火星地理探测。同时为后续勇气号、机遇号探测器提供通信中继
35	火星快车号(Mars Express)	欧洲空间局	2003.6.2	成功实现了环火探测,完成90%的任务。搭载美国的猎兔犬2号着陆器,但是着陆器失去联系
36	勇气号(Spirit)	美国	2003.6.10	成功着陆,探测水
37	机遇号(Opportunity)	美国	2003.7.7	成功着陆,探测矿物
38	火星勘测轨道器 (Mars Reconnaissance Orbiter)	美国	2005.8.12	成功。探测水资源和生命。使用浅层雷达寻找火星地下水,并研究地形
39	凤凰号(Phoenix)	美国	2007.8.4	成功。着陆后用机械臂挖掘含水冰的土壤
40	福布斯-土壤号(Phobos-Grunt)	俄罗斯	2011.11	因主推进装置未点火而变轨失败
41	萤火-1	中国	2011.11	搭载俄罗斯福布斯-土壤号,随福布斯土壤号失败
42	好奇号(Curiosity)	美国	2011.11.26	2012年8月6日着陆火星,发现火星土壤含有水分
43	曼加里安号(Mangalyaan)	印度	2013.11.5	2014年9月24日成功进入环火轨道

续表

序号	名称	国别	发射时间	活动情况
44	火星大气探测器（Maven）	美国	2013.11.18	2014年9月22日再入火星轨道，探测火星大气
45	火星生物学-1（ExoMars-1）*	欧洲空间局，俄罗斯	2016.3.14	2016年10月抵达火星，探测火星辐射及沙尘，着陆器着陆失败
46	洞察号（Insight）	美国	2018.5.5	2018年11月27日成功着陆火星，对火星土壤采样，并探测火星地震
47	希望号	阿联酋	2020.7.20	预计2021年2月到达火星轨道，并对火星开展围绕探测
48	天问一号	中国	2020.7.23	预计2021年2月到达火星轨道，预计一次性完成火星环绕、表面着陆、探测等任务
49	毅力号（Perseverance）	美国	2020.7.30	预计2021年2月登陆火星，作为火星采样返回系列的首发任务
50	火星生物学-2（ExoMars-2）*	俄罗斯，欧洲空间局	预计2022年	探测火星地表以下的生命活动
51	火星通信卫星	美国	预计2022年	预计取代奥德赛号实现火星通信
52	火星卫星探测（MME）	日本	预计2025年	调查岩石成分，探测火星地址
53	火星采样返回（MSR）	美国，欧洲空间局	约2030年	包含多次发射，配合完成约600g火星样本的采样返回任务

注：欧洲空间局的ExoMars任务后缀一般为发射年份，ExoMars-1通常称为ExoMars-2016。如果ExoMars-2在2020年发射，其称为ExoMars-2020，目前该任务推迟到2022年，因此，最终称谓可能是ExoMars-2022。

在技术发展水平方面，国际上已实现对火星的掠飞、环绕、着陆、巡视探测。技术难度更大的"采样返回"和"载人探测"，仍有待突破技术瓶颈。美国已全面掌握火星掠飞、环绕、着陆和巡视探测技术，取得了火星探测史上多个"第一"，在世界上处于绝对领先地位。尤其是2012年8月着陆的火星科学实验室，采用了全新的空中吊车着陆技术，标志着美国的火星探测技术达到了新高度。

苏联/俄罗斯实现了火星掠飞和环绕探测；4次尝试进行火星着陆探测，仅1次取得部分成功（火星-3）。欧洲空间局通过实施火星快车号任务，掌握了环绕探测技术。日本实施了希望号任务，只实现了火星掠飞，未进入环绕火星轨道。印度成功实施了曼加里安号任务，掌握了环绕探测技术，并成为亚洲第一个成功实现火星环绕探测的国家。

作为航天大国之一的中国在月球以远的深空探测领域尚属空白。在该领域，中国面临着不仅与美、欧、俄等传统航天强国差距拉大，而且还可能被日本、印度等新兴航天国家超越的现实。火星探测将是中国行星探测的第一步，是深空探测领域从月球到行星的发展历程中承前启后的关键环节，也是未来迈向更远深空的必由之路。

1.2　火星环境

1.2.1　温度环境

因为火星的公转轨道为椭圆形,所以在接受太阳照射的地方,近日点和远日点之间的温差将近 160 ℃,这对火星的气候产生了巨大的影响。火星上的平均温度约为 218 K(−55 ℃),但却具有从冬天的 140 K(−133 ℃)到夏日白天的将近 300 K(27 ℃)的跨度。火星表面温度白天可达 28 ℃,夜晚可低至−132 ℃,平均−57 ℃。

1.2.2　大气环境

密度:火星的大气密度约为地球的 1%。火星的大气层一般分为上、中、下三层:高度大于 200 km 为上层大气,高度小于 45 km 为下层大气,高度在 45~200 km 之间为中间层大气。

成分:火星的大气主要成分是二氧化碳(95.3%)、氮气(2.7%)、氩气(1.6%)、氧气(0.15%)和水汽(0.03%)。火星表面的大气压为 700~1 000 Pa。

1.2.3　引力环境

火星的直径约为地球的一半,体积相当于地球的 15%,质量约为地球的 11%,表面重力加速度为 3.72 m/s²,相当于地球的 38%。

1.2.4　地形地貌

火星表面地形北低南高,北半球是占总面积 30% 的低洼平原,南半球是遍布陨石坑的古老高地。火星上最高的地方是奥林帕斯山,高达 25 km,最大的峡谷是水手峡谷,长度超过 4 000 km。火星表面高度的面积分布如图 1−1 所示。

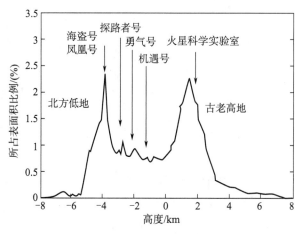

图 1−1　火星表面高度的面积分布

1.2.5 辐照环境

火星宇宙射线是地球的 1 000 倍。当高能的宇宙射线穿过火星大气并与土壤相互作用时会产生次级粒子，宇宙射线和太阳能量粒子的相互作用还会产生中子，而中子是影响火星表面辐射剂量的主要因素。

1.2.6 尘暴环境

火星的一个奇异特征便是每年都要刮一次让人难以想象的特大风暴，风速之大是无法形容的。地球上的超强台风，中心风力≥16 级，风速约 60 m/s，而火星上的风速竟高达 180 m/s。经过几个星期之后，尘暴会很快蔓延开来，从南半球发展到北半球，甚至把整个火星都笼罩在尘暴之中。形成全球性大尘暴后，太阳对火星表面的加热作用开始减弱，火星上温差减小。火星尘暴情况如图 1-2 所示。

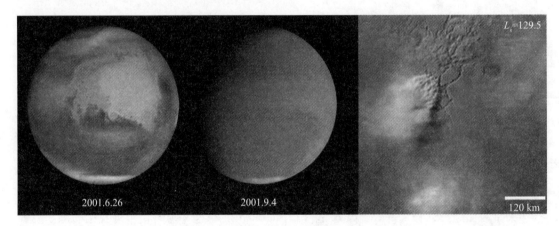

图 1-2　火星尘暴

1.3　火星探测的科学成果

在科学研究成果方面，国际上通过不同探测形式与任务，在火星轨道运动规律与参数、火星磁场下火星空间宇宙辐射环境、火星大气、火星地形地貌与地质构造、火星表面物质（岩石、矿物与化学元素）、火星内部结构等方面取得了巨大的成就。主要科学发现包括：

1）发现火星上存在有机碳化物，主要成分为甲烷。

2）火星存在生物可用的氮元素，以氮氧化物的形式出现，可能是硝酸盐。这一发现为证明古代火星有生命存在提供了有力证据。

3）火星存在液态水，且随季节发生变化。

4）通过分析沉积物发现火星表面存在远古湖泊。

5）火星上存在明显的矿物脉，含有黏土矿物、赤铁矿、黄钾铁矾。

6）火星上存在极光现象。

这些科学发现将进一步改变人们对于火星的认识，为在火星上寻找生命痕迹提供重要证据和有力信息支撑，将对人类未来的太阳系探索和地外生命搜寻产生重要影响。

1.4 火星探测的工程成果

从工程实施、技术进步的角度看，火星软着陆探测具有重要意义，其工程核心是实现探测设备登上火星，并进行科学探测。不同阶段的火星探测使用的工程技术有所不同，取得的工程成果也有所不同。总的来说，火星探测的工程成果主要体现在下面几个方面：

1）突破火星软着陆、自动巡航勘察、大口径深空测控天线、昼夜生存、火星飞行轨道设计、着陆制导导航与控制、着陆缓冲、自主导航与控制、深空测控通信、先进能源、遥操作和遥分析、极端环境适应和有效载荷等关键技术，提升航天工程能力和技术水平。

2）研制火星软着陆探测器和火星表面巡视器，建立地面深空站，获得包括运载火箭、探测器、深空站等在内的功能模块。

3）完善火星探测航天工程体系，为后续的载人登陆火星工程提供支撑，包括设计、制造、试验、在轨运行控制以及人才队伍建设等。

1.5 行星保护

1957 年苏联发射第一颗人造卫星后，1958 年国际科学联合会理事会（International Council of Scientific Unions，ICSU）发起成立了宇宙探测污染委员会和空间研究委员会（Committee for Space Research，COSPAR）等机构。

宇宙探测污染委员会提出需要保护地外生命体，并陈述了 4 项基本原则：1）对地外生命体探索的自由必须符合行星检疫要求；2）公开 COSPAR 相关活动和实验信息；3）开展实验需科学数据支持；4）不应在地球附近天体进行核爆。

1967 年，联合国发布了《关于各国探索和利用包括月球和其他天体在内外层空间活动的原则条约》（简称《外空条约》），该条约于 1967 年 1 月 27 日开放供签署，1967 年 10 月 10 日生效。我国于 1983 年签署该条约，自 1983 年 12 月 30 日起生效。《外空条约》第九条规定："各缔约国探索和利用外层空间（包括月球和其他天体），应以合作和互助原则为准则；各缔约国在外层空间（包括月球和其他天体）所进行的一切活动，应妥善照顾其他缔约国的同等利益。各缔约国从事研究、探索外层空间（包括月球和其他天体）时，应避免使其遭受污染，以及将地球以外的物质带入而使地球环境发生不利的变化。"

在联合国领导下，COSPAR 开始制定行星保护的有关国际政策。1964 年，COSPAR 以决议的形式出版了《行星检疫要求》，即最早的行星保护政策草案，其中要求：探测器应采用灭菌技术，将地外天体探测活动中地球生物污染的可能性降低到 1×10^{-4}；对未灭菌的低空飞越或在轨探测器，污染概率应小于 3×10^{-5}。1984 年，COSPAR 针对不同的探测对象和任务形式，将行星保护需求划分为 5 类，规定了不同类别任务的具体要求。此后，COSPAR 不断发展和完善国际行星保护政策，目前每两年更新一次。

　　COSPAR 建议：在制定行星保护需求时，世界各国的 COSPAR 委员们应告知 COSPAR，并在合理的时间向 COSPAR 提供任务行星保护的流程等信息，并在有可能存在污染风险的深空探测任务结束后的 1 年内，再次提供相关信息。COSPAR 将向大众公布这些报告，每年向联合国秘书长提交报告记录。针对国际合作深空探测任务，建议由牵头国组织提交这些报告。COSPAR 制定的国际行星保护政策，用于指导各国/地区航天机构在深空探测任务中开展行星保护。

第 2 章　火星着陆巡视探测历程

在人类初步探索火星的过程中，首先进行的任务就是飞近火星，并在这个过程中尽可能多地拍摄火星照片。这一阶段的代表探测任务是美国的水手-3，4与水手-6，7。然后进入环绕飞行探测阶段，随着人类掌握的火星数据不断积累及科学技术的迅速发展，以美国为代表的航天强国开始计划将探测器送入环火星运行轨道，从而进行长期与全球性的探测研究。这一阶段执行轨道探测任务的项目包括：水手-8，9；火星观测者；火星全球勘测者；火星气候轨道器；2001火星奥德赛号；火星快车号和火星勘测轨道器。

人类火星探测的第三个阶段重点在于进行火星探测器的着陆与地面巡视探测。经过前期的勘测与技术准备，人类开始着手在火星表面着陆。如今，美国已经成功实现火星着陆及巡视探测技术。这一阶段的主要火星探测计划包括：海盗-1，2；火星探路者号；火星极地着陆器与深空-2；火星探测漫游者；凤凰号；火星科学实验室（好奇号）；洞察号等。

迄今为止，人类的火星探测战略已经历经了飞近火星、轨道环绕飞行、着陆与巡视三个阶段。美国新的火星探测任务中将采用双旋翼无人机在火星表面飞行，即将开启火星表面"气动飞行"的跳跃式探测阶段。2030年之前的火星探测任务包括美国的毅力号、欧洲空间局的火星生物学、中国的天问一号，以及美欧联合的火星采样返回任务等，未来火星探测任务将百家争鸣，异彩纷呈。

2.1　火星探测的目的及意义

火星是太阳系中与地球最为相似的行星，是一颗承载人类最多梦想的星球。探测和研究火星是为了提高人类对宇宙的科学认知，拓展和延伸人类活动空间，从而推动人类文明可持续发展。通过探测火星可获得丰富的第一手科学数据，对研究太阳系及生命的起源和演化等重大科学问题具有十分重要的意义。

火星探测是一项多学科交叉、技术高度集成的系统工程，其关键技术的突破，将在很大程度上引领基础领域、高新领域及前沿领域的科技进步，促进高新技术产业发展。火星已成为主要航天国家的探测热点和空间技术战略制高点，是当前人类行星探测的首选目标。

此外，通过研究火星大气的演化过程，有助于人们正确认识和把握地球环境的变化趋势，对于人类保护地球环境具有现实而深远的意义。各国已实施的火星探测计划都包括了探测火星上是否存在生命这一任务。现有的探测结果表明，火星上确实存在水的痕迹。这对探测生命的起源和演化以及载人登陆火星都有重要意义。此外，地球上人口日益增多，资源却在不断减少和枯竭，火星探测将有利于拓展人类的生存空间。按照 NASA 的说法，好奇号登陆将帮助人们拓展登月之后登陆另一星球的能力，肩负着为人类立足火星充当垫脚石的任务。

2.2 火星探测任务分析

美国是目前全球实施和成功完成火星探测任务最多的国家，也是取得探测成果最为丰富的国家。从 1964 年至今，美国共实施 20 多次火星探测任务，成功 14 次。其中，海盗号、索杰纳号、勇气号、机遇号、凤凰号、好奇号和洞察号完成了火星表面探测任务。我们可以将这些火星表面探测任务分为两类：1) 三种着陆系统；2) 三代巡视器。三种着陆系统是指：腿式着陆系统（海盗号与凤凰号）、气囊着陆系统（火星探路者与火星探测漫游者）、空中吊车着陆系统（火星科学实验室）。三代巡视器为：火星探路者的索杰纳号、火星探测漫游者的机遇号和勇气号、火星科学实验室的好奇号。这些火星表面探测任务对于我们了解美国火星探测任务的科学目标具有非常强的借鉴意义。

表 2-1 列出了美国历次火星任务探测器对比。

表 2-1 美国历次火星探测任务探测器对比

探测器名称及类型	时间			火星着陆点	携带的有效载荷	科学目标
	发射时间	到达时间	终止时间			
海盗 1 号着陆器	1975.8.20	1976.7.20	1982.11.13	克里斯平原	生物化学实验箱、色谱/质谱仪、X 射线荧光光谱仪、气象仪器、立体彩色摄像机、土壤的物理和磁学测量仪、挖掘设备、机械手和电源等设备	寻找火星生命、获取高分辨率的火星地表影像、探测火星大气和地表的组成及结构
海盗 2 号着陆器	1975.9.9	1976.9.3	1986.4.11	乌托邦平原		
火星探路者着陆器和索杰纳号巡视器	1996.12.4	1997.7.4	1997.9.27	阿瑞斯谷	成像系统、大气结构仪器与气象实验设备、α 粒子/质子 X 射线光谱仪、实验设备以及相机/激光器（也作为技术实验设备）	1) 对未来可能在火星着陆任务中应用的关键概念与技术进行验证；2) 对火星表面岩石、土质的地质状况、元素成分以及火星大气结构与动力学进行科学调研；3) 在火星上进行附加技术验证

续表

探测器名称及类型	时间			火星着陆点	携带的有效载荷	科学目标
	发射时间	到达时间	终止时间			
勇气号巡视器	2003.6.10	2004.1.4	2010.3	古谢夫环形山	一对全景相机、微型热辐射频谱仪、α粒子X射线光谱仪、显微成像器、穆斯堡尔光谱仪	1)搜寻岩石和土壤的特征来寻找过去是否曾经有水的流动； 2)测量降落地点周遭的矿物、岩石和土壤的分布区域和成分； 3)测量何种地质作用造成当地的岩层和如何影响化学作用； 4)轨道器上的仪器设备将会对地表上的这些观察资料进行确认和分类；
机遇号巡视器	2003.7.7	2004.1.25	2019.2.13	子午线高原		5)搜寻含铁矿物并鉴定和定量其中的含水矿物或者在水中形成的特定种类矿物； 6)寻找曾经存在液态水时,地质所含有当时环境状况的可能证据； 7)评估火星上的环境是否有益于生命
凤凰号着陆器	2007.8.4	2008.5.25	2008.11.2	纬度同地球格陵兰或阿拉斯加北部相当的广阔浅谷	机械臂显微镜电化学与传导性分析仪、热量和释出气体分析仪、表面立体成像仪、机械臂相机、下降成像仪、气象站	1)测定极区气候特性、天气； 2)表征地形学与北部平原形成的物理作用,重点为水的作用； 3)测定水、表土的吸附气体与有机物含量； 4)测定表面下层环境的过去与现在的生物学潜能； 5)寻访几个关键区域,为载人火星探测做准备
好奇号巡视器	2011.11.26	2012.8.6	至今	盖尔环形山中心山脉的山脚下	桅杆相机、手持透镜成像仪、下降成像仪、样本分析仪、化学与矿物学分析仪、化学分析相机、α粒子X射线光谱仪、中子反照率探测器、辐射评估探测仪、环境监测站、火星科学实验室再入-下降-着陆仪	1)确定有机碳化物的性质与详细目录； 2)为构成生命的化学成分碳、氢、氮、氧、磷、硫编目； 3)识别可能表征生物过程的特征； 4)研究火星表面和近表面区域的化学、同位素与矿物学构成； 5)解释岩石和土壤的形成过程； 6)评估长时间范围如40亿年内的大气演化过程； 7)确定水和二氧化碳目前的状态、分布和循环过程； 8)确定表面辐射的广谱特征,包括宇宙射线、太阳质子事件和次级中子

续表

探测器名称及类型	时间			火星着陆点	携带的有效载荷	科学目标
	发射时间	到达时间	终止时间			
洞察号着陆器	2018.5.5	2018.11.26	至今	火星北半球埃律西昂平原西部	地震仪、热流探头和无线电科学实验仪器、环境检测仪器（压力、风、空气和地面温度、磁场）	通过这次火星内部探测来了解火星内核大小、成分和物理状态、地质构造，以及火星内部温度变化、地震活动等信息。该研究的最终目的是加深对火星演化过程的认识，通过比较行星学研究得到类地行星演化共性和特性，并以此深入探索太阳系的起源和演化历史

2.3　火星探测器技术参数对比

表2-2列出了成功着陆于火星上并实施巡视探测任务的重要探测器的主要技术指标对比。

表2-2　美国三代巡视器技术指标对比

参数		火星科学实验室	凤凰号	火星探测漫游者	探路者	海盗号
巡视器外形尺寸		3 m×2.8 m×2.2 m	—	1.6 m×2.3 m×1.5 m	—	—
再入-下降-着陆阶段	降落伞直径/m	19.7	11.5	15.09	12.4	16.15
	$Ma=24$ 升阻比	0.24	0	0	0	0.18
	着陆点高度/km	+1.0	−3.5	−1.3	−1.5	−3.5
	气动外壳直径/m	4.5	2.65	2.65	2.65	3.5
	再入质量/kg	3 380	603	836	585	980
	着陆质量/kg	1 625	364	539	370	612
	巡视器质量/kg	899	0	173	10	0
星表巡视阶段	机械臂长度/m	2.3	—	0.8	—	—
	机械臂功能	获取岩石粉末及风化层样本，对样本加工，运送至科学仪器	—	打磨岩石表面	—	—
	桅杆高度/m	2.1	—	1	—	—
	甲板高度/底盘高度	1.1 m/0.66 m	—	0.5 m/0.3 m	—	—
	车轮直径/车轮轴距	0.5 m/1.9 m	—	0.26 m/1.4 m	—	—
计算机系统	CPU 类型	RAD 750@200 MHz	—	RAD 6000@20 MHz	—	—
	内存	256 MB	—	128 MB	—	—
	存储器	2 GB	—	256 MB	—	—

　　图 2-1 描绘了火星巡视器的成本和质量的函数关系，可以看出随着质量的增加，单位质量的成本在降低，这样就提高了火星巡视器的利用率。分析显示 300～400 kg 之间的火星巡视器最为可行。

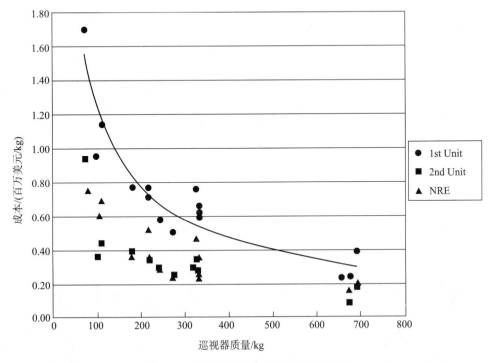

图 2-1　巡视器的成本和质量的函数关系

　　好奇号巡视器的结构很大程度上继承了勇气号、机遇号的设计方式，其整体结构组成和前几代巡视器比较接近，只是尺寸有所放大。与 MER 相比，MSL 巡视器同样采用箱体式构型，采用摇臂-转向架系统，它们都利用相似的机械臂获取样本以及相似的桅杆协助导航与科学研究。

　　由于 MSL 探测任务与以往火星探测任务相比具有再入质量大、着陆精度高、环境适应性强和科学载荷多等特点，因此 NASA 在好奇号巡视器的结构设计上做出了相应的调整以满足新的任务要求。

　　图 2-2 是三代巡视器尺寸对比图。

　　好奇号巡视器更大的质量和几何尺寸为其执行更多更强大的科学功能提供了可能。科学载荷总质量的提高直接增强了好奇号科学实验的能力。车轮尺寸和车轮轴间距的增大则直接提高了巡视器的越障能力。

　　MSL 巡视器与 MER 巡视器外形上最大的不同是：MSL 采用核电池供电，取消了 MER 车身上的太阳能阵列板，外形上显得更加强健，如图 2-3 所示。

勇气号/机遇号 (2004)　　　索杰纳号 (1997)
[火星探路者携带的巡视器]

好奇号 (2012)

图 2 - 2　三代巡视器尺寸对比

图 2 - 3　MSL、MER 两代巡视器对比

2.4　历次火星探测的科学目标及发现

在太阳系的行星中，火星与地球的相似之处最多：两者有几乎相同的昼夜长短和季节变化。因此，20 世纪 60 年代起人类开始了针对火星的各种探测活动。从 1960 年苏联发射火星-1960A 到 2011 年美国 MSL 火星探测任务共有 42 次发射。目前，许多航天大国或机构相继制定或者正在酝酿火星探测计划，其中有美国、俄罗斯、欧洲空间局、中国、日本等，无论哪个国家制定的火星探测计划，其总体科学目标基本都围绕以下几个问题：

　　1）火星是否存在生命或者曾经存在过生命；

　　2）火星是否能够被改造成适合人类居住的行星；

　　3）火星的演化过程及其与太阳系演化过程的关系。

受到科技水平的限制，人们只能在总体目标的指导下利用每次登陆火星的机会完成阶段性的科学目标，并为下次探测任务做准备。

2.4.1　海盗 1 号和海盗 2 号

2.4.1.1　科学目标

海盗号项目共包括两个独立的探测器，分别是海盗 1 号（见图 2-4）和海盗 2 号轨道器/着陆器，海盗号项目的主要科学目标为：寻找火星生命、获取高分辨率的火星地表影像、探测火星大气和地表的组成及结构。

图 2-4　海盗 1 号着陆器

2.4.1.2　探测发现

根据海盗号发回的周围景象全彩色图，科学家判断原来火星的天空是略带桃粉色的，这是由稀薄大气中的红色尘粒反射太阳光所致，并非是他们原先所想象的暗蓝色。着陆器在一片红色沙地上着陆，这使得它的照相范围很远。海盗 1 号和海盗 2 号在服役期间对火星进行了考察和拍照，共发回 50 000 多幅火星照片，照片的最高分辨率达到 200 m。在海盗 1 号和海盗 2 号的 4 次火星生命探测的实验中，并没有发现任何高级生命存在的痕迹，从而进一步排除了有关火星人的推测。

2.4.2　火星探路者和索杰纳号

2.4.2.1　科学目标

1) 对未来可能在火星着陆任务中应用的关键概念与技术进行验证；

2）对火星表面岩石、土质的地质状况、元素成分以及火星大气结构与动力学进行科学调研；

3）在火星上进行附加技术验证。

2.4.2.2　探测发现

火星探路者探测器在着陆火星地表之后成功地释放出索杰纳号巡视器，着陆器和巡视器（见图2-5）两者一共发回了23亿bit的信息。这些信息中包括超过1.7万张的照片，超过15条对周围岩石和土壤的化学分析数据，以及大量有关着陆地点风和其他气候状况的记录数据。此次观测显示早期的火星环境可能和地球更相似，其地表可能曾经存在液态水，并且大气层浓度也要高于现在。整个探测任务在火星表面持续了3个月，远远超出了原先计划中为着陆器制定的30天任务期限和为巡视器制定的7天任务期限。

图2-5　火星探路者着陆器和索杰纳号巡视器

索杰纳号巡视器完成的任务远远超出预计的计划项目，取得了出乎意料的成功。除了完成它的原计划任务，巡视器还完成了一系列额外的技术实验，诸如确定车轮与土壤的相互作用，导航、穿越、躲避危险和收集数据等，以及获取了验证巡视器的工程性能（热控、发电能力和通信等）的数据。此外，该微型巡视器携带的α粒子X射线光谱仪（Alpha Proton X - ray Spectrometer，APXS）可以对岩石和土壤成分进行测定。

2.4.3　勇气号与机遇号

勇气号与机遇号是一对孪生兄弟，在设计上有众多相似之处，两者发射时间仅相差8天，几乎是同一时间发射。

2.4.3.1　科学目标

机遇号与勇气号的科学目标相同，主要科学目标为以下 7 点：

1）搜寻岩石和土壤的特征来寻找过去是否有水的流动。特别是找寻与水过程相关的（包括沉淀、蒸发、沉积、胶结和热液活动）矿物质。

2）测量着陆地点周围的矿物、岩石和土壤的分布和成分。

3）测量何种地质作用造成当地的岩层和如何影响化学作用。这些作用包括水、风蚀、沉淀、热液过程、火山活动和陨石撞击所造成的影响。

4）轨道器上的仪器设备将会对地表上的这些观察资料进行分类和确认；机遇号将会协助判断火星轨道器的仪器设备对火星的观察是否准确和有效。

5）搜寻含铁矿物并鉴定和定量其中的含水矿物或者在水中形成的特定种类矿物，如含铁碳酸盐。分析岩石和土壤的结构和成分及形成过程。

6）寻找曾经存在液态水时，地质所含当时环境状况的可能证据。

7）评估火星上的环境是否有益于生命。

2.4.3.2　探测发现

（1）勇气号

勇气号（见图 2-6）在古谢夫环形山内展开考察，该环形山是一个已经高度风化的陨石坑，直径达到 150 km。之前轨道器的观测显示这一陨石坑在过去可能曾经是一个湖泊，其水源来自注入其中的一个河流网，这一河流网源自南部的一个高地。

图 2-6　勇气号巡视器

在这里，勇气号发现了大量的玄武岩，这些岩石仅仅显示出极微弱的潮湿气候风化痕迹。到2004年6月，当勇气号在执行其首个延长期任务时，抵达了一座被称作哥伦比亚山的小山脚下，这座山距离其着陆地点有2.6 km，勇气号历经千辛万苦来到这里，目的是探寻这里可能存在的基岩。它在这里发现了大量显示明显水环境暴露历史痕迹的岩石和土壤，包括发现了一种氢氧化物针铁矿，以及水合硫酸盐。它还发现了一个富含碳酸盐的岩石露头，显示这里曾经存在非酸性的潮湿环境。在山间的一块低地上，勇气号发现了这里岩石上的纹理和组成中隐藏的证据，证明这里在地质历史早期曾经发生过在爆发的火山附近的液态水与炙热岩石之间的相互作用现象。

勇气号在长达3年多的考察期间内出现了严重磨损现象，其一个轮子无法继续转动，但是它拖着这个轮子继续蹒跚前行，展开科学考察，甚至因此有了意外的收获——这个拖行的轮子无意间刨开了松散的地面，暴露出下面埋藏的几乎纯净的二氧化硅沉积物。这一发现显示这里曾经存在热泉或蒸汽喷口。在地球上，这样的场所是微生物生存的理想地点。2009年6月，勇气号由于第二个轮子也发生故障，不幸陷入一片沙地无法动弹。这一事故是致命的，勇气号就在这里永远和地球上的控制中心失去了联系。

（2）机遇号

机遇号成功降落在一个直径仅约22 m的陨石坑里，并且立即在着陆点周围发现了沉积岩层的露头。在接下来的数周内，机遇号对这片沉积岩层的考察终结了人们有关火星表面是否曾经有过长时间流水存在的争论。这些岩层的组成和纹理特征显示这些岩石不仅曾经被水浸透，甚至还曾经被浸没在轻微流动的水体中。从2004年6月开始的6个月内，机遇号对另一个体育场大小的陨石坑——坚忍陨石坑内暴露出的深层沉积岩层展开详细考察，这一陨石坑距离机遇号的着陆点约700 m。这些岩层显示它们都曾被水浸透，但是其纹理特征也显示它们曾经经历过一段时期的干燥阶段。也就是说，风沙覆盖的干燥时期以及流水浸透的潮湿时期在这一地点曾经交替发生。

在对自己降落时丢弃的隔热罩以及在其着陆点附近发现的一个铁镍陨石进行考察之后，机遇号一路向南行进了超过6 km，它的目标是一个更大更深的陨石坑——维多利亚陨石坑。在这里，机遇号得以对埋藏更深、年代更加久远的岩层进行考察。机遇号在其考察地点发现了富硫矿物，显示这里曾经存在酸性环境。在2008年年中，机遇号出发前往一个直径为22 km的陨石坑——奋进号陨石坑，轨道器已经在这里观测到黏土矿物的信号，黏土矿物的形成一般和水有关，显示这里曾经存在酸性相对较弱的水环境。2011年8月，机遇号行驶的总里程已经超过34 km，它终于抵达奋进号陨石坑的边缘，开始了其火星科学考察生涯的新阶段。在这里，机遇号发现了水中沉积作用形成的石膏矿脉，这些发现再次显示出可移动且性能耐久的巡视器在科学考察方面的巨大优势。

2.4.4　凤凰号着陆器

凤凰号着陆器如图2-7所示。

图 2-7　凤凰号着陆器

2.4.4.1　科学目标

1）至少在 90 个火星日内，对火星 70°N 附近的极区气候与天气，火星大气与地面的相互作用，穿过大气下降区间时对大气特性以及低空大气的组成进行测定，重点探测水、冰、尘、惰性气体以及二氧化碳。

2）描述北部平原的地貌，分析地貌形成的过程；测定近表面区域土壤的物理性质，重点研究水的作用。

3）测定水成矿物、土壤中的水分，以及表土的吸附气体与有机物含量，验证奥德赛号关于近表面冰的发现。

4）表征水、冰与极区气候的变化历史，测定过去和现在火星表面与表面下层环境的生物学潜能。

5）寻访几个关键区域，为载人火星探测做准备。

2.4.4.2　探测发现

凤凰号确认并考察了之前由奥德赛号探测器探测到的埋藏浅地表的水冰。它还确认了这里存在碳酸钙，说明该地区会发生偶发性的融水。凤凰号对机械臂铲取的土壤进行化学成分分析，结果暗示有生命宜居的环境条件，并且还观测到火星上的"干冰降雪"。凤凰号还提供了长时间的火星天气记录，包括气温、压力、湿度和风力等数据，以及观测霾、云层、冰霜和气流。凤凰号还与火星勘测轨道器协调运作，从火星地面和轨道同步观测火星天气。

整个任务期间最让人意外的是它还发现了高氯酸盐，这是一种氧化剂，在地球上是一些微生物的食物，而对于其他一些生物则是有毒的。它可以降低液态水的凝结温度，幅度达 10 ℃。在完成预定的 3 个月探测任务后，凤凰号又继续工作了额外的两个月，直到火星北极地区的极寒天气最终让其太阳能供应降低到无法继续维持的程度，任务就此结束。

2.4.5 洞察号着陆器

洞察号着陆器携带的有效载荷如图 2-8 所示。

图 2-8 洞察号着陆器携带的有效载荷

2.4.5.1 科学目标

通过这次火星内部探测来了解火星内核大小、成分和物理状态、地质构造，以及火星内部温度变化、地震活动等信息。该研究的最终目的是加深对火星演化过程的认识，通过比较行星学研究得到类地行星演化的共性和特性，并以此深入探索太阳系的起源和演化历史。

2.4.5.2 探测成果

（1）地下：地震频发但不强烈

洞察号任务是 NASA 第一个致力于深入研究火星内部深层结构的任务，探测器上的内部结构地震实验仪（Seismic，SEIS）是为该任务专门设计的，用于探测记录火星地震或流星撞击产生的地震波，为科学家提供研究行星内部结构的线索。

在 2019 年 4 月 6 日，SEIS 首次探测到了源自火星内部的微弱震动信号，令科学家们兴奋不已。而随后的研究表明，火星地震远比科学家们预期的要频繁。2019 年年底，SEIS 每天差不多能检测到两个震动信号。到目前为止，SEIS 已经发现了 450 多个震动信号，其中绝大多数被认为是地震信号。虽然地震频繁，但信号表明，火星上的这些地震都不强烈，最大的地震规模也只有 4.0 级。

（2）表面：磁力信号比预期强 10 倍

在数十亿年前，火星有着完整磁场，但如今已不存在。洞察号上的磁力计发现了其曾经存在的痕迹——磁化的古老岩石。但让科学家们惊讶的是，洞察号着陆点处的磁力信号比研究该区域的轨道飞行器所预测的强 10 倍。他们推断，在着陆点 150 km 以内，地表以下的岩石被磁化了。地质测绘和洞察号地震数据表明，大部分或所有的磁化源都存在于基底岩石中，这些岩石至少有 39 亿年的历史。

除了磁力信号强度超出预期外，科学家们还发现，这些磁力信号会随时间而变化，其量值在白天和晚上会有所不同。目前尚不能确认造成这种变化的原因，但认为可能与太阳风和火星大气的相互作用有关。

（3）空中：常听风起但不见尘暴

洞察号借助了更先进的设备，几乎可以连续测量风速、风向和气压，因此可以提供更多的数据。至今，洞察号已经检测到数千个旋风，远远超过此前 NASA 的任何一个配备了气象传感器的火星探测器。

当风吹起沙砾变得大规模可见时，被称为"尘暴"。但在火星上，尽管风吹得频繁，SEIS 也可以感觉到这些旋风像巨型吸尘器一样在火星表面吸起尘埃，但至今为止，洞察号的相机却一直没能捕获到尘暴的画面。

（4）核心：内核情况判定要待来年

洞察号上有两个无线电装置：一个用于定期发送和接收数据，一个用于测量火星旋转时的摆动，后者又被称为自转和内部结构实验仪（Rotation and Interior Structure Experiment，RISE）。洞察号配备 RISE 装置的目的是为研究火星内核提供线索。科学家可以利用火星与地球之间的无线电传输来评估火星绕轴旋转产生的摆动，最终揭示火星内核是固态的还是液态的。

但现在科学家要对火星的内核情况进行判定，探测的时间还远远不够。他们还需耐心等待。因为只有观察火星在一个完整火星年（687 天，相当于 1.88 个地球年）内的旋转摆动情况，才能更好地了解它的摆动幅度和速度，进而做出准确判断。

2.4.6 其他火星探测任务

2.4.6.1 Mars-3 火星着陆器
俄罗斯在苏联时期进行了大量的火星探测任务，1971 年 5 月发射的 Mars-3 着陆器成功着陆，向轨道器发送了 20 s 的视频数据后出现故障。

2.4.6.2 Mars-8 火星探测器
冷战结束后，苏联/俄罗斯仅在 1996 年执行过 Mars-8 火星探测任务，未能成功进入火星轨道而失败。

2.4.6.3　希望号火星探测器

日本于 1998 年发射了希望号（Nozomi）火星探测器，该火星探测器的主要科学目标是对火星的大气进行研究，但是因点火失败而造成整个任务以失败告终。

2.4.6.4　火星快车号探测器

欧洲空间局在 2003 年 6 月份执行了火星快车号（Mars Express）火星探测项目，该任务因通信故障而失败。

火星快车号任务中轨道器和着陆器分别有各自的科学目标。

（1）轨道器的科学目标

1）拍摄火星表面全景高清图像，局部地区拍摄超高清图像；

2）绘制 100 m 分辨率的矿产分布图；

3）绘制火星大气成分图并分析全球环流；

4）勘察地表以下若干千米深的地质结构；

5）研究大气对火星地表的影响；

6）研究大气与太阳风的关系。

（2）着陆器的科学目标

1）勘察着陆区地质情况、矿产及化学组成；

2）探寻火星生命迹象；

3）研究环境及气象。

2.4.6.5　火星生物学-2016

2016 年 3 月 14 日，欧洲的火星生物学-2016（ExoMars-2016）探测器升空。它由欧洲微量气体轨道器和夏帕雷利着陆器组成。其中轨道器主要用于探测火星大气中的微量气体；着陆器用于火星表面着陆试验。同年 10 月 16 日，着陆器与轨道器分离。此后，微量气体轨道器经过变轨进入预定的火星轨道，但原计划于 2016 年 10 月 20 日在火星表面着陆的夏帕雷利在着陆火星表面前与地面失去了联系，原因是一个仅一秒的计算失误，提前将降落伞与隔热罩分离了，导致夏帕雷利硬着陆而撞毁。

2.5　历次着陆点及其分布图

2.5.1　着陆区域选择

美国历代巡视器的着陆地点和落区如图 2-9、图 2-10 所示。

对于好奇号的着陆点，科学家、天文学家从 2008 年 11 月就从 50 多个着陆点中进行筛选，2010 年年底，NASA 宣布好奇号的计划着陆地点：火星的盖尔环形山，如图 2-11 所示。盖尔环形山直径约 150 km，主峰海拔达 5 000 m，通常被称为夏普山。

盖尔环形山是火星的一个古老撞击坑，形成于大约 3.5 亿～3.8 亿年前。由层状岩石构成，层状岩石中含有黏土和硫酸，这些物质和地貌的形成都与水有关。主峰夏普山由一

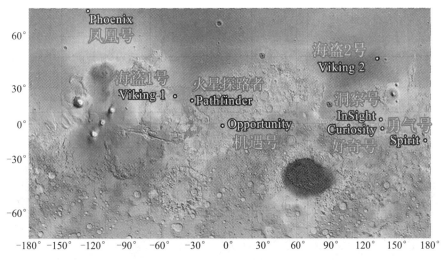

图 2-9　美国历代巡视器的着陆地点（见彩插）

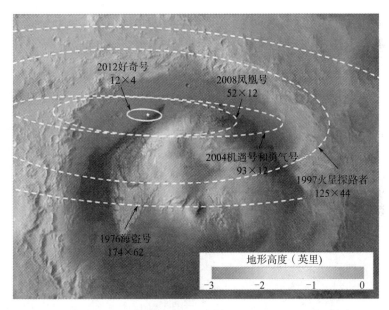

图 2-10　历代巡视器的落区（1 英里＝1.61 千米）（见彩插）

层一层的沉积岩构成，这种结构的山峰就像一本书，从山脚到山顶，可以从中理出火星的早期历史年表，年表的起点就是这座巨大的环形山形成之后的某个时间点。沉积岩中不同的矿物层至少记录下了火星上 3 种不同环境的演变情况，它的最上层保留了在过去的几十亿年里火星最近一次转入干燥气候的信息。

　　NASA 选择盖尔环形山的原因是它符合好奇号巡视器着陆的以下几个要求：

　　1）较为适中的石块尺寸。石块太大，在巡视器着陆过程中会引起巡视器着陆不稳，可能导致巡视器侧翻；石块太小，则会在着陆过程中激起很大的灰尘，影响巡视器表面设备。

　　2）合适的倾斜角度。避免陡峭的斜坡造成巡视器侧翻。

　　3）地面硬度足够。可以提供足够的承载力来支撑巡视器移动。

图 2-11　火星盖尔环形山

2.5.2　着陆区域特点

2.5.2.1　索杰纳号

火星探路者（Mars Pathfinder，MPF）着陆器及其搭载的索杰纳号巡视器是人类向其他行星成功投送的第一台行驶探测装置。火星探路者着陆器由 1 块基板和 3 块侧板组成，合拢在一起形成一个"四面体"结构，索杰纳号巡视器安放在其中一块侧板上（见图 2-12），初始离地高度仅约 0.6 m。

图 2-12　火星探路者

着陆器装备的两条"可展坡道"分别收卷在索杰纳号的前后。"可展坡道"的主承力件是两根圆柱形弹簧，将金属管沿纵缝拉开成金属条，卷起来约束成收卷状态，工作时放开收卷约束就恢复成"管子",再通过织物连接形成"坡道"。"可展坡道"的抗弯刚度有限,承载重量不大,美国投送更重的巡视器时均未采用这种方式。

索杰纳号在火星探路者着陆器附近 100 m 的范围内进行了科学实验。火星探路者于 1996 年 12 月 4 日搭乘德尔它-2 运载火箭发射,经过 7 个月的飞行,于 1997 年 7 月 4 日着陆在火星表面的阿瑞斯谷(Ares Vallis)区域。7 月 5 日,探测器自动完成位置校正,打开 3 面外壁,平摊于地面;在地面指挥中心的遥控下,索杰纳号巡视器沿打开的外壁驶到火星表面。按照原计划,索杰纳号巡视器将在火星表面工作 7 个火星日,搜集火星表面的环境、岩石、地貌结构等数据,并传回地球。

索杰纳号巡视器重 10 kg,高约 31 cm,使用 6 轮驱动,由高能锂电池供电。巡视器采用激光制导、智能控制等技术,安装了先进的高分辨率摄像机等微型仪器,可对火星表面的岩石、灰烬和碎片的组成结构进行考察。此外,索杰纳号巡视器还可以收集火星大气、环境和地貌结构数据,以及进行火星表面图像拍摄。在地面,控制人员用一台 SGIOnyx2 可视化超级计算机对巡视器进行管理和遥控。

2.5.2.2　机遇号

机遇号在子午线高原(Meridiani Planum)发现了由水形成的赤铁矿,但是和许多专家预计的相反,这些赤铁矿并非形成于拥有生命的湖泊底部,而是在含盐的高酸性地下水中。有时水会流到火星表面,但在过去 30 多亿年的绝大部分时间里,这一区域一直是含盐的沙丘。尽管如此,大部分科学家依然认为机遇号的着陆点选择还是非常成功的,他们希望能找到火星早期水存在的证据,当然最终还是找到了。

2.5.2.3　勇气号

勇气号的着陆点在古谢夫环形山(Gusev Crater)。勇气号的 155 个候选着陆地点绝大部分被证明存有致命的问题,如风太大无法着陆、灰尘太多无法从事地质学研究、巨石太多没有足够的空间供着陆等。最后筛选剩下的 4 个地点中,其中一个被许多人认为是极为安全的后备着陆点,但是那里太平淡无奇了;另一个地方发现水的可能性又很小。相比之下,古谢夫环形山看上去更像是一个理想的选择。轨道成像观测使得许多专家相信,洪水曾经涌入了这座环形山,并且形成了一个深达几百米的湖泊,但是在勇气号到达之后,结果却令人沮丧。这里就像是一个由熔岩撞击粉碎而形成的"玄武岩监狱",从来就没有水的存在。当勇气号驶入附近的哥伦比亚山区的时候,它发现了水与火山岩相互作用或有岩石撞击的痕迹。但是有关的问题被证明过于复杂,并没有得到解释。

2.5.2.4　凤凰号

根据凤凰号的使命,美国在设计时就选定了其着陆区域在火星北纬 60°~70°之间。选择步骤是:

1)根据着陆区域的选择原则先选择一个大的区域。

这一区域需满足:

• 着陆区斜坡不能大于 16°;

· 着陆区不能有直径大于着陆器最大宽度的石头或者陨石坑，着陆区域选择的目标之一就是选择石头和陨石坑最少的区域；

· 着陆区海拔要适合着陆轨道。

2) 对各个大着陆区域进行分块，用安全识别判定的方法对每一块小区域进行安全识别，最终确定合适的着陆点。

经过最初的选择，NASA 初步确定了图 2 - 13 (a) 中的 A、B、C 和 D 四个区域作为着陆区域。并依据上述原则，最终选择了 D 区作为凤凰号的大着陆区域。然后对 D 区再进行分块处理，每小块的面积大小是 100 m×100 m，从中选择小着陆区域。

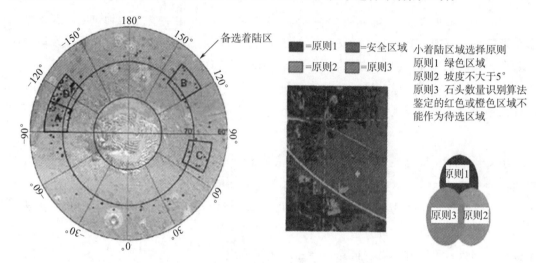

(a) 凤凰号初选的着陆区域 A、B、C 和 D　　　　　(b) 凤凰号小着陆区选择标准

图 2 - 13　凤凰号着陆区域选择（见彩插）

选择小着陆区域的步骤如下所述：

1) 用石头数量识别算法计算每个小块中包含的石头数量，凤凰号使用的石头识别算法精度能够识别直径大于 1.5 m 的石头；

2) 根据先验知识建立石头大小-数量分布率关系来估计每个分块直径小于 1.5 m 的石头数量；

3) 用蒙特卡洛方法进行分析处理，得到石头数量与任务失败的关系，见表 2 - 3，并按照表 2 - 3 中的颜色对每个分块进行着色，如图 2 - 13 (b) 所示。

表 2 - 3　石头数量与任务失败的关系

危险颜色直径 1.5 m	失败概率
绿色 1～3	1.94%～2.99%
黄色 4～8	3.41%～4.88%
橙色 9～19	5.23%～8.56%
红色＞19	＞8.56%

4）根据小区域选择原则进行分块选择：绿色区域；坡度不大于 5°；石头数量识别算法鉴定的红色或者橙色区域不能作为待选区域。

依据上面的分析方法，NASA 最终确定凤凰号着陆在图 2-13 所示的椭圆区域内。

2.5.2.5　好奇号

好奇号着陆点的选择重点考虑可栖息性，也就是环境承载过去或者现在生命形式的可能性。

科学家们从山谷、峡谷、沟壑、环形山、平原和盆地这些令人眼花缭乱的地质结构中寻找可栖息性的踪迹。通常，有水塑造地貌的地区都是合适的着陆点。如果那里的岩石是层状的则更为理想，因为这可能是某个时期在水层中所造成的沉积。当然这一地点对于着陆而言必须是安全的，或者从安全的着陆点可以抵达这一地区。MSL 软着陆地点选择投票前 12 名见表 2-4。NASA 最终选择了盖尔环形山作为好奇号的着陆点。

表 2-4　MSL 软着陆地点选择投票前 12 名

序号	地点名称	位置	海拔/km	探测目的
01	尼利·福萨凹槽	≈22°N, ≈75°E	−0.6	页状硅酸盐
02	霍尔登环形山	26.4°S, 325.3°E	−2.3	层状物质
03	特比环形山	28°S, 73°E	−5	层状物质
04	马斯山谷	22.3°N, 343.5°E	≈−2	页状硅酸盐
05	埃伯斯沃尔德环形山	24.0°S, 326.3°E	−0.8	三角洲
06	盖尔环形山	4.6°S, 137.2°E	−4.5	内部层状沉积物
07	堪多峡谷（东）	≈8°S, ≈67°W	−4	硫酸盐沉积
08	本初子午线（北）	2.7°N, 358.8°E	−1.5	沉积层
09	尤文特峡谷	5°S, 297°E	−2	层状硫酸盐
10	尼洛·悉提斯	≈23°N, ≈76°E	<−2.0	页状硅酸盐
11	米拉斯峡谷	9.8°S, 283.6°E	−1.9	古老湖泊
12	本初子午线（东）	0°, 3.7°E	≈−1.3	沉积层

2.5.2.6　洞察号

洞察号着陆器的主要任务是携带可深入火星地表下 5 m 的钻头对火星进行深度钻岩，并进行样本成分原位分析。随同洞察号一起发射的还有 2 颗立方星微卫星，将作为洞察号的中继通信卫星，洞察号着陆器如图 2-14 所示。

洞察号重 358 kg，其外形结构继承了凤凰号的设计，基本与凤凰号保持一致。洞察号着陆器的技术参数见表 2-5。

图 2 - 14　洞察号着陆器

表 2 - 5　洞察号着陆器的技术参数

长度	太阳能板展开后长度为 6 m
宽度	1.56 m(着陆器甲板直径)
甲板高度	83～108 cm
机械臂长度	1.8 m
质量	358 kg
电源	两个太阳能电池板,每个直径约 2.2 m

　　洞察号是一个纯地质物理探测器,在选择着陆区时需要考虑太阳能供给、着陆安全性及探测器的工作环境(如地势、岩层软硬程度等)。在选择洞察号的着陆区时,位于波多黎各岛的阿雷西博天文望远镜和火星勘测轨道器(MRO)浅层勘探雷达的观测数据被用来检测着陆区的近地表特性,包括反射特性、近地表粗糙度以及岩层情况等。在长达 4 年的选址讨论之后,洞察号最终选定的预计着陆点位于火星北半球埃律西昂平原西部,中心位置约为 4.5°N, 136°E,表面重力加速度约为 3.71 m/s^2。从图 2 - 9 历代巡视器的着陆点可以看出,洞察号着陆点距离好奇号巡视器的探测区很近,MRO 从火星上空飞过时,可以同时拍摄到这两个着陆器。

第 3 章　好奇号的任务与成果

好奇号巡视器是迄今为止最为成功的行星车之一，它使用了可拼接扩展的隔热设计、安全准确的着陆方式、灵活稳定的供电方式、自主快速的通信方式等多项先进技术，承担着人类探索火星的殷殷期盼。好奇号巡视器运行至今，先后发现了火星上存在水、有机物、微生物等的直接证据，初步探索了火星大气的成因，测定了火星的辐射环境，取得了多项重大发现。

3.1　好奇号任务

火星科学实验室（MSL）是美国国家航空航天局 2009 年火星探测计划的一个组成部分，于 2011 年 11 月 25 日 10 点 25 分（北京时间 11 月 25 日 23 点 25 分）在佛罗里达州卡纳维拉尔角空军基地由宇宙神 5 号 541 型火箭发射，2012 年 8 月 6 日精准着陆于火星表面一个名叫"盖尔"的陨石坑中。

好奇号巡视器的尺寸是 2004 年登陆的火星探测漫游者的勇气号和机遇号的 2 倍，质量是其 3 倍。比起之前其他火星任务，它携带了更多的先进科学仪器，其中部分仪器由国际提供，如俄罗斯的中子动态反照率探测器、加拿大和德国联合研制的 α 粒子 X 射线光谱仪、西班牙参与研制的环境监测站等。

好奇号巡视器能够从泥土挖出土壤、从岩石中钻取粉末，着陆至今，已经采集分析了 10 多份火星土壤样本或岩心样本，原本计划工作 2 年，但至今仍在运转，远远超过服役寿命。截至 2020 年 4 月，其行驶里程为 22.09 km，重点针对其着陆区夏普山、黄刀湾的岩土成分、大气环境等进行了较为详细的采样分析和检测。

值得一提的是，由青少年命名巡视器是 NASA 的惯例。2008 年 11 月 18 日，一项面向全美 5～18 岁学生的为巡视器命名的比赛开始。2009 年 3 月 23 日至 3 月 29 日，普通公众为 9 个进入决赛的名字进行投票，为巡视器的最终命名作为参考。2009 年 5 月 27 日，NASA 宣布六年级学生马天琪的"好奇"赢得了比赛。

3.2　科学目标论述

3.2.1　美国火星探测战略科学目标

MSL 是 NASA 火星探测计划的一部分，所开展的任务均服务于计划的四大战略目标。这四大战略目标分别为：

1）确定火星上是否曾经存在过生命；

2）描述火星的气候特征；

3）描述火星的地质特征；

4）为载人探测做准备。

3.2.2　好奇号的科学目标

好奇号的特定目标是确定火星的宜居性。为加快推进上述目标的实现，好奇号定义了八大具体目标，分属四大领域。

（1）生物领域的目标

1）确定有机碳化物的性质与详细目录；

2）为构成生命的化学成分碳、氢、氮、氧、磷、硫编目；

3）识别可能表征生物过程的特征。

（2）地质特征领域的目标

1）研究火星表面和近表面区域的化学、同位素与矿物学构成；

2）解释岩石和土壤的形成过程。

（3）行星演化领域的目标

1）评估长时间范围如 40 亿年内的大气演化过程；

2）确定水和二氧化碳目前的状态、分布和循环过程。

（4）表面辐射领域的目标

确定表面辐射的广谱特征，包括宇宙射线、太阳质子事件和次级中子。

3.3　好奇号取得的成果

自 2012 年 8 月在火星盖尔陨石坑内部的布莱德伯利着陆后，截至 2020 年 4 月，好奇号已经在火星工作了近 8 年时间，为科学家提供了大量珍贵的一手图像和分析数据，让人类更加了解这颗红色星球。

在那里，巡视器完成了寻找古代潮湿环境适宜微生物生长的证据这一科学目标，进行了首次火星地表辐射量测量，确定了火星大气中甲烷含量的变化，首次在火星发现了有机碳化物，探测到如碳、氢、氮、氧、磷和硫等生命元素，观察到明显的矿脉及矿物包括黏土矿物、赤铁矿、黄钾铁矾矿物、硅物质等，解释了火星大气中碳元素的流失原因。然而，其最重要的发现莫过于在火星土壤样本里发现了液态水和更多物质。

2015 年，NASA 陆续宣布了取得的一系列关于火星探测的重大发现，包括火星上存在有机物、火星表面存在液态水、火星表面存在远古湖泊、火星上有明显的矿物脉等。

截至 2020 年 4 月 29 日好奇号在火星上的行进路线如图 3-1 所示。

3.3.1　科学成果

3.3.1.1　发现火星日偏食

2012 年 9 月，好奇号巡视器拍摄了大量火星日偏食的照片。地球上的日食由月球在太

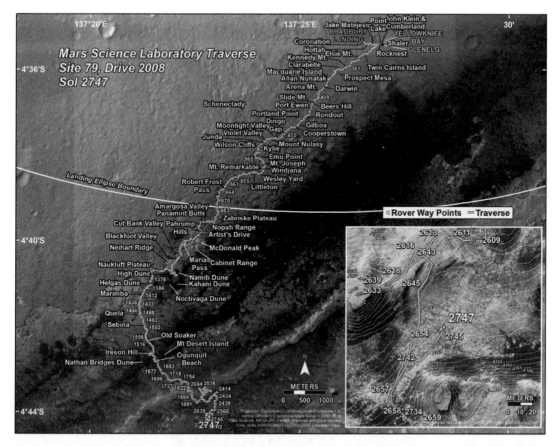

图 3-1 截至 2020 年 4 月 29 日好奇号在火星上的行进路线

阳和地球之间穿过形成，火星上的日食则由火星的两颗卫星所致。照片中，太阳被火卫一遮住，好像被"咬"了一口。

3.3.1.2 发现有机碳化物

（1）有机碳化物的成分

美国国家航空航天局好奇号火星巡视器上负责火星样本分析仪的团队第一次在火星成功探测到了可知的有机分子。通过处理样本中的氯化物和其他氧化物来辨认微量的有机化合物，尤其当样本被火星样本分析仪加热后，样本将会与燃烧的有机化合物反应生成二氧化碳和含氯碳氢化合物。烘烤样本也揭示了合成物包含氯、氧，可能还有氯酸盐或高氯酸盐，这些之前在火星的北极点附近有所发现。但是在赤道地点好奇号也发现了这样的化合物，表明它们能分散到更广的范围乃至全球。

好奇号还在一块称为坎伯兰格的火星岩石中检测出其他火星有机物，这是首次确定无疑地在火星表面材料中检测到有机物，如图 3-2 所示。好奇号对大气及岩石粉末的分析无法表明火星上是否存在过活的微生物，但该发现揭示了如今的火星仍然具有化学活性，而远古时期的火星上存在过适宜生命的环境。

参与好奇号项目合作研究的麻省理工学院科学家 Roger Summons 说："这是第一次在

图 3-2　好奇号巡视器在坎伯兰格岩石内部采集到粉末样本

火星岩石中发现有机碳化物。有机物很重要，因为它能够告诉我们其形成和保存的化学途径，进而可以让我们了解地球和火星的差异，并确定盖尔陨石坑沉积岩这种特殊环境是否有利于有机物聚积。现在的问题是在夏普山（Mount Sharp）上找到其他可能存在更多种类有机物的岩石。"

目前测定的火星上的有机碳化物主要为甲烷。NASA 的好奇号巡视器探测到周围的火星大气中甲烷含量升幅一度高达 10 倍，此外，好奇号还从岩石粉末样本中检测到了其他有机分子。甲烷含量的短暂升高，即快速升高，随即下降，代表火星上存在甲烷来源。甲烷可能来源于生物也有可能来源于非生物（如水和岩石的化学反应），如图 3-3 所示。

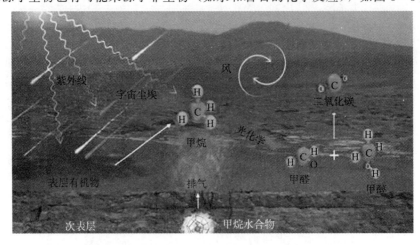

图 3-3　甲烷进入和离开火星大气层的几种方式

　　研究人员利用好奇号上的样本分析仪在长达 20 个月的时间里对火星大气中的甲烷进行了数十次探测。2013 年年底到 2014 年年初的两个月中，4 次测量的平均值为每十亿 7 单位，而此前以及此后的测量平均值只有该数据的十分之一。

　　（2）甲烷的检测和储量评估

　　好奇号分析了 6 个自 2012 年 10 月到 2013 年 6 月的火星大气的样本，但没有发现甲烷。经科学家们计算，现在火星大气中甲烷的含量应超过每十亿 1.3 单位，这个数据是先前估计的六分之一。考虑到测试用机器可调谐激光器（Tunable Laser，TLS）的灵敏度，好奇号团队将采用这个方法来检测低于每十亿 1 单位的浓度的甲烷。该仪器经过调整后用来探索甲烷的踪迹。

　　TLS 内部的弯曲度测量仪器的实验示范如图 3 - 4 所示。

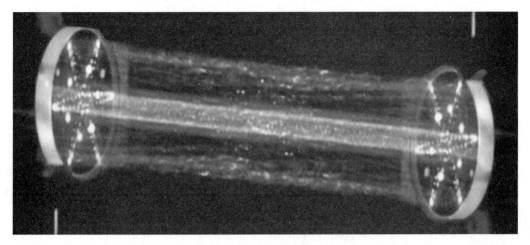

图 3 - 4　TLS 内部的弯曲度测量仪器的实验示范

　　据在地球与火星轨道附近的观测，火星的局部甲烷浓度可达每十亿 21 单位。在地球大气中甲烷的含量大约是百万分之二，是这次发现的火星甲烷浓度的 100 倍左右。

3.3.1.3　发现生命基本元素

　　（1）氢元素

　　好奇号上搭载的俄罗斯研制的中子动态反照率探测器探测到了巡视器下面的氢。巡视器在火星上非常干燥的区域，探测到的氢主要来自结合到矿物里的水分子。相较于较早的检测路线，在耶洛奈夫湾检测到了更多的水，即使是在耶洛奈夫湾内，水的分布也有很大的差别。同样，火星大气中的甲烷也含有大量氢元素。

　　（2）氮元素

　　好奇号通过携带的样本分析仪（Sample Analyzer at Mars，SAM）首次在火星表面探测到氮元素（在火星沉积物加热过程中），探测到的氮以氮氧化物的形式存在，可能是由硝酸盐在加热过程中释放出来的。硝酸盐是含氮分子，能够被活的有机体利用。这一发现为证明古代火星有生命存在提供了有力证据。

　　科学家们认为，硝酸盐可能产自火星上的陨石撞击。硝酸盐由一个氮原子和三个氧原子组成，是固氮的一项来源。一个硝酸盐分子能够与多种其他原子及分子结合。研究小组在石巢（Rocknest）的风沙和灰尘样本中，以及约翰·克莱因和坎伯兰格钻孔点的泥岩里发现了硝酸盐存在的证据，这三个地方都位于黄刀湾。石巢中发现的氮是火星上从远方吹来的灰尘和产自火星的物质的结合，所以硝酸盐很可能普遍存在于整个火星。实验结果表明钻井区域火星的土壤中每百万硝酸盐存在多达 1 100 份等价物。

将样本加热至释放出火星土壤中的分子，释放出的气体部分会被分流到样本分析仪进行分析。各种含氮化合物通过两台仪器来鉴定，一个是质谱仪，它使用电场识别氮分子；另一个是气相色谱仪（Gas Chromatograph，GC），它根据物质环绕小玻璃毛管的时间分离氮分子，某些氮分子与管的侧面相互吸引，从而传播得慢。

仪器在三个研究点的样本中检测出了一氧化氮。其中大部分的一氧化氮是从硝酸盐样本的加热过程中被分解的。随着样本被加热，某些化合物在样本分析仪中也能释放氮，然而，在最极端条件下和最不现实条件下所释放的一氧化氮的含量是机器所释放的含量的两倍多。

（3）氧元素

好奇号内部的仪器分析的第一撮土揭示了这个星球表面的精细土壤中含有一定质量的水。同时也检测出了重要的二氧化碳、氧气和含硫化合物。好奇号通过钻探外露岩石区收集到了粉末。机械臂把少量样本传送到了巡视器内部的化学与矿物学仪器内，分析岩石或土壤样本中的赤铁矿。这个样本来自帕伦普山（Pahrump Hills）外露岩石区内的一个称为信心山（Confidence Hills）的探测目标。赤铁矿是氧化铁矿物，它提供了关于其形成时的古老环境条件的线索。

更早前分析过的岩石也包含氧化铁矿物，大多数是赤铁矿。形成赤铁矿的一种方法是把磁铁矿放入氧化环境中。对其中包含约 8% 的赤铁矿和 4% 的磁铁矿的样本进行分析。这个样本仅仅部分被氧化，其内部磁铁矿和橄榄石表明氧化水平的梯度，这个梯度可能为微生物提供了化学能量来源。

（4）其他元素

研究者使用好奇号可以发射激光的化学分析与照相机仪器，记录下了向花园城（Garden City）发射激光后产生的火花光谱。他们在花园城探测到了高得反常的化学成分多样性，其中一些矿脉含有硫化钙，另一些含有硫化镁。其他的矿脉有的富含氟，有的含有不同程度的铁。这种形态的矿脉中会有流体流经断裂处的裂隙岩和沉积矿物，并影响断裂处周围岩石的化学性质。好奇号在之前几处地方已发现过由硫酸钙构成的浅色矿脉，而其中的深色物质可使人了解更多。

3.3.1.4　发现液态水

2015 年 9 月 29 日，NASA 举行发布会，公布了该机构有关火星的"重大发现"。NASA 宣布，来自火星勘测轨道器的数据和研究表明，此前在火星表面一些陨石坑坑壁上观察到的神秘暗色条纹可能与间断性出现的液态水体有关，这些出现在坑壁上的暗色条纹可能是含盐水体沉积过程产生的结果。在较温暖的季节，这些线条的颜色变得更深，表明水流在斜坡上出现。在较冷的季节，这些地表特征变浅。在火星的部分地区，最高温度可以达到−23 ℃，此时深色线条最明显。

火星上的水一直被认为以固态冰的形式存在，而此次发现证实了火星上有液态水的猜测，增加了火星上存在微生物类生命的可能性。另一方面，对于未来前往火星的航天员而言，火星地表存在的液态水也将让他们在那里"更容易生活"。航天员探索火星时可减少水的携带量，腾出更多裕量运载其他物品。NASA 提出到 2030 年中期左右将实施载人火星探测任务。如果此次搜集到火星表面存在液态水的确凿证据，甚至证明火星有可能适合人类居住，无疑将是人类历史上的里程碑事件。

但关于接下来如何对发现液态水的区域进行进一步探测，NASA 面临着进退两难的境地：已经在火星上工作了 3 年的好奇号巡视器并不是完全无菌的，可能携带来自地球的微生物，会污染火星上的潮湿区域。它要么只能通过激光对该区域进行远距离探测，要么就要冒着污染火星的危险接近该区域对泥土进行采样分析。但目前 NASA 并未确定将如何进一步探测火星表面的液态水。

（1）NASA 证实如今火星上仍存在液态水

如图 3-5 所示，火星上长 100 m 顺向下坡的深色狭窄条纹是循环边坡线，据估计是由现代流水形成的。最近行星科学家们在海尔火山口的斜坡上探测到水合盐，这证实了他们最初的猜想，即这些条纹是由液态水形成的。深色条纹上坡的蓝色和条纹的形成无关，它们是由矿物辉石形成的。图 3-5 是将正射纠正后（红-蓝/绿射线）的假彩色图像覆盖在同一地点的数字地形模型上产生的，数字地形模型则由高清晰度科学实验成像（亚利桑那大学）拍摄。垂直放大率为 1.5。NASA 火星勘测轨道器的新发现极有力地证明了现今火星上存在间歇性流动的液态水。研究者们使用火星勘测轨道器上的成像光谱仪在发现神秘条纹的斜坡上探测到了水合矿物。这些深色条纹随着时间推移起伏绵延，温季时颜色加深，在陡坡上流淌，寒季到来时则又消失。当周围温度达到−23 ℃时，它们会在星球的多处地方出现，稍冷时则又消失。这些以循环边坡线著称的下坡流据说与液态水关系密切，而坡上新发现的水合盐则能指出这种关系与图中的深色图形有关。水合盐会降低液态盐水的冰点，就和地球上用盐来加速冰雪融化是一个原理。科学家们认为可能是一条地下浅流和足够的地表水造成了图中的深色。

被称为循环边坡线的深色狭窄条纹长约几百米，以发散状呈现在火星的加尼火山口壁上，据猜想它们由火星上的液态咸水流形成。图 3-6 是将正射纠正后（RED）的图像覆盖在同一地点的数字地形模型上产生的，数字地形模型则由高清晰度科学实验成像（亚利桑那大学）拍摄。垂直放大率为 1.5。2010 年，奥哈还是亚利桑那大学的研究生，他使用火星勘测轨道器上的高清晰度科学实验成像图像第一个发现了这些令人费解的特征。高清晰度科学实验成像现已在火星观察到十几处循环边坡线。这项新研究和高清晰度科学实验成像观察、火星勘测轨道器的火星侦察影像频谱仪矿物填图同时进行。光谱仪在多处循环边坡线上观察到水合盐的痕迹，但只在这些深色图形相对宽时才能观察到。研究者们若在循环边坡线宽度不够时观察同一处地方，他们就探测不出任何水合盐。奥哈和他的合著作

图 3-5　海尔火山口的斜坡上地形结构图（见彩插）

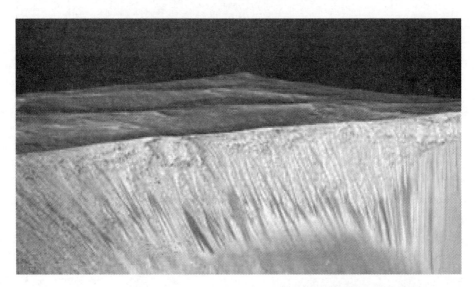

图 3-6　火星的加尼火山口呈发散状地形结构图

者将这种光谱特征解释为高氯酸盐水合物导致的图像。与这些化学特征最符合的水合盐可能是高氯酸镁、氯化镁及高氯酸钠的混合物。有些高氯酸盐使液体即使在−70 ℃时也不会冻结。地球上天然形成的高氯酸盐集中于沙漠中，而有些高氯酸盐还能用作火箭推进剂。高氯酸盐之前在火星上发现过，凤凰号着陆器和好奇号巡视器都在火星土壤中发现过这种物质，有些科学家还相信 20 世纪 70 年代的海盗号火星探测器就已测出这种矿物盐。然而，此项循环边坡线研究探测到的水合物状态高氯酸盐其实存在于不同区域，且远多于着陆器已探索的区域。但这次是首次从火星轨道上探测出高氯酸盐。火星侦察影像频谱仪从 2006 年起就使用携带的 6 种科学仪器对火星进行检测。对奥哈来说，新的发现更能证

明他之前在火星深色坡上发现的神秘条纹确实是水。此项发现是 NASA 火星任务的最新
突破之一。图 3-7 以飞行视角观察火星某地，温季时，该地坡上会出现深色条纹，也许
是液体水流过的缘故。此地位于哈尔火山口（Hale crater），其中的条纹长度与一块足球
场相当。

　　图 3-7 中不同的颜色表示的是矿物水化量，矿物水化量是以好奇号巡视器的桅杆摄
影机检测到的近红外反射强度表示的。好奇号先前已经在钻孔的岩石里找到了黏土矿物，
近来好奇号又在这附近观测到含水矿物存在的证据。巡视器的科学小组对取自火星的钻孔
岩石粉末进行分析的结果显示，火星过去的环境条件是适合微生物生存的。在得克萨斯州
伍德兰兹的月球和行星科学会议上，科学小组发布了进一步的发现，表明这一结论在超出
钻孔范围的地方也是适用的。研究者利用巡视器上搭载相机的红外成像功能，和一个可以
向地面发射中子来探测氢的工具，发现在黏土矿物附近的矿物水化量比好奇号之前探测的
区域更多。巡视器上的桅杆相机（MastCam）也可以作为一个矿物探测和水化探测工具来
使用，坦佩亚利桑那州立大学的吉姆贝尔说道，"利用桅杆相机上的近红外过滤器也可以
探测和绘制一些含铁的岩石和矿物。"桅杆相机的不同近红外波长的亮度比可以反映一些
水合矿物的存在。这一技术已用来检测耶洛奈夫湾区域内的矿石，好奇号在耶洛奈夫湾区
域进行钻探首次收集到了火星岩石内部的粉末。耶洛奈夫湾区域内的一些矿石上明亮的纹
理纵横交错。好奇号的机械臂上搭载了加拿大制造的 α 粒子 X 射线光谱仪，取自 α 粒子 X
射线光谱仪的结果显示，在湿润环境中产生的耶洛奈夫湾黏土在整体的化学元素成分上并
没有多大的变化。好奇号所钻孔的地表岩石的元素组成与玄武岩相似。例如，它有与玄武

图 3-7　目标岩石"Knorr"的图片（见彩插）

岩类似的硅、铝、镁、铁含量。玄武岩是火星上最为常见的岩石种类，它是火成岩，但是它也被认为是好奇号检测过的沉积岩的母材料。一开始在岩石表面有一层灰尘，α粒子X射线光谱仪的元素成分探测结果与玄武岩并不十分吻合，直到好奇号用一个刷子扫去了灰尘。随后，α粒子X射线光谱仪检测到更少的硫。

　　好奇号在火星上多处地方发现了古老溪流存在的证据，如图3-8中的这块外露岩石，科学团队根据加拿大西北地区的霍塔湖而将之命名为"霍塔"。

(a) 火星上"林克"外露岩石　　　　(b) 地球上相似岩石

图3-8　火星上"林克"外露岩石和地球上相似岩石

　　图3-8（a）是好奇号拍摄的古尔本·斯考区域的高分辨率图像，图中这些岩石是由好奇号在火星降落时，发动机引擎冲击而成的。加利福尼亚州帕萨迪纳市的研究者们对好奇号勘察的含卵石的岩石板做了细致分析和总结，结果证实了他们最初的解释：这些岩石是一片古老河床的组成部分。它们是首批在火星上发现的含有河床砾石的岩石，研究者们能通过这些砾岩中形态各异、大小不一的砾石（从沙粒大小到高尔夫球大小不等）算出此地曾经水流的深度和速度。在着陆火星后的40天里，好奇号用MastCam检测了这些铺石状岩石。第一块岩石"古尔本·斯考"毗邻布莱德伯利·兰丁着陆点，而其他两块岩石"林克"和"霍塔"分别在着陆点东南方向约50 m和100 m处。研究者们还使用巡视器的激光化学相机设备勘察了"林克"岩石。大块的卵石并没有均匀地分布在这些砾岩上。研究者们在"霍塔"岩石上检测到了丰富卵石和砂砾相间的岩层，这在地球上是一种常见的河床沉积物，由此更加证明火星上存在过溪流。除此之外，许多卵石紧挨在一起，说明它们曾沿着一条溪流滚动。虽然如今火星上有大量水冻冰，但过薄的大气层使持续水流不可能形成。但多种证据已经证明古老火星上曾存在含液态水的各种环境。好奇号拍下的砾岩图片也说明盖尔陨石坑曾经的大气条件适合火星表面液态水流形成。在两年的首要任务执

行期间，研究者们使用好奇号上 10 个科学设备评估了火星盖尔陨石坑的环境历史，在此找到了存在利于孕育微生物的古老环境的证据。

　　2015 年 10 月，根据好奇号的探测数据，NASA 的科学家推测火星之前可能存在一个持续了万年的湖泊，如此漫长的时间很可能使河流和三角洲的湿地上产生生命。通过分析沉积物发现，水流会将泥沙、碎石带到巨大的盖尔陨石坑中。夏普山位于陨石坑中心，其本身就是一处高达 5 km 的沉积物堆，如图 3 - 9 所示。

图 3 - 9　黄刀湾地区大量的沉积岩层图

（2）火星地表以下土壤中存在液态水

　　火星拥有一种整体土层，这是一种由频繁的沙尘暴混合分布形成的土壤层。所以，此次收集到的样本基本上就是火星岩石的微小样本。如果将所有的颗粒混合在一起，那么就很可能读出一幅准确的火星地壳图。如果能够对火星的每一个地方进行研究，最终就会了解整个星球。此次研究成果对未来火星探索的意义重大。目前证据显示火星应该存在大量、容易获取的水分。如果将人类送往火星，他们就可以在任何地方获取土壤，对少量土壤进行加热从而获取水。

　　据 2013 年 9 月 26 日美国研究人员报道，经好奇号对火星土壤进行分析后发现，火星表面的土壤中可能含有"大量"水分。好奇号探测器携带了高科技激光和收集器，收集和分析盖尔陨石坑的样本，盖尔陨石坑位于火星赤道附近。应用于当前研究的其中一个仪器是：样本分析仪组件，它包含一个 GC、质谱仪和可调谐的激光分光计。这些工具能够使样本分析仪辨别种类繁多的化合物，而且确定关键元素的不同同位素的比率。样本分析仪组件在好奇号上的安装位置如图 3 - 10 所示。

图 3 - 10　样本分析仪组件在好奇号上的安装位置

　　伦斯勒理工学院的研究人员对探测器收集到的灰尘、土壤和在石巢沙地收集的粗粒土进行了分析和研究（见图 3 - 11）。研究者们将第五撮的一部分土放入样本分析仪中。在样本分析仪器中，这些"细粒"（灰尘、污垢和细土）被加热到 835 ℃。烘烤样本揭示了，合成物包含氯、氧，可能还有氯酸盐或高氯酸盐，这些都曾在火星的北极点附近有所发现。但是在赤道地点，好奇号也发现了这样的化合物，表明它们能分散到更广的范围乃至全球。

　　这次分析也表明碳酸盐的存在标志着水的存在。而且因为大量的主要气体挥发，样本分析仪也分析了氢和碳的同位素在挥发的水和二氧化碳中的比率，同位素是有着相同的化学成分但却含有不同数量的中子的变体，因此有着不同的原子重量。通过样本分析仪的分析数据发现在土壤中一些同位素的比率与早期分析过的大气样本中的比率是相似的，这就表明火星表面土壤与大气有着非常多的相互反应。

　　样本分析仪也能搜寻有机化合物的水平踪迹。虽然几种简单的有机化合物在石巢实验中被检测到，但是它们并没有被清楚地证明就是来自火星。相反，它们也可能是在高温实验中形成的，当在石巢样本中的高氯酸盐被热分解了，与陆地的有机化合物反应得到的挥发的氧和氯就会出现在样本分析仪中。两者的结果阐明了火星表面的成分，同时提供了未来研究的方向。

　　好奇号内部仪器分析的第一撮土揭示了火星表面的精细土壤中包含着一定质量的水。最振奋人心的结果之一是在好奇号检测的第一撮土壤样本中发现了高比例的水。2015 年 4 月，好奇号发现火星地表以下土壤中存在液态水的迹象，且在盖尔陨石坑中测得的温度也适合含盐液态水的存在。该发现表明火星表面很可能是潮湿的，且存在液态水（水中的高氯酸盐可以将水的冰点降到－70 ℃）。尽管液态水被认为是生命所必需的，但研究人员表示，这一发现对于证明火星上可能存在微生物并无任何直接的意义，因为直射火星表面的宇宙射线使火星环境表面不可能存在生命。

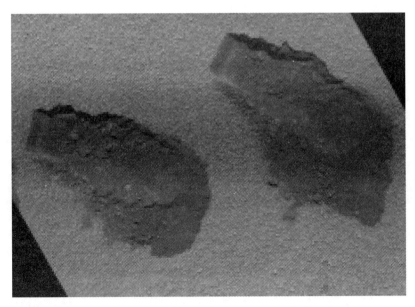

图 3-11 火星石巢的灰尘、污垢和细土中发现水

3.3.1.5 发现微生物

好奇号在检测的第一撮土壤样本中发现了高比例的水，2%的火星表面土壤是由水组成的，这是一种非常重要的资源。众所周知，液态水是生命的必需品，因此火星探测的一个重要目标就是寻找液态水资源。虽然现在火星的表层环境不适合微生物的生存，但是研究液态水存在于火星的可能性对于探索火星的宜居性和与水相关的地质过程具有重要意义。

好奇号于格莱内尔格地区完成了寻找古代潮湿环境适宜微生物生长的证据这一科学目标。好奇号降落在盖尔陨石坑后，它就以旋转和敲击的方式从 6 个岩石区域收集到了样本。第一个样本叫"约翰·克莱因"（John Klein），分析结果证明火星在古代可能曾经拥有适合微生物生存的宜居环境。自 2012 年 8 月着陆后的 12 个月里，好奇号发现了 30 亿年前为微生物的生活提供有利环境的古河床和湖床的证据。为了探索古代环境是如何逐步进化的，好奇号正在对盖尔陨石坑中一座层状山进行考察。

火星表面现在不适宜生物生存，但是有证据表明火星这个红色星球曾经在几十亿年前出现过适宜生命存在的气候。好奇号在 2014 年 9 月抵达具有多地层的夏普山底部之后，用了大约 6 个月的时间来考察此处的外露岩石。它的任务是考察适宜微生物生存的远古环境（如果火星曾经存在微生物的话），并考察从这样的环境过渡到 30 多亿年前更干旱环境期间的变化。巡视器在此地进行了观察和测量，解决了这些狭道怎样形成及回填的问题后，又重新驶往夏普山进行岩层研究。这些岩层会揭示出火星早期环境状况变化和维持微生物生长的可能性变化。

在黄刀湾区域，好奇号发现了一个古老的湖床，那里的岩石存有数十亿年前湿润环境条件的证据。一些区域含有黏土矿物的沉积岩层，表明在数十亿年前这里曾经是一片充满淡水的湖泊（见图3-12）。这里曾经拥有生命发展所需的所有必要条件，以及微生物所需的能量来源。这两种岩石为古代含关键化学元素和化学能源的湖床环境在十亿年前适宜微生物的生活提供了证据。

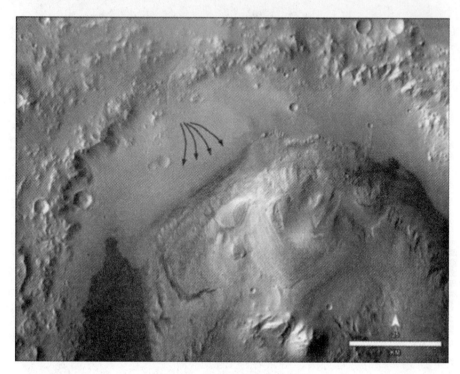

图3-12　理论上湖泊的分布图

另外，黄刀湾地区的水体酸碱度和盐度适中，并且拥有能量源。在地球上也可以看到类似的能量源的案例：很多生活在岩石中的微生物，它们以岩石为食。某些含有硫和铁的矿物是电子的良好受体，另外一些矿物则是电子的良好输出体，就像是电池的两个极。好奇号在这里不但达成了其搜寻火星古代宜居环境的目标，还发现这种宜居环境的存在时代要比原先想象的更加近代，并且探测结果证明这种宜居的环境可能还曾经持续长达数百万年之久。

3.3.1.6　发现矿脉

好奇号在夏普山上钻的第一个洞挖出的红色岩石粉末帮助此次任务实现了对轨道器测绘矿物的首次确认。图3-13所示为2015年4月4日使用MAHLI拍摄的花园城一条矿脉内的深浅色矿物，覆盖宽度大约为1英寸（1英寸＝0.025 4米）。化学分析相机可以对不同矿脉中彼此相近的多个激光目标提供不同的数据，而不会将这些信息混淆在一起。这些矿脉中的化学成分还与夏普山上或其附近的矿物交错分布有关。早前分析过的岩石也包含氧化铁矿物，大多数是赤铁矿。

2015年3月18日，在夏普山低处的花园城区域，好奇号的MastCam镜头中出现了一片两种颜色的网状矿物脉，如图3-14所示。

图 3 - 13　使用 MAHLI 拍摄的花园城一条矿脉内的深浅色矿物

图 3 - 14　两种颜色的网状矿物脉图（见彩插）

　　好奇号路经一座层状结构的山脉，这片双色矿物脉就位于此，如图 3 - 15 所示。这些双色矿脉位于花园城区域被侵蚀后的基石上，它们在此形成并演变为一片脊线网络。单个脊线高约 6 cm，宽约为高的一半，每个含有深浅颜色不一的物质。好奇号在这里分析了从山底三个目标处钻取的岩石样本，发现每种岩石中都有不同于其他岩石的成分，包括从其中一种样本中发现的名为方石英的硅质矿石。这些不同之处，以及在稍高坡上拍下的明显矿脉都说明夏普山岩层记录了此片区域古老环境的不同演变期。图 3 - 15 是 2015 年 3 月 25 日晚由好奇号的手持透镜成像仪拍下的，在 LED 灯的照射下，图中显示出夏普山低处花园城区域的一片双色矿物脉。

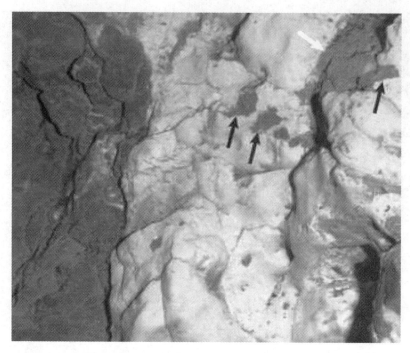

图 3-15　夏普山低处花园城区域的双色矿物脉

　　这种形态的矿脉中会有流体流经断裂处的裂隙岩和沉积矿物，并影响断裂处周围岩石的化学性质。好奇号在之前几处地方已发现过由硫酸钙构成的浅色矿脉，此处的深色物质可使人了解更多。形成于湖床泥岩的泥土，断裂块面上的一道道深色物质表明其经历的流体运动早于富含白色硫酸钙的矿脉出现，但两次流体运动都发生在断裂形成后。

　　花园城比帕伦普山外露岩石底部高 12 m，这块外露岩石属于夏普山山脚层基石，而夏普山就位于火星盖尔陨石坑中心。好奇号在帕伦普山 10 m 高度范围内勘察了 6 个月，期间三次从低处爬向高处扫描岩石结构和化学构成并挑选最佳目标钻探。

　　虽然如今的分析还处于初步阶段，但可看出从帕伦普山钻取的三块样本的矿物质成分明显不同。第一块采于信心山，其含有最多的黏土矿物和赤铁矿，这两种物质一般都形成于潮湿环境。第二块采于莫哈韦（Mojave），含有最多的黄钾铁矾，即一种包含铁和硫黄且形成于酸性环境下的氧化矿物。第三种采于特里格拉夫山峰（Telegraph Peak）。在花园城的勘察任务不包括钻取样本。

　　采于特里格拉夫山峰的样本几乎不含任何黏土矿物和赤铁矿，黄钾铁矾含量也很少。这块石头最重要之处在于它含有大量的方石英，占这块晶体物质的 10% 甚至更高。方石英是硅的一种矿物形式。该样本还含有少量石英，即硅的另外一种矿物形式。有种可能是其他的成分在某些过程中被迁移，只留下丰富的硅物质；又或者硅物质是由流体搬运而来；又或者方石英在别处形成，然后和原始沉积物一起沉淀于此。

　　好奇号钻探两处目标点之间的这段时间里，使用照相机和光谱仪设备愈加详细地研究一些有用地貌特征。其目标之一是选择目标点（如果有的话）钻取样本并送至巡视器内部的分析设备中。莫哈韦 2 是莫哈韦区域的第二个钻取目标，其也含有同种类型的晶体颗粒，但初步观察这些样本的化学与矿物数据还不能鉴别出这些颗粒的成分，也许最初形成这些晶体的矿物质在后期潮湿环境中已被其他物质取代。莫哈韦 2 矿物样本的初步检测由好奇号内部的化学与矿物设备分析完成，局部分析结果发现含有大量的黄铁甲矾，一种含有铁和硫酸的氧化矿物，其中的硫黄形成于酸性环境。

3.3.1.7　探索火星大气特性

（1）火星大气演变

2015 年 11 月 5 日，NASA 公布了火星大气探测器关于火星大气的发现，数十亿年前，火星是一个温暖潮湿的星球，大气密度比现在高 100 倍，但现在它已经变得干燥和冰冷，这是因为火星没有像地球一样的磁场保护自己免遭太阳辐射的轰击。

火星大气探测器于 2014 年秋天抵达火星轨道并对其大气进行研究，正是它帮助我们解开了火星大气之谜。科学家发现，向外爆发能量和磁场的太阳风以不可思议的速度剥离火星大气中的粒子。火星大气探测器的数据使研究者确定了太阳风剥离火星大气并使其进入太空的速度。研究显示，在太阳风暴期间，火星大气的流失速度明显提高。

太阳风是主要由质子和电子组成的粒子流，以 $1.609\ 34 \times 10^6\ km/h$ 的速度从太阳发出。太阳风携带的磁场在经过火星时会生成电场，就像地球上可用于发电的涡轮机。电场使火星大气中带电的气体原子即离子加速，并将其轰击到太空。

（2）火星大气损失

加州帕萨迪纳陨石——好奇号火星探测器传来的火星大气检测数据证实曾落入地球的一些陨石来自火星这个红色星球。好奇号的实验室提供的测量火星大气中的惰性气体氩的关键标准为火星陨石的起源提供了最为明确的证据，同时也提供了排除火星起源于其他陨石的一种方法。新的测量标准是用一种高精度计数来分辨两种形式的氩（氩 36 和氩 38），由探测器中的样本分析仪器来实施。这些更轻或者更重的，或者同位素的氩都是自然存在于太阳系中。在火星，轻氩到重氩的比率是倾斜的，因为大量的火星的原有大气都消失到宇宙中。更轻形式的氩更容易带走，因为它更容易上升到大气顶部而且很少的能量就能使它飞逸。相对来说使得火星大气富含更多的较重形式的同位素——氩38。过去几年地球科学家们分析表明火星陨石中的气泡里氩的比率（氩 38 与氩 36 的比率）已经维持在 3.6～4.5 之间（也就是说 3.6～4.5 个氩 36 原子对一个氩 38 原子）。20 世纪 70 年代，美国国家航空航天局的海盗号着陆器测量火星大气得出的比率范围是 4～7。现在，在火星上新一代的样本分析仪器则得出正确比率是 4.2。科学家们一直保持对火星陨石中氩的比率进行研究的一个原因在于，在好奇号之前，它一直是了解几十亿年前更湿润、更温暖的火星大气含量最好的测量标准。

弄清楚火星大气损失能使科学家们更好地理解火星是怎样从一个曾经像地球一般水资源丰富的星球变成今天这个比较干燥、比较寒冷和不适宜生命存在的世界的。如果火星一直维持它的大气层和它原有的氩气，它的大气比率应该和太阳及木星一样。那些天体有如此大的重力以至于同位素不能优先逃逸，所以它们的氩的比率是 5.5，这也代表了原始太阳系的情况。虽然氩气只占从火星逃逸到宇宙的气体中的非常小的一部分，但它是非常特殊的，因为它是稀有气体。这意味着气体是惰性的，不会与其他的成分或者化合物发生反应，并因此能更直接反映火星大气层的历史示踪。

（3）火星大气作用

坎伯兰格是好奇号在火星上钻探取样的第二块岩石，也是第一块进行原位年龄分析的岩石样本。美国加州理工学院的肯尼斯·法雷（Kenneth Farley）教授发表的一篇论文详细报告了对这块岩石的分析过程。该团队的测量数据显示这块火星岩石的年龄大致在38.6亿～45.6亿年之间。这也符合此前科学家们对盖尔陨石坑的年龄估算。

在科学家们能够直接测定火星地表岩石样本的年龄之前，他们只能通过测量火星地表被陨星撞击形成的陨石坑的密度和大小分布，并将其与其他星球上的情况进行对比来判断其古老程度。然后将这些计数结果与阿波罗时代月岩返回样本的测年法分析结果进行比对和校正。

法雷教授的小组还通过分析测定了这块岩石暴露于火星地表或是接近地表的浅地下的时间长短。由于当岩石位于地表或浅地下时，宇宙射线会直接轰击其矿物成分中的原子并产生特征气体产物，而好奇号携带的仪器可以测定岩石中这些特征气体的含量。

测量结果是，通过对3种不同气体进行测量，这块岩石的暴露年龄大约是6 000万～1亿年之间。这一结果意味着这块岩石是在相对近期才被从地下深处剥蚀暴露出来的。考虑到好奇号观察到的火星近地表风沙的侵蚀作用强度，这一分析结果很有可能证明了火星地表风沙可以侵蚀掉较厚岩层的事实。随后在不断的风沙侵蚀中不断后退的岩层形成陡直的岩壁。

（4）火星大气中的碳元素

火星外包裹着一层稀薄的大气，成分以二氧化碳为主。这层大气过于稀薄，远不足以让水结冰或者迅速蒸发。然而，科学家们根据地质证据得出，远古的火星要比现在更温暖湿润。有研究者已经提出，要形成更为温暖的气候，火星过去曾被二氧化碳包围，二氧化碳的浓度较现在大得多。几十年来，便留下了这样一个问题："那些碳元素去哪了？"

加州理工学院和喷气推进实验室的科学小组提出，38亿年前，火星大气可能有中等程度的浓密。这样的大气（地表气压与地球大气相当或更低），可以演化为现在的稀薄大气，它不仅解释了"消失"的碳元素问题，还与观测到的碳13和碳12相对比例一致（碳13和碳12的差异只存在中子数量的不同）。在考虑早期火星大气向如今状态过渡时，有两种机制可以解释二氧化碳去哪了，一种解释是二氧化碳被纳入了岩石中的碳酸盐矿物里，另一种解释是逃逸到了太空中。

图3-16描绘了碳元素在火星内部、地表岩石、极冠、水域以及大气之间的交换路径，也描绘了碳元素从大气中逃逸的一种方式，这种方式对同位素比例有强烈影响。

碳元素逃逸到太空中时也存在问题，因为有多种反应可以改变大气中碳13相对碳12的比例。对火星陨石的测量显示，火星深处火山释放出的气体，为原始火星大气的同位素比例提供了线索。目前同位素比例是由好奇号的样本分析仪测量到的。

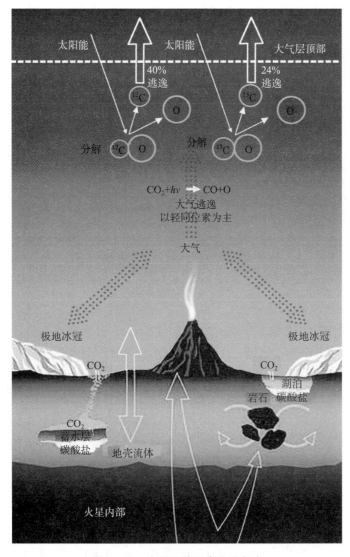

图 3-16　火星上碳元素逃逸方式

　　火星大气中二氧化碳消失的一种方式是喷溅（Sputtering），它涉及太阳风与高层大气的相互作用。NASA 的火星大气探测器最近得出的结果表明，在如今的火星大气中，在这一过程作用下，每秒大约有 100 g 的粒子被剥离掉，看上去这是火星大气损失的主要驱动力。与碳 13 相比，碳 12 发生喷溅过程要略微容易一些，但是这一效应很小。好奇号的测量表明，相对于碳 12 而言，火星大气中的碳 13 与单纯的喷溅过程导致的结果要更为富集得多，因此必然还有另一种发挥作用的机制。这种机制可以显著帮助碳 13 富集。这一过程始于阳光中的紫外线（UV）轰击高层大气二氧化碳分子，并将其瓦解为一氧化碳和氧原子。随后，紫外线轰击一氧化碳原子，将其分解为碳和氧。这一过程产生的一些碳原子有着足够的能量，可以从大气中逃逸出去，而新的研究表明，碳 12 的逃逸概率要比碳 13 高得多。

2013 年 9 月 26 日，好奇号日志报道，通过对土壤进行烘烤还释放出了含有氯和氧的化合物，估计为氯酸盐或高氯酸盐，而之前仅在火星的高海拔地区才发现过这种物质。除了对释放的主要气体进行研究之外，样本分析仪还对释放出的水和二氧化碳中氢和碳的同位素比例进行了分析。分析发现土壤中同位素的比例与之前好奇号在大气层中发现的非常类似，这也就说明火星表面的土壤和大气层充分进行了互相作用。通过对氢和氘同位素，以及碳同位素的比例分析证明火星表面的灰尘是不断移动的，并能与大气层中的某些气体产生相互作用。该项研究结果为揭示火星表面物质构成带来了希望，并为今后的研究指明了方向。

3.3.1.8　探索火星表面辐射的光谱特征

（1）首次测定火星地表辐射环境

研究人员认为在大约 40 亿年前，火星拥有足够多的淡水来形成黏土矿物，甚至可能支持生命的存在。但在那之后火星经历了严重的干涸过程，使其地表剩余的液态水都成为高酸性或高盐度的水体。而这里存在的问题就是，黄刀湾地区的黏土矿物究竟是在早期形成于盖尔陨石坑的外缘地区随后掉落下来的，还是形成于后期，即水流将盖尔陨石坑的物质颗粒输送到底部并沉积形成的。纽约州立大学石溪分校的地质学家斯科特·麦克莱兰（Scott McLennan）与合作者通过对此处岩石中的化学元素进行分析，得出这些颗粒是从上游方向源区运送而来，抵达了黄刀湾地区，并且绝大部分的侵蚀作用发生于这些物质。2012 年 8 月至 2013 年 12 月，好奇号测定了火星地表岩石的年龄，找到了火星曾经拥有可供微生物存活环境的证据，还首次测定了火星地表环境的辐射水平。

图 3-17 是根据好奇号搭载的 RAD 获得的数据与其他各种情形下的辐射剂量进行对比的条形图。此结果对于未来载人登陆火星计划具有重要参考价值。

（2）极光现象

2015 年 11 月，火星大气探测器项目研究人员发布报告称，由于火星大气没有磁场的保护，太阳风的高能粒子会激发火星大气在大范围内产生类似于极光的现象。理论上讲，火星上的极光在可见光波段应是红、蓝、绿三色的，但由于目前好奇号和机遇号并未携带相关仪器，NASA 还不能完全确定极光的具体特征。

极光现象也表明火星上的大部分区域都直接受到太阳风的影响，这也为火星大气因太阳活动而减少提供了证据。部分火星地壳可能还存在着局部磁场，但现在火星已经失去了曾经存在的全球磁场的保护。

在地球上，极光主要存在于北极和南极周边地区。地球强大的磁场会使太阳放出的带电粒子偏离路径，撞向地球的磁极，从而创造出极光这一绚丽多姿的壮观现象。而与地球不同的是，火星没有全球性磁场，不利于阻挡强烈的宇宙辐射。

3.3.2　工程成果

与之前的巡视器相比，好奇号巡视器采用了较多新技术，实现了多项工程突破。好奇号的工程成果主要有以下几个方面。

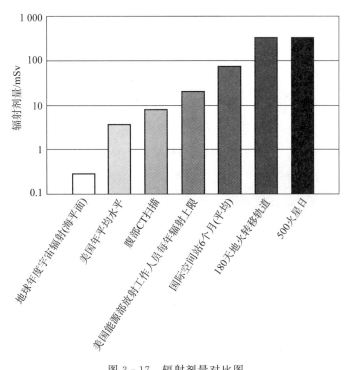

图 3 - 17　辐射剂量对比图

3.3.2.1　突破大质量火星软着陆技术

目前，NASA 在火星表面实施软着陆的方式有：1）气动减速着陆；2）气囊着陆；3）空中起吊着陆等着陆方式。对于不同质量规模的有效载荷，采用不同的着陆方式。对于好奇号这样的大质量着陆，由于火星表面同时存在稀薄大气和较大引力，探测器在火星表面软着陆时，像地球返回器单靠气动和降落伞减速，或像月球着陆器单靠动力减速和着陆缓冲都需要更大的探测器质量规模。为控制探测器质量规模，需依次进行大气再入、气动减速、降落伞减速、动力下降和着陆缓冲，该过程称为 EDL（Entry，Descent，and Landing，EDL）。EDL 阶段是火星着陆任务最为关键的阶段，直接决定着整个探测任务的成败。

与以往火星探测器着陆质量相比，好奇号的着陆质量更大。机遇号的着陆质量约为 180 kg，使用气囊着陆，着陆后通过弹跳方式减速。而对于着陆质量近一吨的好奇号，采用气囊减速已无法满足着陆缓冲要求。因此，NASA 在好奇号着陆方案中，选择了发动机反推的空中起吊方式。

美国的火星表面再入、下降及软着陆技术在世界遥遥领先，8 次成功着陆均是由美国完成的，包括海盗 1、2 号，火星探路者，勇气号，机遇号，凤凰号，好奇号和洞察号，尤其是 2012 年好奇号的成功着陆，更加巩固了美国在火星着陆/巡视探测领域的领先地位。2018 年 11 月 26 日，洞察号成功着陆火星赤道附近的埃律西昂平原附近，这是 NASA 第 8 次成功实施软着陆。洞察号的着陆方式与好奇号一致，都是采用空中起吊技术，通过悬吊方式实现火星表面软着陆。

3.3.2.2　先进成熟的星上软件系统

截至目前，成功执行探测任务的地外天体表面巡视器共计 11 辆。其中，月球表面巡视器 6 辆，包括美国 3 辆（Moon Buggy），苏联 2 辆（Lunoknod 1 和 Lunoknod 2），中国 1 辆（玉兔号）。其余 5 辆是发射至火星表面的，分别是索杰纳号、勇气号、机遇号、好奇号和洞察号。通过多次的火星探测，突破了火星表面的自主巡视导航、自主管理等技术，星上软件系统更为先进。

与之前的巡视器相比，好奇号数据获取能力大大增强，而且通信技术也有很大提高；好奇号既可直接与地球进行通信，也可通过中继卫星与地球通信，而且许多任务可以实时地自动化处理，例如在好奇号巡视器着陆过程中可以实时获取降落影像，而在早期的勇气号/机遇号任务中只能获取几幅降落影像，且只能在后期传回地球；由于好奇号巡视器的运行速度与距离较早期的探测任务有很大提高，其获取的数据量也急剧增加，相应地其数据存储能力也有很大改进，而且日传输数据量也有所加大，可达到 800 MB。

3.3.2.3　更强的复杂任务处理及样本采集能力

在好奇号之前，所有巡视器/着陆器都没有安装可提取岩石内部样本的工具，好奇号改变了这一状况——它可以利用机械臂末端的钻头钻入岩石内部取样。项目科学家乔伊·克里普斯说："对于一名研究岩石的地质学家而言，没有什么能够比获取岩石内部样本更让他感到兴奋的了。"而好奇号携带的化学与矿物学分析仪，还将在火星上首次使用 X 射线衍射技术分析样本，这将令好奇号的本领远超勇气号和机遇号。

勇气号和机遇号构造相对简单，任务是寻找水存在的证据。好奇号将测量火星岩石和泥土中不同化学元素的丰度，评估火星表面辐射环境及其对未来登陆火星航天员的危害，探索火星是否宜居，寻找行星变化的线索。

3.3.2.4　星表空间核动力驱动技术

好奇号巡视器使用钚燃料作为"放射性同位素热电池"，其原理是，通过热电偶装置把放射性同位素钚 238 衰变产生的热能转换为直流电来供巡视器行驶和各项仪器仪表使用。以往的火星探测器采用太阳能作为巡视器的能源。受火日距离的影响，火星表面太阳能的能量密度较小，探测器需要携带较大的太阳翼。同时，较大的太阳翼还面临火星灰尘的污染等问题，限制了探测器的设备运行。

好奇号火星巡视器是世界上第一辆采用核动力驱动的巡视器。与勇气号和机遇号相比，好奇号的体型更大，采用核燃料钚为动力，为所携带的探测设备提供能源支持，实现更多、更先进的能量支持，在火星表面续航能力更强。

3.3.2.5　突破火星表面复杂地形下的行驶技术

好奇号为 6 轮结构，长约 3.0 m，宽约 2.8 m，高约 2.2 m，质量为 850～900 kg（其中包括 80 kg 的科学仪器）。2 个前轮和 2 个后轮分别具有独立的转向电机，使好奇号能够原地 360°旋转。好奇号沿用了以往的索杰纳号、机遇号、勇气号巡视器的摇臂-转向架式结构，在翻越多岩石的不平整表面时具有最高程度的稳定性。好奇号能够翻越约 65～

75 cm 高的障碍物，越过直径约为 50 cm 的坑，在平整坚硬的地面上行驶的最高速度为 4 cm/s，每天在火星表面累计行驶 200 m，总行驶路程约为 22.6 km。好奇号的机械臂非常灵活，有 3 个关节，包括肩、肘和腕，能够像人类手臂那样进行伸展、弯曲和定位，可以完成拍摄图像、打磨岩石、分析岩石和土壤组成等多种任务。

与以往的火星探测器相比，好奇号能够适应更多的火星地形。首先，好奇号在机构设计上继承了勇气号与机遇号，采用 6 轮设计技术，好奇号的 6 个轮子都能进行 360° 全方位旋转，转向能力非常强，提高了环境适应性。同时，好奇号的轮子中设计有较大的开孔，以保证行驶过程的尘土排出，避免火星尘土对探测器的影响。其次，好奇号采用了摇臂-转向架式悬架系统，能够很好地保证好奇号的 6 个车轮都能附着于火星的地面，同时还可保证具有 65 cm 以上的最小离地间隙。

3.4　好奇号日志

自好奇号任务开始至今，NASA 都会定期在官网发布好奇号的工作日志。本书对其日志进行了梳理，围绕火星微生物的发现、火星宜居性分析、火星地质演化等进行了综述。

3.4.1　古代火星具有适宜微生物生存的环境条件

好奇号于 2012 年 8 月 5 日着陆火星，2013 年 7 月 9 日左右完成了其在格雷尔地区的科学考察，并开始向此次火星任务的主要科学目标地——夏普山地区前进。根据好奇号日志的叙述，在格雷尔地区，好奇号火星巡视器完成了本次任务的主要科学目标之一：寻找古代火星存在有利于微生物生存的环境的证据。这种环境中含有维持生命的关键元素成分、能够被微生物利用的能量梯度以及酸碱适度的水分。为了完成这一目标，好奇号在位于格雷尔地区的黄刀湾采集了两块岩石样本并对样本进行了分析。这两块岩石样本分别属于约翰·克莱因岩石和坎伯兰格岩石。在约翰·克莱因岩石收集到的岩石样本是好奇号在火星收集到的第一份样本，分析发现该样本内含有古代火星适宜微生物生存的证据。在坎伯兰格岩石采集的样本是好奇号的第二块样本，本次钻探活动是为了证实第一次钻探的结果。除了钻取岩石样本外，好奇号利用 MastCam 和化学相机对火星上的岩石外观和岩石组成进行了分析，研究人员分析了好奇号 MastCam 拍摄的照片，认为古代火星表面曾存在河流。在拍摄地质环境和钻取岩石样本的同时，好奇号还在不断检测火星大气的情况。好奇号采用可调谐激光光谱分析仪等设备，测量了不同气体与同位素在火星大气样本中的含量。分析结果可帮助研究人员了解火星上各种微生物存在的可能性以及古代火星大气是如何演化的。

3.4.2　研究古代火星宜居性以及火星环境演化

2014 年 9 月，好奇号到达本次火星任务的主要勘探地——夏普山，根据好奇号日志的记录，在夏普山地区好奇号的主要任务是考察火星是如何从适宜微生物生存的湿润环境演化为干旱环境的。到2016年4月28日止，好奇号在夏普山地区钻取了6份岩石样本和3份沙土样本。通过对这些样本的分析，研究人员得到了不同时期火星地质情况。研究人员倾向于选择不同岩层重叠的地区作为钻探地点，这是因为相互重叠的岩层包含火星地质环境变化信息。在钻取、分析岩石样本的同时，好奇号也在检测火星大气成分和气候变化。通过研究火星大气中同位素的含量，研究人员希望能够找到火星大气损耗的原因。2015年11月7日，好奇号勘探了夏普山地区西北翼的沙丘区。第6份岩石样本和3份沙土样本是好奇号在这片沙丘地区获得的，钻取分析该岩石样本的目的依然是解释火星环境的演化历程。采集分析3份沙土样本的目的则是研究风力在沙丘形成过程中的作用以及在低重力、稀薄大气条件下风是如何分类沙丘中矿物质成分的。2016年1月下旬，好奇号在沙丘地区的考察结束，继续前进，寻找更多的样本为解释火星环境变化提供素材。根据好奇号日志可以看出，其当前的科学任务依然是研究古代火星环境的演化。

3.4.3　研究火星地质变化的历史

从黄刀湾到夏普山，好奇号耗费了将近一年的时间。研究人员在这段旅途中设置了五个航站点，控制好奇号在其中某几个航站点采集并分析了若干岩石样本。根据好奇号日志的记录，采集和分析这些岩石样本的目的是将在黄刀湾和夏普山采集的岩石和土壤样本联系起来，拼凑盖尔陨石坑内火星环境变化的宏观历史。好奇号6项最重大的科学发现如图3-18所示。

3.4.3.1　火星曾是宜居星球

古代火星具有支持微生物生存的化学物质。在岩石样本中，好奇号发现了支持生命生存的关键元素，如碳、氢、氧、磷和硫。好奇号在火星发现的第一块岩石样本中存在黏土和适量的盐分，这说明火星上曾有清洁的水源和水流，这些水源甚至有可能可以饮用。

3.4.3.2　火星岩石中存在有机碳

好奇号在岩石粉末样本中发现了形成生命的基础材料——有机分子。虽然这一发现不能说明火星曾经或现在存在生命，但是曾经有一时期火星已经具备形成生命的原料。这一发现也表明，古代有机分子可以被保存至今日，供我们发现和研究。

3.4.3.3　火星大气中存在活跃的甲烷气体

好奇号对火星大气中的甲烷气体进行了为期两个月的探测，探测过程中火星大气中的甲烷含量增长了约10倍。由于甲烷可由有机物产生，也可由水和岩石的化学变化产生，因此甲烷是十分重要的发现。但是产生甲烷的原因以及甲烷含量急剧变化的原因仍有待考证。

3.4.3.4　火星上的辐射威胁人类健康

好奇号在其火星之旅中承受了非常严重的辐射，辐射程度超过了美国国家航空航天局专业航天员接受辐射的极限水平。美国国家航空航天局将根据好奇号的数据设计安全的载人火星项目。

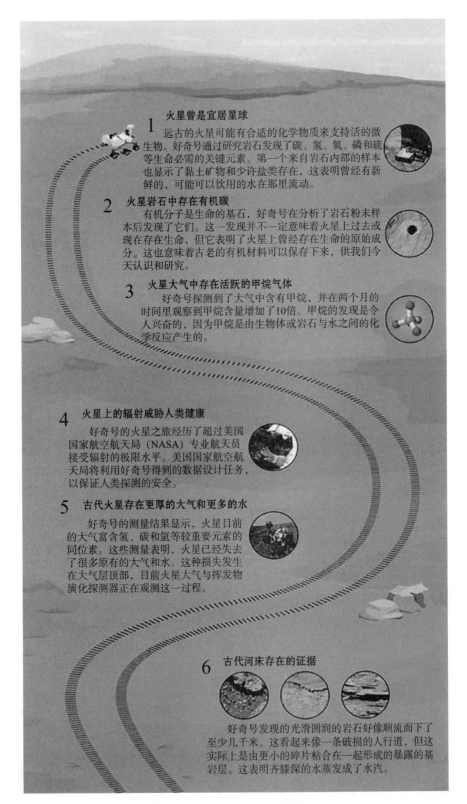

1　火星曾是宜居星球

远古的火星可能有合适的化学物质来支持活的微生物。好奇号通过研究岩石发现了碳、氢、氧、磷和硫等生命必需的关键元素。第一个来自岩石内部的样本也显示了黏土矿物和少许盐类存在，这表明曾经有新鲜的、可能可以饮用的水在那里流动。

2　火星岩石中存在有机碳

有机分子是生命的基石，好奇号在分析了岩石粉末样本后发现了它们。这一发现并不一定意味着火星上过去或现在存在生命，但它表明了火星上曾经存在生命的原始成分。这也意味着古老的有机材料可以保存下来，供我们今天认识和研究。

3　火星大气中存在活跃的甲烷气体

好奇号探测到了大气中含有甲烷，并在两个月的时间里观察到甲烷含量增加了10倍。甲烷的发现是令人兴奋的，因为甲烷是由生物体或岩石与水之间的化学反应产生的。

4　火星上的辐射威胁人类健康

好奇号的火星之旅经历了超过美国国家航空航天局（NASA）专业航天员接受辐射的极限水平。美国国家航空航天局将利用好奇号得到的数据设计任务，以保证人类探测的安全。

5　古代火星存在更厚的大气和更多的水

好奇号的测量结果显示，火星目前的大气富含氢、碳和氩等较重要元素的同位素。这些测量表明，火星已经失去了很多原有的大气和水。这种损失发生在大气层顶部，目前火星大气与挥发物演化探测器正在观测这一过程。

6　古代河床存在的证据

好奇号发现的光滑圆润的岩石好像顺流而下了至少几千米。这看起来像一条破损的人行道，但这实际上是由更小的碎片粘合在一起形成的暴露的基岩层。这表明齐膝深的水蒸发成了水汽。

图 3-18　6 项最重大的科学发现

3.4.3.5 古代火星存在更厚的大气和更多的水

好奇号的观测显示，古代火星存在更多的氢、碳和氩的同位素。这一探测结果证明火星已经失去了其大量的原始大气及水。根据火星大气探测器的观测，大气和水是从大气的顶部消失的。

3.4.3.6 古代河床存在的证据

好奇号发现了圆形的光滑石块，这些岩石疑似是从上游几千米处滚落至此的。虽然看上去像是破损的路面，但实际是由较小的碎片胶结在一起组成的基岩层。这一发现证明该地曾有及膝深的稳定水流流过。

2015年5月至今，好奇号依然在夏普山地区进行科考，以探寻火星在过去几十亿年间的地质及环境变化。

3.5 好奇号预期目标对比

好奇号的技术指标和科学目标完成情况见表3-1和表3-2。

表3-1 技术指标

项目	预期指标	实际指标
寿命	2年	截至2020年4月，仍在工作
行驶里程	—	22.09 km
行驶速度	9 m/h	≤4.2 m/h

表3-2 科学目标完成情况

序号	科学目标	完成情况
1	确定有机碳化物的性质与详细目录	确定有机碳化物的主要成分为甲烷，并评估了其含量
2	为构成生命的化学成分碳、氢、氮、氧、磷、硫编目	已检测到碳、氢、氧、硫化钙、硫化镁、氟、铁、硫酸钙等
3	识别可能表征生物过程的特征	发现了微生物存在的证据
4	研究火星表面和近表面区域的化学、同位素与矿物学构成	分析了多种同位素，包括碳、氢、氧、氩等
5	解释岩石和土壤的形成过程	发现了矿脉，主要成分包含氧化铁矿物，大多数是赤铁矿
6	评估长时间范围例如40亿年内的大气演化过程	通过氩含量初步分析了火星大气层的演化机理，并分析了火星大气的风化作用
7	确定水和二氧化碳目前的状态、分布和循环过程	发现液态水存在于土壤，发现火星有季节性河流；火星大气成分以二氧化碳为主，初步分析得到两种机制可以移除多余的二氧化碳：被纳入岩石中的碳酸盐矿物里；逃逸到太空中
8	确定表面辐射的广谱特征，包括宇宙线、太阳质子事件和次级中子	首次测定了火星地表环境的辐射水平；发现了极光，表明火星上的大部分区域都直接受到太阳风的影响

第4章 好奇号总体技术方案

火星科学实验室是 NASA 2009 年火星探测计划的重要组成部分。火星科学实验室探测器主要由巡航级、再入-下降-着陆系统和好奇号巡视器三部分构成。巡航级在探测器的星际航行阶段发挥作用，能利用最多 6 次轨道修正机会将探测器运送到设计的火星再入轨道。再入-下降-着陆系统携带好奇号巡视器，实现火星大气的再入以及巡视器的火星表面软着陆。好奇号巡视器执行火星表面科学探测任务。

2007 年，NASA 开始火星科学实验室的火星表面巡视器好奇号的研制，并对它寄予厚望，希望它能帮助查明火星是否在地质历史上曾经存在过可以让微生物生存的宜居环境。为此，好奇号巡视器搭载了 10 种探测仪器，其科学载荷的重量超过好奇号以前任何一次巡视器载荷的 10 倍以上。相应地，好奇号取得的科学成果也是空前的，使其成为人类火星探测史上的一个重要里程碑。

4.1 好奇号任务过程

火星科学实验室于 2011 年 11 月 26 日从卡纳维拉尔角空军基地由宇宙神 5 号（Atlas-5）运载火箭（见图 4-1）发射升空，它包括三个部分：巡航级、再入-下降-着陆系统、好奇号巡视器。火星科学实验室的发射总质量为 3 839 kg，其中，巡视器 899 kg，再入-下降-着陆系统 2 401 kg（包括隔热罩和加注燃料的下降级），加注燃料的巡航级 539 kg。它经过 8 个月的漫长旅行，飞行了约 5.6 亿 km，于 2012 年 8 月 6 日着陆火星。

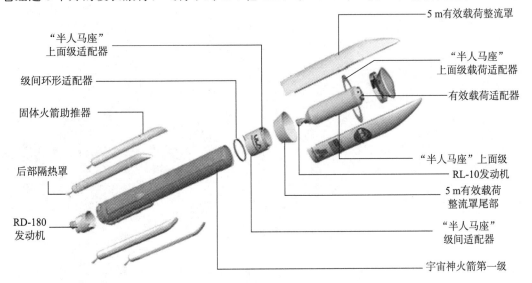

图 4-1　发射用的宇宙神 5 号火箭

4.1.1 发射阶段

发射时间称为 T_0 时刻，是在火箭起飞前 1.1 s。宇宙神 5 号通用芯级（第一级）的点火时间为 T_0 前 2.7 s，或起飞前 3.8 s。四个固体火箭助推器在通用芯级（第一级）点火后 3.5 s（升空前 0.3 s）点火。它们工作了大约 1 min 30 s，然后成对丢弃助推器外壳。在升空后约 3 min 25 s，上面级（二级）点火，抛整流罩。第一级发动机继续工作至升空后约 4 min 27 s。随后，第一级发动机关闭。芯级发动机在不到 5 min 的时间内消耗了约 62.3 万磅（28.4 万 kg）推进剂，并在固体火箭助推器的帮助下，将探测器推至 158 km 的高度。

二级点火持续了近 8 min（在 11 月 25 日发射窗口打开时发射），将火星科学实验室从地球轨道送入火星注入轨道。点火结束时，主发动机关闭。发射后 42 min 48 s，第二级上的点火驱动器和分离弹簧以 0.27m/s 的相对速度和约 2.5 r/min 的角速度释放了探测器。此时探测器相对于地球的速度达到约 10.22 km/s。不久后，上面级完成了机动退出，以免撞上探测器或火星。好奇号发射阶段示意图如图 4-2 所示。

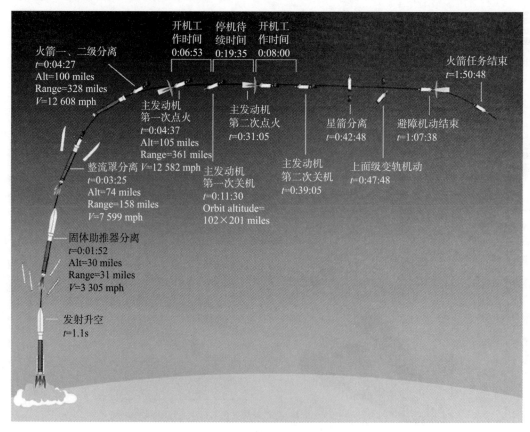

图 4-2　好奇号发射阶段示意图

在整个发射过程中，地面站和 NASA 的跟踪和数据中继卫星系统（Tracking and Data

Relay Satellite System，TDRSS）监测关键事件，以及运载火箭和火星科学实验室的状态。火星科学实验室在与运载火箭分离并展开天线前，不能直接向地面传输数据。分离 1 min 后，飞行软件将火星科学实验室转换到巡航阶段，并打开 X 波段发射器。火星科学实验室直到 5 min 后才开始传输数据，以便有时间预热放大器和配置通信系统。首次从探测器上接收到的数据非常重要，可以利用该数据对火星科学实验室进行首次健康评估，包括确认巡航阶段的太阳能阵列是否正在发电。一旦探测器处于稳定状态，就可以开始巡航阶段的活动。

4.1.2　星际巡航与火星接近阶段

地火飞行需要约 36 周，大部分时间是任务的巡航阶段，最后 45 天是火星接近阶段。巡航期间的关键活动包括检查探测器及其科学仪器，跟踪探测器，根据太阳阵和天线指向的变化调整姿态，以及规划和执行三次预定的机动以调整探测器的轨道。在接近阶段，计划进行三次额外的轨道修正机动，如果需要，最后再施加应急机动。火星科学实验室的星际转移轨迹及关键时间如图 4-3 所示。

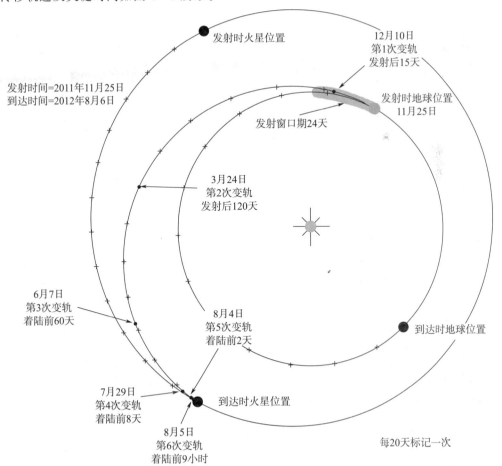

图 4-3　火星科学实验室的星际转移轨迹及关键时间

火星科学实验室使用的是所谓的 I 型火星轨道，这意味着探测器在从一颗行星到另一颗行星的途中将绕太阳飞行不到半圈。在巡航和接近过程中，探测器以每分钟两圈的速度自旋稳定。探测器相对于地球和太阳的旋转轴的姿态会影响通信、能源和热性能。巡航级上的太阳能阵列平面垂直于旋转轴，巡航期间使用的两个天线指向该轴上阵列所面对的方向。在飞行的前两个月，太阳和地球的夹角相对较大时使用降落伞上的低增益天线，它的视场角范围比安装在巡航级上的中增益天线更宽。随着探测器离地球越来越远，需要中增益天线来提供用于导航的通信能力，因此探测器的姿态必须保持指向地球。太阳不会和地球在同一个方向。为了在巡航和接近的后期保持中增益天线指向离地不到 10°，推进和热控分系统的设计需要考虑处理大于离地角的离日角。

在巡航阶段，发动机点火三次调整探测器的飞行轨道，在接近阶段根据需要再点火一次。第一次计划在发射后 15 天；第二次计划在发射后 120 天。这两次点火的目的是消除发射日轨道与奔火轨道的大部分初始偏差。这些偏差是在发射阶段人为设置的，作为一种行星保护预防措施，这样，当运载火箭的上面级没有按照火星登陆探测的标准清洁时，可避免其到达火星（硬着陆）。这样，在探测器飞行的前两个星期里，飞行轨道会偏离火星几十万英里。

前两次轨道修正动作将轨道指向更靠近火星的方向，但仍会留下一些偏差，以防止探测器撞击火星，这有可能会妨碍行星保护预防措施的有效性。第三次轨道修正机动大约是在第二次点火后 60 天或着陆前 60 天，这是第一次真正瞄准预期的火星大气入口点。

在火星接近阶段，计划在着陆前 8 天、着陆前 2 天和着陆前 9 h 分别进行三次轨道机动。为了预防两天后的轨道修正机动出现任何问题，在着陆前 24 h 进行应急机动。轨道修正机动结合了对探测器轨道的评估，用八个推进器来改变轨道。

地面使用来自 NASA 在加利福尼亚州、西班牙和澳大利亚的深空网地面天线的跟踪信息，用三种方法对火星科学实验室的轨道进行计算。第一种方法是测距法，它通过精确计时无线电信号到达探测器和返回探测器所需的时间来测量到探测器的距离。第二种方法是多普勒法，它通过探测器发出的无线电信号的音调变化量来测量探测器相对于地球的速度。第三种方法是一种新方法，称为三角差分单向距离测量，它增加了有关探测器在垂直于视线方向上的位置的信息。对于这种方法，不同位置上的成对天线同时接收来自探测器的信号，然后相同的天线从已知的天体参考点（例如用作导航参考点的类星体）观测自然无线电波。探测器的所有科学仪器都在巡航阶段接受健康检查。其中一个是对探测器的辐射进行评估，在电力供应的基础上用于收集有关近地和地球与火星之间辐射环境的信息。接近阶段的最后 5 天为探测器再入、下降和着陆做准备，包括预热某些部件和启用其他部件。该时间表包括四次更新自主软件在 EDL 阶段中控制事件参数的时机。

4.1.3　EDL 阶段

从接触火星大气层顶之前 10 min 探测器抛弃巡航级开始到火星巡视器着陆，为 EDL 阶段。EDL 阶段的主要内容包括高超声速-制导再入、超声速-降落伞展开、亚声速-隔热罩丢弃、下降末端传感器信号的获取、动力下降开始、空中吊车最终下降、巡视器着陆检测、空中吊车飞离。这一过程中的关键因素有：作业能力与时间上的盈余（与降落伞打开的高度及范围、雷达启动时间、推进剂的使用情况有关）。

在 EDL 阶段，对于采用大气制动方式再入预定轨道的环绕探测器，其在大气制动段受气动力的冲击，在迎风面产生一定的气动加热，需采取适当的防热措施。在 EDL 阶段，着陆器则经历更严重的气动加热，其热环境十分复杂，需进行特殊的热防护设计。热防护涉及飞行力学、气动力学和大气分析。

EDL 阶段并不是火星科学实验室与地面通信的最佳阶段。在该阶段，信号受到严重干扰，甚至将经历"恐怖 7 分钟"。EDL 阶段在再入系统抵达火星大气层表面时开始，这时再入系统与火星表面的距离约为 125 km。整个过程于美国东部时间 2012 年 8 月 6 日 1 时 32 分完成。

EDL 技术既有对其他任务的继承，也有诸多创新与发展。与以往安全气囊着陆方式不同，好奇号采用空中吊车实现软着陆。好奇号 EDL 阶段采用制导再入方式，其精度比以往更高。火星科学实验室的着陆精度（150 km×201 km 的着陆椭圆）相比火星探测漫游者（20 km×20 km 的着陆椭圆）有了极大提升。

火星科学实验室的 EDL 阶段分为制导再入阶段、降落伞减速下降阶段、动力下降阶段、空中吊车着陆阶段共 4 个阶段，如图 4-4 所示。EDL 的全过程如图 4-5 所示。

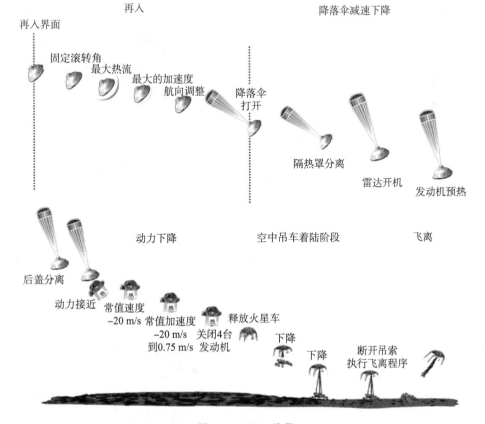

图 4-4 EDL 阶段

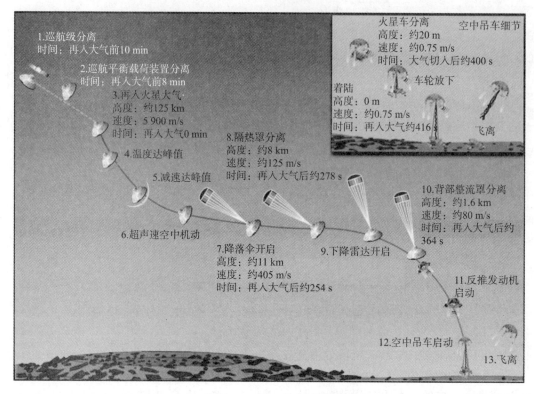

图 4-5　EDL 的全过程

4.1.3.1　制导再入阶段

再入系统穿过火星大气时受小推力火箭发动机控制。提高再入的精度对于保证任务安全性极其重要，制导再入将着陆精度从几百千米提高到了 20 千米以内。好奇号是首次采用精确着陆技术的巡视器，它自身具有计算能力，能够控制再入系统往预先设置的地点靠近。

在巡航级分离后的 1 min，探测器背部整流罩上安装的小型发动机开启反向点火，终止探测器在星际巡航阶段保持的每分钟两周的自旋状态，将隔热罩正对前方。随后，背部整流罩抛掉两块重达 75 kg 的钨质载荷，使探测器重心发生改变。在巡航阶段，探测器的重心位于探测器自旋中轴线上，此时改变原有重心位置，将使探测器在和火星大气发生剧烈摩擦时获得升力，从而让它能够在火星大气层中"飞行"。而后，探测器背部整流罩上的发动机开启，调整大气层切入的角度以及预计获得升力的方向，保证探测器瞄准预定着陆地点。

4.1.3.2　降落伞减速下降阶段

降落伞减速技术在历次行星探索任务中都有应用。决定降落伞设计结构的主要参数是降落伞完全展开时所承受的载荷（由大气密度、再入舱速度、再入舱质量、降落伞迎风面积等决定）。好奇号降落伞主体上沿用以往设计，其尺寸相比 MER 大 10%，比火星探路者大 40%。搭载好奇号巡视器的着陆舱如图 4-6 所示。

图 4 - 6　搭载好奇号巡视器的着陆舱

　　在整个着陆阶段，超过 90% 的减速是在降落伞打开之前由探测器和火星大气之间产生剧烈摩擦完成的。大约在探测器再入大气层之后 75 s，隔热罩的温度达到最高值，大约为 2 100 ℃。探测器在之后大约 10 s 达到最大减速值。这时，背部整流罩会再次抛掉 6 个 25 kg 重的钨质载荷，让探测器的重心再次回到平衡位的对称轴线上来，为降落伞的顺利打开做好准备工作。

　　降落伞的直径约 16 m，在再入火星大气层之后 254 s 开启，此时距离火星地表大约 11 km，探测器的速度为 405 m/s。在降落伞打开 24 s 后，隔热罩分离，此时探测器的高度约 8 000 m，速度为 125 m/s。隔热罩分离后，下降成像仪开启，开始对准探测器飞行方向录像，随后该设备将在整个降落过程中不间断地摄录。此时，安装在下降级上的雷达系统——末段下降雷达启动。

4.1.3.3　动力下降阶段

　　与 NASA 所有其他探索任务采用的安全气囊降落方式不同，好奇号采用了反推力火箭减速装置。在降落伞将再入舱减速到一定程度，且隔热罩被抛弃后，下降级与后盖脱离，反推力火箭启动。反推力火箭能够进一步降低再入舱速度，能够消除平行风对再入舱着陆精度的影响。

　　最后，好奇从下降级移动到 3 根"缰绳脐带装置"牵引架上。好奇号采用了不同于以往的着陆缓冲方案——空中吊车着陆方式。着陆操作开始后下降级保持 0.75 m/s 的下降速度，同时以 0.75 m/s 的速度释放吊索和好奇号巡视器，整个吊索全长 7.5 m。当吊索全部释放以后，继续保持 0.75 m/s 的速度下降直到巡视器着陆，然后断开吊索，下降级垂直上升一段时间后改变姿态启动全部发动机飞离。这种着陆方式可以保证巡视器不受发动机羽流影响，不需要像凤凰号那样提前关闭制动发动机，也不需要设计复杂的缓冲吸能装置，使着陆有效载荷的质量进一步得到提高。巡视器着陆依靠 6 个轮子进行缓冲，着陆速度小，着陆安全性高，可以在坡度不超过 15°，岩石高度不超过 0.55 m 的复杂地形着陆。

4.1.3.4　空中吊车着陆阶段

当巡视器速度降为近似等于零时，巡视器从下降级中释放出来，通过一组吊带一根脐带悬空，如图 4-7 所示。在此过程中，巡视器移动系统展开，当巡视器计算机检测到着陆操作完成时，巡视器将脐带剪断，空中吊车飞行至安全区域以外坠毁。

图 4-7　好奇号空中吊车

4.1.4　首次行走

在不确定好奇号巡视器着陆状态的情况下使其行走会存在诸多风险。2012 年 8 月 22 日，好奇号巡视器在火星上完成了首次行走动作，向前行驶 4.5 m，120°转弯后返回 2.5 m。在巡视器进行首次行走之前，地面控制人员必须确认巡视器正下方没有直接危险。同时，他们还要控制巡视器展开桅杆、样本收集系统、高增益天线，检验数据通道是否畅通等。

着陆后地面控制人员最关心的就是巡视器与火星表面接触是否稳定。如果巡视器与火星表面的接触处于一种危险的状态（比如一轮陷在凹坑中另一轮处在较大的岩石块上），地面控制人员需要通过分析和操纵将其过渡到一个稳定状态。

着陆后，好奇号巡视器执行一系列计算机指令以检查各分系统是否处于良好状态，并检测周围环境。这些操作包括：

　　1）检查环境温度以确保各工程科学仪器在允许的温度范围内工作；

　　2）检验高增益天线与地球的通信；

　　3）检验与火星轨道器的特高频的通信；

　　4）展开桅杆；

　　5）尽快对周围环境拍照；

　　6）协助地面控制人员对巡视器进行准确定位。

4.1.5　火星表面巡视探测过程

　　巡视探测阶段，火星科学实验室主要通过测控数传分系统接收和解调由地面站发送的遥控信息，为综合电子分系统提供遥控信号以做进一步处理；并通过测控数传分系统调制和发送来自综合电子分系统的遥测数据信号，供地面站接收。

　　在火星表面探测段，好奇号巡视器要经受火星表面热环境的考验。火星表面大气压力约为地球的 0.75%，主要成分为 CO_2，各组分含量比例分别为 95.3%（CO_2），2.7%（N_2），1.6%（Ar），0.13%（O_2），0.07%（CO），0.03%（H_2O）。火星表面昼夜温差约为 100～150 ℃，夜晚两极地区温度约为 −128 ℃，正午赤道附近温度约为 +27 ℃。火星表面环境影响因素主要包括纬度、经度、地面热特性、大气中灰尘含量和着陆点高度。如果采用太阳电池阵提供能源，则着陆在赤道附近所能提供的能源最大。火星地面热特性（表面反照率和热惯性）决定了光照表面能够吸收的太阳能及光照期与阴影期储存与散失的能量。大气中灰尘含量会直接影响到达火星表面的太阳入射能，并影响天空辐射背景温度和大气温度，火星表面的沙尘暴则会严重影响好奇号巡视器表面材料的辐射性能。此外，风速也是影响巡视器热控设计的重要因素，根据美国海盗 1 号和海盗 2 号着陆器的探测，火星表面的最高风速可达 20 m/s。

　　好奇号巡视器设计任务周期为一火星年，约合 687 地球日。在此过程中巡视器预计将行走 5～20 km，收集和分析约 70 个岩石或风化层样本。

4.2　系统组成及功能

4.2.1　总体构型与布局

　　整个火星科学实验室探测器由三部分组成：一个蝶形的巡航级［见图 4-8（a）］、一个隔热罩以及包裹在防热系统（又称气动外壳）内部的巡视器和再入-下降-着陆级［见图 4-8（b）］。巡航级和再入-下降-着陆级组装如图 4-9 所示。

　　在再入火星大气层时，好奇号巡视器将受到防热系统（Thermal Protection System，TPS）的保护。防热系统由两个部分构成：隔热大底（隔热罩）和后盖，前者将承受探测器穿过火星大气层时所产生的高温环境。该 TPS 在历次火星探测中是最大的，直径约 4.5 m。图 4-10 中展示了探测器的结构组成。

(a)　　　　　　　　　　　　　　　　　　　　　(b)

图 4 - 8　巡航级和再入-下降-着陆级

图 4 - 9　巡航级与再入-下降-着陆级组装

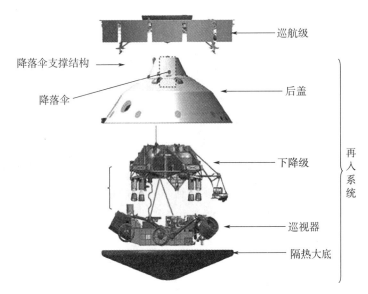

图 4 - 10　探测器整体结构

火星科学实验室探测器各部分质量见表 4 - 1。

表 4 - 1　探测器各部分质量

部件	质量/kg
巡视器	899
下降级	829
下降级推进器	390
隔热罩	382
巡航级	600
后盖	349

4.2.1.1　巡航级

　　巡航级呈圆环形，宽度约是高度的 5 倍，周边布置了 10 个散热器。巡航级底部圆锥体上有一个环形的洞，将降落伞固定在气动外壳后盖的顶部。巡航级的一个面与运载火箭相连，在发射后的第一个小时内切断连接装置。巡航级的另一个面与气动外壳的顶部固连。在探测器再入火星大气层前 10 min，切断连接。在这两次分离事件之间的约 8 个月时间内，巡航级利用探测器内部计算机执行飞行的基本任务，包括：

　　1）探测器自身健康检查；

　　2）探测器及其子系统的校准、维护；

　　3）自身姿态控制（通过整体旋转来保持通信天线指向地球、保持太阳能阵列板面向太阳）；

4）轨道校准和飞行路径控制，导航器调试；

5）EDL 准备，包括通信测试等。

火星科学实验室的巡航级继承了火星探路者和火星探测漫游者的设计，中心是铝制结构，外面是支撑肋架、太阳电池翼、散热器、连接探测器与运载火箭的适配器。当探测器到达火星之后，电缆切割器将巡航级和气动外壳分离。发射期间，巡航级能够与运载火箭系统进行通信。在接近火星大气时，巡航级将与再入舱进行通信。在飞往火星途中，巡航级将进行 5～6 次轨道修正，以调整探测器路线，精确飞往火星上的最终着陆点。好奇号上的计算机系统将持续检查探测器的健康状况，并将信息传送给巡航级，然后由巡航级通过 2 副天线与地球进行 X 频段通信。巡航级有自己的小型推进系统，包括8 台肼推力器。此外，巡航级还有自己的电源系统，包括太阳电池板和能持续提供电能的蓄电池。

4.2.1.2　气动外壳

在飞往火星的过程中，气动外壳包裹着巡视器和下降级，保护它们免受与火星大气的摩擦，并提供其他功能。好奇号的气动外壳是有史以来火星任务中最大的，并且在引导再入的姿态控制和防热材料方面也有重大创新。位于丹佛的洛克希德·马丁航天系统公司制造了气动外壳的隔热罩和后盖。隔热大底的直径为 4.5 m。相比之下，阿波罗太空舱的隔热大底直径不到 4 m，勇气号和机遇号的隔热大底直径不到 2.65 m。与之前的任何星际探测任务不同，这种气动外壳具有操纵能力。这是该任务为提高着陆精度而进行的制导再入的关键创新。

在通过火星高层大气下降的关键部分，在后盖展开降落伞之前，探测器的质心将偏离对称轴（穿过大气层中心的一条线）。这种偏离使气动外壳与它的运动方向成一个角度，在探测器与大气相互作用时产生升力。随着升力的增加，探测器可以像有翼飞机一样飞行，而不是像岩石一样坠落。利用一个小推进器调整探测器方向，控制倾斜转弯。通过一系列的转弯，缩短探测器在下降过程中的净水平距离。这种机动是为了应对探测器对火星大气中不可预测的变化做出的反应，以抵消不可预测性，提高着陆精度。

因为火星科学实验室独特的再入轨道剖面以及探测器的质量和尺寸，再入过程可以产生高达约 2 100 ℃的外部温度，因此与早期火星任务的气动外壳相比，火星科学实验室采用了不同的防热系统。隔热大底上覆盖着酚醛浸渍碳烧蚀（Phenolic Impregnated Carbon Ablator，PICA）材料制成的瓷砖。PICA 最初是作为 NASA 星尘样本返回舱隔热大底上的 TPS 飞行的。隔热大底上装有传感器，用于收集有关火星大气层和隔热大底性能的数据。这些是火星科学实验室 EDL 仪器套件的一部分。

气动外壳的后盖除了构成探测器的上部，在火星大气中保护探测器，还安装了探测器大气再入和下降过程中使用的一些设备。后盖携带两套可分离的钨砝码，用于改变探测器的质心。后盖上半部分的八个小型推进器用于引导再入机动。后盖顶部的锥形结构支撑着降落伞及其展开机构。火星科学实验室的降落伞是有史以来为外星任务制造的最大的降落伞。它使用一种叫作盘-缝-带的配置。它有 80 条悬索，长 50 m，直径近

16 m。大部分橙色和白色的织物是尼龙的，在顶部使用了一个由较重的聚酯制成的小圆盘，因为那里的压力较大。降落伞的设计满足探测器在火星大气中以 $Ma = 2.2$ 的速度着陆，并能承受高达 65 000 磅（1 磅＝0.453 6 千克）的阻力。安装在后盖上的是两个天线，分别是降落伞低增益天线和倾斜低增益天线，一个用于使用 X 波段频率直接与地球通信，另一个使用特高频（UHF）波段与火星轨道器通信。

4.2.1.3　下降级

火星科学实验室的下降级在着陆前的最后几分钟内完成主要工作。它包括火箭驱动的减速装置和两个通信频段。在分别通过降落伞减速和气动减速到一定速度后，该装置开始工作。在达到恒定的垂直速度后，下降级通过系绳降低巡视器高度并继续下降，直到巡视器着陆。

下降级使用 8 台火箭发动机，称为火星着陆发动机组，4 对围绕其周边放置。这是自 1976 年海盗号登陆火星以来，第一台变推力火星着陆发动机，每一个都能提供 3 300 N 的可调推力。下降级的推进系统使用加压推进剂。三个球形燃料箱提供约 387 kg 肼的可用推进剂。两个加压氦球罐为推进剂输送提供压力，由机械调节器调节。

当巡视器固定在下降级上时，这两个部件一起被称为动力下降器，它们通过爆炸螺栓紧固。爆炸螺栓解锁后，两器分离，开始空中起吊操作。下降级携带了一个称为系带脐带和下降率限制器的装置。该锥形装置大约有 0.6 m 长，通过 3 个点系在巡视器上，长度足以在下降级空中起吊期间将巡视器降低到下降级下方 7.5 m 处。在巡视器周围还缠绕着一个稍长的脐带缆，用于在巡视器和下降级之间传输电力和信息。该装置中还有一个下降制动器，控制着脐带松开时的转速，从而控制着重力将巡视器从下降级拉开的速度。该下降制动器使用齿轮箱和一排排机械阻尼器来防止脐带卷取过快或过慢。系带脐带是尼龙做的。链接脐带和下降率限制器装置还包括弹簧，用于在探测到触地时在巡视器端切断松脱的脐带后快速收回。

通过脐带缆，探测器内部的主计算机控制再入、下降和着陆过程中的活动。在隔热罩脱落后，末端下降传感器（一种专为此次任务设计和制造的雷达系统）确定事件发生时间等关键信息传送到计算机。该雷达安装在下降级上，有 6 个不同角度的碟形天线。它同时测量垂直、水平速度以及高度。下降级携带一个 X 波段转发器和放大器以及两个通信天线：用于通过 X 波段传输直接与地球通信的下降低增益天线和用于向火星轨道器发送信息的下降特高频天线。

4.2.1.4　好奇号巡视器

好奇号巡视器的构型布局很大程度上继承了勇气号、机遇号的设计，其整体结构组成与前几代巡视器比较接近，只是尺寸有所放大。与 MER 相比，MSL 巡视器同样采用箱体式构型，具有相似的机械臂以获取样本，具有相似的桅杆协助导航与科学研究。图 4 - 11 所示为好奇号巡视器的外观结构图，图 4 - 12 所示为好奇号巡视器的内部设备布局图。

由于 MSL 与以往火星探测任务相比具有质量大、环境适应性强、科学载荷多等特点，其结构设计做出了相应调整以满足新的任务要求，主要参数差别见表 4 - 2。

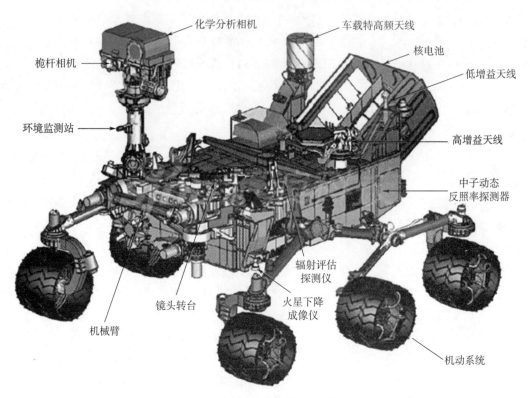

图 4-11　好奇号巡视器的外观结构图

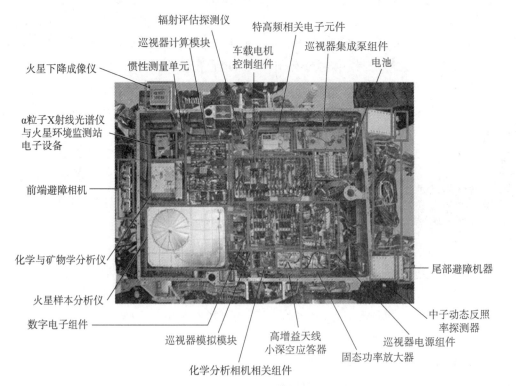

图 4-12　好奇号巡视器内部设备布局图

表 4 - 2　MSL 与 MER 几何参数对比

参数		MER	MSL
质量(发射/降落/巡视器)		1 077 kg/841 kg/173 kg	3 893 kg/1 625 kg/899 kg
巡视器外形尺寸		1.6 m×2.3 m×1.5 m	3 m×2.8 m×2.2 m
机械臂	长度	0.8 m	2.3 m
	功能	打磨岩石表面	获取岩石粉末及风化层样本,对样本加工,运送至科学仪器
桅杆高度		1 m	2.1 m
甲板高度/底盘高度		0.5 m/0.3 m	1.1 m/0.66 m
车轮直径/车轮轴距		0.26 m/1.4 m	0.5 m/1.9 m
科学载荷质量		16 kg	75 kg

4.2.2　移动分系统

移动系统是巡视器的移动平台,它主要由摇臂-转向架系统、车轮和驱动器组成。摇臂-转向架系统具有减振性能好、越障能力强等优点。好奇号巡视器共有 6 个车轮,其每个车轮都是驱动轮,前面 2 个轮和后面 2 个轮可以作为转向轮,车轮由 Al 7075 制造,其外周冲压有 Z 形齿,具有防止车轮打滑的作用。好奇号能够越过车轮大小的障碍物或凹坑,能够在 60°以内的斜坡上保持不侧翻。好奇号移动系统共采用 10 个驱动器,这些驱动器由 Aeroflex 制造,它们具有强健的转矩性能,能够胜任移动系统需求。

好奇号巡视器的移动性能与 MER 非常相似,也是机械系统、传感器和减速器的组合。其次,好奇号的地面压力重量比、速度重量比、转矩重量比和 IMU 均与 MER 相似。区别在于,MER 采用齿轮差速器,而好奇号采用连杆式差速机构;此外,承载与尺寸等不同。

4.2.3　结构与机构分系统

结构与机构系统是机械部件的主体部分,其他分系统通过该系统有机地连接在一起,以实现连接与释放、承载,为有效载荷及其他系统提供环境防护和工作平台等基本功能。好奇号广泛采用模块化设计,模块化设计提高了空间利用效率,能使设计尽量简化。样本获取、处理与传送系统(SA/SPAH)是好奇号巡视器机械结构最为复杂的部分,它包括机械臂、转台科学载荷/工程仪器组。在转台 600 mm 直径的有限平台上精密组装了两组有效载荷(手持透镜成像仪、α 粒子 X 射线光谱仪)和三组工程仪器(钻机、火星岩石原位采样分析仪和除尘工具)。这些仪器或工具协同工作,能够完成从火星表面获取岩石和风化层样本,将获取的样本筛选出细微颗粒并分为若干小份,送至巡视器内部的两个科学仪器中。

4.2.4　自主导航分系统

自主导航分系统必须能使巡视器在复杂地面环境中实现环境感知、地形建模与路径规划，并保障自身能够安全稳定巡视探测。自主导航分系统由视觉导航子系统、组合导航子系统与路径规划子系统组成。视觉导航子系统负责完成环境图像获取、立体匹配、三维地形重建等功能，它主要应用导航相机、避障相机及相应图像处理单元。组合导航子系统负责完成巡视器的定位定向与姿态获取功能，它主要运用 IMU 和太阳敏感器等。路径规划子系统在综合上述两个子系统的信息后进行处理，完成路径规划。

4.2.5　综合电子分系统

综合电子分系统以数据系统为核心，采用分布式计算架构，通过数据总线把多种器载分系统的电子学部分融合在一起，实现信息的测量、采集、传输、处理、监控和显示，移动控制，电机控制，导航，制导，性能管理等功能，完成巡视器的运动调度和综合信息处理，管理和控制探测器各科学任务，监视整车状态，实现信息统一处理和共享。

综合电子分系统的主要功能包括：负责采集工程遥测参数和科学探测数据，形成统一数据流后由测控数传分系统传输至火星轨道器或地球；接收地球上行遥控指令进行解调、译码与校验处理后，并将指令与数据分配至各分系统执行；执行程控指令和延时遥控指令；提供巡视器时间基准；电机驱动控制模块完成对移动和结构与机构等分系统电机的控制；管理有效载荷；热控温度控制管理；电源的供配电管理；分系统间数据交换与分配管理；系统级故障检测及处理；软件在轨维护；夜晚休眠唤醒等。

4.2.6　电源分系统

在巡视器上，电源系统使用 MMRTG 发电，以 ^{238}Pu 作为热源。由锂电池储电供电。在 MMRTG 的外面有热交换器，进行热量的交换，废热的排放与回收。MMRTG 由温差电池、通用热源组成。整个电源系统提供了火星巡视器所需的动力。

4.2.7　热控分系统

探测器在发射阶段、巡航阶段、EDL 阶段和火星表面巡视探测阶段都需要经受复杂恶劣的热环境，热控系统要保证所有的仪器设备及有效载荷均能在适宜的温度范围内正常工作。为了解决在恶劣外热流环境、复杂工作模式下的温度控制问题，探测器热控系统采用以两套泵驱流体回路热排散系统为核心的热管理方案，流体回路系统吸收 MMRTG 及仪器设备产生的热量，传输到探测器较冷的地方进行补偿加热，多余的废热则通过散热器排散到外部空间。热控系统除流体回路系统外，还包括典型的热控产品，如加热器、控温设备、热控涂层与隔热材料等，以满足探测器执行任务期间的所有工作模式及其将会经历的各种热环境需求。探测器采用主动热控与被动热控相结合的设计思路，通过采用流体回路和 MMRTG 相结合的设计方案，使整个探测器的热控设计更加灵活，具有较强的环境适应能力。

4.2.8 测控数传分系统

探测器测控数传分系统主要与 DSN 地面应用系统及火星中继轨道器进行测控通信，由 X 频段对地测控通信设备和 UHF 器间测控通信设备组成。X 频段设备由深空应答机、固态功率放大器、行波管功率放大器、波导转换开关、高增益天线、低增益天线、中增益天线、收发滤波器、双工器、衰减器等组成，UHF 设备由下降级 UHF 天线、巡视器 UHF 天线、伞降包 UHF 天线、UHF 通信机（伊莱卡-精简版应答器）、UHF 同轴转换开关、电缆等组成。主要功能是接收和解调由地面站发射的遥控信息，为综合电子分系统提供遥控信号以做进一步处理，同时还可以调制和发射来自综合电子分系统的遥测/遥控数据信号，供地面站接收。

4.2.9 有效载荷分系统

有效载荷分系统主要包括 11 台有效载荷，其具体功能见表 4 - 3。

表 4 - 3 有效载荷功能

名称	功能及目标
辐射评估探测仪（RAD）	研究火星表面辐射环境
桅杆相机（MastCam）	具有自动对焦功能，能拍摄多光谱和真彩色图像
下降成像仪（MARDI）	在着陆火星表面过程中，从距离火星 3.7 km～5 m 处拍摄真彩色图像
化学分析相机（ChemCam）	分析可见光光谱以及红外和紫外光谱，寻找轻元素，如碳、氮和氧
手持透镜成像仪（MAHLI）	安装在巡视器机械臂上，用于对岩石和火星土壤缩微成像
环境监测站（REMS）	带有 1 个气象学包和紫外线敏感器，用于测量大气压力、湿度、风力和方向、空气和地面温度、紫外辐射强度等
α 粒子 X 射线光谱仪（APXS）	安装在巡视器机械臂上，研究 α 粒子，绘制 X 射线光谱，确定样本成分
化学与矿物学分析仪（CheMin）	量化样本中的矿物结构
样本分析仪（SAM）	分析大气和固体样本中的化学和同位素构成
中子动态反照率探测器（DAN）	测量火星表面水或冰的含量及分布
再入-下降-着陆仪（MEDLI）	确定不稳定或不确定的大气特征

4.3 好奇号的行星保护

NASA 为防止火星受到地球生物污染的首要策略是确保所有进入火星的硬件都是生物清洁的。MSL 任务允许整个飞行系统携带最多 50 万个细菌孢子，相当于一茶匙海水中细菌孢子的十分之一。孢子类细菌一直是行星保护标准的焦点，因为这些细菌可以作为不活跃的孢子在恶劣条件下存活多年。这项任务的一个要求是，着陆系统（包括探测器、降落伞和后盖）暴露的内外表面不得携带细菌孢子总数超过 30 万个，平均孢子密度不得超过每平方米 300 个。这确保了生物负载不会集中在一个地方。隔热大底和下降级将猛烈撞击火星表面，设备可能会断裂。该设备中的孢子数量必须不超过 50 万个。

　　减少好奇号巡视器上孢子数量的两种主要方法是酒精擦拭清洁和干热微生物还原。组装探测器并准备发射的技术人员和工程师们经常用酒精和其他溶剂擦拭表面。根据 NASA 规范，耐高温部件在 110～146 ℃ 的温度下加热 144 h 以上，以减少孢子数量。行星保护小组仔细取样，并进行微生物测试，以证明探测器符合生物清洁度的要求。MSL 也在遵守一项要求，即避免前往火星上任何已知的距离地表 1 m 以内有水或水冰的地点。这是对任何登陆事故的预防措施，放射性同位素热电发电机和火星水源产生的热量可能为地球微生物在火星上生长提供有利的环境。

　　另一种确保任务不会将地球生命运送到火星的方法是确保任何不符合清洁标准的设备不会意外地进入火星。当宇宙神 5 运载火箭的半人马座上面级与探测器分离时，两个飞行器的轨道几乎完全相同。为了防止半人马座火箭撞上火星，故意设置一条这样的轨道，即如果以后不进行调整轨道的机动，探测器就会错过火星。根据设计，半人马座从来没有瞄准过火星。作为正常着陆事件的一部分，部分设备将撞击火星表面，可能会导致设备裂开，并有可能释放出在制造过程中被困在硬件内的孢子。为了确保 MSL 孢子含量不超过分配指标，对各种材料，包括油漆、推进剂和黏合剂进行了研究，以确定给定体积内孢子的数量。在许多情况下，载有这些物质的探测器部件使用干热微生物还原来减少孢子的数量。对于预计会撞击火星的硬件，比如分离后的巡航级，进行了详细的热分析，以确保坠入火星大气层产生足够的热量，几乎没有孢子存活。

4.4　总体技术指标

　　好奇号巡视器的总体性能参数见表 4-4。

表 4-4　好奇号巡视器的总体性能参数

系统分类	技术指标	参数值
总体	巡视器质量	899 kg
	有效载荷总质量	75 kg
	甲板高度/底盘高度	1 100 mm/600 mm
	构型（长/宽/高）	3 000 mm /2 800 mm /2 200 mm
	MSL 发射质量	3 893 kg
	发射火箭型号	宇宙神 5

续表

系统分类	技术指标		参数值
移动系统	驱动方式		六轮驱动
	运动速度范围		1～4 cm/s
	转弯能力		原地转弯 360°/弧线转弯
	适应坡度(不侧翻坡度)		60°
	越障能力		能越过 65～75 cm 高的障碍物 能越过 50 cm 直径的坑
	每个车轮的平均压力		595.3 N
	车轮中心直径		500 mm
	车轮外直径		465 mm
	车轮宽度		400 mm
	摇臂材料		Al6061
	车轮材料		Al7075
结构与机构 分系统	驱动器数量	移动系统	10 个
		遥感桅杆	3 个
		高增益天线系统	2 个
		SA/SPAH	17 个
		总计	32 个
	桅杆高度		2 100 mm
	内部仪表盘温度环境		−20～+50 ℃
	轴衬形式(对摩阻要求严格的轴衬)		二硫化钼基薄膜-类磷酸盐黏接剂-不锈钢轴衬
SA/SPAH	总自由度		17 个
	机械臂	自由度	5 个
		机械臂长	约 2 300 mm
		机械臂实际负载	34 kg
		机械臂自重	67 kg
		机械臂工作温度	−110～+50 ℃
		机械臂主要结构材料	Ti6Al4V
		转台直径	600 mm
	CHIMRA	自由度	4 个
		CHIMRA 振动强度	4 g ～10 g
		CHIMRA 振动频率	70～100 Hz
		CHIMRA 处理样本的规格	1 mm/0.15 mm

续表

系统分类	技术指标		参数值
SA/SPAH	钻机	自由度	4 个
		钻机取样深度	50 mm
		钻机取样时接触传感器预压力	240 N
		钻机冲锤机构工作频率	30 Hz
		单次冲锤能量	0.05～0.8 J
		钻机备用钻头数	3 个
	除尘工具(DRT)自由度		1 个
	入口封盖自由度		3 个
自主导航分系统	导航相机与避障相机数量		4 台(另外 4 台备用)
	IMU		Litton LN－200S
	巡视器遥操作定位精度		1～10 m
	航迹推算法测程精度		10%
	HiRISE 图像分辨率		30 cm
电源分系统	电源容量		>300 000 kW·h
	输出功率		初期 115 W;后期 110 W
	MMRTG	总重	45 kg
		外形尺寸	直径 640 mm、长 660 mm
		发射性物质种类及质量	二氧化钚、4.8 kg
		发电功率	120 W
		输出电压	28～32 V
		设计寿命	>14 年
热控分系统	舱内一般设备温度范围		－40～+50 ℃
	可适应环境温度		－123～+38 ℃
	MMRTG 产生的热量		2 000 W
测控与数传分系统	测控频段		X 波段、UHF 波段
	DSN	地面终端数量	3 个
		地面终端相隔角度	120°
		天线直径	34 m、70 m
	中继轨道器数量		3 个
	MRO 上行数据量/天		30 Mbit
	X 波段下行数据传输率		对于 34 m 直径的深空站的下行数据传输速率是 160 bit/s;对于 70 m 直径的深空站的下行数据传输速率是 800 bit/s
	X 波段上行数据传输		15 min 需传输 225 KB 的数据量,传输速率为 1 k～2 kbit/s

续表

系统分类	技术指标		参数值
测控与数传分系统	好奇号的数据传输速率		直接对地传输大约为 500～32 000 bit/s
	伊莱卡-精简版数据传输	上行率	2 k～256 kbit/s
		下行率	2 k～2 048 kbit/s
综合电子分系统	协议标准		CCSDS Prox - 1 协议
	CPU 类型		200MHz RAD750
	内存		256 MB
	存储器		2 GB
	操作系统		VxWorks
	数据存储容量		2 GB
EDL 系统	EDL 系统质量		2 401 kg
	后盖		349 kg
	隔热罩		382 kg
	后盖材料		SLV - 561V
	隔热罩材料		酚醛树脂浸渍碳烧蚀(PICA)片
	降落伞直径		19.7 m
	气动外壳直径		4.5 m
	升阻比		0.24
	着陆点高度		+1.0 km

4.5　工作模式

4.5.1　控制模式

　　好奇号的工作模式按照控制方式可以分为遥操作模式和自主导航模式。遥操作模式下，巡视器视觉导航系统对环境进行感知并将图像传至遥操作系统，操作人员通过对图像的直观判断或调用相关视觉处理算法进行路径规划；自主导航模式下，遥操作系统指定一个科学探测目标点，巡视器进行环境感知，地形建模，进行全局探测路径和中间路径点规划，规划从一个路径点（含当前位置）到达下一个路径点的路径，直至达到最终目标点，或给出"目标点不可达"的反馈。由于火星与地球之间的通信延迟和带宽限制，好奇号巡视探测以自主导航模式为主，以遥操作模式为辅。

　　按照任务功能分类，好奇号工作模式可以分为行进模式、勘察模式、接近模式、接触模式以及样本采集与分析模式。

行进模式是巡视器最主要的活动方式，一旦锁定科学目标之后，巡视器将采取适当的方式行进。与 MER 相似，MSL 提供了 3 种情形的巡视器行进模式导航。第一种情形是盲行驶，这种行进模式需要巡视器获取足够的影像数据下传至地球控制中心，再由工程师确定安全路线并上载行驶指令，可行驶的距离取决于在先前获取的影像中可视并可靠量测的距离。该情形下巡视器仅通过车轮的里程计测量行驶距离，这种方式下巡视器运行速度最快，在平坦的沙地上最高可达 130 m/h。第二种情形称为避障加车轮打滑检查模式，巡视器结合避障相机获取的影像自主选择路径，可比盲行驶行进更长距离。在这种情形中，巡视器在指定的间隔（如 10 m）停止，然后获取图像，并与上一时间段获取的影像进行比较，寻找相似的特征以计算行进的距离，这种方法可以检测出车轮打滑，因而提供较精确的距离。巡视器行进模式的第三种情形是避障加全程视觉测程模式，与第二种模式的区别在于巡视器每隔半个巡视器长度的距离就会停下来进行视觉测程分析，这种情形主要用在精确接近目标以及在打滑严重的陡坡上行驶时。后两种情形下的行进速度比盲行驶慢，在平坦的地上速度约 30 m/h。

其他几种运行模式在执行特定任务时才适用，其中勘察模式可以详细研究有价值的区域，并帮助规划下一步的行动，这种模式首先利用化学分析相机进行观测，然后利用巡视器机械臂相机获取目标的三维影像，其余的探测活动包括获取全景影像与导航影像，还有进行成分探测；接近模式用来将目标与机械臂近距离接触，然后用光谱仪在接近过程中获取多光谱数据；接触模式中利用机械臂中装载的仪器对目标体开展探测，机械臂携带的刷子首先将目标体的表面灰尘去掉，然后进行多次重复的观测，以获取其化学成分、影像等信息；样本采集与分析模式包括一系列的活动，包括收集、筛选与传递等，最终目的是将固体样本放到化学与矿物学分析仪及样本分析仪中进行处理与数据分析，这种模式可能需要数个火星日的时间。

4.5.2　通信模式

好奇号巡视器采用直接对地（X 波段）和火星轨道器中继（特高频波段，负责大部分数据传输）相结合的方式与地球进行数据通信。其中火星轨道器包括奥德赛轨道器、火星勘测轨道器和欧洲空间局的火星快车号。同时，好奇号巡视器上安装了一种名为"伊莱卡-精简版"（Electra - Life）的无线电收发器，在火星勘测轨道器上"伊莱卡"（Electra）无线电收发器的配合下，首次实现了火星轨道器与着陆器之间的无线通信。"伊莱卡"和"伊莱卡-精简版"无线电收发器如图 4 - 13、图 4 - 14 所示。

图 4-13　"伊莱卡"无线电收发器

图 4-14　"伊莱卡-精简版"无线电收发器

第 5 章 有效载荷分系统

MSL 任务共搭载了 11 台有效载荷,其中,好奇号巡视器搭载了 10 台探测仪器,能够从物理、化学和生物等角度开展一系列科学研究;下降级空中吊车搭载了 1 台再入-下降-着陆仪,用于监测着陆过程的气流环境参数。

5.1 有效载荷与科学目标的关系

根据好奇号科学日志的记录,有的科学数据是由单一科学载荷测量得到的,如火星大气的温度、湿度等是由火星环境监测站测量的;有的数据则是由若干科学载荷共同协作完成的,如土壤岩石样本是由桅杆相机、手持透镜成像仪、机械臂等装置协同采集,再由样本分析套件进行分析;有些好奇号无法到达地区的岩石样本成分数据则由化学分析相机独立分析获得。岩石及土壤样本成分数据为发现火星曾经存在适宜微生物生存环境这一科学目标提供决定性证据,大气环境等数据也为这一科学目标提供了侧面解读。

因此,虽然好奇号的各科学载荷具有不同的功能,但是某一项科学目标的完成是多个科学载荷协同工作的结果。例如,2012 年 8 月 5 日着陆至今,好奇号采集分析了大量样本(主要包括岩石及土壤样本)、直接测量了大气等数据。根据这些数据,研究人员获得了许多重要科学结论并完成了一项科学目标,即验证火星曾经存在适宜微生物生存的环境。

5.2 有效载荷组成及功能

MSL 任务携带了 11 台有效载荷设备,分别为:桅杆相机(MastCam)、辐射评估探测仪(RAD)、化学分析相机(ChemCam)、环境监测站(REMS)、中子动态反照率探测器(DAN)、下降成像仪(MARDI)、样本分析仪(SAM)、化学与矿物学分析仪(CheMin)、手持透镜成像仪(MAHLI)、α 粒子 X 射线光谱仪(APXS)、再入-下降-着陆仪(MEDLI)。其组成及功能见表 5 - 1。

表 5 - 1 科考设备组成及功能

分类	名称	组成	功能
相机	桅杆相机(MastCam)	两个定焦相机;焦距分别为 34 mm 和 100 mm	1)观察、处理所拍摄到的自然地理景观图像;2)检测火星岩石的特性;3)研究松散物质的特性;4)观察冰、霜及其他地质作用现象;5)观察火星云层、浮尘情况、大气中漂浮物质(尘、冰晶)的特性;6)协助巡视器行进

续表

分类	名称	组成	功能
相机	手持透镜成像仪（MAHLI）	变焦彩色相机	1)检测火星岩石的特性；2)研究散状物质的特性；3)观测冰、霜等物质及其形成过程；4)协助巡视器行进；5)观察、处理所拍摄到的自然地理景观图像
	下降成像仪（MARDI）	相机头部和数字电子组件	确定巡视器的确切着陆位置，并提供降落地点的地质信息
光谱仪	α粒子 X 射线光谱仪（APXS）	传感头、电子器件	1)研究巡视器所在地的地质背景；2)将好奇号着陆区的化学组成和 MSL 科学载荷所获得的结果联系起来，并与以往火星探测结果相比较
	化学分析相机（ChemCam）	激光气化岩石分光仪（LIBS）和缩微成像仪（Remote Micro - Imager, RMI）	1)对 7 m 范围内的样本进行快速远程鉴定，定性考量样本的研究价值；2)对土壤和卵石进行实地调研；3)对岩石和土壤及追踪元素进行定量分析；4)通过观察 656 nm 辐射谱线，检测水合矿物；5)通过观察 OH 分子键和 H 原子辐射谱线，快速鉴定火星表面冰；6)通过对样本不同剖面深度分析，来对风化层和沉积层进行研究；7)利用 RMI 以 0.08 mrad 分辨率远距离观察岩石的形态；8)远距离分析车体无法接近的样本；9)协助机械臂和钻头取样；10)远距离鉴定有机材料；11)检测 Be，Pb，Cd 等的含量，为载人登陆火星做准备
	化学与矿物学分析仪（CheMin）	漏斗管道、样本轮（其中包含 27 个可重用的样本室和 5 个校准样本室）、样本槽	1)探查水在岩石及土壤形成或变更过程中起到的作用；2)在矿物中寻找可能的生物学特征
	样本分析仪（SAM）	质谱仪、GC 和激光分光计	1)调查碳化物的起源，评估它们可能的形成机制和分布情况；2)寻找与生命相关的有机化合物，包括甲烷；3)了解与生命相关的元素（N，H，C，O，S 等）的化学状态和同位素状态；4)确定火星大气的组成（包括稀有气体），它们是大气与土壤物质交换的证据；5)通过度量惰性气体和轻元素同位素状态，建立更准确的模型模拟火星大气和气候的演变
粒子探测器	辐射评估探测仪（RAD）	传感头、电子箱	1)测量火星表面的能量粒子光谱；2)测量辐射剂量并确定剂量当量率；3)验证火星大气传输模型和辐射传输编码；4)了解火星辐射环境对火星地表或地表以下生物的影响；5)了解火星辐射环境对大气中元素同位素状态的影响
	中子动态反照率探测器（DAN）	中子脉冲发生器、中子探测仪	1)探测并估计氢元素在地下（≈1 m）的数量分布；2)调查地下（≈0.5 m）含氢物质（hydrogen - bearing materials）地质分层结构；3)通过定期探测，分析不同时期地下（≈1 m）氢元素的变化情况；4)通过定期探测，分析地面在不同时期的中子反照率变化情况

续表

分类	名称	组成	功能
环境监测装置	环境监测站（REMS）	风速/风向传感器、空气温度传感器	1)测量火星表面的风速与风向；2)测量火星大气的温度和温度
下降级	再入-下降-着陆仪（MEDLI）	压力传感器、温度传感器、集成器接口	确定不稳定或不确定的大气特征,特别是确定动态压力高于 850 Pa、自由流马赫数在±0.1 左右、动态压力在±2% 左右的大气特征

5.3 有效载荷布局

分布于好奇号巡视器上的 10 台有效载荷,其中布局在巡视器的外部 6 台、内部 2 台及巡视器机械臂转台内部 2 台。

布局在好奇号巡视器外部的有效载荷包括桅杆相机（MastCam）、辐射评估探测仪（RAD）、化学分析相机（ChemCam）、环境监测站（REMS）、中子动态反照率探测器（DAN）、下降成像仪（MARDI）,布局位置如图 5-1 所示。

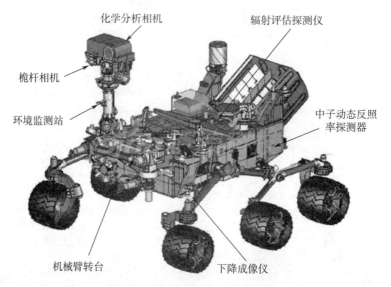

图 5-1 布局在巡视器外部的有效载荷位置示意图

布局在好奇号巡视器内部的有效载荷包括样本分析仪（SAM）、化学与矿物学分析仪（CheMin）,布局位置如图 5-2 所示。

布局在好奇号巡视器机械臂转台内部的有效载荷包括手持透镜成像仪（MAHLI）、α粒子 X 射线光谱仪（APXS）,布局位置如图 5-3 所示。

再入-下降-着陆仪（MEDLI）安装于下降级空中吊车上,隔热大底上装有传感器,用于收集有关火星大气层和隔热大底性能的数据。通过 EDL-1553 总线将采集的数据传输至巡视器存储器,择机将数据传输至地球。

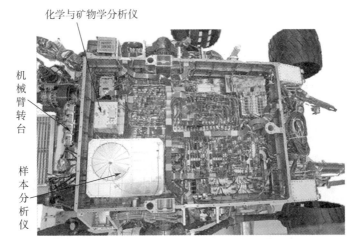

图 5-2　布局在巡视器内部的有效载荷位置示意图

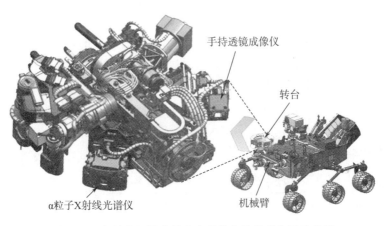

图 5-3　布局在机械臂转台内部的有效载荷位置示意图

5.4　桅杆相机

位于好奇号巡视器的远程遥感桅杆上的桅杆相机是由两个仪器组成的成像系统，其视轴约为 1.97 m，当巡视器处于平面位置状态时，桅杆相机高于车轮底部。每个相机都装有焦距在 6.5～100 mm 之间的变焦镜头（或变焦远摄镜头），这些镜头的电子设备与火星着陆成像仪和手持透镜成像仪的电子设备相同，且均由马林空间科学系统公司提供。这些相机能提供相同焦距的双目视觉效果，以便在所有焦距范围内进行立体影像研究和对 14 个滤镜所获得的光谱进行多光谱研究。

5.4.1　设计目标

1）观察、处理所拍摄到的自然地理景观图像，通过这些图像来全面描述 MSL 着陆区域的地形、地貌及地质背景，叙述着陆区域在过去、现在的地质作用下所呈现出的自然面貌。

2）检测火星岩石的特性（比如大小为 0.15 mm 的露出地面的岩石以及岩石碎屑），结合巡视器上其他硬件装置对岩石的分析鉴定结果，了解岩石材料的形态、结构、质地、矿物成分、地层结构、所属岩石类别、演化历史及其沉积、成岩、风化作用等过程。

3）研究松散物质的特性（比如大小为 0.15 mm 的粉状物质）以确定各种外在作用对松散物质的影响，并确定物质内部各种成分，包括其物理属性和机械属性等，结合巡视器上其他硬件装备分析粉状物质的地层学、矿物学及沉积作用情况。

4）观察冰、霜及其他地质作用现象。如果有冰、霜物质存在，鉴定其质地、形态、所属地层位置、与地表关系等情况；如果可行，观察这些物质随时间的变化情况，研究与冰、霜相关的（比如冰缘地貌）一些地理特征。

5）通过观察火星云层、浮尘情况、大气中漂浮物质（尘、冰晶）的特性，以及（运用视频功能）观察粉状物质的漂浮动向等来记录火星大气、气象变化情况。

6）通过协助巡视器行进，支持、辅助巡视器进行各种操作、分析实验室样本、联系各个科学仪器及协助 MSL 执行其他科学任务，获取图像，确定太阳位置、地平线的特征，为巡视器及其他科学仪器提供导航信息（比如出现在几百米处的危险物体），为 MSL 科学团队提供数据，帮助科学团队对所收集的物质进行鉴定和描述，或就地对这些物质进行研究。

5.4.2 技术参数

桅杆相机的具体参数见表 5-2。

表 5-2 桅杆相机的参数表

参数	M-34 相机	M-100 相机
焦距/mm	34	100
光圈值	8	10
视场/(°)	15	5.1
像素	1 600×1 200	1 200×1 200
内存/GB	8	8
中灰密度镜	ND 100 000	ND 100 000
全方位定焦时间/s	45～60	45～60
360°旋转滤光轮所需时间/s	30～45	30～45

5.4.3 设备组成及功能

5.4.3.1 组成

桅杆相机（MastCam）由 M-34［见图 5-4（a）］、M-100［见图 5-4（b）］两个相机组成，这两个相机具有不同的焦距和彩色滤光片，这对相机的瞳距为 24.5 cm。其中 M-34 相机的焦距约为 34 mm，其镜头光圈最大值为 8，视场为 15°，其像素为 1 600×

1 200；M－100 相机的焦距约为 100 mm，其镜头光圈最大值为 10，视场约为 5.1°，其像
素为 1 200×1 200。这两种相机均能在 2.1 m 至无穷大的焦距范围内进行对焦拍摄。
M－100 相机的瞬时视场为 $2.2×10^{-4}$ 弧度，2 m 范围内拍摄的图像像素大小为 450 μm，
在 1 km 内拍摄的图像像素大小为 22 cm。这两种相机对"焦距"这个概念有严格的要求，
其光斑的大小须不超过 1 个像素。

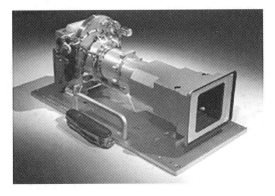 

（a）M－34　　　　　　　　　　　　　　　　　（b）M－100

图 5－4　固焦桅杆相机

每个相机都有 8 GB 的内存，能存储 5 500 多张原始图像。每个相机在实时获取或存
储图像的过程中对图像进行无损压缩，或者运用 JPEG 技术对图像进行有损压缩，这些图
像的压缩处理工作将在巡视器向地面进行数据传输之前完成。8 GB 的内存相当于在相邻
的图像之间，3 个彩色滤光片以≥20％的重合率，呈现出一张 360°×80°全范围马赛克图
像。运用图像失真最小化 JPEG 压缩技术（比如失真系数为 2），能获取一张含有所有的科
学滤光片的马赛克图像。这一技术比在正常的通信条件下向地面传输数据要好得多。对图
像进行第二次处理只能在获取图像时进行，在之后的加工处理过程中无法进行。在全像素
取像或向地面传输数据之前进行图像处理的，同时能获取大小为 150×150 像素的彩色缩
略图像。

两个桅杆相机都能彩色成像。每个相机上都安装有 RGB 拜尔模式滤光片。RGB 在每
个相机滤光轮内的 8 个滤光位通过宽带过滤片（红外线消除滤镜）成像。这两种相机也同
样都装有一个 ND 100 000 的滤光片，该滤光片用以拍摄太阳，研究火星大气。这些滤光
片分布在 M－34 相机和 M－100 相机之间，以确保每个相机能处理一些所要研究的组合型
目标物体，而这些是其他相机所不能做到的。这些科学滤光片通过一系列 RGB 滤光片成
像。对某些滤光片而言，单位晶格中的像素的成像能力比其他像素成像能力要差，但是在
超过 700 nm 的范围内，这三个拜尔模式彩色图像的成像能力几乎相同（滤光片出现大量
红外线泄露对我们来说是非常有利的）。相关的例子如图 5－5 所示，M－100 相机安装有
红外线的拜尔模式滤光镜组，通过（1 035±50）nm 大小的红外线科学滤光片。校准标靶
通过 MER 全景照相机，运用位于 4 个色块，以及白色和灰色表面下的磁铁来锁定校准目
标进行无尘定位（见图 5－6、图 5－7）。

波长范围/nm	34 mm中角相机	100 mm窄角相机
440 ± 12.5	×	×
$440\pm10+ND^5$	×	
525 ± 10	×	×
550 ± 130	×	×
675 ± 10	×	
750 ± 10	×	
800 ± 10		×
865 ± 10	×	
$880\pm10+ND^5$		×
905 ± 12.5		×
935 ± 12.5		×
$1\ 035\pm50$	×	×

图 5-5　桅杆相机滤光片通频带（见彩插）

注：粉红色代表两种相机通用的滤波。

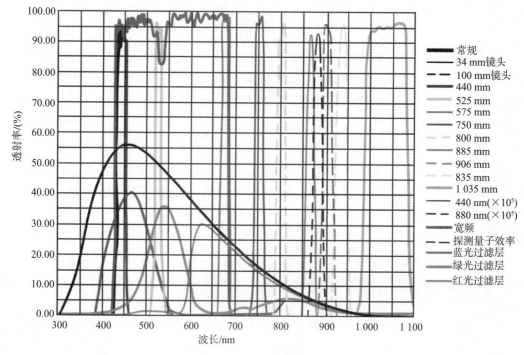

图 5-6　导航相机滤光镜透射率（见彩插）

　　桅杆相机的硬件和内部处理设备允许进行大范围操作，具有灵活性。同之前的火星任务相比，每个相机能以高帧频获取图像，包括以每秒 10 帧的速度拍摄 720p 高清晰度的视频，以及以大于 5 fps 的速度获取全方位的科学图像。全方位定焦需要 45～60 s 的时间，但是在预定的焦点范围内能更快地完成自动对焦。一系列滤光片变化需要花费 8 s 的时间。360°旋转滤光轮需要花费 30～45 s 的时间。马赛克成像与移动远程遥感桅杆进行防抖处理

图 5 - 7　两个 M - 100 相机拍摄的图像（见彩插）

是同步进行的（两个动作的时差小于 5 s）。这些相机能进行自动与指令对焦，同时也能进行自动与指令曝光控制。照度测量的误差低于 10％～15％，其精度在 5％～8％之间。根据带通滤光片以及所需的信噪比，曝光的时间范围在几十毫秒和几百毫秒之间。

5.4.3.2　功能

1）观察、处理所拍摄到的自然地理景观图像；

2）检测火星岩石的特性；

3）研究松散物质的特性；

4）观察冰、霜及其他地质作用现象；

5）观察研究火星云层、浮尘情况、大气中漂浮物质（尘、冰晶）的特性；

6）协助巡视器行进。

5.4.4　关键部件解析

M - 34 和 M - 100 相机的共同之处：

1）M - 34 和 M - 100 都有 8 GB 的内存，能存储 5 500 张原始图像；

2）在获取和存储图像的同时能对图像进行无损压缩，或者运用 JPEG 技术进行有损压缩；

3）两种相机都是彩色相机；

4）都装有 1 个 ND 100 000 的滤光片，用来拍摄太阳，研究火星大气层变化情况。

5.5　辐射评估探测仪

辐射评估探测仪（Radiation Assessment Detector，RAD）能够充分有效地测量宽阔的粒子辐射光谱。RAD 是首次应用的火星辐射环境测量工具，它能评估宇宙射线、太阳粒子、次级中子及其他在空气和火星风化层形成的次级粒子。

5.5.1　设计目标

RAD 的设计目标包括以下几点：

1）测量火星表面的能量粒子光谱；

2）测量辐射剂量并确定剂量当量率；

3）验证火星大气传输模型和辐射传输编码；

4）了解火星辐射环境对火星地表或地表以下生物的影响；

5）了解火星辐射环境对大气中元素同位素状态的影响。

5.5.2　技术参数

RAD 具体参数见表 5-3。

表 5-3　RAD 参数

参数	数值
质量	1.56 kg
功率	4.2 W(工作模式)/0.1 W(睡眠模式)
体积	10 cm×12 cm×20 cm
视角	65°
数据传输率	400 KB/天
几何因素	$1 \text{ cm}^2 \cdot \text{sr}$

5.5.3　设备组成及功能

5.5.3.1　组成

RAD 包括 2 部分，RAD 传感头（RAD Sensor Head，RSH）和 RAD 电子箱（RAD Electronics Box，REB），两者集成在一个小的压缩体中。

5.5.3.2　工作流程

RAD 事件处理包括以下几个阶段：

1）RAD 事件处理由 VIRENA 触发信号（Trigger Frame，TF）启动。

2）EVIL 等待信号积分时间后启动 Token 读程序。

3）VIRENA 快指令读出数据与高能图案进行对比。

4）VIRENA 慢指令读出数据通过 Level 2。

5）Level 2 在慢指令的基础上产生输出指令。

6）EVIL 将输出指令送入 VIRENA 来选择需要数字化的通道。

5.5.4　关键部件解析

5.5.4.1　RAD 传感头

RAD 传感头包括多个粒子探测器及前端电子元件（Front - End Electronics，FEE）

及 3 种类型的探测器［300 μm 厚的硅 PIN 二极管、碘化铯基数闪烁器（CsI（Tl）和塑料基数闪烁器（Bicron BC - 432m）］。碘化铯基数闪烁器和塑料基数闪烁器的闪光将由硅二极管记录，其结构与沉积电荷的 PIPS 硅二极管类似。

5.5.4.2　RAD 电子箱设备

　　RAD 电子箱包含 3 个电路板。RAD 分析电路板（RAD Analog Electronics Board，RAE）、RAD 数字电路板（RAD Digital Electronics Board，RDE）、RAD 休眠电路板（RAD Sleep Electronics Board，RSE）。图 5 - 8 为 RAD 电子设备箱信号框图。

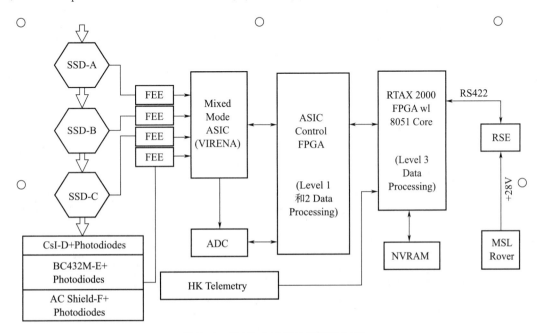

图 5 - 8　RAD 电子设备箱信号框图

（1）RAD 分析电路板

　　RAD 分析电路板接收来自 RAD 传感头的 17 个模拟信号。所有信号被分成 VIRENA ASIC 的两个通道，其利用设备中 36 个通道中的 34 个有效通道。VIRENA（输入电压读出电子核应用程序）是一个混合的 ASIC，对于每个输入通道，提供 1 个前置放大器、2 种级别的分辨器（快和慢）和 2 个触发器。对于模拟信号，VIRENA 有一个单一的多路输出，它和 Maxwell 7872 14 位的模数转换器（ADC）相连接并固接在 RAD 分析电路板上。图 5 - 9 为 RAD 分析电路板电路原理图。

（2）RAD 数字电路板

　　RAD 数字电路板包含一个美国艾特公司生产的 FPGA，它与 RCE、EVIL FPGA 和数据通道进行通信。从 VIRENA 输出的模拟信号一旦被转换成数字信号后，将会被 Level 2 固件分析。实时数据分析发生在虚拟的 8051 微处理器中，这是 RDE FPGA 的具体实例化。固件执行这一实时分析与 Level 3（L3）有关。

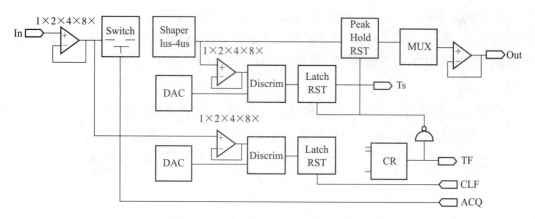

图 5 - 9　RAD 分析电路板电路原理图

（3）RAD 休眠电路板

巡视器的能量供应限制了 RAD 的工作周期，因此 RAD 被设计为可以自动进行工作/休眠转换，它不需要来自 RCE 的指令。这一功能由 RAD 休眠电路板实现。此电路板还可以将探测器的 28V 电压转换为 RSH 或 REB 上其他电路板需要的低压（+5 V，±7 V，+12 V）。

5.6　化学分析相机

化学分析相机（Chemistry & Camera，ChemCam）用于寻找轻元素，例如碳、氮和氧，所有这些元素都对生命至关重要。这一系统能够立即发现火星表面的霜或其他来源中的水以及碳。碳是构成生命以及生命副产品的基本要素。由于具有这些功能，ChemCam 成为好奇号任务一个至关重要的组成部分。ChemCam 可以分析整个可见光光谱以及红外和紫外光谱，寻找元素周期表上的元素。ChemCam 能够对距离好奇号约 7 m 的区域进行探测。

5.6.1　设计目标

研究火星表面沉淀层的组成成分及其与火星气候变化的关系，了解造成阿拉伯区和子午线区沉积地形中大片水域的起源、存在时间等；研究火星表面细小微粒和扬尘的种类及来源，了解火星大气粉尘中大量的硫黄和氯元素的来源；研究火星地壳的组分；寻找沉积岩内的有机物及曾经存在的生命；协助车体内部的分析仪器选择样本。

ChemCam 在火星上明确需要进行的 11 项调查研究如下所述：

1）对 7 m 范围内的样本进行快速远程鉴定，定性考量样本的研究价值。

2）土壤和卵石实地调研。分析巡视器附近的土壤或卵石，从而获得土壤组分的地域差异。RMI 与 LIBS 协同工作，将样本外部形态和光谱图对应起来。

3）对岩石和土壤及追踪元素进行定量分析。需要车体内部分析仪校准确认。

4）通过观察 656 nm 辐射谱线，检测水合矿物。

5）通过观察 OH 分子键和 H 原子辐射谱线，快速鉴定火星表面冰。

6）通过对样本不同剖面深度分析，来对风化层和沉积层进行研究。

7）利用 RMI 以 0.08 mrad 分辨率远距离观察岩石的形态。

8）远距离分析车体无法接近的样本。

9）协助机械臂和钻头取样。

10）远距离鉴定有机材料。

11）检测 Be，Pb，Cd 等的含量，为载人登陆火星做准备。

为了实现这些操作，要求 ChemCam 一火星日生成七个测量值，包括约 12 张 RMI 图像（通常在每次 LIBS 分析之前、之后都会有一张），945 束激光产生 915 个光谱图，每火星日 12 MB 数据。

5.6.2　技术参数

ChemCam 的技术参数见表 5 - 4。

表 5 - 4　ChemCam 的技术参数

参数	数值
探测范围	7 m 以内
红外线激光器	所发射的激光能量超过 100 万个电灯,能够聚焦一个微小区域,聚焦时间达到十亿分之五秒
LIBS 分析直径	可小于 0.6 mm
CCD 相机像素	1 024×1 024 像素
CCD 相机视角	19 毫弧度(milliradian)
RMI 分辨率	亚毫米级

5.6.3　设备组成及功能

5.6.3.1　设备组成

化学分析相机包括两部分：一个 LIBS，一个缩微成像仪。LIBS 用于获得岩石的化学元素组成，而缩微成像仪将这种元素组成和它的地质环境结合起来。两个仪器联合起来协助选择有价值的岩石和土壤，供接触性科学仪器和分析仪器分析处理。它能够分析大量的样本。

5.6.3.2　功能

1）快速远程岩石鉴定。确定岩石种类是否已经经过分析，确定样本是否有价值接受 MSL 分析仪器的分析。

2）对元素进行定量研究，包括支撑 MSL 使命而追踪的元素。对岩石所有元素进行分析，要求同一块岩石进行多次激光电离化处理。

3）土壤和岩石构成分析。化学分析相机能够获得火星表面不同地方岩石组成的差异性。缩微成像仪能够获得火星土壤、岩石的晶粒尺寸。

4）探测水合矿物。LIBS 对氢元素尤其敏感，氢元素的存在是矿物质中存在水的一个重要指针。

5）获得岩石风化层的纵深剖面信息。LIBS 激光具有烧透能力。

6）快速鉴定水的存在。LIBS 能够明确鉴定固态水。

7）缩微成像仪具有高的分辨率，便于对风化层形成过程进行详细研究。

8）可用于清除样本表面的灰尘。

9）协助选择最有价值的样本。

5.6.4　关键部件解析

5.6.4.1　LIBS

这项技术的核心是红外线激光器（红外线）所发射的激光能量超过 100 万个电灯，能够聚焦一个微小区域，聚焦时间达到十亿分之五秒。LIBS 将高能量聚焦在距离巡视器 7 m 以内的岩石上，瞬间产生高能量使岩石分子分解成原子、离子的电活跃状态，在这种状态下它们衰减产生发光等离子体，如图 5-10 所示。它要求一个聚焦的激光脉冲在 5 ns 的时间内产生 14 mJ 的能量在一个 0.3～0.6 mm 直径的点上，其能量密度大于 10 MW/mm^2。离子辉光通过一个直径为 110 mm 的望远镜收集并经光纤传递至三个色散分光计，分光计按照 0.09～0.30 nm 的分辨率记录 240～850 nm 的光谱（分为 6 144 段）。

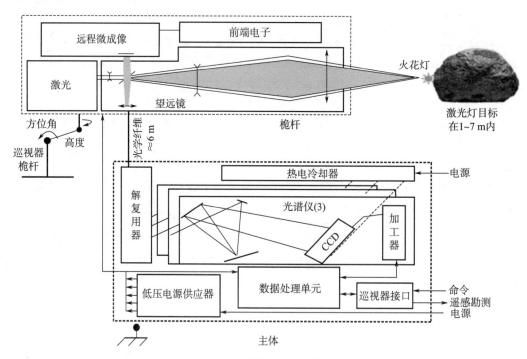

图 5-10　校准、数据、操作图

　　LIBS 的优点：无须准备样本，可以通过在一点重复发射激光去除表面灰尘检测岩石，同时分析多种元素，元素检测范围广，分析迅速，分析直径可小于 0.6 mm，能够检测水或者水合矿物，能耗低。

5.6.4.2　缩微成像仪

　　缩微成像仪与 LIBS 共用一个望远镜，它的成像距离不受限制，能够清晰地辨别任何 LIBS 工作范围内的一个亚毫米级的点。

5.7　环境监测站

　　环境监测站（Rover Environmental Monitoring Station，REMS）是首次应用于火星任务的新技术。好奇号的环境监测站可以记录日常性与季节性的气候变化，包括大气与地表温度，风速与风向，大气压，相对湿度和紫外线辐射程度。其中紫外线辐射程度的测量先前在火星表面活动的探测器上的环境监测站皆未涉及。地表温度传感器（Ground Temperature Sensor，GTS）的创新之处在于其机械结构简单且无活动部件。

　　REMS 能在 $-130 \sim +70$ ℃的温度范围内运行，且能使能量消耗最小化。对所有的传感器而言，每个火星日每小时自动记录至少 5 min 的 1 Hz 数据（即每个火星日有两个小时）。如若需要，每个火星日可达三小时的检测时间。

　　使用红外技术比使用接触传感器技术要复杂，这是由于使用红外技术存在一些与物理测量步骤有关的问题。红外技术也适用于使用高温计对火星表面运动温度的测量。地表发射率的不确定或许是最大的困难，这导致了不同的运动与亮度温度。典型的火星土壤的发射率在 0.9 至 1 的范围内变化，导致很多地表的发射与反射能量的不确定性。为了满足测量表面温度的高精度要求，必须估计或测量土壤发射率。另一影响大气温度测定的因素是大气吸收——含有灰尘的大气。一是由于灰尘会在测量带中吸收与放射红外能量，搅乱了来自地表的能量。其二是由于灰尘能引起高温计光学性能的退化。

　　每日气温的剧烈变化对静稳定性有显著影响，从而对火星大气的边界层有影响。此外火星大气灰尘较多，探测器车身内部的压力传感器通过一根小管与外部大气接触，此管由车身小开口伸出，以免灰尘沉积。

5.7.1　设计目标

　　REMS 的设计目标主要包括以下几点：

　　1）分析火星大气环流、火星表面中尺度气象（如锋面、气流等）特征；

　　2）记录微型天气系统（边界层湍流、尘暴等）；

　　3）观测局部水文循环（空间的临时性的变化等）；

　　4）分析具有潜在破坏性的紫外线辐射，灰尘紫外线光学性质，光解速率以及氧化剂生成；

　　5）基于地表与大气相互作用，分析地表下的生存环境。

5.7.2　技术参数

REMS 的质量要控制在 1.3 kg。REMS 各部件具体参数见表 5-5。

表 5-5　REMS 各部件具体参数

参数	数值
地表温度传感器(GTS)	数量 1；重量轻，能耗低，成本低；可测表面积：100 m²；150~300 K 的地表亮度温度能达到 2 K 的分辨率以及 10 K 的精度；地表温度将由热电堆/温差电堆记录
风传感器	数量 2；120°的方位角；指杆距地平面约 1.5 m；使用柔性电路(flexible circuit)
紫外线传感器	由六个二极管组成，覆盖范围为：315~370 nm (UVA)，280~320 nm (UVB)，220~280 nm (UVC)，200~370 nm (全波段)，230~290 nm (MUV) 和 300~350 nm (NUV)
压力传感器	测量范围为 1~1 150 Pa，其精度可达 20 Pa，分辨力可达 0.5 Pa
空气温度传感器	2 个热敏电阻(PT1000)测量范围为 150~300 K，精度为 5 K，分辨力为 0.1 K
湿度传感器	测量相对湿度在 200~323 K 的范围之内有 10% 的精度，分辨力为 1%

5.7.3　设备组成

REMS 是首次运用于火星探测的新设备。这一设备是由西班牙科学与创新部和工业技术发展中心提供的，它由西班牙的 Centro de Astrobiología（CSIC - INTA）与其他一些机构合作开发。REMS 安装于好奇号桅杆中部，就像两个水平伸出的手指似的杆。两个指杆（见图 5-11）的共性是都携带有风速/风向传感器、空气温度传感器，因而都具有测量风速与风向和大气温度的功能。其不同点是其中一个能测量相对湿度，另外一个能测量地表温度。

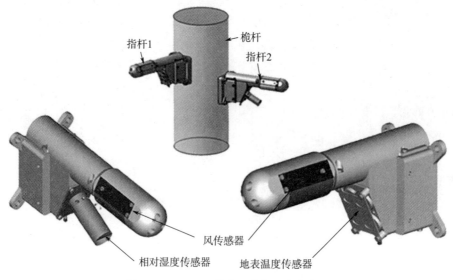

图 5-11　REMS 设备上指杆 1 与指杆 2

两个指杆垂直于桅杆，沿桅杆错开一定距离。REMS 包括一个安装于探测器面板上的紫外线传感器，安装于车身内的压力传感器、数据记录器和电子控制装置（仪器控制单元）。

5.7.4　关键部件解析

5.7.4.1　地表温度传感器

检测当前火星表面温度对建立火星大气表层的边界层的环境模型是至关重要的。地表温度传感器正是基于这一目的而设计的。地表温度传感器（见图 5 - 12）是一种重量轻、能耗低、成本低的高温计，它可以用来测量探测器周围 100 m^2 以内区域的火星表面运动温度。

地表温度由热电堆/温差电堆记录，此热电堆通过一个滤波通带为 8～14 μm 的滤波器来观测火星表面。要求在测量 150～300 K 的地表亮度温度时能达到 2 K 的分辨率以及 10 K 的精确度。

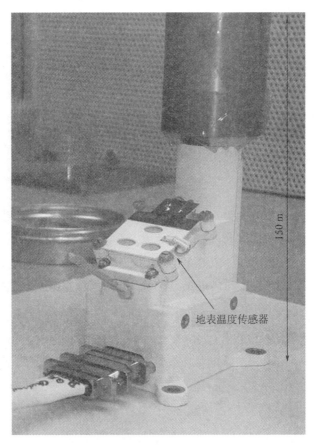

图 5 - 12　RMES 指杆飞行模型

5.7.4.2　风传感器

风速与风向的测量信息主要来自指杆平面上的三个二维的风传感器，这三个传感器分别与杆轴成 120°的方位角。12 个数据点能确定风速以及两指杆相较于风向的俯仰角与偏航角。两个指杆成 120°的方位角，以确保无论风向怎样，至少有一个风传感器能记录到，在水平高度上两指杆相距 50 mm 以使相互间对风的扰动的不利影响减至最小。指杆距地平面大概 1.5 m，指杆长度与遥感桅杆直径相当，被遥感桅杆扰乱的风流能够到达位于指杆前端的风速/风向遥感器。

风传感器有三个风向传感器板，每个板测量来自两个正交方向的风速。每个风速感应器都是基于热膜风速测量法。所有的板之间是互相联结的，它们附带有数据采集电子设备，使用的是柔性电路。

5.7.4.3　紫外线传感器

REMS 包括一个安装于探测器面板上的紫外线传感器，紫外线传感器具有 6 个呈圆周阵列分布的二极管，中央是一个磁体，它们可以评估灰尘在盒子上的沉积水平，由此估计紫外线输电损耗。紫外线传感器机械配置非常简单：一个可支撑二极管的小盒子、磁体以及一个临近的热敏电阻。热敏电阻可以作为温度传感器，在数据压缩时使用。

探测器"甲板"（背面）上的紫外线传感器距离地表约 1.5 m。6 个光电二极管可以检测覆盖 315～370 nm（UVA），280～320 nm（UVB），220～280 nm（UVC），200～370 nm（全波段），230～290 nm（MUV）和 300～350 nm（NUV）波长的电磁波。

5.7.4.4　数据记录器

REMS 的两指杆需暴露在火星环境中，并且远离 REMS 的主要电子设备，该指杆安装于好奇号桅杆之上，REMS 电子设备安装在车体内部。数据记录器安装于指杆内部，并且由加热器提供保温，以便其能够在极低温度环境下工作。

5.7.4.5　压力传感器

压力传感器安装于车身体内并通过一个管道与外界大气接触。探测器车身内部的压力传感器通过一个小管与外部大气接触，此管由车身一小开口探出，以免灰尘沉积。其测量范围为 1～1 150 Pa，其精度可达 20 Pa，分辨力可达 0.5 Pa。由于这一元器件是与火星大气直接接触，所以需要在管道入口处配置一个高效微粒空气过滤器（High Efficiency Particulate Air Filter），以避免污染火星环境。

5.7.4.6　空气温度传感器

空气温度传感器由两个铂热敏电阻构成，这两个热敏电阻一个处于中间位置，另一个处于自由端，在指杆的边界层之外。温度的读取通过一个模型获得，此模型基于两项温度的读数。其测量范围为 150～300 K，精度为 5 K，分辨力为 0.1 K。

5.7.4.7　湿度传感器

湿度传感器位于指杆 2，它基于一个 Vaisala 传感器，此传感器安装于一个小型的印刷电路板并由一个聚四氟乙烯薄膜覆盖以免灰尘沉积。湿度传感器在一保护性圆筒内，为了确保湿度条件相同，绕着圆筒在薄膜的两边有几个洞。测量相对湿度在 200～323 K 的范围之内有 10%的精度，分辨力为 1%。此外它还有一个灰尘过滤器以防止灰尘沉积。

5.7.4.8　仪器控制单元

仪器控制单元包括仪器电子盒、仪器控制单元盒。仪器电子盒分为三部分：模拟电路，CPU，电源；仪器控制单元盒将压力传感器罩住。

5.8　中子动态反照率探测器

中子动态反照率探测器（DAN），是俄罗斯空间研究所（IKI）制造的一个中子散射仪。安装在好奇号主车身背部附近，帮助巡视器寻找火星地下的冰和含水矿物质。这台仪器通过向地面发射中子束，记录中子束的反弹速度，由于氢原子往往延缓中子的速度，所以如果大量中子速度迟缓，便说明地下可能存在水或者冰。

5.8.1　设计目标

1）探测并估计氢元素在地下（≈1 m）的数量分布；

2）调查地下（≈0.5 m）含氢物质（hydrogen - bearing materials）地质分层结构；

3）通过定期探测，分析不同时期地下（≈1 m）氢元素的变化情况；

4）通过定期探测，分析地面在不同时期的中子反照率变化情况。

5.8.2　技术参数

DAN 包括两个部分：中子脉冲发生器（DAN/PNG）、中子探测仪（DAN/DE）。中子脉冲发生器的技术参数见表 5 - 6。中子探测仪的技术参数见表 5 - 7。

表 5 - 6　中子脉冲发生器的技术参数

参数	数值
质量	2.6 kg
发射中子脉冲时功率需求	13 W
工作时对环境温度需求	$-40 \sim +50$ ℃
火星表面生存温度	$-55 \sim +70$ ℃
工作模式下的输入电压需求	$22 \sim 36$ V

表 5 - 7　中子探测仪的技术参数

参数	数值
质量	2.1 kg
被动模式功率需求	3.7 W(22 V)~4.5 W(36 V)
备用模式功率需求	2.8 W(22 V)~3.5 W(36 V)
工作时对环境温度需求	$-40 \sim +50$ ℃
火星表面生存温度	$-55 \sim +70$ ℃
工作模式下的输入电压需求	$22 \sim 36$ V

5.8.3　设备组成及功能

5.8.3.1　设备组成

DAN 是首次应用于非地球天体的主动中子探测仪。DAN 分为两个部分：中子脉冲发生器，中子探测仪。

火星表面主动和被动中子实验都与土壤内部原子核与中子的反应过程相关。宇宙射线或者太阳粒子事件激发的中子初始能量为 $10\sim20$ MeV，中子脉冲发生器产生的中子有 14.1 MeV。在中子与土壤中原子核弹性碰撞条件下，超能中子衰减成热中子；如果超能中子与土壤原子核发生非弹性碰撞，能量以 γ 射线的形式释放出来。中子射向地面后一部分以随机路径反射回大气，另一部分衰减直至停留在土壤中（下文只讨论反射回大气中的中子）。如果探测到某个区域的超热中子流的下降，则表明该区域存在一定含量的氢元素，氢是组成水的重要元素，结合对氢元素的存在形式的分析和判断，从而推断该区域是否存在水冰，这就是中子水冰探测最基本的原理。

根据中子探测实验中子来源的不同，DAN 的工作模式可以分为主动模式和被动模式。在主动模式下中子探测的主要来源包括宇宙射线、多任务同位素热电发电机（Multi - Mission Radioisotope Thermoelectric Generator，MMRTG）、DAN 中子脉冲发生器。一般来说，测量宇宙射线产生的超热中子和热中子就能获得火星巡视器路过地带的氢元素分布差异。但是由于被动模式两个中子源产生的中子初始动能差异大，高度分布也不同，因而不能测量氢元素垂直分布。

5.8.3.2　功能

DAN 在火星表面进行主动实验时，它将 14.1 MeV 的中子脉冲照射火星土壤。该仪器在中子脉冲发射后测量超热中子和热中子的衰减时间分布图。该时间剖面图呈现的是被热化或者慢化的热中子和超热中子逃逸时间间隔。超热中子到达探测器时间短，热中子到达时间长，两者差异明显。为了将对氢元素敏感的热中子和对氢元素不敏感的高能中子区分开来，DAN 将使用两个探测器，其中一个探测器表面覆盖 1 mm 厚的镉板来阻挡热中子。两个探测器都由一个 6 cm 长 5 cm 宽的圆筒构成。圆筒压强 10 atm（1 atm＝1.01×10^5 Pa），充满 ^{3}He。使用闪烁计数器测量 ^{3}He - n 反应物，可以测得中子数量。两个探测器探测到的中子数曲线之差即热中子数曲线。中子环境-宇宙射线和同位素热电机对两个探测器的影响是相同的。

DAN 的工作模式有两种：主动测量模式和被动测量模式。

（1）主动测量模式

主动测量模式下，中子脉冲发生器将发射选定频率的脉冲并向火星表面辐射，以产生热中子和超热中子的动力学反射，由中子探测仪测定反射率。这种模式在巡视器运动的短暂停顿期间使用。短时间（<2 min）测量，能够对水分布进行粗略估计，精度约为 1%。长时间（>30 min）测量能够探测水的垂直分布，探测精度为 0.1%～0.3%。

在主动工作模式下，中子脉冲发生器发射中子脉冲。热中子计数器（CTEN）测量热中子和超热中子总数的时间衰减图。超热中子计数器仅测量能量大于 0.4eV 的超热中子的时间衰减图。两图相减即得到热中子时间衰减图。主动模式下探测到的中子分为 16 个能量区间，每个区间将整个主动工作时间分 64 个时间间隔。发射脉冲的持续时间和发射脉冲的频率是由内部仪器控制的。

（2）被动测量模式

在被动测量模式下，中子脉冲发生器不工作，热中子计数器和超热中子计数器（CEN）测量火星表面由于宇宙射线和 MMRTG 激发的中子的静态反照率。

被动测量模式的功用是扩展关于火星表面的知识，此期间脉冲中子发生器处于关闭状态。根据 DAN 操作计划，巡视器将使用被动测量模式监视火星表面平均水含量，从而进行火星土壤近地面的结构估计。DAN 的被动测量也可以用于对自然中子背景的连续监测，以估计辐射剂量。在一个太阳（粒子）事件期间，DAN 的被动测量将帮助监视太阳事件的演化，并估计在太阳耀斑的条件下中子辐射剂量。

这种模式下获得的数据包括固定曝光时间下计数的能量谱范围。相比主动模式只有在巡视器静止条件下使用，被动模式可以在车运动过程中工作。主动模式和被动模式的选择由地面操作人员视具体情况而定。

5.8.4　关键部件解析

5.8.4.1　DAN 校准、现场试验和数值模拟

（1）校准和现场试验

杜布纳联合研究院核研究所进行了两个 DAN 校准试验。第一个试验使用标准中子射源照射地面，测定 DAN 热中子计数器和超热中子计数器的灵敏度。第二个试验是检测水的含量及储量评估。

（2）DAN 测量的数值模拟

蒙特卡洛中子、质子、X 射线代码被用于 DAN 测量的数值模拟。选择的岩石成分和火星探路者获得火星表面风化层成分相同。

5.8.4.2　中子脉冲发生器

中子脉冲发生器重 2.6 kg，实际上是一个微型核聚变反应堆，它依照传统核裂变 $^2H + ^3H \rightarrow {^4He} + n$，产生 3.5 MeV 的 α 粒子和 14.1 MeV 的中子。核反应在真空试管内进行。中子脉冲发生器的性能参数见表 5-8。

表 5-8　中子脉冲发生器的性能参数

参数	数值
最大尺寸	125 mm×45 mm×338 mm
质量	2.6 kg
发射中子的能量	14.1 MeV
单脉冲发射中子数	1.34×10^7

续表

参数	数值
中子脉冲持续时间	<2 ms
脉冲频率	1~10 Hz
待发射脉冲模式下功率	1.4 W
发射脉冲模式下功率	13 W
工作温度范围	−40~+50 ℃
存活温度范围	−55~+75 ℃
输入电压范围	22~36 V
存活电压范围	0~40 V
发射准备时间	2 s
工作可靠性(中子管寿命)	3 年或者 10^7 个脉冲

5.8.4.3　中子探测仪

中子探测仪重 2.1 kg，它含有两个充满^{3}He，内部气压 3 atm 的气体正比计数器。探测器探测中子的原理是 n+^{3}He→p+T（n—中子，p—质子，T—^{3}H。能量：p573 keV，T191 keV），^{3}He 探测器主要用来探测热中子和低能超热中子，其直径为 5.1 cm，长度为 6.5 cm（其中 4 cm 为有效区）。一个计数器用来对超热中子计数，它表面覆盖一层 1 mm 厚的镉。镉能强烈吸收能量小于 0.4 eV 的中子，习惯上 0.4 eV 是热中子和超热中子的能量分界点。另一个计数器覆盖一层 1 mm 厚的铅，用来对热中子和超热中子总数计数。铅不吸收中子，但能吸收中子脉冲发生器产生的 X 射线。

超热中子计数器和热中子计数器都将中子分为 16 个能量范围来计数。为了测量动态中子反照率的衰减时间剖面，中子探测仪能测量每一个计数的中子延迟时间（从中子脉冲发射到中子被探测到）。中子探测仪的性能参数见表 5-9。

表 5-9　中子探测仪的性能参数

参数	数值
最大尺寸	204 mm×61 mm×212 mm
质量	2.1 kg
探测器数量	2 个(CTEN 与 CEN)
中子能量(探测到的中子)	<1 keV(CTEN 探测器) 0.4~1 keV(CEN 探测器)
单个探测器光谱通道数	16(线性)
单个探测器时间刻度	64(对数)
最短持续时间	2 ms
空间分辨率	<1 m
被动模式功率	3.7 W(22 V)~4.5 W(36 V)
备用模式功率	2.8 W(22 V)~3.5 W(36 V)

续表

参数	数值
可靠性	5 年
工作温度范围	$-40\sim+50$ ℃
存活温度范围	$-55\sim+77$ ℃
工作电压范围	$22\sim36$ V
存活电压范围	$0\sim40$ V
通电后工作准备时间	<1 s
中子管工作寿命	3 年

5.9　下降成像仪

火星下降成像仪（Mars Descent Imager，MARDI）（见图 5 - 13）用来在巡视器下降到着陆火星过程中获取高清晰、高保真图片。正常情况下，从高度低于 3.7 km 再入舱抛弃隔热罩到着陆大约 100 s 的时间内，MARDI 可获得将近 500 幅 1 600×1 200 像素大小的图像。第一张图像覆盖 4 km×3 km 的面积，分辨率约每像素 2.5 m。最后一张完全对焦、离地面约 5 m 的图像将涵盖约 5 m×4 m 的面积，分辨率为每像素 0.33 cm。一旦着陆，图像覆盖面积约 1 m×0.75 m，分辨率约为每像素 1.5 mm。着陆后不久，这些数据将报告 MSL 科学团队巡视器的位置，及与相关主要地质特征区域的距离。图像用于规划巡视器最初的行驶路径，并提供下降过程中遇到的风的信息。

图 5 - 13　下降成像仪

5.9.1 设计目标

MARDI 的主要目标是确定巡视器的确切着陆位置，并提供降落地点的地质信息。巡视器预计在着陆后几个星期之后离开 MARDI 成像区域。这时，只有一小部分图片被传送回地球（例如，缩略图和全帧图像样本）。结合下降序列图像之间巡视器横向偏移量（Vehicle Horizontal Offset）创建出下降图像数字高程模型（Digital Elevation Models, DEM）。MARDI 的其他科学目标包括检查巡视器以地面为参考时对惯性测量单元的偏移，为未来的自主着陆和避障系统测试开发算法。

5.9.2 技术参数

MARDI 的具体参数见表 5 - 10。

表 5 - 10 MARDI 的具体参数

参数	数值
工作时间	约 100 s
照片数量	500
像素大小	1 600×1 200
内存大小	8 GB

5.9.3 设备组成及功能

5.9.3.1 设备组成

MARDI 与桅杆相机和手持透镜成像仪类似，都包含 2 个部分：一个相机头部（安装在车体上）和一个数字电子组件（安装在巡视器底盘上的热电箱内）。相机也同样使用了柯达 KAI - 202℃M 行间转移 CCD（1 600×1 200 像素，分辨率 7.4 μm×7.4 μm）。

5.9.3.2 功能

MARDI 的功能是确定巡视器的确切着陆位置，并提供降落地点的地质信息。

5.9.4 关键部件解析

MARDI 镜头的 90°圆锥形视场内的矩形视场可得到横长轴指向运动方向的 70°×55°画面。瞬时视场为 0.76 毫弧度，聚焦像素尺寸在 2 km 的高度为 1.5 m，在 2 m 高度为 1.5 mm，这两个高度下的覆盖范围分别为 2.4 km×1.8 km 和 2.4 m×1.8 m。在距离小于 2 m 时，离焦模糊以相同的速率随空间范围减小而增大，产生一个恒定的 1.5 mm 的取样空间。将获得数以百计的图像。

一个 8 GB 的内部缓存使相机能获得超过 4 000 张的原始画面（相当于 800 s 的下降）。集成在探测器上的是一个 RGB 过滤器（GR/BG 单元格）。在 3 PM（LMST 太阳入射角：55°）和表面反照率为 0.2 的条件下着陆，标称信噪比为：绿色和红色为 80∶1，蓝色＞

50∶1。相机采集和存储过程中，能实时无损压缩图像，或采用 JPEG 有损压缩。实时图像采集和存储的同时可得到 200×150 像素的缩略图，但也可能在下传到地球之前再次生成。当巡视器降落伞工作和着陆发动机下降过程中火箭推进器引起振动时，大的角速度运动可能模糊图像，尽管有 1.3 ms 的曝光时间。

MARDI 采用了层式过滤器、电荷耦合器件（Charge Coupled Device, CCD）阵列来获得天然彩色图片，图片质量堪比家用/商用数码相机，提供类似于人眼看到的彩色火星图像。层式过滤器电荷耦合器件阵列，每一个检测器，转换成数字图像中的像素，由红色、绿色或蓝色的过滤器覆盖。这是商业摄像机中使用的一种常见的彩色数码影像方法，获得的 MARDI 数据将合成为巡视器下降到火星表面的高清晰度视频的形式。

5.10　样本分析仪

样本分析仪（SAM）是好奇号的心脏，负责搜寻构成生命的要素——碳化合物。此外，它们还将搜寻与地球生命有关的其他元素，例如氢、氧和氮。

SAM 安装在好奇号主车身内。好奇号的机械臂通过车外的一个漏斗将样本送入 SAM。SAM 将分析由机械臂末端钻机获取的岩心样本，这在火星探测中还是首次。SAM 由三部分构成：一个四极质谱仪（Quadrupole Mass Spectrometer, QMS）、一个气相色谱仪（Gas Chromatography, GC）、一个可调谐激光器（Tunable Laser, TLS）。QMS 和 GC 协同工作，即气相色谱质谱联用仪（Gas Chromatography Mass Spectrometry, GCMS），可以明确辨别有机化合物，TLS 能够准确检测 CO_2 中 C 和 O 的同位素比例，能够度量微量 CH_4 的含量及其碳同位素构成。

5.10.1　设计目标

SAM 的五个科学目标能够回答火星可居住性相关的三方面的问题，见表 5 - 11。

表 5 - 11　SAM 科学目标及其回答的问题

科学目标	生存环境疑问
1）调查碳化物的起源，评估它们可能的形成机制和分布情况 2）寻找与生命相关的有机化合物，包括甲烷	火星表面碳化物浓密与生存环境有什么样的关系？
3）了解与生命相关的元素（N、H、C、O、S 等）的化学状态和同位素状态 4）确定火星大气的组成（包括稀有气体），它们是大气与土壤物质交换的证据	火星大气和固体中轻元素的化学状态和同位素状态是怎样的？它们与生存环境有什么样的关系？
5）通过度量惰性气体和轻元素同位素状态，建立更准确的模型模拟火星大气和气候的演变	火星历史环境与现在有无差异？

5.10.2　技术参数

SAM 是好奇号的心脏，重约 38 kg，占好奇号所携科学仪器总重量的一半左右。

SAM 一共进行了九种实验并获得对应数据。

5.10.2.1　大气样本分析

SAM 大气样本分析实验见表 5 - 12。

表 5 - 12　SAM 大气样本分析

大气样本分析实验	实验内容和步骤
A - DIR 直接大气样本实验	实验内容:利用 QMS 和 TLS 对大气进行化学和同位素分析,分析追踪成分含量随昼夜和季节的变化; 实验步骤:大气直接进入 SAM,接受 QMS 和 TLS 分析; 白天实验持续时间和数量可能受能量的限制
A - ENR 大气浓缩	实验内容:利用 QMS、TLS、GCMS 分析大气中追踪成分; 实验步骤:大气直接进入 SAM 样本捕获器,对追踪成分浓缩→样本从捕获器释放,对追踪组分进行 GCMS 分析; QMS,TLS 直接分析也可能在此阶段存在
A - MET 甲烷丰度	实验内容:利用 TLS 对甲烷进行分析; 实验步骤:大气直接进入空气洗涤器和冷却的样本捕获器→甲烷进入 TLS,进行同位素分析和含量分析; 实验可以反复进行
A - NGE 惰性气体丰度分析	实验内容:利用 SAM 对惰性气体进行分析; 实验步骤:大气直接进入空气洗涤器和冷却的样本捕获器→SAM 静态模式下,QMS 对惰性气体进行分析

5.10.2.2　固体样本分析

固体样本分析实验见表 5 - 13。

表 5 - 13　SAM 固体样本分析

固态样本分析实验	实验内容和步骤
S - PYR GCMS 高温分解	实验内容:对受热挥发气体进行化学和同位素分析,对样本受热产生的有机物进行 GCMS 分析; 实验步骤:石英单元在热解炉中净化→样本投送至冷却杯→样本在 1 000 ℃氦气流中加热,挥发有机物被 QMS、TLS 检测到→GCMS 分析开始(通过 QMS 和 GC 热导率探测器,利用惰性气体); 由于有 59 个石英杯,该实验能在着陆后反复进行。一个石英杯一般能使用数次
S - DER 衍生化	实验内容:分析极性化合物如氨基酸、碳酸等; 实验步骤:样本操纵系统(Sample Manipulation System,SMS)刺穿金属杯防护箔层→样本投送至溶剂→提取溶剂衍生单元→样本杯转移至热烤炉进行热加工→排放溶剂→热注射极性化合物至 GC 样本捕捉器→GCMS 分析; 样本操纵系统含有 9 个衍生化杯
S - CMB 氧化	实验内容:固态样本在氧气中氧化生成 CO_2 中碳同位素分析; 实验步骤:石英单元在热解炉中净化→样本投送至冷却杯→样本在氧气中燃烧→利用 TLS 对产生的 CO_2 进行 $^{13}C/^{12}C$ 同位素组成分析

5.10.2.3　在线校准

SAM 在线校准实验见表 5 - 14。

表 5 - 14　SAM 在线校准

校准实验	实验内容和步骤
CAL - GAS 原地气体校准	实验内容:校准 QMS、GC、TLS 样本,检查仪器性能随时间的改变; 实验过程:SAM 校准气体单元的气体进入歧管→QMS、TLS 检验→SAM 样本捕获器捕获碳氟化合物→GCMS 分析碳氟化合物; 丰度实验校准大约一个月进行一次
CAL - SOL 原地固体校准	实验内容:与 S - PYR 实验相同,只是使用的样本为成分已知的碳化物/碳氟化合物; 实验过程:SMS 刺破含有样本的金属杯→样本投送至冷却杯→样本在 850 ℃氦气流中加热,挥发有机物被 QMS、TLS 检测到→GCMS 分析开始(通过 QMS 和 GC 热导率探测器,利用惰性气体) SAM 共有 6 个含有校准样本的样本杯,用来检查仪器的性能

5.10.3　设备组成及功能

5.10.3.1　设备组成

SAM 的三个科学仪器依赖一个样本操纵系统（SMS）和一个化学分离加工实验室（Chemical Separation and Processing Laboratory, CSPL）工作。化学分离加工实验室由高电导微阀门、带有压力温度监测器的气体集合管、化学泵、机械泵、气体存放和调整室、压力监控器、热解炉、化学洗涤和接收装置组成。化学分离加工实验室通过一个阀门和泵吸入相当量的气体送至 SAM,从而完成对火星大气的取样。固态样本的采取:将经过筛选的粉尘送至样本操纵系统 74 个样本杯中的一个,而后送至 SAM 热解炉,用加热的方法获得样本的挥发物。

5.10.3.2　功能

SAM 的功能如下所述:

1) 调查碳化物的起源,评估它们可能的形成机制和分布情况;

2) 寻找与生命相关的有机化合物,包括甲烷;

3) 了解与生命相关的元素（N、H、C、O、S 等）的化学状态和同位素状态;

4) 确定火星大气的组成（包括稀有气体）,它们是大气与土壤物质交换的证据;

5) 通过度量惰性气体和轻元素同位素状态,建立更准确的模型模拟火星大气和气候的演变。

5.10.4　关键部件解析

5.10.4.1　固体样本进入系统

固体样本进入系统（Solid Sample Inlet Tubes, SSIT）由两个进入漏斗和试管组成。它的作用是将好奇号 SA/SPAH 释放的样本送至 SAM 样本操纵系统。压电传动装置在 15 s,100～500 Hz 的频率带内扫描机械的共振态,最后使共振峰达到 0.22 mm。试管和漏斗被加热至 120 ℃。为保证 98% 以上的样本传递正常,在地面需用高岭石、针铁矿、

JSCMars-1、铁氧化物进行模拟试验。为确保 1 mm 尺寸的粉末通过，试管的内直径为 4.1 mm。

5.10.4.2　样本操纵系统

样本操纵系统是一个具有机器人特征的机电系统。它是一个欠驱动系统，具有两个驱动器、三个自由度。其作用是将来自固体样本进入系统的样本控制、分配到热解炉。样本操纵系统同时还有一个可重调启动锁和防污染密封圈，它还具有刺穿金属箔密封（进行湿化学实验）的能力。

（1）样本操纵系统操作要求

样本操纵系统共有 74 个样本杯，74 个样本杯要求能够在多种接触中保持 0.71 mm 以下的位置精度。样本杯送至热解炉后，样本操纵系统要求能够提供足够的密封力，为了重复利用样本杯，要求密封力误差范围保持在±10％内。密封的方法是将一块退火铜盘压紧在带有钛刀锋的样本杯上。每成功使用一次样本杯都要求密封力增大一些，最大密封力不超过 1 350 N。样本操纵系统持续工作时功率不超过 5 W，功率峰值不超过 10 W。通过一个反馈装置和一个高水平控制体系结构，样本操纵系统能够在意外失电状态下恢复正常，具有故障诊断和校准能力。

（2）样本操纵系统设计

样本操纵系统由一个高缩减低间隙驱动器、一个线性驱动器、限制/释放装置、一个启动锁和一个普通编码器构成。

（3）旋转盘驱动

旋转盘驱动由一个整流无刷直流电机，一个 25：1 减速比的行星齿轮箱，一个 100：1 的谐波减速器（整体齿轮减速比 2 500：1）完成。旋转盘驱动的作用是定位样本杯提升机构和样本旋转台。一个驱动器可以获得两个自由度。

（4）提升驱动器

提升驱动器的作用是提升降落样本杯，提供样本杯密封力，为提升机构提供一个可重置的启动锁。该线性提升驱动器有一个整流无刷直流电机，80：1 行星齿轮减速器，2.4：1 直齿轮传动，一对 5116-12 ACME 丝杠，最终行走分辨率为 1/1 088 mm。提升驱动器最高可提供（1+ 10％）×1 770 N 密封力。

（5）样本杯旋转盘

样本操纵系统含有 74 个两级阵列分布的样本杯和一个额外的样本储存器。在有限的分配空间里，样本杯在保证安全距离的条件下，其数量越多越好。74 个样本杯被分为三组：固态样本石英杯、用来进行湿化实验的箔密封金属杯、含有校准样本的箔密封金属杯。

5.10.4.3　热解炉和样本杯

（1）SAM 热解炉

热解炉最高为样本提供 900～1 100 ℃的高温使样本产生挥发物，并供 QMS、TLS、GCMS 分析。热解炉壁是 0.096 cm 厚的铬镍铁合金管。0.51 mm 铂-镉合金加热线穿过氧化铝绝缘体旋成螺纹状。一个小的吸气泵将包含有加热线、镀铼-精密焊接钼辐射防护屏的容腔抽真空。首次密封力为 667 N，以后每次增加 111 N 直到 1 350 N，最后保持 1 350 N 的密封力。要求样本杯的气体泄漏率小于 1×10^{-6} Pa·m^3/s（He 质谱检测）。

（2）SAM 样本杯

由石英制造的多孔溶块位于热解炉中央。它使样本聚集在热解炉最热的部分，同时方便氦气流过样本迅速将产生的气体带到支管进行分析。

5.10.4.4　气体处理系统

气体处理系统的作用是收集来自大气或固体挥发的气体，将这些气体带至 SAM 三个科学仪器。气体样本也被分离或浓缩以便于获得更准确灵敏的化学、同位素构成。气体处理系统由两个涡轮分子泵、阀门系统、多支管、连接管、加热器、压力传感器和温度传感器组成。此外，气体处理系统还包括一个用于提供燃烧样本所需氧气的氧气罐，以及气体洗涤器和捕获器。

（1）涡轮分子泵

SAM 的两个电动机械泵组成一个分子拖动泵，两个泵输出轴相连且共轴旋转，实际上构成一个涡轮分子泵。这种设计由 Creare Inc. 发明，由戈达德航天飞行中心的工程师进行了强度和寿命方面的完善。这种电机转速达到 100 000 r/min，对 CO_2 的压缩比达到 5×10^8。分子拖动阶段的设计目的是直接向火星 700～960 Pa 的环境排气。

（2）洗涤器和捕获器

洗涤器由一个含有 0.64 g 沸石的单元和一个硫酸镁单元构成。沸石可以吸收二氧化碳，这样 SAM 可对剩余的氮气进行 $^{15}N/^{14}N$ 比例分析。$MgSO_4$ 能够与水反应生成水合硫酸镁，受热后水可释放出来。捕获器主要是捕获碳氢化合物，其作用是移除歧管中除 CH_4 以外的所有活性气体和惰性气体。它由 SAES ST - 175 与烧结的钛和钼粉末构成，它能够在火星上再生。碳氢化合物捕获器的作用是捕获和传递有机化合物至 SAM 的 GC。HC - Trap 能够降低温度至环境温度以下，以更有效地捕获感兴趣的样本。它不仅能够捕获固体样本挥发出的有机化合物，而且还可以通过降低捕获器表面高吸附性能的材料至 -75 ℃ 以下来将 Kr、Xe 从 Ar、Ne、He 中分离。捕获方式有三种：0.49 g 3.88 mm 无孔二氧化硅粉末；0.079 g 60/80 网眼的碳纤维；进入气流末端的碳水化合物筛子。三种捕获材料盛装在直径为 0.64 cm，高度为 1.1 cm 的圆筒内。固体样本依次经过上述吸附能力越来越强的材料，不同成分被依次吸附。加热捕获器可以释放捕获的气体并沿相反方向送至 GC。

（3）氦气和校准气体系统

氦气的作用是在气体处理系统中作为一种运载气体，将气体样本送至三个科学仪器。氦气存储系统由一个冗余的歧管、高压贮存器（180 cm^3）、压力传感器、压力调节器构成。

5.10.4.5　四极质谱仪（QMS）

用质谱分析法对火星固体样本进行分析，研究固体样本中的有机化合物和无机化合物，具有广泛性和灵敏性，并且能对矿物分析提供支持性数据。这种组合信息能将科学目标最大化（在设备资料有限的情况下），通过进行大量的与火星环境相关的现场模拟实验，有助于 MSL 火星样本分析和 ExoMars 火星有机分子分析研究。

QMS 分析大气、固体受热挥发气，灵敏度高于十亿分之一。它能够在静态和动态两种模式下工作。探测的原子质量在 2 - 535 Dalton。

5.10.4.6　气相色谱仪（GC）

GC 将复杂组分的有机化合物区分成不同分子，供 QMS 或 GC 分析。

5.10.4.7　可调谐激光器（TLS）

高分辨率双通道光谱仪能明确鉴定 CH_4、H_2O、CO_2，能够鉴定指定类型的同位素。一条通道供 CH_4，波长 $3.27\ \mu m$，另一条通道供 H_2O 和 CO_2，波长 $2.78\ \mu m$。检测同位素种类 $^{13}C/^{12}C - CH_4$，$^{13}C/^{12}C - CO_2$，$^{18}O/^{16}O - CO_2$，$^{17}O/^{16}O - CO_2$。

5.11　化学与矿物学分析仪

火星科学实验室的主要目的是调查火星是否存在水、是否适宜居住。化学与矿物学分析仪（CheMin）在火星化学与矿物分析上起到至关重要的作用。艾姆斯研究中心的科学家 David Blake 是其主要研制人。

5.11.1　设计目标

特定矿物的存在可证明熔岩曾流经某区域。CheMin 的任务就是发现有关线索，并对样本进行成分鉴定及定量分析。通过分析岩石和土壤，CheMin 能够获知水在岩石及土壤形成或变更过程中起到的作用。此外，CheMin 还能够在矿物中寻找可能的生物学特征。它能够明确鉴定玄武岩、多组分蒸发岩系统及土壤。

CheMin 可用于确定火星上的矿物类型和数量，帮助科学家进一步了解这颗红色星球过去的环境。与 SAM 一样，好奇号的机械臂通过车外的一个进口将样本送入 CheMin 进行分析。分析时，这台仪器向样本发射 X 射线，根据 X 射线的衍射确定矿物的晶体结构。X 射线衍射是地质学家使用的一种重要的分析技术，从未在火星上使用过。CheMin 可帮助好奇号进一步了解火星矿物的特征，超过它的前辈机遇号和勇气号巡视器。

5.11.2　技术参数

CheMin 的参数见表 5 - 15。

表 5 - 15　CheMin 的参数

参数	数值
尺寸大小	约一台笔记本电脑大小
样本采集次数	74 次
分析时间	一次 10 h 或更多

续表

参数	数值
检测限	元素周期表中大于 12(Mg)的元素;含量≥3%的单矿物
准确度	±15%
精密度	±10%
可重用样本室	27 个
校准样本室	5 个
进入管道的样本材料体积	≤65 mm²
颗粒尺寸大小	<150 μm
内部污染物含量	≤5%
样本室直径	8 mm
样本室厚度	175 μm
样本共振频率	900～2 230 Hz
使用的帧传输图像器	600×600 E2V CCD - 224
CCD 图片	600×582 像素
数组像素	40×40 μm²
小图成像速度	每半小时
主图	20 个小图

5.11.3　设备组成及功能

5.11.3.1　设备组成

　　CheMin 样本处理系统包括一个漏斗管道、一个样本轮（其中包含 27 个可重用的样本室和 5 个校准样本室）和一个样本槽——用于倾倒已分析的样本。钻机或 SA/SPAH 系统采集的样本通过钻、铲子和 CHIMRA 排序组装等部件送往 CheMin。样本材料体积不超过 65 mm³ 时才能通过车体甲板输送至振动的漏斗管道（在 CheMin 接收样本前，CheMin 入口的保护盖是关闭的）。漏斗管道有一个 1 mm 的筛网，可以阻止大于 1 mm 的颗粒进入 CheMin 样本分析系统。未通过筛网的颗粒留在原地（先对 1 mm 的颗粒进行预筛，之后在分拣室对 150 μm 的颗粒进行筛选，以防 CheMin 筛网的阻塞）。1 mm 和 150 μm 之间的颗粒能通过筛网，进入样本室的上层储层部分，最后通过样本室反转被倾倒至样本槽。CheMin 管道只接收通过 150 μm 筛网的样本，在任务期间，CheMin 内部污染物不能超过 5%。污染物是先前传递样本时留在管道中的，和留在分析室中的材料（CheMin 对每一个可重用样本室使用 2～3 次，来满足任务期间的 74 次分析）。CheMin 转至仪器内部的样本槽，并通过振动样本室来清空已使用的样本室。CheMin 可以通过稀释样本来减少污染物——样本材料可以通过轮子分流，不进入样本室，倒入管道，直接送到样本槽（来清除管道中的污染物）；也可以在接收需分析的样本前就振动并清空已使用的样本室（来清除样本室中的污染物）。这些过程需要 SA/SPAH 系统的合作，传递的样本要超过一个。

样本的一次完整分析过程如图 5 - 14 所示。样本分析一般都需要 10 h（一些样本仅需几小时就能提供足够的数据）。分析一般在晚上进行，因为此时 CCD 能足够冷却。一旦数据被送往地面并接收，样本室就会清空分析的材料，等待下一次使用。CheMin 没有可以贮存已分析的样本来做下一次重分析的能力。

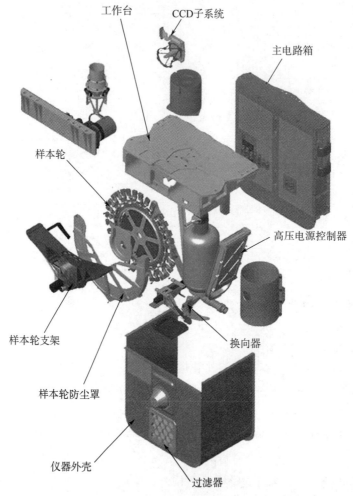

图 5 - 14　样本分析过程

5.11.3.2　功能

CheMin 是 MSL 分析实验室的重要组成部分，置于整个巡视器的主体部分内部，拥有 X 射线衍射和 X 射线荧光的能力。在首次计划任务中，CheMin 将会对样本采集系统采集的 74 个样本进行分析。每一次分析可能要花费 10 h，有一些样本可以在一个火星日内给出可接受的结果，有些样本分析要花 2 个或更多火星日。CheMin 由一个微聚焦钴 X 射线源、一个样本室、一个 X 射线敏感的 CCD（电荷耦合器件）构成。CCD 能同时产生 2 - D X 射线衍射和 X 射线荧光光谱。通过分析粉碎样本，CCD 的原始数据在巡视器上被加工成数据包，传回地球进行进一步加工和分析。

CheMin 使用了一个 600×600 E2V CCD - 224 的帧传输图像器，有 600×582 的数据收集区。数组的像素是 $40 \times 40~\mu m^2$，深度损耗硅的活动区域是 $50~\mu m$ 厚。在活跃像素区部分，表面钝化层变薄。图像器是特别为 X 射线航天应用建造的现代版的 E2V CCD - 22。每一大尺寸像素使 X 射线的大部分光子在单个的像素中散逸自己的电荷，而不会在像素间分离电荷。增强的深耗区改善了高能 X 射线的电荷收集效率。薄钝化层使 CCD 对相对低能量的 X 射线敏感。

为使 CCD 在分析过程中不在可见光能量范围内接触光子（从 X 射线诱导光学荧光），放置一个 $150~nm$ 铝薄膜和约 $200~nm$ 的聚酰亚胺薄膜于探测器前面。探测器要自动冷却到目标温度（$-60~℃$），而 CCD 的真实温度与巡视器车体的上表面温度有关。通过冷却 CCD，暗电流被消除，来自放射性同位素热电发电机（RTG）和中子动态反照率探测器（DAN）的中子会减少对硅晶格的损伤。假如温度没有达到分析所需的温度（$-60~℃$），暗电流会增加，中子对 CCD 的破坏就会影响电荷转移效率（CTE），导致更高的本底计数和 X 射线峰的半高全宽（FWHM）增加。

CCD 放置于相对 X 射线束向前散射的方向，这样可以检测到有较大平面间距的矿物相（即小于 2θ 的狭窄衍射锥），如层状硅酸盐。此外，低指数线（通常是相位最强、最明确的）也是向前散射。表 5 - 16 列出了预期的 2θ 范围（对于 Co K - α 辐射）和 X 射线衍射的 2θ 半高全宽（FWHM）。

表 5 - 16　预期的 2θ 范围和 X 射线衍射的 2θ 半高全宽 （FWHM）

参数	探测器特征
2θ 范围	$5° \sim 50° 2\theta$
2θ 分辨率	$\leqslant 0.35° 2\theta$
工作电压	28 keV
测量剂量	≈ 250 次/s
CCD 能量范围	$1 \sim 25$ keV
CCD 能量分辨率	$\leqslant 250$ eV

CCD - 224 直接探测被活性硅吸收的单个 X 射线光子，产生的大量电子空穴对，其数量等于 X 射线的电子伏除以 3.65 的能量（电子空穴对在硅晶格中的能量）。在最初提议的配置中，CheMin 的几何图是基于光子荧光的能散分析的，以优化样本的化学分析。基于此目的，使用与其他仪器（如 APXS）类似的反射几何原理，在样本室的管程处安装了一个荧光检测器。通过使用基本参数法，可进行传统的 X 射线荧光化学分析。MSL 的 CheMin 没有使用这种反射几何探测器。然而，仍然需要使用能散来区分特定能量的衍射光子（如 Co K - α，6.93 keV）和荧光光子（如 Fe K - α，6.40 keV）或其他能量的绕射光子（如 Co K - β，7.65 keV）。尽管没有一级钴 X 射线能量分辨率重要，二级 X 射线的定性化学信息也是一种矿物识别方法，它可以准确定位在矿物搜索/匹配程序中含有或没有的化学成分。未来的研究可以通过蒙特卡洛方法来量化化学成分。

5.11.4　关键部件解析

5.11.4.1　测量描述

（1）测量原理

在工作中，从 X 射线管发出的准直射 X 射线束直接穿过样本室，其中含有 SA/SPAH 系统制备、传送的粉末材料。高敏感度 X 射线 CCD 成像器安置于样本的对立面，并直接监测样本 X 射线或荧光反应。CCD 探测器以单光子计数模式运行（这个探测器在一个频率上读数，确保绝大多数的像素都包含从 0 到 1 光子的变化）。CCD 探测器暴露在 X 射线通量中，每次分析都需要多次读出或去除（1 000 或者更多次曝光）。这样，CCD 探测器就可以测量每个光子产生的电荷（即它的能量）。衍射的 X 射线打击探测器，其能量被识别，并产生一个由衍射图像组成的 2D 图像。所有由 CCD 探测到的 X 射线汇总归纳成关于光子量和光子能量的直方图，构成了样本的能量分散 X 射线直方图。图 5-15 所示为 CheMin 原理示意图。

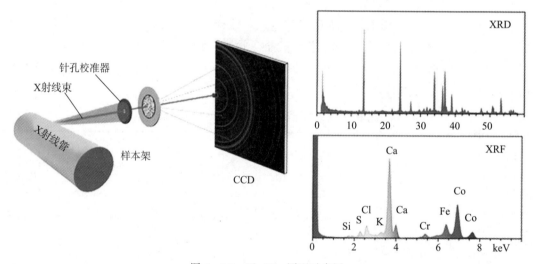

图 5-15　CheMin 原理示意图

增量半径二维图归纳中央未衍射的光束，产生一个一维的 2θ 图。通过 X 射线粉末衍射、Rietveld 结构精修、FULLPAT 和其他全模式拟合技术可获得定量矿物学结果。水晶和非晶体材料都可以用这种方式进行分析。

（2）测量目标

① XRD 的检测限

CheMin 仪器能够检测出在复杂混合物中含量大于或等于 3% 的单个矿物。

② XRD 的准确度

对于矿物中含量为 12% 及以上（4 倍的检测限水平，4×MDL）的元素，CheMin 能检测出 ±15%。

③ XRD 的精密度

如果含量大于 $4 \times MDL$，矿物含量精密度为 $\pm 10\%$。

正如上文所述，CheMin 工作是有条件的，包括检测限、准确度和精密度。结果证明，CheMin 只能检测在元素周期表中大于 12（Mg）的元素。

5.11.4.2 校准实验

（1）校准标准

5 个样本室中有 3 个装载了单矿物或者一种合成陶瓷；另外 2 个装载了不同的矿物石英/绿柱石混合物。飞行件安装的 5 个固定校准样本室和初样件一样，然而飞行件在获取火星样本材料前，不会接触任何开放样本室的其他材料。初样件和飞行件中的 5 个校准样本室将用于飞行件校准后初样件校准的交叉校准。

完成 MSL 工具装配前的基本校准、测试和发射工作都只使用飞行件样本室中的 5 个校准样本室。这个标准的校准包括测试 XRD 的 2θ 范围和 2θ 半高全宽、元素（尤其是 Fe K - α，Co K - α，and Co K - β）的峰值所需的能量范围和半高全宽。

（2）发展模式和定量 XRD 校准

CheMin 的工况包含合成或天然的样本的广泛光谱范围。初样件由一系列测试台和设备支持，这些设备不同程度地复制了初样件/飞行件各部分的功能。下面介绍一下这些测试台和设备。

①初样件

初样件配置在喷气推进实验室试验台。在发射前，初样件用来测试计算机的演算、建立校准、开发操作方案和表征火星模拟样本。在降落过程中，初样件将用于测试新的序列，开发操作方案，并描述火星模拟样本。

②火星模拟岩石的分析设备

实验室的主要工具是一个 Inel™ X 射线衍射仪、一个 CheMin IV 工具和一个地面工具（InXitu 开发的可紧急移动的工具），用于分析火星模拟岩石。

③ CheMin IV 试验台

除了 NASA ARC 的 CheMin IV，另外三个 CheMin IV 试验台设立在 Col 设备中心，包括以下三个地方：JPL、印第安纳大学和 NASA 约翰逊航天中心。这些试验台用于拍摄即将在初样件中进行分析的样本。

（3）火星条件下飞行模式的校准

在登陆火星后，在首个应急样本分析后，两个标准要尽快被分析。用于分析的标准是纯角闪石（用于能量色散直方图校准）和 97% 的水苍玉（用于 XRD 校准）。之后的校准会每隔 40 个火星日使用一个或多个固定标准进行。

5.11.4.3 样本分析室和样本轮

直径约为 50 μm 的准直射 X 射线束照亮了直径为 8 mm，厚度为 175 μm 的样本室。6 μm 厚的聚酯薄膜或更厚的聚酰亚胺薄膜窗将样本室阻隔。进入管道的粉末样本体积应小于或等于 65 mm^3，晶粒尺寸小于 150 μm。大概只有 10 mm^3 的材料进入了样本室。样本室是一个直径为 8 mm，厚度为 175 μm 的圆片形容积。滞留的样本材料将进入样本室的上层储层部分。样本室由压电制动器驱动产生振动。压电制动器的驱动工作形式仍在测试当中，根据样本不同而不同（如晶粒的内聚力等因素）。试验台的工作模式是样本以音频（900～2 230 Hz）振动。压电制动器的频率扩增到试验台，这样样本和压电制动器能在周期内的某一时间产生共振，此时样本散装对流运动将类似于液体，被输送的样本颗粒会随机定向到被光束辐射到的容积里。CheMin 的设计是以音叉为特征的 2 150 Hz 的共振频率。通过温和的振动，导致颗粒对流，很可能会产生相分隔离，导致单个矿物晶粒的大小或密度有差异。为了解决这个问题，根据每个框架的循环周期，CheMin 在间隔处短促地使用大振动振幅（即"混乱模式"），均匀样本室的颗粒大小和密度。

CheMin 的双单元几何图如图 5-16 所示。双单元装配的部分分解图，包括窗口、音叉装配和压电驱动［图 5-16（a）］。为试验台试验做准备的组装房［图 5-16（b）］，左边的黄色窗口是聚酰亚胺薄膜窗口，右边的是聚酯薄膜窗口。

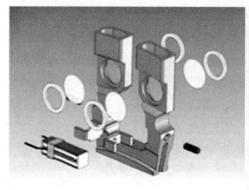 

（a）压电驱动　　　　　　　　　　　　　　（b）组装房

图 5-16　CheMin 双单元（dual-cell）几何图

CheMin 样本轮的工作原理如图 5-17 所示。CheMin 的样本室构建在有水平驱动压电制动器的双单元的"音叉"装置内。旁通房可以通过移除管道内部先前的样本污染物来清除样本。在通过管道后，清除的样本会直接送至样本槽。16 个双单元组件围绕样本轮的圆周安装。5 个样本室用来校准。其余的 27 个样本室用于样本分析，也可以在分析、倾倒样本后，再度使用。聚酰亚胺薄膜窗口和聚酯薄膜窗口都安装在轮子上。这两种窗口各有优缺点。聚酯薄膜窗口拥有良好的平面衍射背景，而与聚酰亚胺薄膜窗口相比，抗振能力弱。而且如果是强酸性的样本（如叶绿矾），聚酯薄膜窗口极易被损害。聚酰亚胺薄膜窗口有很强的抗振性和抗酸性，但是衍射范围小（约 6°～7° 2θ），这就会干扰一些黏土矿物的衍射峰。在飞行件和初样件中，都使用了聚酯薄膜（13 个样本室）和聚酰亚胺薄膜（14 个样本室）。大多数的校准样本室使用的是聚酰亚胺薄膜，但角闪石标准使用的是聚酯薄膜窗口。

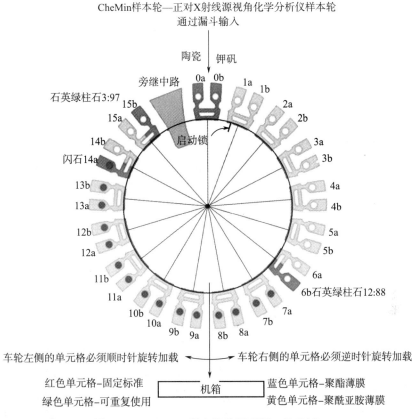

图 5 - 17　CheMin 样本轮的原理图 （见彩插）

5.12　手持透镜成像仪

手持透镜成像仪（MAHLI）是好奇号巡视器的十大科学仪器之一，也是最重要的仪器之一。该成像仪是一种变焦彩色相机，位于 MSL 机械臂末端的转台上。该仪器能获取像素为 1 600×1 200 的图像，其图像色彩质量相当于家用数码相机所拍摄的质量。MAHLI 最主要的目标是获取图像，尤其是以放大镜的方式（但不局限于）获取图像，这些图像能帮助我们解释在 MSL 着陆区域所获取岩石和风化粉状物质的岩石学、矿物学情况，及其属性，而这些属性对于描述这些物质和解释外作用对这些物质的影响来说是非常关键的。另外，火星手持透镜成像仪拍摄的图像将会用来帮助样本材料的选择或辅助其他仪器对材料进行检验（尤其是 α 粒子 X 射线光谱仪、CheMin 和 SAM），辅助各仪器记录样本或记录被检验和收集的目标物体。

5.12.1　设计目标

1）检测火星岩石的特性，结合巡视器其他硬件设施对岩石的分析鉴定结果，了解岩石材料的形态、结构、质地、矿物成分、地层结构、所属岩石类别及其沉积、成岩、风化的历史演变过程；

2）研究散状物质的特性，了解各种外在作用对散状物质的影响，以及了解其物质内部结构，包括其物理和机械属性等；

3）观测冰霜物质及其形成过程，鉴定冰霜物质的质地、形态、所属地层位置、与地表关系等；探测与冰霜相关的低迷特征（比如冰缘地貌）；

4）协助巡视器行进，获取图像，确定太阳的位置，地平线的特征，为巡视器的通行及其他科学仪器提供情报信息，为 MSL 科研团队提供研究数据；

5）观察、处理所拍摄到的自然地理景观图像，全面描述 MSL 着陆区域的地形、地貌及地质结构，了解着陆区域在过去、现在的地质作用下所呈现出的自然面貌。

5.12.2　技术参数

MAHLI 的技术参数见表 5 - 17。

表 5 - 17　MAHLI 的技术参数

参数	数值	
聚焦范围	可调；工作距离为 20.4 mm 到无穷	
焦距	11.44 mm	
光谱范围	380~680 nm	
像素	13.9 μm/像素	>13.9 μm/像素
焦距位置相关参数	25 mm,15 μm/像素	无穷
景深	1.6 mm	>480 mm
视场	34.0°对角线	39.0°对角线
焦比	$f/9.8$	$f/8.5$
有效焦距	18.3 mm	21.3 mm
后焦距	19.8 mm	8.4 mm
内存	8 GB	8 GB

MAHLI 能在 20.4 mm 至无穷大的聚焦范围内拍摄图像，能进行近距离拍摄获取像素/空间分辨率高达 13.9 μm/像素的图像，并且能在更大的聚焦范围内选择背景图像。由于安装在机械臂位置，具有不稳定性，在火星上拍摄最高分辨率图像对于该相机来说是种挑战。

5.12.3　设备组成及功能

5.12.3.1　设备组成

MAHLI 由三大部分组成：摄像头、聚焦装置以及数码电子设备。喷气推进实验室提供的电缆将摄像头和数码电子设备连接起来。数码电子设备安装在巡视器电子设备温室箱内。摄像头同其他工具仪器安装在巡视器机械臂末端的转台上。聚焦装置安装在机械臂方位驱动器外壳上。MAHLI 包含三个功能元件：光学装置、聚焦平面装置以及摄像头电子设备。后两者与 MAHLI、MARDI 和 MastCam 上的相同。

（1）摄像头

摄像机镜头装配结构图如图 5-18 所示。MAHLI 摄像头如图 5-19 所示。

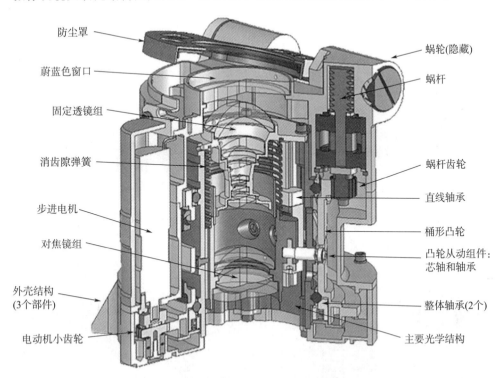

防尘罩

蔚蓝色窗口

固定透镜组

消齿隙弹簧

步进电机

对焦镜组

外壳结构
(3个部件)

电动机小齿轮

蜗轮(隐藏)

蜗杆

蜗杆齿轮

直线轴承

桶形凸轮

凸轮从动组件:
芯轴和轴承

整体轴承(2个)

主要光学结构

图 5-18　摄像机镜头装配结构图

图 5-19　MAHLI 摄像头

光学设备包括集成光路、焦距、防尘罩、单独的驱动电机（用以打开和关闭防尘罩）。镜头装配结构复杂、精确，整个结构呈圆柱形，约为 7×7 cm 高，通过一种独特的方式将各组件组装起来，并通过同一个驱动电机来启动对焦镜组和防护罩。该结构设计既要满足光学要求，又要满足操作温度、设备总体质量、长度、高度、设备运行寿命等要求。摄像头的光学器件如图 5-20 所示。

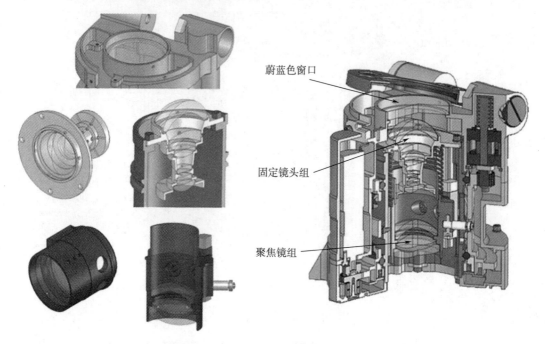

蔚蓝色窗口

固定镜头组

聚焦镜组

图 5-20　光学器件

有效焦距为 18.3 mm 的聚焦范围为 20.4 mm 以至无穷大。焦比和视域范围为 $f/9.8$（34°）-$f/8.5$（39.4°）。光学器件由 6 个固定元件、3 个可移动元件、1 个前方元件和 1 个固定的蔚蓝色窗口组成。蔚蓝色窗口内表的涂料阻挡了近红外线辐射。将玻璃的传输特性、红外线滤光片以及 RGB 微型滤光片功能结合起来，使得 MAHLI 拍摄的图像的光谱范围在 380~680 nm 之间。图像景深与焦距成比例，MAHLI 所拍摄的像素最高的图像其景深约为 1.6 mm，30 μm/像素的图片其景深约为 2 μm。

MAHLI 光谱通带长度在 360~680 nm 之间。阴影部分在 MAHLI 上看不到。彩色曲线分别代表柯达 KAI-202℃M 探测器上的红色、绿色、蓝色微型滤光片，黑色曲线代表透镜元件和红外线消除滤光片的传输特性，如图 5-21 所示。可通过处理镜头内部表面来缓解一些散光问题，减小反射率。安装遮光板可以进一步减小一些杂光的影响。

（2）聚焦装置

MAHLI 光学器件以及所有活动零件都密封在设备中以防止灰尘污染。它沿用 MER 所用过的步进电机作为驱动器，该电机由 Aeroflex 公司生产，直径为 10 mm，带有减速比为 256:1 的减速器。驱动器和传动装置控制透镜焦点群的距离。驱动器和光学器件中各活动零件的油性润滑剂（润滑油）其操作温度要求高于-70 ℃。在巡视器动力功率允

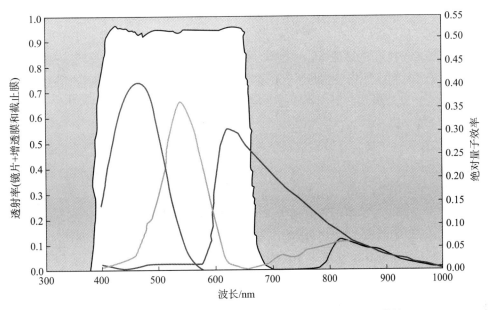

图 5-21　MAHLI 在近焦拍摄时其对焦镜组的光学图（见彩插）

许的情况下，可以用加热器加热摄像头，使其可在夜晚和清晨进行操作（机械臂能否在安全的温度范围内进行操作，可能也取决于巡视器的功率大小）。

（3）防尘罩

Aeroflex 驱动器同样能打开和关闭防尘罩，该防尘罩由各公司联合制造。在相机不工作时，该防尘罩防止安装在摄像头前方的元件和 LED 灯出现灰尘污染情况。防尘罩有一个窗口，该窗口由干净透明的热塑聚碳酸酯制成，所以，即使防尘罩无法打开，相机同样能拍摄图像（尽管镜头上粘附的灰尘会模糊视线），LED 灯仍然能照亮目标物体。

（4）焦平面设备

焦平面设备包括电荷耦合器件，以及能使输出数据放大和数字化的相关电子设备。光学器件在柯达 KAI-2020CM 行间传输电荷耦合器件上成像。探测器阵列的像素为 1 600×1 200，约为 7.4 μm/像素。焦平面设备中装有电路元件，这些元件紧密耦合在电荷耦合器件上（图像放大最开始的阶段）。

（5）摄像头电子设备

摄像头电子设备包括电荷耦合驱动电子设备、发动机驱动电子设备，这些设备能从 DEA 接收指令并向其传输数据来启动 LED 灯。摄像头能通过 6 对并行接口以 120 MB/s 的传输率输出未压缩的 12 B 的像素值，这相当于 5Hz 的振幅率。MAHLI 上的 4 个 LED 白光灯由安华高科技公司生产。其他 2 个紫外线 LED 灯是由日亚化学生产的 NSHU550B 型号的灯。

（6）接触传感器

MAHLI 接触传感器由喷气推进实验室根据 MER 装载的两个微型相机中的接触传感器设计而成。该传感器安装在摄像头防护罩外面。MER 微型相机中的接触传感器由 1 个

Poker 组成，当传感器接触到目标物体表面时，它能将这一信息传输给机械臂使其停止向目标物体移动，并且退后同目标物体保持距离。MAHLI 接触传感器有 2 个这样的 Poker 装置。这一设计有利于拍摄固体目标物体，比如岩石，但却不能用来拨开以及接触松散的风化粉状物质。为拍摄风化层粉状物质图像所做的准备工作包括在靠近这样的目标物体之前，使用 α 粒子 X 射线光谱仪接触传感器接触拍摄区域。

（7）数码电子设备

MAHLI 数码电子设备安装在巡视器电子设备温室箱中。数码电子设备由用于处理、压缩及解压数据的所有电路元件组成。也包括 DEA 数据处理电子设备和摄像头所需的所有功率转换和功率调节装置。

DEA 可接受摄像头拍摄的像素值为 12B 的图像，并能将这一图像转换为像素值为 8B 的图像。按指令压缩图像，并将图像解压至非易失存储器中。高速像素处理包括拜尔滤光片内插处理及图像压缩处理都能在现场可编程门阵列中的硬件设备中进行。MAHLI 景深合成处理在软件设备中进行。

MAHLI 能产生三种格式的图像：原始格式图像（没有通过 RGB 内插方式修改的、未经压缩的图像）、无损预测性压缩格式图像（没有通过 RGB 内插方式修改的、按 1.7 : 1 的比例压缩过的图像），以及 JPEG 格式的图像（经过彩色处理的图像）。JPEG 压缩格式图像会出现基本无损到完全失真的变化。从操作层面来说，由于大多数图像的数量比较少，因此这些图像都会以 JPEG 格式传回地面。图像压缩系数根据地面的要求及图像处理情况来决定。除了以上格式外，MAHLI 所拍摄的视频通过单个仪器和探测器头，将多张拜尔模式插值的、8B 压缩扩展内存大小的、按 JPEG 有损压缩标准压缩成的 JPEG 格式的图像，整合成 16 帧大小的、动态的、JPEF 格式的图像群。该仪器同样能将 JPEG 格式的彩色缩略图传回地面，尤其是像素大小为 150×200 的缩图。MAHLI 所拍摄的所有缩略图都将被传回地面，并且这些图像将会用来判断是否应该立即将不急需或者无益于战略操作计划的图像传回地面。

MAHLI 的合成图像（图像整合）是一种图像压缩格式。MAHLI 能在最好的焦距位置拍摄 8 张图像并将其整合成一张最佳焦距图像和一张拍摄范围图。这样每次就可以将传回地面的图像数量由 8 张变为 2 张，其中第二张拍摄范围图是一张数据量更小的灰色图像。

5.12.3.2　功能

MAHLI 有一系列功能且使用方便。该相机的用途包括（但不局限于）：

1）在接近正常的（沿着相机镜头的轴向位置）拍摄位置，近距离拍摄岩石和粉状风化岩层；

2）以最高的 MAHLI 分辨率拍摄目标物体的背景图；

3）拍摄岩石、风化层和地形的斜视图（以虫子、狗或站立着的人的视角）；

4）在夜间拍摄图像；

5）通过紫外线 LED 灯来找发光物质；

　　6）观察火星季节性霜冻情况，彻夜监视霜冻的变化情况；

　　7）形成拼接或立体成对图像；

　　8）MAHLI 在隐藏状态下（当机械臂或转台隐藏起来时）监视火星地形和大气中的浮尘情况；

　　9）拍摄移动目标，拍摄天空图像（需要了解太阳在天空中的位置）；

　　10）钻孔成像功能（包括在岩洞中打开 LED 照明灯）；

　　11）样本观察托盘成像功能；

　　12）潜望镜成像功能，机械臂带动 MAHLI 向上伸展至其他相机所不能到达的位置（机械臂可将 MAHLI 移至高于远程桅杆的位置）；

　　13）拍摄连续的视频图像（记录火星地表岩石颗粒的运动情况）；

　　14）获取视频图像文件（如打开样本输入口盖子时的视频文件；巡视器行进过程中所观察到的景观的视频文件；MAHLI 镜头隐藏时所拍摄的视频文件；机械臂展开，稍微移动巡视器时，MAHLI 能拍摄到的车轮在地表转动的视频文件；移动远程遥感桅杆时所拍摄的视频文件）；

　　15）巡视器故障诊断（像勇气号巡视器那样，观察好奇号巡视器的底部情况，只有在这种情况下对焦拍摄彩色图像，从侧面观察车轮的情况；伸入 CheMin 或 SAM 入口，观察各仪器的情况）；

　　将摄像头升至高于巡视器车身并在车身范围之外的位置拍摄巡视器（用于教育或宣传）。

　　此外，还有图像处理功能，具体包含以下几项：

　　（1）彩色成像功能

　　通过拜尔滤光片拍摄彩色图像是许多家用数码相机所通用的一种方式。消除了马赛克图像的亮度分量，保留了像素与像素间的几何学或空间关系，人们可以通过对比单波段影像图看出这些关系。

　　（2）高图像分辨率

　　MAHLI 可以在 13.9 μm/像素到无穷大的空间范围内拍摄图像。马林空间科学系统严格按照图像的分辨率要求，即光斑直径小于或等于一个像素大小。在火星实际操作环境下，通过机械臂给相机定位会出现大量的不确定性因素，因此拍摄到 13.9 μm/像素的图像是个挑战。

　　（3）夜间照明功能

　　火星手持透镜成像仪上装有两组灯，每组装有 2 个白色灯光的 LED 灯，可以用来夜间成像。这两组灯有各自的开关。手持透镜成像仪同样还装有 2 个紫外线（波长 365 nm）的 LED 灯，用来寻找能在长波紫外线光线下发光的物质。

　　（4）焦点合成功能

　　根据焦距大小及目标物体表面地势情况，近距离拍摄地质目标物就无法对整个图像进行对焦。在这种情况下，火星手机透镜成像仪可以接受指令在 8 个焦点位置（其中就包括最好的焦点位置）拍摄一系列图像。MAHLI 能接受指令运用装载软件将所拍摄的图像整合成一张焦距效果最好的图像（焦点平面融合或景深合成）。通过 MAHLI 焦点合成运算法同样能制定一张目标物体范围地图，并能测量目标物体的微地貌。

（5）数据存储功能

MSL MARDI、MastCam、MAHLI 在设计上存在的相同点之一是它们都具备存储功能。MastCam 和 MARDI 需要有大量的图像存储空间（当 MSL 着陆在火星地表与宇宙探测器失去联系时，这些空间用来操作和存储数据），而 MAHLI 有 8 GB 非易失快闪记忆存储功能。除了 8 GB 的内存，相机本身还带有 128 MB 的易失同步动态随机存储记忆空间。存储大量数据的能力使得 MAHLI 能在曝光不足和机械臂不稳定的情况下进行拍摄，并且还能将缩略图像传回地面，经过检查的图像以及相同图像所合成的最佳图像可以稍后传回地面。存储大量数据的功能意味着相机能存储未经压缩的数据，能将压缩后的数据传回地面，如果有必要，还能通过不同的压缩方法第二次（或者多次）激活数据。

（6）生成图像子图

在特定的对地传输情况下，为了能进一步为用户提供便利，考虑到指令上传下达的问题，可以要求拍摄像素为 1 600×1 200 大小的完整图片，或者拍摄像素更小的子图像。

（7）录制视频

由于 MARDI 和 MastCam 在设计上存在相同点，MAHLI 能拍摄 720 p，约 7 Hz 的高清视频。

5.12.4 关键部件解析

5.12.4.1 驱动系统

（1）设计要求

为了确保机械操作镜头能在火星上工作多年，因此对机械操作镜头设计要求非常严格。除了严峻的火星环境之外，考虑到微粒污染问题，所有的移动设备组件和光学设备都应该封装在总装置的内部。其驱动要求见表 5-18。

表 5-18　驱动系统设计要求

项目	参数
操作温度范围	−120～+40 ℃
加热器及油性润滑剂的温度范围	−55～+40 ℃
生存温度范围	−135～+40 ℃
寿命	1 火星年
质量	<250 g

（2）驱动系统结构

驱动系统结构如图 5-22 所示。

5.12.4.2 潜望镜

潜望镜采用了 CMOS 高分辨率成像系统，该系统由两个重要的组件组成：传感器、

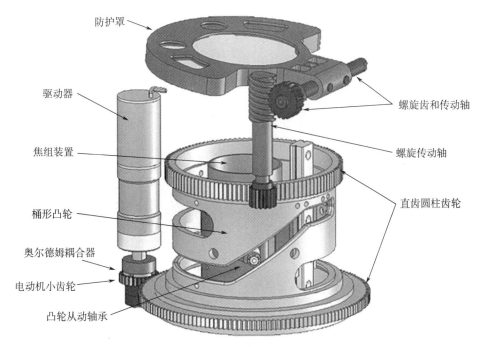

图 5-22　驱动系统结构

控制装置。所采用的 CMOS 高分辨率成像系统涉及的关键技术或创新点包含：

1）360°无障碍持续成像；

2）360°自动、非人工手动旋转取景或 360°手工操作取景；

3）自动追踪、持续观察、识别目标物体；

4）数码变焦近距离观察目标物体。

（1）传感器

传感器由 4 个广角全景成像仪和 24 个窄角跟踪变焦成像系统（Tracking Zoom Imagers，TZI）构成。具体结构如下：

1）各个摄像头成像阵列；7 个圆柱形板面堆积成 1 个长形圆柱体；每个圆柱形板面有 1 个圆柱形外壁，外壁上有多个封闭式内部间隔，呈蜂窝状结构，结构内部装有多个成像仪。

2）最顶层板面的封闭式内部间隔壁中装有 4 个广角全景成像仪，彼此间隔背对安装，其他 6 个圆柱形板面上分别装有 4 个窄角 TZI。

（2）控制装置

控制装置由 6 个独立的处理器模块构成，其具体结构及功能如下：

1）4 个 TZI 处理器：设置相机分辨率；控制窗口与变焦追踪；接收图像数据；传送数据给主机处理器和目标物体自动识别处理器；

2）1 个全景成像仪处理器：将 360°低像素图像数据传送给图像显示系统；

3）1 个主机处理器：控制所有的 TZI 和语言交互接口（Foreign Function Interface，

FFI) 处理器；传递任务指令给各处理器；向图像显示系统传输图像数据；接收图像显示系统传达的指令；

4) 1 个目标物体自动识别处理器：探测、鉴定、追踪目标物体并传输相关信息至主机处理器。

5.12.4.3　摄像头在机械臂的位置

摄像头安装在防抖系统上，该系统位于 MSL 机械臂末端转台上的钻头侧面。由喷气推进实验室提供的接触传感器用来防止摄像头触碰岩石物体。机械臂的位置起到两个方面的作用：一是将摄像头移至想要的位置，二是拍摄巡视器在行进过程中所遇到的危险物体图像，并作为一种操控工具，为地面用户下达指令。机械臂能帮助摄像头选定更佳的位置来拍摄目标物体，或者在此之前拍摄 APXS 接触传感器所感应到的目标物体。然而，第一次确定 MAHLI 摄像头的位置时，在三维空间内会有约 20 mm 的误差。

5.13　α 粒子 X 射线光谱仪

5.13.1　设计目标

α 粒子 X 射线光谱仪（APXS）的主要目标是研究巡视器所在地的地质背景，调查岩石和土壤的形成过程。APXS 的精度高，工作受限制少，特别适宜于对无机盐的形成元素如 S, Cl 和 Br 的探测。所有这些特点使得 APXS 可以识别局部异常的土壤，并且协助 SA/SPAH 进行样本选择，以供 MSL 其他科学仪器进行分析。巡视器的观察盘盛有经过处理的样本，APXS 可以对收集的样本做进一步观察，并使分析仪的结果与样本外貌联系起来。APXS 科学目标的另一个重要方面是将 MSL 着陆点的化学组成和 MSL 科学载荷所获得结果联系起来，并与以往火星探测结果相比较，以往火星使命使用了相似的 X 射线光谱仪。

5.13.2　技术参数

APXS 的具体参数见表 5-19。

表 5-19　APXS 的具体参数

参数	数值
放射源	锔 244
传感头的直径	52mm
高度	84mm
接触环的直径	38mm
测量放射的 X 射线光谱时间	15 min～3 h
测量后所获得的科学数据	32 KB

续表

参数	数值
最好的 FWHM 出现时的温度	< -15 ℃
全面分析探测限度为 100 ppm 的 Ni 和约 20 ppm 的 Br 所需要时间	3 h
对丰度约 0.5% 的主元素和微量元素快速分析所需时间	$\leqslant 10$ min
MSL 上 APXS 的能量范围	25 keV
APXS 与样本接触时，被测范围直径	1.7 cm
低 Z 元素的 X 射线来源	最高 5 μm 的样本
更高的 Z 元素（如铁）可以探测的位置	上方约 50 μm
主要电子元件与传感头相连的光缆长	4 m
齿轮和发动机操作温度	> -55 ℃
APXS 晚间操作时的温度	< -40 ℃
巡视器的 CPU 需要的操作电功率	≈ 40 W

5.13.3　设备组成及功能

5.13.3.1　设备组成

APXS 是一种 X 射线光谱仪，使用锔 244 来进行 X 射线激发。它由一个置于仪器部署装置（Instrument Deployment Device，IDD）上的传感头和置于温室电子设备箱（Warm Electronics Box）内的电子器件组成，如图 5-23 所示，图 5-24 是其正视图，图 5-25 为传感头在 IDD 上的安装位置。

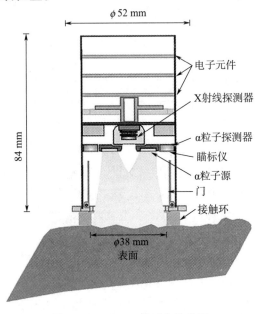

图 5-23　APXS 传感头结构图

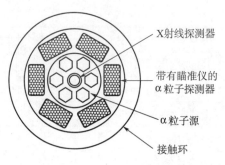

图 5 - 24　APXS 传感头正视图

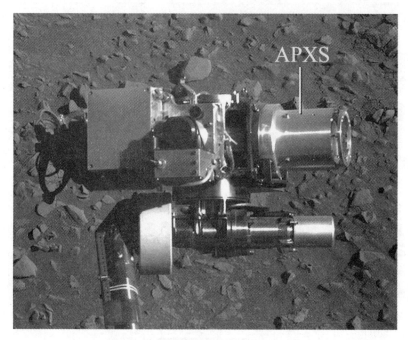

图 5 - 25　传感头在 IDD 上的安装位置

　　传感头与样本接触，样本的表面受到 α 粒子与 X 射线的轰击。X 射线探测器置于传感头的里面，记录放射的 X 射线，这些射线积累成条形图，即 X 射线能谱图。每一种元素在特征能量级上有峰值出现。波峰区表示某一元素的丰度。X 射线的激发机制有两种：X 射线荧光（X - Ray Fluorescence，XRF）和 α 粒子引导 X 射线发射。这两种模式的结合使 APXS 对从 Na 到 Br 的元素都具有很好的灵敏度。低温条件下，MER APXS 上，铁的 K - α 射线为 6.4 keV 时，能量分辨率为 160 eV。这种优化的能量分辨率减小了能量谱峰值的叠加从而使得低 Z 元素波峰能够显示。MSL 上 APXS 的灵敏度增加了约 20 倍。

　　位于暖式电子设备箱中的主要电子元件通过 4 m 长的光缆与传感头相连，IDD 主要的电子元件包括探测器信号放大器和数/模转换器。32 B 随机存取存储器可以存储 12 种光谱。在数据获取过程中，APXS 内部器件根据预设的时间间隔，记录连续光谱。APXS 中心处理器收集和储存数据并与巡视器的 CPU 进行交流。APXS 的指令集包括开始指令、停止指令、数据传输指令以及其他的指令，包括调整工具的参数，比如单个光谱依赖温度的增益，以及时间间隔的整合。

除了 X 射线探测器，APXS 也包含 α 粒子探测器以记录反向散射 α 粒子，这种模式与卢瑟福反散模式一样，α 粒子探测器主要对如 C 和 O 等低 Z 元素敏感，但是在火星上，因为 CO_2 浓度会干涉来自样本的信号，所以灵敏度受到 CO_2 浓度的限制。

5.13.3.2　功能

（1）APXS 在火星上的操作

APXS 在火星上的应用受制于可用电源和操作时间。现场设备位于 IDD 上，因而另外一个约束是 IDD 的部署能力。由于齿轮和电动机只能在高于 −55℃ 的温度下操作，因此 IDD 的部署也不能低于 −55 ℃。APXS 的工作区间在巡视器底座的前方和下方，利用 APXS 获得的图像必须首先传回地球，用来进行危险评估，之后才展开机械臂。

探索使命的早期，为了探测目标，通常的操作情形是使用接触板部署穆斯堡尔光谱仪（Mossbauer Spectrometer，MB）。MB 接触通常在下午完成。巡视器通常会在早上 4：00 醒来与地球通话交流，这时 IDD 上的加热器会开机，使 IDD 运动，并将工作的 MB 转换为 APXS，APXS 自动整合会在巡视器再一次"沉睡"之前开始。APXS 在巡视器早上醒来之前工作，每次样本获取持续大约 4 h。在任务的晚期，可用电量减少，MB 放射源衰变，需延伸 IDD 活动时间长度至少 2 火星日。在晚间，由于工程技术限制，IDD 的工具转换被取消。APXS 在下午操作临近尾声时被放置在预想的地点。APXS 在凌晨 4：00 左右（如前所述）的晨间交流后开机。完整的 APXS 通宵整合（如在下午晚些时候开机并在巡视器于次日晨间醒来之前整合）只有在下列情形下可以进行：即有足够的可用电量或是微量元素检测数据存在明显误差。

APXS 在火星晚间与在 −40 ℃ 的实验室里得到的光谱的性能相当。但是巡视器着陆不久，IDD 的信号光缆在高温下降低了 APXS 信号性能。这是反屏蔽 IDD 光缆着地能力太高所致。这一能力在仪器设计和巡视器发射时都是未知的，它在信号通道上增加了滤波元件，其效果明显，降低了探测器信号的陡变性。因为主要放大器的过滤次数是固定的，所以不能在发射之前调整。而低温下来自探测器的信号很陡，如在发射之前的测试所显示的那样，这种信号可以被电子元件适当地塑形。信号的高度与在地面上装配时所得的信号相比，要低大约 5%，原因是信号计时稍微有点偏差。所以，1.04 keV Na 峰值的低能量一边被切除了，但是不会影响其嵌入光谱背景中。这种被截去一部分的峰区也会在数据分析中加以考虑。高温对 IDD 光缆的影响使得 APXS 主要在晚间操作，以适应 −40 ℃ 以下的极端温度环境。

如果操作环境不允许巡视器在一个感兴趣的样本上操作一个完整的火星日（如一夜），那么就在火星白天清晨的早些时候执行 15～30 min 的短时测量，或是所谓的"一触即走"（Touch and Go，T&G）测量。巡视器在驶往哥伦比亚山的过程中进行系统的土壤分析时应用了"一触即走"策略。这么短的测量时间使得 APXS 光谱能量分辨率降低且计数数据有限。尽管如此，这些光谱提供了主要元素的关键信息，如钙、铁、硫的信息以及这些元素对硅的相对比例。很多时候，T&G 获取光谱是为了评价是否有必要进行更长时间的夜间整合以获取更好的数据。比较 T&G 测量所得的光谱与其对应的夜间整合所得的光谱可以证明 T&G 收集数据的价值。但是 T&G 测量有局限，特别是 T&G 获得的主要元素的峰值和长时间的夜间测量获得的峰值在误差线范围内重叠，但是微量元素可以允许大的误差，这些误差从数据上看在探测限度范围内。

（2）数据分析程序

APXS 原始数据的分析分为几步：首先，对 APXS 储存的数据进行评估，要考虑其仪器是否成功地部署，是否运行正常。如果不正常，就需要科学操作工作组重复数据收集。

传输的原始数据是 APXS 存储器收集的 32 KB 的镜像数据，除了科学数据之外，一部分是工程信息和收集到的命令的日志。科学数据包括 12 种分开的光谱（或只有新光谱，或新与旧的混合）以及在收集过程中，每 30 s 测得的温度记录。每一种光谱都有一个独一无二的身份码，这就摒弃了在收集过程中获得相同的光谱。在集合所有高质量光谱用于一个具体目标前，由于高温而显示出波峰加宽的光谱会被抛弃。而且单个具有高能量分辨率的光谱峰值可能表现出小偏移，原因是整体增益的不完美的温度补偿。这样的偏移可以通过采用调整每一光谱以适应共同增益的方法来纠正。典型的情况是，可以在 -85～-40 ℃ 的温度下找到不足 0.5% 的位移。

将收集起来的高分辨率的光谱通过预设的计算机程序进行非线性最小平方拟合，获得特征元素的峰区，转化为元素之后，运用标定表将其转化为氧浓度，得到一个无水无碳的样本基质。氧的浓度，也指几何规范，相对地表示传感头到样本表面的未知距离。重整氧浓度到 100% 对距离进行了补偿，并允许通过距离修正元素成分。

（3）标定

APXS 将在实验室使用标准的地质样本进行全面的校正，一块镀镍的玄武岩石板搭载在巡视器上，用来对仪器的性能及校准进行周期性的检查。数据分析在理论上能很好地被理解，并且传输清晰的元素识别信息，其准确性大约为 10%。这主要是受显微镜下的样本的多样性的限制（如粒度效应）。APXS 的数据分析快且能迅速地得出结果，用来进行战术上的巡视器操作。

使用元素数据来提取标准矿物，方式有两种，一种是由钻取得来，另一种是从使用 CheMin（化学分析相机）提供的矿物的类别中得来。新研发的方法是使用 X 射线放射的反散射峰，它能检测到 X 射线不可见的化合水和碳酸盐，前提是数量要可观（重量比 5% 大）。

飞行传感器的标定由两部分组成：第一，方法标定。据此，已识别元素的丰度与峰区相互关联。这一步包括光谱特征峰的反褶积程序。这一峰值拟合程序包括探测器性能的确定：如能量标定、峰形、半峰全宽值。通过这些拟合参数获取峰区。这种标定方法在好奇号内用给定的工具完成。第二，交叉标定。在第二步每一个配置和工具的影响都必须考虑在内。影响测量的性能有：探测器效率、放射源的能量、测量的几何位置，以及放射性环境。这些性质加以说明以获取给定配置的结果。

（4）接触形态的影响

据 APXS 在火星上获得的数据显示：IDD 上传感头的定位与土壤目标之间距离的不确定性很大。为了对这一距离进行量化，在模拟实验室里对到目标表面的不同距离进行了测量，与此相同的实验也曾在勇气号上在哥伦比亚山做过。哥伦比亚山上的这块石头命名为"TemplesDwarf"。勇气号对这块石头进行了 4 次测量，其中间隔距离分别为 3.1 mm，6.1 mm，11.5 mm，16.5 mm。该实验用来确定样本-探测器距离对背景校正的影响，以及 APXS 的几何位置对标定的影响。样本-探测器的距离对结果的影响通过假定目标是单质石头表面的方法进行评估。

（5）火星上的数据获取

在发射之前已经做出了系统的测量，目的在于确定高密度的 MB 伽马射线源造成的影响。在火星上得出的光谱显示与在实验室里观察到的具有相同的能量分辨率，但是 IDD 信号光缆的高电容降低了总体增益大约 5%。为避免观察环境可能造成的污染，仪器在火星上将会对大气环境进行周期性的检测。

5.13.4　关键部件解析

APXS 在火星探测器探路者以及火星巡视器勇气号与机遇号上已得到了成功地应用，而在 MSL 上的 APXS 是 MER 的 APXS 的改进版。MSL APXS 充分利用地面标准方法"α 粒子引导 X 射线发射"（Particle - Induced X - ray Emission，PIXE）和"X 射线荧光"的组合来决定元素的化学性质，它使用铜 244（^{244}Cm）作为放射源，放射 X 射线光谱，以此来决定主元素到微量元素（从 Na 到 Br 及以上）的丰度。

MSL APXS 能为 X 射线探测芯片可激活内部珀尔帖致冷器。当温度低于 5 ℃ 且 MSL 提供的能量为 6.4 keV 时，有充足的小于 200 eV 的光谱半峰全宽（FWHM）值。最好的 FWHM 值出现在温度低于 -15 ℃ 时，其值小于 150 eV。而 MER 上的 APXS，其最好的 FWHM 值在温度低于 -45 ℃ 时可以达到。相比较而言，MSL 上的 APXS 允许为分析提供一个更大的操作时窗。

MSL APXS 对低 Z（原子序数）以及高 Z 元素的灵敏度大约分别是 MER APXS 的 3 倍和 6 倍。全面分析探测限度为 100 ppm 的 Ni 和约 20 ppm 的 Br 现在需要 3 h，而对丰度约为 0.5% 的主元素和微量元素快速分析，如 Na，Mg，Al，Si，Ca，Fe 或 S，只要 10 min 甚至还不到 10 min 就可以完成。

在 MER 上，APXS 在石头和土壤样本中探测到的元素主要是 Na，Mg，Al，Si，P，S，Cl，K，Ti，Cr，Mn，Fe，Ni，Zn 和 Br。在某些样本中发现了高 Z 元素如 Ge，Ga，Pb，和 Rb。图 5-26 所示为 MER APXS 与 MSL APXS 参照材料的光谱对照图。

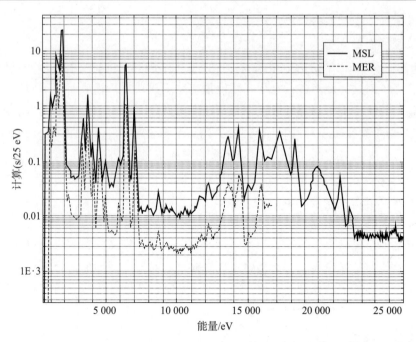

图 5 - 26　MER APXS 与 MSL APXS 参照材料的光谱对照图

5.14　再入-下降-着陆仪

5.14.1　设计目标

　　火星科学实验室再入-下降-着陆仪（The Mars Science Laboratory Entry，Descent，and Landing Instrumentation，MEDLI）的科学目标是确定不稳定或不确定的大气特征，特别是确定动态压力高于 850 Pa、自由流马赫数在 ±0.1 左右、动态压力在 ±2% 左右时的大气特征。

　　火星再入大气数据收集系统（Mars Entry Atmospheric Data System，MEADS）将提供数据来估计大气确切特征而不是混淆空气动力系数的不确定性。

5.14.2　技术参数

　　MEDLI 包括 7 个压力端口和 7 个集成传感器插口（MEDLI Integrated Sensor Plug，MISP）。每个 MISP 参数见表 5 - 20。

表 5 - 20　MISP 参数

参数	数值
直径	33 mm
深度	20.3 mm
数据量	大约 0.9 MB
数据传输率	4 kbit/s（原始数据从 MEDLI 到 DPAM 传输速度）

火星再入大气数据系统中压力传感器参数见表 5 - 21。

表 5 - 21　火星再入大气数据系统压力传感器参数

参数	数值
压力范围	$0 \sim 35$ kPa
精度	测量值的 0.5%
温度范围	$-225 \sim +125$ ℃
质量	<368 g

传感器电子支持设备（Sensor Support Electronics，SSE）包括两个电路板，其安装在 76.2 mm×247.7 mm×336.6 mm 的铝制底座内。

5.14.3　设备组成及功能

5.14.3.1　设备组成

MEDLI 包括 7 个压力端口和 7 个 MISP。SSE 提供电源、指令和数字化的传感器信号，如图 5 - 27 所示。这些数据流将通过 RS - 422 总线送入好奇号下降级功率与模拟模块（Descent Stage Power and Analog Module，DPAM）。DPAM 通过好奇号 EDL - 1553 总线（存储数据直到着陆后数据传回地球）传输至好奇号巡视器计算模块（Rover Compute Elements，RCE），火星巡视器 RCE 接收并储存这些数据，这些数据被存放在 DPAM 缓存区并通过 EDL - 1553 总线进行传输（DPAM 要求每个分配地址的数据传输率为64 Hz）。MEDLI 通过对 3 类数据进行测量（温度、等温线和压力）来实现它的科学目标。

5.14.3.2　功能

MEDLI 的功能是确定不稳定或不确定的大气特征，特别是确定动态压力高于 850 Pa、自由流马赫数在 ±0.1 左右、动态压力在 ±2% 左右时的大气特征。

5.14.4　关键部件解析

5.14.4.1　集成传感器插口

（1）作用

MISP 支撑气动热模型和 TPS 响应模型的验证。

（2）结构参数

MISP 一共有 7 个插口，每个插口包括 4 个热电偶和一个衰退传感器（recession sensor）。通过铂钨丝绝缘线缠绕在聚酰亚胺空心管上。整个衰退传感器通过 TPS 材料的厚度变化来测定等温线的时间发展，因为材料在地面测试和实际再入过程中均被加热。聚酰亚胺充分烧焦后铂钨丝线间将导电，这一温度即是衰退传感器所遵循的等温线温度。等温线温度值是基于热重量试验得出的。然而等温线温度不确定性依然不好定义，因为这还取决于衰退传感器所用的材料。

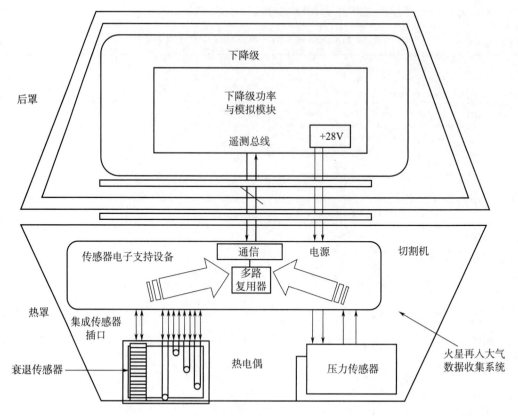

图 5 - 27　好奇号调节器及接口

每个 MISP 直径为 33 mm，深度为 20.3 mm，包括 4 个 K 型热电偶的圆柱体（分别为 2.54 mm，5.08 mm，10.16 mm，15.24 mm）。

（3）工作原理

热电偶用来记录热罩不同深度处的温度。上面的两个热电偶主要用来记录有利于再入与下降时的气动热环境系统重建的数据，下面的两个用来验证 TPS 材料的热反应（一些接近表面的热电偶可能会由于过热而失效），如图 5 - 28 所示。

衰退传感器则测量防热系统的等温线，因为其在再入大气层时会发生烧蚀，压力孔分布在驻点的对称处来提供大量的大气层数据。衰退传感器在再入和下降过程中通过 TPS 测量连续的 700 K 等温线，如图 5 - 29 所示。SSE 持续提供 1 mA 的激励电流，传感器元件导电，此时衰退传感器会被烧焦，随着烧焦程度的增加，衰退传感器长度和电压输出值减小（量程为 0～13 mm，精度为±0.5mm）。衰退传感器在 8 Hz 时通过 SSE 进行取样。温度系数测量接头与插口中心轴线相匹配。

5.14.4.2　火星再入大气数据系统

（1）作用

火星再入大气数据系统搜集压力数据来验证现有的火星空气动力学与大气层模型。

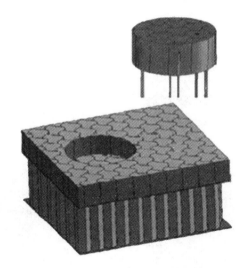

图 5 - 28　MIPS 插座与防热系统面积/隔热罩空腔结构

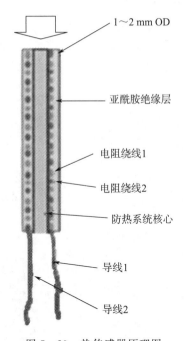

图 5 - 29　热传感器原理图

（2）结构组成

火星再入大气数据子系统包括 3 个主要部件：一个通过 TPS 的端口、通过热罩结构的压力管与线轴和压力传感器，火星再入大气数据系统如图 5 - 30 所示。

（3）工作原理

火星再入大气数据系统可提供独立的压力测量，可以确定出火星大气密度，而通常来说，再入系统的空气动力学情形需要由大气密度来确定。另外，为了得到再入系统性能参数，火星再入大气数据系统将采用一种重要且独立的攻角与侧滑角测量方法。独立于内部

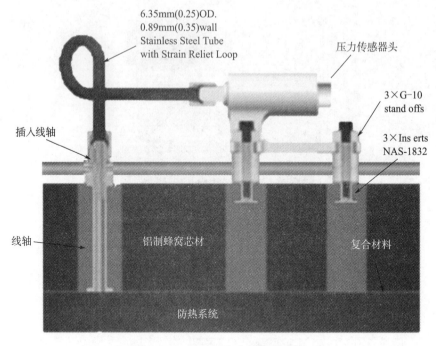

图 5 - 30　火星再入大气数据系统

惯性测量单元的测量，可以提高飞行系统参数的可观察性，找到解决数据冲突的办法，而空气动力学及导航系统性能的预测可以用来与真实飞行数据相比较，便于模型的验证。图 5 - 31 为火星再入大气数据系统的压力端口分布图。

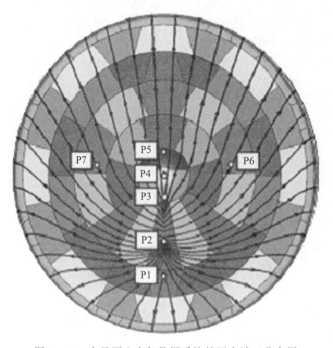

图 5 - 31　火星再入大气数据系统的压力端口分布图

5.14.4.3　传感器电子支持设备

（1）作用

传感器电子支持设备（SSE）决定传感器信号，为传感器供能，并且与好奇号数据采集系统相连接。

（2）结构组成

SSE 包括两个电路板，其安装在 76.2 mm×247.7 mm×336.6 mm 的铝制底座内。158.75 mm×304.8 mm 的数字板包括 RS - 422 接口和 DPAM 的电源接口。模拟板大小为 158.75 mm×304.8 mm，包括一个最多支持来自传感器插口 24 个热电偶的界面，最多 7 个压力传感器热电偶，最多 6 个内置衰退传感器及压力传感器信号。

（3）工作原理

艾特公司提供的现场可编程门阵列控制模拟数字转换器（RS - 422 接口），可以将好奇号提供的 28 V 电源转换成 5 V 和 2.5 V 电源，同时还包括压力传感器信号调节电子设备。MEDLI 将会产生大约 0.9 MB 的数据，原始数据从 MEDLI 到 DPAM 传输速度是 4 KB/s。

第6章 移动分系统

6.1 功能与组成

　　移动分系统为 MSL 提供了在复杂地形上强大的移动能力。好奇号采用 6 轮构型，总质量 899 kg，长 3 m，宽 2.7 m，高 2.2 m，车轮直径 0.5 m，轴距 1.9 m，离地距离 0.66 m。2 个前轮和 2 个后轮分别带有独立的转向驱动机构，这使好奇号能够在原地进行 360°旋转。好奇号沿用了索杰纳号、机遇号、勇气号巡视器的摇臂–转向架式悬架，并按比例放大，在翻越多岩石的不平整表面时具有很高的稳定性。好奇号能够翻越约 65～75 cm 高的障碍物，能越过直径约为 50 cm 的坑，在平整坚硬的地面上行驶时最高速度为 144 m/h。它每天在火星表面累计行驶 200 m，总行驶路程约为 20 km。

　　移动分系统主要包括摇臂–转向架式悬架系统、连杆式差速机构、车轮和驱动机构等，如图 6-1 所示。

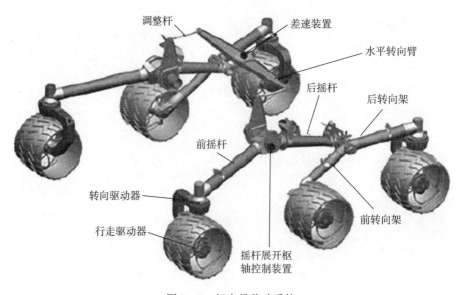

图 6-1　好奇号移动系统

6.1.1 摇臂–转向架式悬架系统

　　行星表面地形恶劣，行星巡视器在这种未知的环境中工作，必须具有性能优越、自适应能力强的移动系统。因此，行星巡视器的移动系统必然是星球探测的核心技术之一。灵活的越障能力和良好的机动性能要求使得巡视器的移动系统与传统的机动车辆截然不同。

摇臂-转向架式悬架系统就是一种对地形具有自适应能力、机动性较强的系统，该移动系统采用六轮构型和上述悬架，是一个被动的无弹簧悬架系统，结构为左右对称式，具有 3 个自由度，由左右两套单侧摇臂机构组成，如图 6-2 所示。

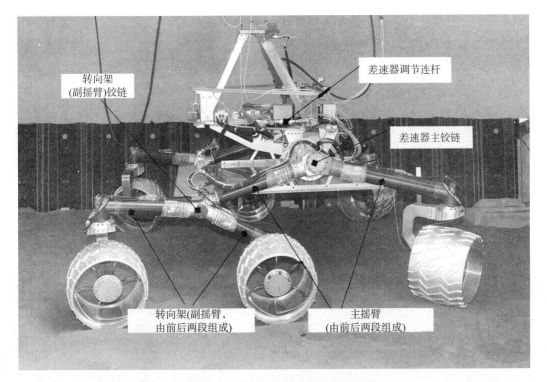

图 6-2　好奇号摇臂-转向架式悬架系统

单侧摇臂-转向架式悬架机构由一个主摇臂和一个转向架（或称为副摇臂）组成，主摇臂两端连接前轮和副摇臂，而副摇臂两端装中轮和后轮。同时两侧的主摇臂通过横杆式差速机构连接，一起安装在车体底盘上，两者之间有一个转动自由度。当一侧的摇臂相对于底盘上摆，另一侧的摇臂会相对于底盘下摆，底盘维持两根摇臂的平均节面角恒定。

主副摇臂系统的优点为：允许巡视器爬越车轮直径两倍大小的障碍物，车轮与地面接触良好。底盘始终保持两根摇臂倾斜角度的平均值（相对地面）。主副摇臂系统的缺点在于，比常规悬架复杂，需要差速器。这种悬架的结构刚度和强度有限，不适宜高速行驶。

MSL 摇臂-转向架式悬架系统的基本设计要求是为巡视器提供机动能力，使巡视器能够越过车轮大小的岩石或壕沟。除直线行驶外，巡视器还要求能够实现行进转向和原地转向。另外，主副摇臂-转向架式悬架系统要求能够在车体倾斜 50°时保持稳定，并能够吸收大部分来自着陆和行走过程的冲击载荷。

摇臂-转向架式悬架机构与差速器一起，能够保证巡视器即使在严重不平整的路面行驶时，六个车轮也能与地面接触良好。这样的特征有两个优势，其一，每个车轮受力均匀，这种性能对巡视器在松软土壤中行走至关重要，因为压力集中会导致车轮沉陷。其二，巡视器越障时，总有车轮与地面接触并提供牵引力，从而增强越障能力。

另一个特点是主副摇臂-转向架式悬架系统能够吸收动载荷。由于探测器质量增大，速度提高，需要分析巡视器对于地面输入的动态响应。另外，巡视器着陆过程中冲击大，也需要一个能够缓和冲击载荷的悬架系统。

主副摇臂悬架的刚度并非越小越好。刚度过小可能会导致车体倾斜或科学载荷附件与地面碰撞（MER 主副摇臂系统的刚度要求是传递的冲击载荷不大于 $6g$，同时车体晃动时，底面离地高度不小于 2 m）。最终悬架系统由焊接的钛合金梯形梁制造。

6.1.2　连杆式差速机构

好奇号采用了连杆式差速机构，如图 6-3 所示。两根垂直摇杆与主摇臂相连，并安装在箱体结构的两侧，上端通过长度可调的连杆与水平摇杆两端连接，水平摇杆的中心位置与箱体的上表面通过铰链连接，具有一个自由度，可以实现两侧主摇臂的差动关联。连杆式差速机构最大的好处是在实现差速功能的同时，不需要穿过结构，对整器热控设计有利。

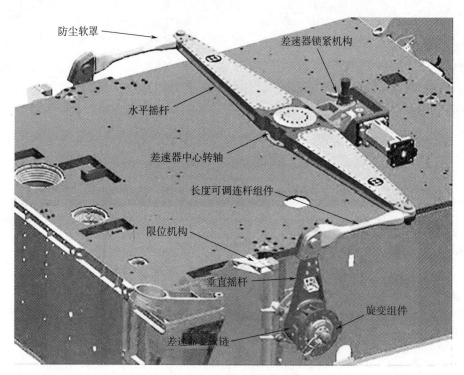

图 6-3　好奇号的差速机构

好奇号差速器锁紧机构采用曲柄滑块连杆机构，它是摇臂悬架性能设计的一个部分，可以防止差速轴中心的偏转，如图 6-4 所示。该装置可用来限制好奇号在发射、巡航、EDL 阶段中心差速轴（Center Differential Pivot，CDP）的旋转，从而保证移动系统左悬架与右悬架之间的平衡稳定。一旦好奇号在下降时底盘发生倾斜或者转动，差速器锁紧机构将发挥作用。

图 6 - 4　好奇号差速锁紧机构

差速器锁紧机构初始设计方案为将差速装置和巡视器上甲板紧固在一起，这样几乎完全限制了所有的运动，如图 6 - 5 所示。

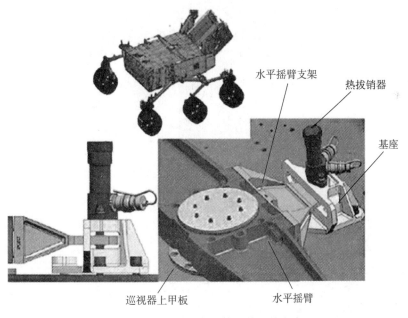

图 6 - 5　差速器锁紧机构初始设计方案

通过分析软件 ADAMS 的动态模型分析，以上设计会极大地增加中心差速轴（CDP）的力矩和剪切载荷，结果表明此设计方案不满足要求。在 2008 年以后，差速器锁紧机构又尝试了新的设计。由于机械接口已经固定，可利用的空间又极其有限，对 3/8 in（9.525 mm）拔销器进行调整是唯一可用的选择。新设计依靠中心差速轴上的扭转弹簧吸收大部分能量，其弹簧刚度约为 200 000 N - m/rad，这样就可以充分减小载荷对裕度和底盘结构的影响，同时还可以避免移动系统在发射、巡航和 EDL 阶段发生较大的动作，从而确保移动系统处于最佳的"准备着陆"状态。

　　然而，由于包络和尺寸问题，在中心差速轴上使用扭转弹簧是不可实现的，所以差速器锁紧机构使用3杆曲柄滑块机构，这样可以将旋转运动转变为直线运动，如图 6-6 和图 6-7 所示。使用碟簧可以在有限的空间内获得极高的弹簧系数。弹簧柱销用来驱动两组碟簧，每组分别负责一个方向，如图 6-8 所示。

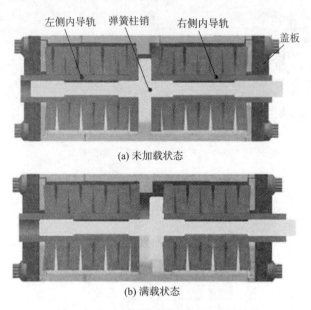

图 6-6　差速器锁紧机构的曲柄滑块结构

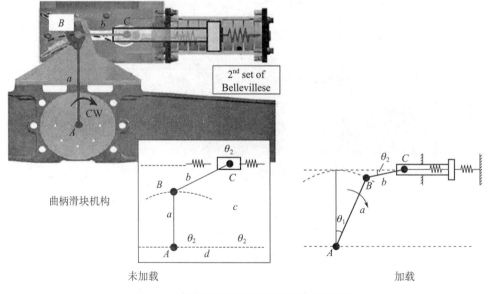

图 6-7　加载和未加载状态下的碟簧横截面

弹簧柱销的材料为钛，其中一端的运动受 U 形接头约束（与连杆连接），如图 6-8 和图 6-9 所示。

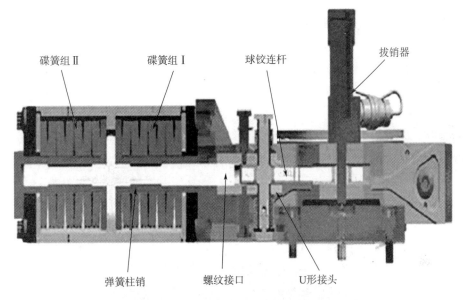

图 6-8　差速器锁紧机构的横截面

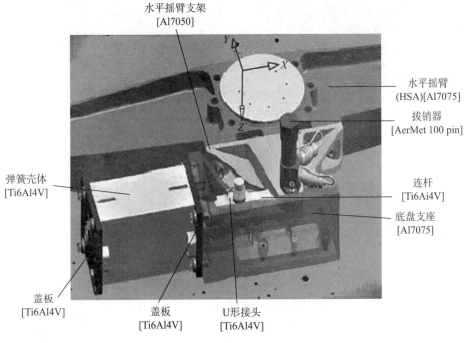

图 6-9　差速器锁紧机构组成

6.1.3　车轮

好奇号车轮设计必须同时满足着陆和行驶的要求。作为着陆装置，车轮必须能够吸收接触时的着陆冲击，保护驱动机构免于损坏。着陆完成后，作为行驶装置，必须在火星表面提供良好的牵引性能，包括在松散的沙壤地面上支撑重型车身。同时还需要满足轻量化设计要求，并能适应再入舱内紧张的包络要求。最终的设计在这些需求之间进行了平衡，满足着陆要求具有最高优先级，同时设计师投入了大量精力以保证好奇号可以从任何可能的着陆区中驶出。

车轮的直径为 500 mm（含棘爪的高度），胎面采取弧形设计，最外侧的直径为465 mm，车轮宽度为 400 mm，胎面为铝合金，中间辐射状辐条为钛合金。辐条的形状非常复杂，能实现车轮在任何方向上都具有弹性，保证车轮着陆时即使落在斜坡和石头上，也可以吸收着陆产生的冲击。车轮主要由环形加强筋（简称环筋）、胎面、棘齿和弹性辐条等组成，如图 6 - 10 所示。

图 6 - 10　好奇号车轮示意图

车轮使用铝合金整体加工而成，胎面厚度只有 0.75 mm（是机加工能实现的最薄的尺寸），以满足减重要求。同时胎面通过 3 个环筋进行强化，2 个位于车轮的两侧边上，中间环筋位于离外侧环筋大约轮宽 1/3 的位置，用于安装辐条。这些设计能够保证车轮在着陆载荷下具有非常大的变形能力及恢复形变能力。如图 6 - 11 所示，测试中，两个弹性辐条已经与胎面内侧接触，测试后，车轮仍能回复到初始的形状。

其他设计内容还包括表面处理，黑色阳极化可保证车轮不会向相机反射光线。为了提

图 6 - 11　测试时车轮的弹性变形示意图

高牵引性能，车轮表面设计了棘齿，棘齿的高度和数量需综合考虑多个要素，棘齿的距离需要足够近，以保证能够与岩石表面啮合良好，大约间隔 65 mm；棘齿的高度相对不高，设计时研究了多种棘齿的设计方案，结果表明，由棘齿高度变化带来的牵引性能的改变与行驶时路面颗粒的大小是相互关联的，最终棘齿高度采用了车轮半径的 3%，大约 7 mm。同时借鉴机遇号在坡面脱困过程中的经验，为了预防在好奇号上发生同样的情况，阻止好奇号在斜坡上严重打滑，将棘齿设计从直条纹变为 Z 形条纹。

　　不幸的是，好奇号的车轮设计被证明是不够全面的，主要体现在胎面强度与耐磨性方面。好奇号的车轮由于磨损，左前轮在第 411 火星日出现了破损并急剧恶化，在轨期间花费了大量的精力来拍摄和确定各个车轮状态。经过地面大量的研究和试验验证，后续任务必须通过优选平整的路面和采用更复杂的控制算法进行规避障碍，保证车轮能够满足更远的行驶距离要求。NASA 在毅力号巡视器上采用了新的车轮设计方案。毅力号［见图 6 - 12（b）］与好奇号［见图 6 - 12（a）］相比，直径略大，从 500 mm 增加到526 mm，胎面的棘齿数量从 24 个增加到 48 个，形状也从 Z 形变为波浪形，胎面的厚度从 0.75 mm 增加为 1 mm。

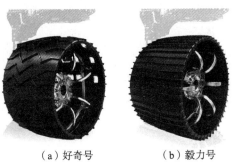

（a）好奇号　　　　　（b）毅力号

图 6 - 12　好奇号和毅力号车轮的设计示意图

6.1.4 驱动机构

好奇号的驱动机构由 Aeroflex 公司提供，包括电机、减速器、制动器和编码器，如图 6-13 所示，为移动分系统大力矩驱动机构之一，左侧为输出端，连接车轮，电机输出端通过 4 级减速器转动左边的输出盘。驱动机构非常强劲，单个行进驱动机构就有足够的力矩，驱动好奇号爬上垂直的障碍，最大行进速度为 40 mm/s（144 m/h），速度很小，运动几乎是准静态的。移动系统没有被动轮，所有的车轮都是驱动轮，当车轮不运动时，使用制动器抱死。

由于只配置了 4 个转向轮，好奇号不能侧向行驶（蟹行），但可以实现原地转向，保证即使在遍布障碍的区域中，只要行驶方向上障碍物的距离大于车身宽度，好奇号就可以挑出一条安全路径。

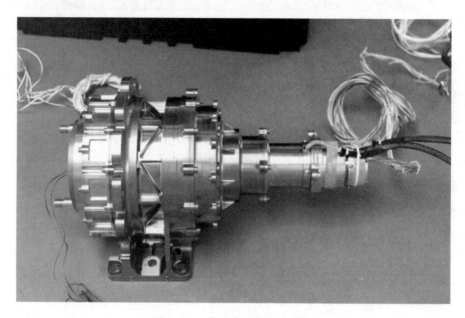

图 6-13　移动分系统驱动机构

转向驱动机构安装在车轮的正上方，通过 U 形支架驱动车轮，保证车轮的旋转轴垂直于地面。好奇号在原地转向 60° 或更大角度时，车轮轨迹可以在地面画出一个完整的圆，在好奇号的轨迹上留下一个直径约 2.75 m 的"甜甜圈"形状。

好奇号的电机控制器最多同时驱动 8 个电机，不能同时进行转向和行进运动。工作时驱动器在行进状态和转向状态之间切换，转向电机还可以调整不同的转角以适应行进转向的要求，因为行进转向时，外圈的行驶速度比内圈的行驶速度更快。

6.2　主要技术指标

好奇号移动分系统的主要技术指标见表 6-1。

表 6-1　好奇号移动分系统的主要技术指标

序号	参数		数值
1	质量		≈161 kg
2	包络尺寸	长度	3 000 mm
3		宽度	2 800 mm
4		高度(整车含 RSM)	2 200 mm
5	车轮参数	数量	6
6		最大直径	500 mm
7		外边缘直径	465 mm
8		宽度	400 mm
9		棘齿数量	24
10		棘齿高度(Z 形)	7 mm
11	驱动机构	行进驱动机构数量	6 个
12		转向驱动机构数量	4 个
13	最小转向半径		0 m(原地转向)
14	最大行进速度		144 m/h
15	自主避障行驶速度		54 m/h
16	最大越障高度		750 mm
17	最大静态稳定坡度		50°
18	最大行驶爬坡角度		30°
19	最小离地间隙		660 mm

6.3　关键技术解析

6.3.1　好奇号任务初期地面力学分析

好奇号重 899 kg,它的摇臂悬架移动系统用来适应地形,并使车轮通过直径小于 0.5 m 的障碍物。好奇号的车轮所承受的接地压力与 MER 基本相等。在前 90 个火星日中,好奇号用视觉测量法预估滑移率。在这期间,好奇号将遇到以下两种基本地形条件(图 6-14、图 6-15 和图 6-16 包含这两种地形)。

(1) 山丘地形

表面具有岩石碎屑和表面已风化的岩石两种成分的相对平缓起伏的山丘地形。

(2) 火山口地形

岩石嵌入或覆盖在坚硬的土壤中的崎岖地形。

图 6-16 所示为第 50 个火星日好奇号后方避障相机拍摄的图像,从车轮后方的观测表明,在坚硬的地面上车轮滑移率较小,同时可以看出岩石由于车轮压力被压碎。

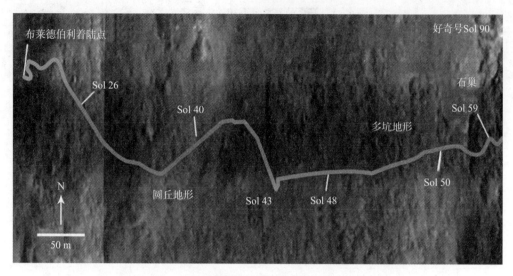

图 6-14　从着陆点至石巢的相机拍摄图

图 6-15　向北方向相对崎岖的地形（分布有重叠的陨石坑和散落的岩石）

　　巡视器滑移和爬坡的数据表明从山丘地形到火山口地形，滑移率、滑移率均值和坡面角都在增加，如图 6-17 和图 6-18 所示。避障相机和导航相机拍摄的图像表明从山丘地形至火山口地形车轮沉陷大约增加 1 cm，如图 6-16 所示。通过观察发现岩石碎屑被压出两种地形，表明土壤覆盖层深度至少在 10～20 cm，这与密集土壤和基岩的压力下沉有着某种关系。

图 6-16　第 50 个火星日好奇号后方避障相机拍摄的图像

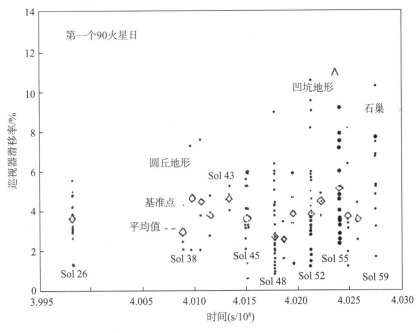

图 6-17　好奇号巡视器滑移率与时间函数（视觉测量法）

6.3.2　滑动轴承研究

好奇号巡视器移动分系统包含若干铰链。这些铰链的质量和体积都受到严格限制，且工作时必须适应极大的环境温差（环境温度最低−135 ℃）。受这三方面的限制，移动系

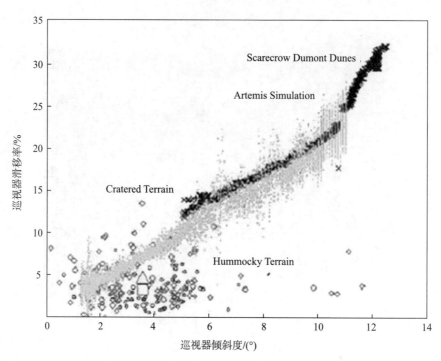

图 6-18　巡视器滑移率与地形坡度的关系图（见彩插）

统设计团队考虑在一些铰链中使用固体薄膜润滑的金属轴衬和干摩擦聚合物的滑动轴承。他们进行了一系列试验以研究不同材料在某些重要铰链中的性能差异。这些试验主要用来评估材料在预计环境温度（-135～+70 ℃）下的减摩和耐磨能力。

　　润滑剂与轴衬材料的组合需要通过试验验证才能应用于巡视器。同时移动系统设计团队也希望通过试验获得摩擦系数及耐磨性能等参数，从而建立更准确的铰链动态仿真模型。出于这些考虑，他们设计了多阶段试验流程来选择最终的薄膜润滑剂，并确定轴衬在火星环境温差范围内的减摩、耐磨性能。

6.3.2.1　第一阶段试验：轴衬–芯轴材料匹配试验

　　本阶段试验的目的是获得候选薄膜/轴衬系统的一些基本数据，为后阶段试验做准备。格伦研究中心（GRC）的轴衬测试装置用于第一阶段轴衬/润滑剂系统的测试。

　　试验内容包括带有聚四氟乙烯（PTFE）涂层、经过阳极化处理的硬质铝合金 7075 环，以及带有 PTFE 涂层的钛合金 Ti6Al4V 环与带有不同黏接薄膜的不锈钢轴相匹配的性能研究，轴衬应力约为 6 895 kPa。测试夹具使芯轴与轴衬之间保持 ±2° 范围内的颤动。试验前 69 圈在 40% 相对湿度的实验室空气环境下进行，后 4 200 圈在充满 CO_2 的手套式操作箱内完成，整个过程维持试验温度 23℃。试验过程中测量转动副内的摩擦转矩，通过计算可以获得摩擦系数。每种材料组合测试三个样本。格伦研究中心试验结果归纳见表 6-2。

表 6 - 2　轴衬材料试验表

环材料	轴材料/涂层	三组试验平均摩擦系数
带硬质阳极化处理 PTFE 涂层的 Al7075 - T7351	MoS_2 涂层作为润滑剂的不锈钢，黏接剂为类磷酸盐	0.084，标准差 0.028
带硬质阳极化处理 PTFE 涂层的 Al7075 - T7351	PTFE 涂层作为润滑剂的不锈钢，黏接剂为类磷酸盐	0.120，标准差 0.020
带硬质阳极化处理 PTFE 涂层的 Al7075 - T7351	MoS_2 涂层作为润滑剂的不锈钢，黏接剂为硅酸盐	0.139，标准差 0.054
带有 PTFE 阳极涂层的 Ti6Al4V	MoS_2 涂层作为润滑剂的不锈钢，黏接剂为类磷酸盐	0.070，标准差 0.031
带有 PTFE 阳极涂层的 Ti6Al4V	PTFE 涂层作为润滑剂的不锈钢，黏接剂为类磷酸盐	0.194，标准差 0.047
带有 PTFE 阳极涂层的 Ti6Al4V	MoS_2 涂层作为润滑剂的不锈钢，黏接剂为硅酸盐	0.145，标准差 0.005
带硬质阳极化处理 PTFE 涂层的 Al7075 - T7351	裸露不锈钢	0.266，标准差 0.070
带有 PTFE 阳极涂层的 Ti6Al4V	裸露不锈钢	0.212，标准差 0.048

6.3.2.2　第二阶段试验：轴衬性能测试

第二阶段试验的目的是研究与在轨使用状态一致的铰链轴衬在移动系统工作温度范围内（-135～+70 ℃）的摩擦和磨损特性。为了给移动系统铰链选择最佳的轴衬/润滑剂组合，本阶段试验测试了若干不同的轴衬及润滑材料。

滑动轴承测试装置对 MSL 差速器铰链进行局部模拟。在轨使用时，滑动轴承铰链由 2 个带翻边的轴衬，1 个中心轴和 1 个圆柱形外壳组成，如图 6 - 19 所示。在试验装置中，中心轴与工装固连，该工装包括一个铝合金壳体、若干 C 型支架和一个底板；圆柱形外壳与输入轴固连，该输入轴通过多个柔性联轴器和力矩传感器与直流伺服电机连接。力矩传感器能够测量试验过程中铰链内产生的摩擦转矩。

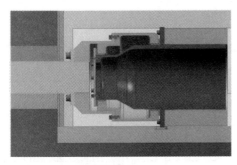 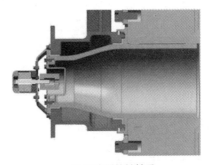

(a) 滑块轴承　　　　　　　　　　　　　　(b) 差速器铰链轴承

图 6 - 19　轴衬试验装置组成示意图

在输入轴上还连接了一组垫块、加载丝杠和固连在地面的加载绳，用于提供测试时的弯矩载荷，该载荷与 MSL 在火星上行驶时加载到轴衬上的载荷保持一致。

　　测试过程中，直流伺服电机带动传动轴和圆柱形外壳做规定的抖动运动，这种抖动模拟了主差速器铰链实际工作时的振动情况。

　　铰链组件由一对轴衬、中心轴、圆柱形外壳组成，它被安装在一个高低温箱内（见图6-20）。高低温箱用于模拟规定的温度循环剖面，并控制湿度和提供干燥氮气。试验规划时也论证了模拟 CO_2 环境的工况，虽然 CO_2 是火星大气的主要成分，但是模拟 CO_2 环境的成本和进度冲突导致方案不可行，而且基于第一阶段的试验数据表明，利用干燥氮气也能够获得满意的效果。

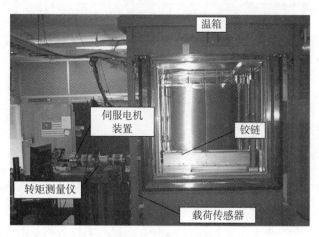

图6-20　轴衬试验装置在高低温箱中

　　轴衬材料/润滑剂：本阶段试验共评估了七种轴衬材料/轴衬润滑剂组合，见表6-3。

表6-3　七种轴衬材料/轴衬润滑剂组合

试验日期	外壳 & 轴材料	轴衬材料	轴衬涂层材料
2006-6-29	带硬质阳极化处理 PTFE 涂层的 Al7075-T7351	不锈钢	二硫化钼基-硅酸盐黏接剂润滑薄膜
2006-9-18	带硬质阳极化处理 PTFE 涂层的 Al7075-T7351	不锈钢	二硫化钼基-类磷酸盐黏接剂润滑薄膜
2006-9-25	带硬质阳极化处理 PTFE 涂层的 Al7075-T7351	聚酰胺-酰亚胺	无
2006-10-24	带硬质阳极化处理 PTFE 涂层的 Al7075-T7351	聚酰亚胺	无
2006-12-12	带硬质阳极化处理 PTFE 涂层的 Al7075-T7351	聚酰胺-酰亚胺	Braycote 601 Greaseplate
2007-1-29	带有 PTFE 阳极涂层的 Ti6Al4V	不锈钢	二硫化钼基-类磷酸盐黏接剂润滑薄膜
2007-2-7	带硬质阳极化处理 PTFE 涂层的 Al7075-T7351	不锈钢	无

　　试验温度/循环：本阶段的作用是了解摩擦转矩随温度的变化情况，试验总结见表6-4。

表 6-4　第二阶段轴衬测试颤动循环/温度

高频颤动循环数	温度/℃	备注
10	+23	初始检查,腔室门打开
20	+23	腔室门关闭,N₂净化
30	+47	
30	+70	
30	+47	
30	+23	
30	−9	
30	−43	
30	−73	
30	−105	
20	−120	为防止供气口结冰而增加的试验
10	−130	为防止供气口结冰而增加的试验
4 720	−135	
30	−105	
30	−73	
30	−41	
30	−9	
200	+23	

颤动循环：颤动循环试验是根据 Jaime Waydo 的 MATLAB code 设计的。该文中计算了巡视器在一条长度为 60 km，20% 的路面是岩石的路线上。主差速器铰链颤动情况见表 6-5。

表 6-5　巡视器在 20% 岩石的路面行驶 60 km 的颤动情况

主枢轴颤动角度范围	60 km 内发生的次数	百分比
$\theta \leqslant 5°$	3 525	78%
$5° < \theta \leqslant 15°$	450	11%
$15° < \theta \leqslant 20°$	439	11%

此外，相关试验表明二硫化钼基黏接薄膜减小摩擦的能力最强，聚酰胺-酰亚胺样本耐磨损能力最强。尽管所有样本都能完成改进的 4 倍寿命测试，综合考虑摩擦转矩和耐磨性能，最终选择类磷酸盐黏接剂、二硫化钼基黏接薄膜/不锈钢轴衬系统用于严格限制摩擦转矩的铰链。轴衬试验为 MSL 移动系统提供了若干种候选轴衬材料的减摩和耐磨性数据，有利于设计团队对行进状态的铰链进行严格准确的分析，同时这些数据可用于后续其他火星表面探索任务中重载铰链的设计。

第7章 结构与机构分系统

7.1 功能与组成

巡视器结构与机构分系统作为机械部件的主体部分，与其他的分系统有机连接在一起，以实现部件的连接与释放，为有效载荷及其他系统提供工作环境和工作平台等，并且能满足巡视器的刚度、强度要求。

结构与机构分系统包括巡视器结构、SA/SPAH 等。SA/SPAH 包括机械臂、转台科学载荷和工程仪器组。

图 7-1 为好奇号巡视器结构与机构系统及安装位置示意图。

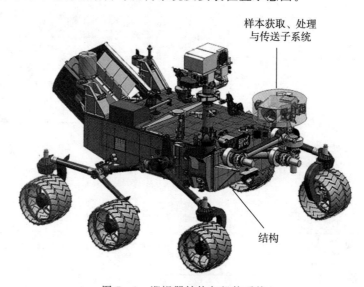

图 7-1 巡视器结构与机构系统

7.1.1 结构子系统设计

好奇号巡视器是一个移动平台，用来收集火星表面的岩石、灰尘和大气样本，并分析过去或现在是否有生命存在。它是一个复杂的设备系统和箱载仪器系统，可以在特定的温度范围内操作，并能承受发射、着陆、巡航等各阶段的载荷。

为了给科学家团队提供更大的任务灵活性，好奇号巡视器可以在火星北纬 45°到南纬 45°的范围内登陆。外部结构将面临 $-130 \sim +40$ ℃的恶劣环境，任务要求巡视器有处理极端温度变化的能力，底盘结构要能提供一个可控温度的仪表盘，以便安装电子设备，并与其余不可控的结构隔热。结合热控一体化设计，对 MSL 结构的设计提出了更高的要求。

7.1.1.1　结构要求

巡视器电子设备安装板（Rover Avionics Mounting Panel，RAMP）与底盘之间的界面设计约束因素为温度和结构设计，温度和结构要求常常相冲突，这是设计的最大挑战。

为了保证任务成功，RAMP/甲板上部界面必须满足以下要求：

1）提供巡视器电子设备和仪器的安装界面；

2）满足巡视器底盘尺寸要求；

3）防热系统管道；

4）让有效载荷经受住发射/再入和着陆/行进环境；

5）足够坚硬，使巡视器基频大于 18 Hz；

6）适应极端温度情况下大的温度膨胀差异；

7）满足最小隔热要求。

具体要求如下：

（1）安装界面

好奇号巡视器底盘上有 7 个科学仪器，8 个电子设备，箱载仪器组件，许多远距离通信和指令以及数据处理部件。

（2）尺寸要求

巡视器底盘的总体高度有限制。底盘高度取决于着陆间隙要求和安装在里面的最大部件高度。内部部件（包括线束）和底盘地板之间的小间隙要能够满足在稀薄 CO_2 火星大气环境下足够绝缘要求。

（3）防热系统界面

巡视器电子设备安装仪表盘和甲板上部要符合防热系统要求。甲板上部的管道系统是更大的散热系统的组成部分，用来控制工作流体的温度。RAMP 上的管道用来输入、输出安装在 RAMP 上的部件的热量。由于仪表盘上安装有大量部件，这些要求必须得到满足。

（4）负载情况

巡视器底盘面临着两种不同的负载情况：发射/巡航/EDL 和巡视。在发射/巡航/EDL 阶段，收拢的巡视器安放在下降级里，整个巡视器的负载通过 3 个剪切锥接口连接到支撑结构上，动力下降级安放在支撑再入减速伞的后盖接口板里。在火星表面巡视阶段，底盘将承受巡视器行进过程等产生的颠簸振动等负载。

像底盘一样，RAMP/甲板上部界面设计取决于不同的负载情况，机加工的 RAMP 仪表盘的结构设计取决于发射时的随机振动环境，就像模态质量加速度曲线分析预计的那样。甲板上部取决于发射、着陆和再入的不同区域。RAMP 和甲板上部之间的连接取决于垂直方向的再入负载情况和横向发射情况，巡视器的最大垂直负载发生在整个探测器再入火星大气时的减速阶段。

（5）刚度

为了满足动力下降级可控下降要求，巡视器的基频必须大于 18 Hz（见图 7 - 2）。

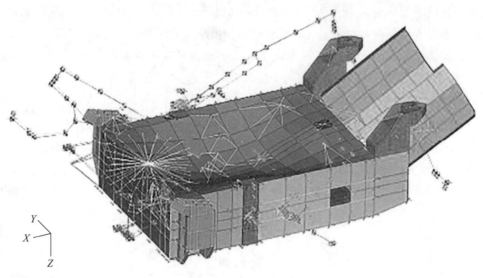

图 7 - 2　底盘模型

（6）热适应

好奇号的底盘在整个任务过程中都将暴露在温度发生巨大变化的环境中。巡视器抵达火星后会面临极端环境。外部的、不可控的结构将遇到 −130～+40 ℃的温度环境。有效载荷和箱载仪器安装在内部、温度可控的仪表盘上，内部仪表盘的温度控制在 −20～+50 ℃ 范围内。最恶劣情况的温度差异发生在最冷时，温差达 110 ℃。在大的铝仪表盘上，这种温度差异会引起很大变形。RAMP 虽然不是光学试验台，也必须满足平坦、成直线的要求，以便安装电子设备和科学仪器，为此设计时必须考虑到热引起的变形。

（7）热隔离（Thermal Isolation）

巡视器底盘热控结合了主动和被动热管理。前面提到的防热系统可以主动地把底盘周围的热量转移到需要的地方或者消散掉。隔离和绝缘被用于转移热量，以保持防热系统的控制权，并防止防热系统中的液体在极端条件下冻结。RAMP/甲板上部界面的间距由 RAMP 和甲板上部之间期望的热传导和隔离决定。如果接触面够小，它们可以相距仅6 mm，但仍能保证在可接受、可预测的隔离范围。

7.1.1.2　结构设计方案

巡视器底盘呈铝箱结构（见图 7 - 3），由铝仪表盘和横梁组成，通过铝面板/铝蜂窝夹层与外面隔开。外部结构的温度可随环境变化，被称为"冷"结构。底盘内部是另一块铝板，用来支撑巡视器电子设备和仪器（见图 7 - 4），这块仪表盘被称为 RAMP，温度可控，称为"热"结构。

安装在顶部甲板上的 RAMP 有很多钛合金挠曲结构（见图 7 - 5）。其中的 4 个挠曲结构用来承担一个横向和纵向的负载，这些结构被称为挠曲梁。剩余的挠曲结构仅用来承担

图 7-3　巡视器底盘结构

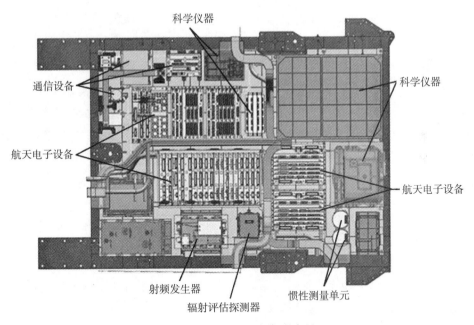

科学仪器

通信设备

航天电子设备

科学仪器

航天电子设备

射频发生器

辐射评估探测器

惯性测量单元

图 7-4　巡视器内部仪器布局

纵向负载，被称为挠曲轴。4 个挠曲梁在 RAMP 周围，大致沿仪表盘边缘的中心线均布。挠曲轴则沿着仪表盘的内部分布。

有限元分析显示挠曲结构的排列是支撑 RAMP 度过各种载荷情况的最有效的布置。4 个挠曲梁成对分布，承载着发射阶段 RAMP 的横向负载。挠曲变形方向是顺着热传递方向，它们使 RAMP 变形随甲板上部高度成比例增加，但仍承载着纵向负载的力和力矩。

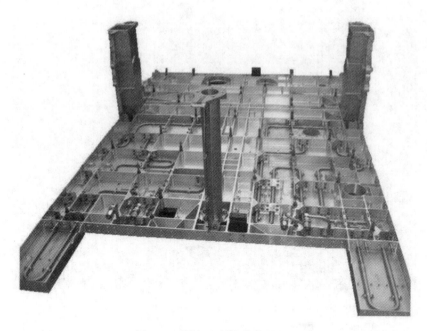

图 7 - 5　甲板上部的挠曲结构

　　挠曲轴的数量和位置取决于 RAMP 和甲板上部结构的有限元分析，这种布置可以满足负载和刚度要求。RAMP 和甲板上部都是不规则的机械加工的有肋条的仪表盘，肋条的定位和定向取决于 RAMP 和甲板上部的零件的位置和结构加载对传递负载路径的需求。零件（特别是大质量零件）的螺栓接口处必须要由跨越整个仪表盘长宽的肋条支撑。RAMP 肋条结构和甲板上部肋条结构相互交叉，挠曲轴都布置在两个仪表盘关键的肋条交叉处。

　　顶部甲板是主要结构中不可缺少的部分，承载了 3 个下降级杯形/圆锥形界面位置的剪切载荷，组成了移动系统着陆负载承载的支柱，它支撑着几个大质量设备，承载着巡视器下降到火星表面过程中空中吊车操作时整个巡视器的负载。

　　挠曲轴（见图 7 - 6）的作用是承载仪表盘之间的轴向负载，为 RAMP 提供法向刚度，控制 RAMP 和顶部甲板的相对运动。

　　挠曲梁（见图 7 - 7）也是由钛材料做成的，安装面的聚四氟乙烯耐磨涂层可以控制 4 个螺栓接口滑动，以适应铝钛热膨胀系数不匹配。

　　除了结构设计要求，还有严格的热传导要求。挠曲结构都是由钛材料加工而成的，旨在提供至少一个方向上的最大侧向力。这些结构设计使 RAMP 和甲板上部之间能提供相对较低的热传导率和隔热性能，不需要额外的绝热结构来满足热传导要求。

　　RAMP/顶部甲板（甲板上部）装配最具挑战性的方面是防热系统管道的集成。集成管道涉及闭合结构中的空隙，以便为管道提供路径，并在安装管道的地方提供高热传导通道。仅在 RAMP 上，就安装有 12 m 长的管道，如图 7 - 8 所示。

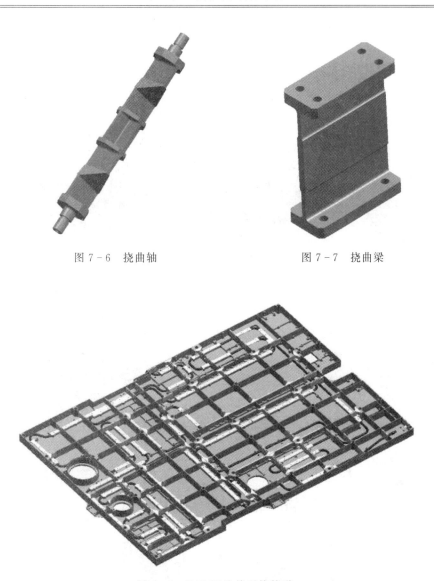

图 7 - 6　挠曲轴　　　　　　　　　　　图 7 - 7　挠曲梁

图 7 - 8　RAMP 防热系统管道

7.1.2　样本获取、处理与传送子系统（SA/SPAH）设计

好奇号登陆火星探测的目的在于论证火星是否曾经或者现在仍然能够支持微生物生存。好奇号巡视器配备有最先进的 SA/SPAH（见图 7 - 9），从火星表面获取岩石和风化层样本，将获取的样本筛选出细微颗粒，并分为若干小份送至巡视器内部的两个科学仪器。SA/SPAH 最主要的部件是机械臂，机械臂末端带有一个工具组件和一个装载科学仪器的转台。

SA/SPAH 利用 17 种动作来实现为火星表面科学研究提供 5 个样本通道这一功能，同时也为取样系统设计了一定的硬件和功能冗余，以确保某个自由度丧失后系统某些重要功能不会失效。

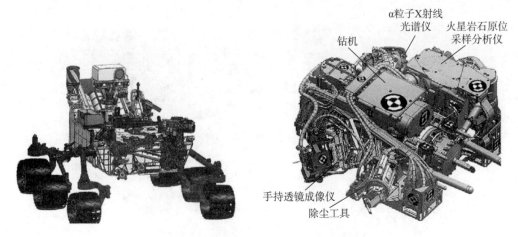

α粒子X射线
光谱仪　　火星岩石原位
采样分析仪
钻机

手持透镜成像仪
除尘工具

图 7 - 9　好奇号巡视器 SA/SPAH 转台

7.1.2.1　组成介绍

SA/SPAH 将在低温低压低重力环境下工作，为了完成样本检测、取样、样本加工和样本传递等动作，SA/SPAH 由一个 2 m 长具有 5 个自由度的机械臂组成，机械臂能够操纵安装在转台上的工具和科学仪器。转台直径大约 600 mm，由 5 个装置组成：一个取样钻机；一个火星岩石原位采样分析仪（Collection and Handling for In - Situ Martian Rock Analysis，CHIMRA）（见图 7 - 10），可以进行取样、筛分、分组；一个用于清理样本表面的除尘工具（Dust Removal Tool，DRT）；装载在隔振器内的 APXS；装载在隔振器内的 MAHLI。

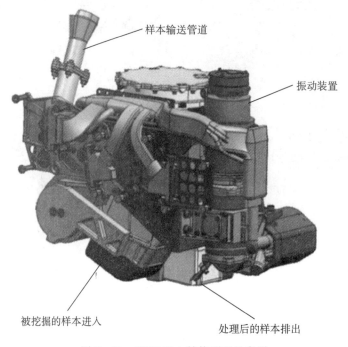

样本输送管道

振动装置

被挖掘的样本进入

处理后的样本排出

图 7 - 10　CHIMRA 结构原理示意图

SA/SPAH 同时能够装载支撑全局取样研究的硬件，包括为钻头准备的另外两个装于刀头盒中的刀头，一个有机检查材料，一个样本观察台，一个化学与矿物学分析仪、火星样本分析仪入口封盖。SA/SPAH 安装在巡视器前端（见图 7-11）。SA/SPAH 收拢状态的顶视图和前视图如图 7-12、图 7-13 所示。

图 7-11　SA/SPAH 安装在巡视器前端

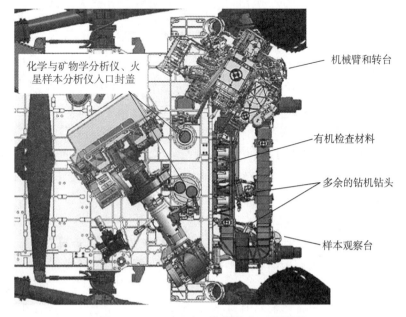

图 7-12　SA/SPAH 收拢状态（顶视图）

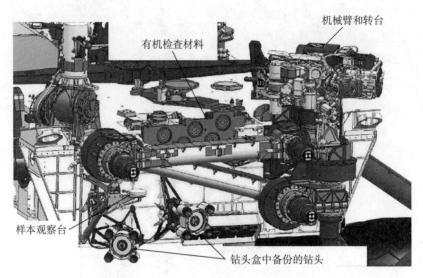

图 7-13　SA/SPAH 收拢状态（前视图）

（1）机械臂子系统

机械臂展开长度约 2.3 m，它的作用是将安装在转台上的工具组和科学仪器定位在工作区间内的岩石、风化层目标上，或者将其放置在车体硬件（观察台、有机检查材料、钻头盒等）上。此外，机械臂能克服重力，对完成取样或样本传送动作的钻机和火星岩石原位采样分析仪（CHIMRA）进行复位。同时，机械臂还能将 CHIMRA 贴近 SAM 或 CheMin 样本入口，以便 CHIMRA 将样本送至相应科学仪器。图 7-14 展示了机械臂在各种操作下的位置，图 7-14（a）所示为在工作区间内的操作，图 7-14（b）展示了筛选样本操作，图 7-14（c）中，机械臂将转台放置在一个入口漏斗附近。

（2）转台子系统

为了减小质量和体积，大量使用了模块化的设计方法。转台质量和体积受严格限制，转台质量决定了机械臂的负载和尺寸设计。而由于设计中必须考虑到机械臂折叠或工作状态下转台与其他硬件之间的间隙，转台体积将影响系统的整体配置。

转台上其他四组科学仪器依附在钻机上（见图 7-15）：CHIMRA 通过平行的支架与钻头相连；DRT 通过一个支架与钻头相连；两个科学仪器（APXS 和 MAHLI）也安装在与钻头相连的支架上，在科学仪器与钻头之间有隔振器。钻机安装在机械臂的一个输出面，该输出面通过机械臂驱动机构驱动，可以旋转。

（3）钻机子系统

在钻头取样时，机械臂将产生一个很大的力作用在钻头接触传感器/稳定器与岩石表面之间以确保钻头不会在岩石上滑移，机械臂产生这个预载荷的原理是：使钻头接触传感器/稳定器与岩石表面接触，而后继续驱动机械臂电机使整个机械臂处于一种过驱动状态，过驱动将促使机械臂产生足以克服自身刚度的作用力。在钻头取样过程中，机械臂能够产生大于 240 N 的预载荷。在放置 APXS 和 MAHLI 时，接触传感器将反馈科学仪器与样本间的位置信息，在接触传感器工作时机械臂顶点预载荷不超过 3.5 N。

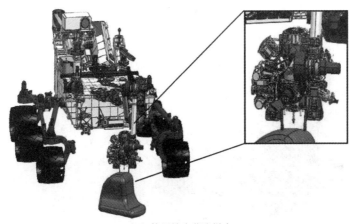

（a）使用钻头获取样本

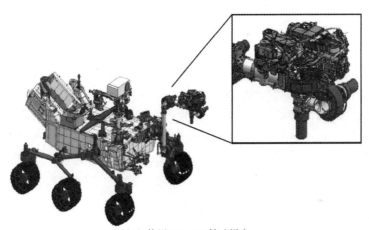

（b）使用CHIMRA筛选样本

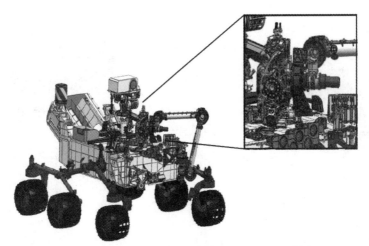

（c）将一组直径小于150 μm的样本投送至SAM入口漏斗

图 7 - 14　机械臂在各种操作下的位置

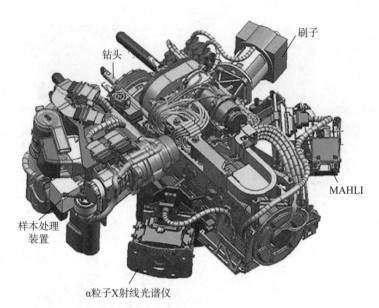

钻头

刷子

MAHLI

样本处理
装置

α粒子X射线光谱仪

图 7 - 15　机械臂末端转台装置

　　在 SA/SPAH 中，样本获取要么通过钻头旋转冲锤钻孔，要么通过 CHIMRA 的取样勺刮取松软风化层。钻头使用 3 个自由度从岩石 50 mm 以内的岩心处获取粉末样本，在钻头钻孔的同时钻头的振动和旋转将获得的岩心粉末输送至钻头装置的样本收集腔内，收集的样本通过图 7 - 16 所示通道进入 CHIMRA 样本输送管。钻机第 4 个自由度的作用是从钻机中释放失效的钻头并从巡视探测器前端获取替代钻头。取样勺刮取样本时，机械臂将 CHIMRA 放置在空旷松软的风化层上，CHIMRA 取样勺利用单一自由度完成取样操作。

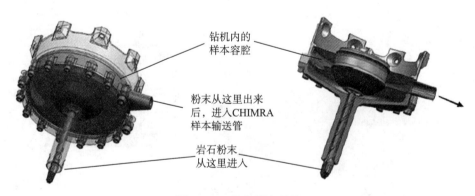

钻机内的
样本容腔

粉末从这里出来
后，进入CHIMRA
样本输送管

岩石粉末
从这里进入

图 7 - 16　钻机样本通道

　　来自钻机的粉末样本被送至 CHIMRA 后，钻机的振动使样本保持振动，而机械臂的运动使样本按照需要的方向移动。

（4）CHIMRA 子系统

样本的处理包括筛选和分组，在 CHIMRA 中完成。CHIMRA 内有各种腔室、迷宫式的样本通道（见图 7-17）和筛分器，它们协同工作能够完成样本的筛选和分组，这些功能的实现是通过旋转机械臂转台驱动机构，使 CHIMRA 与重力矢量相匹配，从而使样本按照期望的方向和腔室运动。CHIMRA 样本筛安装在给样本筛提供冲击的机构上，以防止在使用过程中样本交叉污染或堵塞通道。整个转台系统的动态环境是 CHIMRA 子系统的一个主要特征，包括钻机的冲击作用和 CHIMRA 的振动作用。

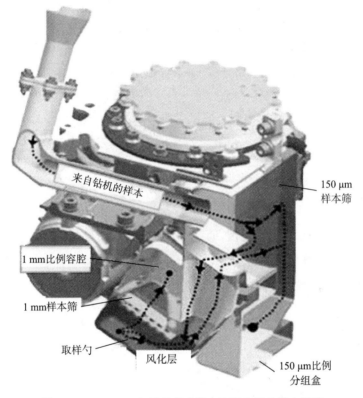

图 7-17　CHIMRA 用于完成样本处理功能的样本通道

SA/SPAH 有 5 条最小的样本通道供火星表面科学研究使用。

1）利用钻机获取岩石样本，将直径小于 150 μm 的样本分为六组以上，每组 45～65 mm³，然后投送至 SAM 和 CheMin；

2）利用 CHIMRA 取样勺获取风化层样本，将直径小于 150μm 的样本分为六组以上，投送至 SAM 和 CheMin；

3）将剩余直径小于 150μm 的岩石或风化层样本送至观察台；

4）利用 CHIMRA 取样勺获取风化层样本，将直径小于 1 mm 的样本分成一组，体积达到 45～130 mm³后，投递至 SAM；

5）利用钻机获取 OCM 样本，将获取的样本分为六组以上，每组 45～65 mm³，而后送至 SAM 和 CheMin。

图 7-14 展现了样本传送过程三种机械臂的位置姿态。在图 7-14 中，机械臂将钻机放置在目标岩石上，并施加预载荷。随后，钻机利用其平移、冲锤和旋转 3 个自由度来粉碎岩石并将获取的岩心粉末送至钻机装置的样本存储腔内，样本通过连接钻机和 CHIMRA 的试管被传递至 CHIMRA。样本颗粒的运动是通过机械臂的姿态调整以及钻机冲锤和 CHIMRA 的振动来实现的。

样本到达 CHIMRA 后，机械臂复位，直到图 7-14（b）所示位置，CHIMRA 振动促使粉末样本运动，直到机械臂到达图 7-14（b）所示的姿态。在图 7-14（b）所示的机械臂姿态下，粉末在 $150\mu m$ 筛子上进行筛分，在所有直径小于 $150\ \mu m$ 的样本被筛分出来之前，CHIMRA 将一直保持振动。机械臂复位和 CHIMRA 振动再一次被用来促使筛分后的粉末运动至起分组作用的腔室以产生 $45\sim65\ mm^3$ 的样本。机械臂将 CHIMRA 放置在 SAM 的一个入口上，如图 7-14（c）所示。随后，入口封盖打开，CHIMRA 放样盖打开，CHIMRA 的振动将促使样本进入漏斗中。如果两个科学仪器都不需要样本，机械臂将 CHIMRA 移开，入口封盖关闭。此时，机械臂的动作有许多选择：机械臂可以将 CHIMRA 移至一个巡视器相机观测到的位置，剩余的样本或者被放置在观察台上供 APXS 和 MAHLI 观察或者是直接被抛弃。CHIMRA 通过振动和拍击实现自我清理后，仍可处理其他岩石样本。

7.1.2.2　工作流程

SA/SPAH 一共具有 17 个自由度，其中 16 个自由度由旋转式驱动机构驱动，这些驱动机构由带行星齿轮减速器的无刷电机和作为电机位置反馈装置的编码器组成。钻机的冲锤动作通过一个线性音圈驱动机构实现。SA/SPAH 上还包括许多断电制动器装置。此外，机械臂上的驱动机构还有输出式解析器。

这 17 个自由度协同工作，一起完成样本准备、获取、处理、传送等动作以支撑火星表面其他各种研究活动。SA/SPAH 需要完成的具体操作如下：

1）使用 DRT 除去岩石表面灰尘；

2）将 APXS 和 MAHLI 投放至岩石或风化层样本上进行就近分析试验；

3）获取岩石内部 $20\sim50\ mm$ 处的粉末样本；

4）通过筛分将样本加工成直径小于 1 mm 的粉末，将粉末分为一组，体积为 $45\sim130\ mm^3$；

5）通过筛分将样本加工成直径小于 $150\ \mu m$ 的粉末，并分成 6 份，每份体积 $45\sim65\ mm^3$；

6）将直径小于 $150\ \mu m$ 的样本投送至 SAM 或 CheMin；

7）将直径小于 1 mm 的粉末样本投送至 SAM；

8）将剩余的直径小于 $150\ \mu m$ 的样本投送至观察台；

9）将 APXS 和 MAHLI 投放到各自的校准目标上；

10）利用钻机从 OCM 中获取粉末样本；

11）从钻头盒中获取钻头；

12）打开或关闭 SAM 和 CheMin 漏斗入口封盖。

7.1.2.3　冗余设计

SA/SPAH 的 17 个自由度能够制造 5 条最小样本通道以及获取和分析其他火星表面岩石的风化层。样本通道的组件和功能都存在冗余，这样设计的目的是确保某个位置失效后还有备份组件和功能能够完成相应操作。除 SA/SPAH 硬件组件（机械臂、钻机、CHIMRA、入口封盖）外，还必须考虑由 SA/SPAH 提供样本的两个科学仪器 SAM 和 CheMin，以及驱动电机。

机械臂对于任何与取样操作相关的功能都至关重要，机械臂任何关节的失效将严重降低整个系统的功能，5 条样本路径将不复存在。因此，在机械臂关节处要有硬件（尤其是机械臂电路）冗余，综合电子系统提供同时操纵 8 个电机（总共 31 个，其中 16 个位于机械臂上）的能力，操纵电机驱动机构能够获得相应的动作和功能。鉴于机械臂的重要性，多通道输出面板上对于电机的驱动程序存在备份，这样即使主驱动程序失效后电机仍然能够在备份驱动程序驱动下工作，机械臂关节冗余的驱动程序通过不同的布线路径与电机相通。每个机械臂驱动机构都有一个断电制动器，在电机断电后，制动器将驱动机构锁死防止转动。制动器上有电磁线圈，电磁线圈通电后制动器将被打开，电机恢复转动自由度。每个电机制动器都有备份线圈，每个线圈都能使制动器与电机分离，它们通过不同的制动器驱动程序和布线路径展开工作。所有带制动器的驱动机构都配置了冗余的线圈。机械臂驱动机构的机械组件比如轴承、齿轮、轴没有备份。机械臂关节的工作寿命要求并不是很高，对机械组件进行寿命测试能够验证设计的可靠性。

与机械臂硬件冗余设计不同，钻机和 CHIMRA 中存在功能冗余设计。获取样本后向科学仪器投递样本存在许多通道，虽然每条通道的重要性不同，但有着各自的科学价值。图 7-18 展示了钻机、CHIMRA 和入口封盖的功能以及完成相应功能的样本路径和活动自由度，只要不是 CHIMRA 振动环境失效，其他单独的驱动机构失效虽然会导致某个功能或某几个样本通道失效，但是其他样本路径仍然是畅通的。由于振动器对于整个 CHIMRA 工作极其重要，因此必须对振动器进行备份，但是转台上并没有多余的空间来安装冗余的振动器。与机械臂关节不同，振动器需要一个高速度高寿命的机构，单独的电子线圈冗余并不能有效降低整体失效的风险因而没有被采用，在 CHIMRA 振动失效后，钻机的冲锤振动可以作为有效的备份。

此外，关于样本路径失效，还考虑了路径堵塞的情形。防止堵塞最重要的设计原则：足够大的样本物理通道，足够的振动和冲击环境，一旦某条样本路径堵塞，CHIMRA 冗余的样本路径能够起替代作用。此外，CHIMRA 能够被打开放置在相机前面，工程师们能够协助诊断故障并使用动态输入进行疏通。钻机钻头部位堵塞或者钻头卡死在岩石内部，可以通过更换钻头来解决。

为了确保有效利用钻机和 CHIMRA 的冗余硬件或功能，转台配置和分系统硬件配置都要求保证某一个工具的失效能够通过使用替代物来解决。具体地说，CHIMRA 取样勺或者振动驱动机构在任何位置的失效都不会导致钻机无法工作，而钻机伺服电机在任何位置的失效也不会导致 CHIMRA 无法工作。此外，这些失效也不能导致机械臂或者转台无法正常工作。

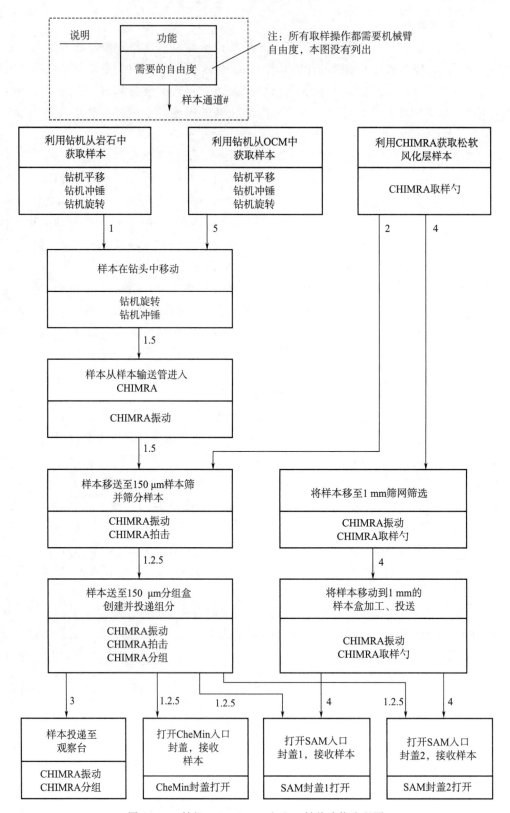

图 7-18　钻机、CHIMRA 和入口封盖功能流程图

7.1.2.4　隔振设计

研制人员在钻机和 CHIMRA 上都设置了动态环境以确保它们完成各自使命，这是一个有效的移送样本的方法，但是其设计却存在一定的困难和挑战。其中最主要的一大挑战就是如何有效控制振动环境的范围，有的位置要求振动环境而另外一些位置却要求静止环境。转台上动态环境最基本的设计理念是保证转台上各组工具、科学仪器的工作频率分开，并对 APXS 和 MAHLI 做隔振处理，钻头冲锤振动的频率大约为 32Hz，钻机内部平移组件安装在弹簧上以减小反冲力对转台其他仪器的影响，CHIMRA 通过以恒定速度旋转一个偏心质量而获得动态环境。

按照要求，$150\ \mu m$ 过滤筛在工作时的加速度是 $4\ g \sim 10\ g$。研发试验表明 $150\ \mu m$ 过滤筛要求的工作能级最大，$4\ g$ 的加速度能够筛选出最难筛选的颗粒，而 $10\ g$ 是一个设计极限，根据最初设计，CHIMRA 需要的工作频率为 $85\ Hz$，为了应付一些不确定性，实际频率为 $70 \sim 100\ Hz$。隔振器要求能够限制仪器频率响应：1）CHIMRA 稳定工作阶段具有 $4\ g$ 加速度；2）CHIMRA 和钻机瞬时工作时加速度达到 $6\ g$。

隔振器最初的设计理念是使用 6 个线性压缩弹簧式减振支柱作为减振件（见图 7 - 19）。这种配置方式下，研制人员能够准确建模，分析需要的弹簧刚度而无须反复试验迭代，在这方面弹簧支柱式设计比后面采用的钢缆配置具有明显优势。然而，这种设计不满足转台上严格的体积限制。同时，弹簧支柱式隔振器比钢缆隔振器结构更复杂，零件数更多。

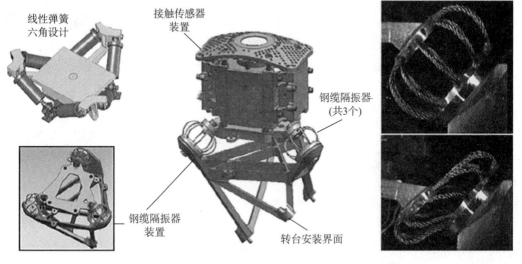

图 7 - 19　钢缆隔振器

钢缆隔振器（见图 7 - 19）设计是建立在商业用船运集装箱隔振器上的。其机械结构简单但是运动非线性，很难进行仿真。试验表明，随着扰动振幅增加，隔振器频率降低。设计这种隔振器尺寸需要大量研发试验迭代，进一步研发试验确定合适的钢缆数量。

7.1.2.5　试验验证

对于 SA/SPAH 中许多参数的设计，最初的测试是针对取样操作中一些特定功能研发的，这些测试能够为硬件设计选择提供参考，它们被广泛应用于研发新产品（如钻机、CHIMRA、除尘装置、隔振器和钻头盒）。

SA/SPAH 所有硬件设计都有一个工程样机和飞行件。工程样机类似于飞行系统但在投送至系统试验台之前其测试项目一般是不完整的（试验时无随机振动环境，极少甚至没有温度测试）。钻机、CHIMRA 和机械臂工程样机测试的目的是了解其机械性能，在系统试验台上，这些硬件最终将被组装入一个以巡视器为基体的 SA/SPAH，在飞行软件和飞行电子系统控制下，在地球环境中完成在岩石和风化层上的测试。在一些情况下（除尘装置、仪器入口封盖、仪器接触传感器的测试），工程样机采用完整测试项目，这些测试被作为投送至系统试验台之前的寿命测试。飞行件接受完整测试项目以验证硬件能否适应飞行环境。

CHIMRA 和隔振器除了具有工程样机、飞行件外还有一个鉴定件。鉴定件用来进行寿命测试、结构确认、取样确认和验证（在低压和火星温差条件下对模拟的火星岩石和风化层进行操作）、污染控制过程验证、热环境性能验证。

钻机和 CHIMRA 对于 MSL 取样直至将样本送至科学仪器的全过程至关重要。除了典型的飞行硬件鉴定测试，另外两类测试也是整个测试项目的组成部分，其一是获取转台硬件对于 CHIMRA 振动和钻机冲击的动力学特征；其二是在火星低压大温差范围内用火星模拟材料测试样本获取与加工硬件的性能。

转台工程模型由钻机、CHIMRA、隔振器、安装支架、除尘装置、APXS、MAHLI 组成，安装在机械臂工程模型上（见图 7-20）。转台和机械臂上都安装了加速度计以测量机械臂不同姿态下对 CHIMRA 振动及钻机冲锤的响应。加速度计的具体安装位置包括 MAHLI 和 APXS 隔振器的柔性连接处、每个 CHIMRA 筛子附近、样本传输管、钻机后腔、某些机械臂关节处（总共 10 个三轴加速度计）。

转台动态特征测试的目的是确定 CHIMRA 振动和钻机冲锤在转台关键位置的响应，以获得 CHIMRA 模型的固有频率，从而最终确定 CHIMRA 的振动参数，以便于选择一级筛子上产生 $4\,g \sim 10\,g$ 加速度的偏心质量大小来验证隔振器在钻机和 CHIMRA 工作效果，图 7-21 仅展示了该测试中的两种位置姿态。一级筛子的姿态是一个重要参数，它将直接决定选用的偏心质量大小。试验人员获取了机械臂处于筛分位置、转台处于不同倾斜角度、钻机处于表面收叠状态下的各种数据。钻机表面收叠状态下，钻机上样本出口与样本输送管对准，即在操纵位置（转台在 $180°$），试验结果表明仪器频率响应符合稳定状态下 CHIMRA 工作的 $4\,g$（4 个重力加速度）要求，CHIMRA 在 X 方向的稳态响应为 $8\,g$，在 Y 和 Z 方向的稳态响应小于 $4\,g$，启动过程中响应值不大于以上所述。有趣的是，通过改变转台位置，CHIMRA 响应能够被加强或者减弱（X 方向变化范围为 $7\,g \sim 10.5\,g$，处于允许范围）。这一特征或许能够用来解决 CHIMRA 在地面试验或火星工作时遇到的挑战。

图 7 - 20　组装后的转台工程样机

图 7 - 21　动力学特征测试下的转台/机械臂工程样机

　　图 7 - 22 展示了转台位于试验箱（左为试验台）中的情形。在工程样机和鉴定件测试项目中，试验人员根据两点将机械臂用 4 自由度操纵器代替。其一是没有多余的机械臂工程样机。其二是与机械臂相比，试验操纵器尺寸调整更容易实现。对于需要验证试验操纵器取样功能性能结果的，试验操纵器转台响应需要与机械臂转台响应相符合，从而使其功能性能结果与真实动力学环境相匹配，完成这一工作可能要求对试验操纵器做相应调整。

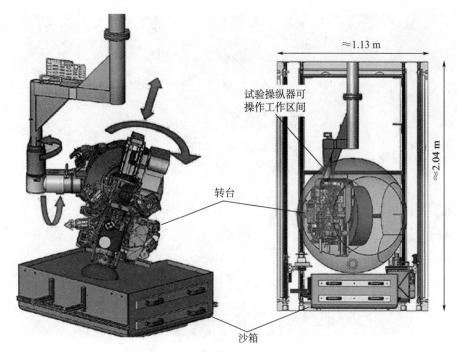

图 7 - 22　转台在试验箱中

7.1.3　机械臂子系统设计

机械臂的作用是操纵 5 组科学/工程仪器，它能够在单一故障情形下继续工作。MSL 机械臂共有 5 个关节，其中肩部 2 个、肘部 1 个、手腕部分 2 个，每个关节的驱动机构都是针对火星大温差环境设计和制造的，可以抵抗火星上恶劣的气候条件。

机械臂是 SA/SPAH 的关键部件，机械臂能够将 5 个安装在转台上的科学仪器准确放置在目标点上获取样本。机械臂控制的 5 组仪器包括获取岩石样本的钻机、MAHLI、DRT、APXS、CHIMRA。钻头或者取样勺获得样本后，样本将被传送至 CHIMRA 加工单元，通过重力、附加振动、机械臂的运动，固体样本最终被投送至巡视器上的各科学仪器内。

MSL 机械臂从开始研发到制造完成历时四年，是 NASA 历次行星探索使命中工程最宏大的，其研制过程借鉴了火星探路者、索杰纳号、MER、凤凰号的经验和教训。

7.1.3.1　机械臂设计参数

MSL 机械臂（见图 7 - 23）是在 MER 和凤凰号机械臂的基础上研制的，其使用寿命是以往机械臂的 7 倍以上。

MSL 机械臂的主要特征及参数如下：

1）5 个自由度；

2）从基体到转台中心展开长度为 2 200 mm；

3）5 个转台装载科学仪器重 34 kg；

4）沿机械臂电气布线系统能够通行 920 个信号；

机械臂前端

腕关节驱动器
和柔性线轴

转台

肘关节驱动器
和柔性线轴

转台驱动器

方位角
柔性线轴

肘关节三脚架
发射锁

机械臂上部

肩关节驱动器
及柔性线轴

方位角
驱动器

图 7 - 23　MSL 机械臂

5）两个双作用锁紧机构能够承受着陆过程中超过 20 g 的加速度，能够在机械臂展开后将其被动收回，能够承受巡视过程中 8 g 的加速度；

6）能够在 −128～+50 ℃ 温度范围内存储，能够在 −110～+50 ℃ 温度范围内工作。

由于 MSL 使命的复杂性和预期寿命的延长，在机械臂研制的后期，NASA 对机械结构的要求发生了若干重大改变：

1）由于前期驱动机构试验发现了若干寿命极限不能满足要求的问题，将所有旋转式驱动机构由固体润滑改为液体润滑；

2）有效载荷质量从 15 kg 增至 34 kg，这一改变要求重新设计约束条件和锁紧机构；

3）电子系统复杂性增大，要求电线系统能够将额外 300 条以上的信道送至重新配置的仪表盘。

7.1.3.2　机械臂设计约束

MSL 机械臂配置需求如下：

1）活动范围（Range Of Motion，ROM）；

2）工作区接近性能（细长度、灵敏度）；

3）电缆沿机械臂的配线图；

4）巡视器发射和巡视探测过程中产生动载荷的大小。

在研发阶段每种约束都被调整以使机械臂活动范围和工作区灵敏度最优，电缆布线符合电力和拓扑结构要求。在整个优化过程中，系统负载需综合考虑机械臂结构、驱动机构和发射载荷等，选择了 12 种载荷情形作为负载模型系统的输入。初始动载荷依据常规运载火箭质量加速度曲线、随机振动分析、保守着陆载荷、地球模拟操作载荷、巡视器行驶过程中动载荷、转台科学仪器需求的载荷等确定。机械臂在闭锁状态下驱动机构启动产生的动载荷也被纳入分析。

　　机械臂除了具有足够的刚度和强度要求，同时还需满足在所谓的"机械臂工作区间"内的位置精度要求。根据要求，机械臂的工作区域是一个直径 800 mm，高 1 000 mm 的垂直圆柱体，位于巡视器前端 1 050 mm，嵌入地面深 200 mm（巡视器处于水平状态），如图 7-24 所示。研制人员通过分析设计，确保机械臂能够到达绝大部分工作区域，能够在可行域内几乎任何角度对科学仪器施加预载荷。研制人员在这些分析过程中，计算了百万个以上的样本点，这些样本点几乎包含了所有关节角度对应的位置。

图 7-24　工作区域

　　机械臂研制需要继续接受严格的设计评估，主要是因为 JPL 提供的驱动机构不能通过寿命试验。根据最初的计划，由于电池电能有限，MSL 项目中所有机构结构都不需要外部加热装置。因而，驱动机构都采用固体润滑。由于后面寿命试验失败，研制人员对驱动机构的设计做出了一些改变，新的驱动机构融入了液体润滑，材料由钛合金改为钢。这种改变使三个大驱动机构质量从 5.7 kg 增加至 7.8 kg，腕关节、转台两个小驱动机构质量从 3.0 kg 增至 4.2 kg。总共使机械臂系统质量增加了 14%。研制人员再一次对系统载荷和各零件进行分析。

7.1.3.3　机械臂部件设计

　　（1）锁紧机构

　　锁紧机构（见图 7-25）要求能够在对应温度环境下承受发射和着陆动载荷，能够完成释放机械臂的动作，同时能够在巡视探测过程中被动锁定并保护机械臂。此外，在温度从 -128～+50 ℃（机械臂生存温度区间）变化过程中，锁紧机构限制和约束机械臂的作用力不能过大，这一点至关重要，因为机械臂安装在 7075 铝合金座上，而机械臂的主体材料是 Ti6Al4V，这两种材料热胀系数相差很大。

图 7-25 是 MSL 发射过程中机械臂锁紧机构。科学仪器转台是质量最大的子系统，因而在发射过程中必须完全限制其 6 个自由度。机械臂肘部只被约束了 1 个自由度，保证能够保护驱动机构和其他组件即可（该自由度通过动态分析获得）。

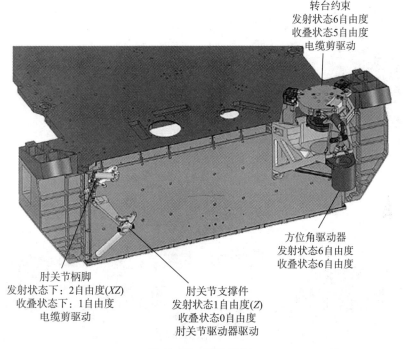

转台约束
发射状态6自由度
收叠状态5自由度
电缆剪驱动

方位角驱动器
发射状态6自由度
收叠状态6自由度

肘关节柄脚
发射状态下：2自由度(XZ)
收叠状态下：1自由度
电缆剪驱动

肘关节支撑件
发射状态1自由度(Z)
收叠状态0自由度
肘关节驱动器驱动

图 7-25　锁紧机构

为了使柔性线随着关节仪器旋转，每两个柔性线配置了轴承，轴承中使用了二硫化钼固体润滑剂，它们将在无加热器的条件下，在极端的火星温度环境中工作。

（2）布线系统

机械臂布线系统的特别之处在于布线系统电缆长 10 m，其质量和体积使用效率都相当高，能够适应 5 自由度机械臂传输 920 路信号、22 个连接器和 555 路信道穿过机械臂通向转台上分散的 5 个科学仪器。图 7-26 是进入机械臂的圆形导线束和机械臂上的柔性导线束对比。

柔性布线系统的另外一个优势在于，每个单独的信道能够根据要求提供单独的电压，转台上安装的 MAHLI 通过一根 75 Ω 阻抗的电缆传输视频信号，MSL 共有 8 条柔性排线，每条柔性排线顶部和底部各有一个通信层和屏蔽层，这种结构能够将来自电机供电线路的干扰信号与其他信号隔离开来。

由于机械臂要长期进行抓取岩石和土壤样本的操作，研制人员将各驱动机构上的走线密封起来与火星表面灰尘隔绝。但即便如此，火星灰尘还是能够到达电缆的保护层之间，长此以往，它们将刮伤电缆最外层。为了解决这个问题，研制人员用酚醛树脂密封每一个旋转式界面。可旋转电缆系统如图 7-27 所示。

从巡视器
120 mm×120 mm
线束通向机械臂
的圆形线

机械臂上
63 mm×5 mm线束

图 7-26　圆形导线束与柔性导线束对比

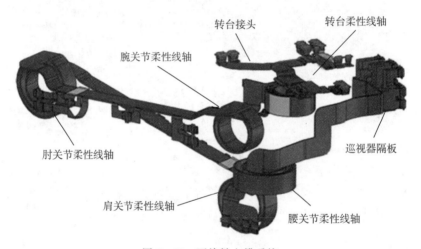

转台接头　　　转台柔性线轴

腕关节柔性线轴

肘关节柔性线轴

肩关节柔性线轴　　　腰关节柔性线轴

巡视器隔板

图 7-27　可旋转电缆系统

（3）结构构架

机械臂的主要结构材料是 Ti6Al4V，这种材料力学性能与质量比高，且热膨胀系数与轴承钢、驱动机构外壳材料热膨胀系数相匹配。机械臂安装在铝制巡视器前面板和铝制巡视器肩部支撑架上。在铝制肩部支撑架和钛合金输出支撑架之间有一个工程转换接口，这个转换接口与方位角驱动机构相连接，如图 7-28 所示。

钛合金输出支撑架安装时要保证一定的弯曲，这样可以减小工作过程中由于材料热膨胀系数不同产生的弯曲应力。由于这个部件位于机械臂底部，必须保证其有足够的强度能够承受任意方向的系统载荷，另外一个 Al 7075 制成的两脚架对钛合金连接器底部起到支撑作用。

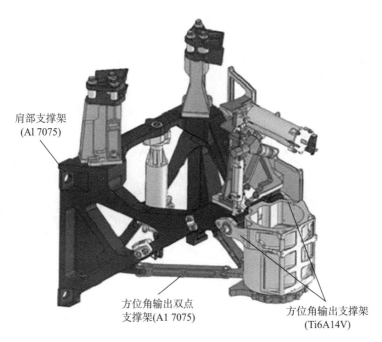

图 7 - 28　肩部支撑架和方位角输出支撑架

7.1.4　钻机子系统设计

钻机是一个旋转冲击式样本获取装置，为了适应火星的严酷环境，它具有突出的接触韧性和强度，钻机按照巡视器指令自主工作，安置在机械臂末端，钻机采用模块化设计制造，这样的结构使钻机在满足工作功能和负载要求的同时能够独立地研制和测试钻头组件。钻机由 4 个被驱动的结构组成：一根钻头驱动轴、一个释放和收紧钻头的卡盘、一个对钻头起冲锤作用的基于音圈的振动装置、一个线性转换装置。此外，钻机还有 3 个被动装置：一个获取和收集样本的可替换钻头组件、一个接触传感器/稳定器、一个弹性控制环。下面介绍钻头的各种组件及其独特的设计思路和研制困难。

钻机（见图 7 - 29）是 SA/SPAH 中最基本的取样设备，它能够在不同类型的岩石中获取 50 mm 以内的岩心样本。钻机取样后将所得样本传送至 CHIMRA，由 CHIMRA 将样本筛选和分组而后送至巡视器腹部的科学仪器。钻机获取样本的一般操作如下：机械臂将钻头放置在目标岩石表面，通过传感器探测并反馈，以确认钻头与目标岩石接触，然后机械臂对钻头施压以确保钻头与岩石接触稳定，钻头旋转和冲锤取样，最终取样完成，机械臂收回钻机，钻机恢复收藏状态。通过机械臂重力作用和钻机振动机构的振动，样本被传送至 CHIMRA 以接受进一步处理。

7.1.4.1　钻机系统设计约束

钻机的设计目的是使其能够可靠地获取不同材质和硬度的岩石样本，但是钻机在许多方面（尤其是质量和体积）的设计需要考虑约束条件，以及钻机在火星环境工作时可能遇到的最极端情形。以下是钻机设计过程中需要考虑的一些问题：

图 7 - 29　MSL 钻机工程样机，最前面为钻头装置

（1）工作时间长

根据设计要求，钻机在整个寿命周期内需要向 MSL 科学载荷提供 81 个样本。为了使整个系统适应复杂的污染环境，钻机同时必须提供用于稀释清洁的样本，以"冲洗"掉整个样本通道中的残留样本。这种需求实际上成倍地提高了钻孔深度需求。钻机在岩石中取样是一个干燥环境，设备的耐磨性能对于保证使用寿命至关重要。试验表明 MSL 采用的"旋转冲压钻头"耐磨性能优于"旋转刮刀钻头"。另外，为了保证钻头工作寿命，根据设计，如果钻头刀片在使用过程中磨损严重，备份刀片将能够代替磨损刀片。此外，由于样本在刀头中流向固定，MSL 钻头丢弃堵塞刀头的能力在一定程度上提高了其可靠性。

MSL 有两个备份的刀头设备，它们封装在刀头盒中，整体安装于巡视器前面板上。刀头的更换方式非常灵活，利用钻机的三个活动元素（平移、旋转、丢弃动作），刀头盒能够被动地接受安装，且使整个换刀操作对质量和体积的需求最小。

（2）工作环境恶劣

在地球外行星获取岩石样本，不确定性极大，这种不确定对钻机的强度和可靠性提出了极大挑战。钻头中的所有组件，只要可能，都将被密封在钻头盒中以与火星尘土隔绝。

由于许多极有价值的科学试验对象（比如火星土壤中的凸头）都位于不平整和存在沉陷可能的地域，好奇号巡视器能够在 20°斜坡上获取样本。最坏情形如下：巡视器在 20°斜面上，车轮与火星地面之间失去摩擦，钻头刀头顶点锁定于火星表面。刀头的设计是不能保证足够大的负载能力以适应这种情形的。如果需要满足这种需求，刀头的直径必须相应增加，这将增大获取样本的体积。样本体积增大将导致处理样本的容腔增大，转台的体积最终将超出其预定值。

（3）使用寿命长

钻机系统获取样本要求整个巡视器在钻机某个组件失效的情况下仍然能够继续工作。

刀头在岩石中的磨损不是机械故障而是整个探测使命过程的一部分，刀头磨损失效可以细分成两种操作要求：1）产生足够大的力来抽出卡在岩石内的刀头；2）释放处于最坏工况的刀头。这些功能相对于整个系统是完全独立的（包括由分开的电子驱动器供能），因而某种功能的丧失不会影响其他功能的执行。在最坏工况下，没有对"刀头卡住"进行准确的定义是因为钻头设计意图是在没有振动的条件下，对刀头提供足够的抽取力。然而，研发试验表明在承受 40% 最坏工况载荷条件下刀头抽取力超过了钻头能够承受的极限。转台质量和体积约束限制了钻头承载能力的提高。另外，研发人员在力与时间关系图中看到了一个满意的结果——滑移现象，滑移现象的存在表明通过冲锤刀头末端系统需求的负载能力极大减小，冲锤作用在钻头中得到了应用，这个保守试验案例建立在飞行系统不会减小刀头负载这一假设之上。

7.1.4.2　钻机系统设计

自主样本采集是一个复杂的过程，需要多功能设备配合开展工作。钻机由 7 个子元件组成，如图 7 - 30 所示，从钻头的任务端开始，有一套钻机钻头组件用来切割岩石、收集样本［见图 7 - 30（a）］，它的配套组件由能够收紧和释放新旧钻头装配组件的卡盘机构和旋转钻头的主轴机构组成［见图 7 - 30（b）和图 7 - 30（c）］。接着就是冲锤机构［见图 7 - 30（d）］用来锤打岩石，产生一个动态环境使样本粉末流动。样本流到转换机构［见图 7 - 30（e）］中，它能提供直线运动，并借助力传感器检测钻压。有一个被动接触传感器/稳定器［见图 7 - 30（f）］确保钻头在岩石表面的位置，还有一个钻机服务环［见图 7 - 30（g）］为转化装置提供样本粉末和信号。

（1）钻机钻头组件（Drill Bit Assembly，DBA）

旋转驱动钻头由壳体里的一个背对背的双轴承支撑，由两个钛合金外圈与外壳相连。样本流转中唯一的轴承受到弹簧密封和完整保护壳的保护，保护壳可以转移运动界面的粉末样本，如图 7 - 31 所示。

通过外壳周围的 8 个锥形凹槽和附在钻头柄尾端的力矩耦合，钻机钻头组件可以与钻头的其他部分相互作用。在每个凹槽底部有个孔，以便当需要新钻头时，可以倒出巡视器上的备用钻头上累积的火星尘。既可以使钻机钻头组件找到进入岩石的自然路径，又可以减弱由于钻头和岩石相互作用产生的径向载荷，避免其转移到钻头的其他部分。

（2）钻机主轴机构

钻机主轴机构（Drill Spindle Mechanism，DSM）嵌套在卡盘/主轴中（见图 7 - 32），可以提供扭矩旋转钻头，从钻头箱中打开新的钻头，这种机构靠电机驱动，通过齿轮驱动钻头，输出轴由鼻子部位的轴承（靠近钻头的扭矩耦合处）和后方的一个深沟轴承（转动齿轮下面）支撑。轴承的最大平均接触应力维持在较低水平，以防止润滑油降解。安装在轴上的联轴器能传递扭矩给钻头，联轴器可以允许钻头与锭杆之间的轴向、径向和角向运动，以实现以下功能：把锤击力直接传到钻头、给新钻头配对以及在钻机空闲状态或者负载状态时释放转头。

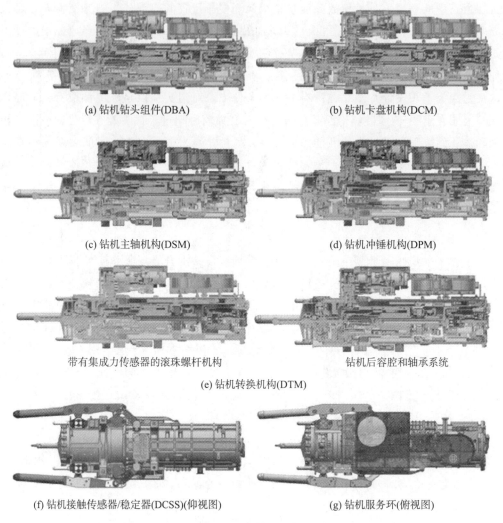

(a) 钻机钻头组件(DBA)　　　　　　　　(b) 钻机卡盘机构(DCM)

(c) 钻机主轴机构(DSM)　　　　　　　　(d) 钻机冲锤机构(DPM)

带有集成力传感器的滚珠螺杆机构　　　　　　钻机后容腔和轴承系统

(e) 钻机转换机构(DTM)

(f) 钻机接触传感器/稳定器(DCSS)(仰视图)　　　(g) 钻机服务环(俯视图)

图 7-30　钻机组件

（3）钻机卡盘机构

钻机卡盘机构（Drill Chuck Mechanism，DCM）也位于卡盘/主轴中（见图 7-32），它可以让钻机释放磨损的钻头，并从巡视器前段的面板中拿出新的钻头。设计的驱动机构不仅要能承受极限的负载，而且还要能在这种情况下释放钻头。钻机卡盘机构是一套球锁设备，由旋转凸轮径向推送的 8 个不锈钢钢球组成。凸轮由动力传动系统驱动，这种电动换向齿轮机构包括停车制动器，单个齿轮和谐波传动。有 12 个球的卡盘机构（型号：DDT-8）样机经历了大量的高可靠性测试，目的是：

1）验证凸轮机制对空气中粉尘颗粒和自发生成的岩石颗粒的允许值，并验证其密封件的有效性；

2）衡量在没有或有各种类型的岩石颗粒存在的极限负载情况下对扭矩的要求；

3）估计球接口处的摩擦系数，以便更准确地估算最大接触应力。

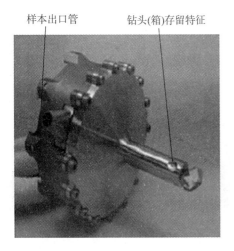

样本出口管　钻头(箱)存留特征

（a）钻头

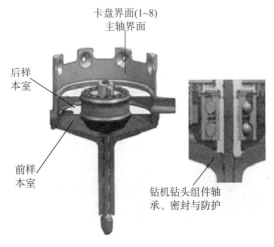

卡盘界面(1~8)
主轴界面

后样
本室

前样
本室

钻机钻头组件轴
承、密封与防护

（b）钻机组件中的样本路径和界面

图 7 - 31　钻机钻头组件

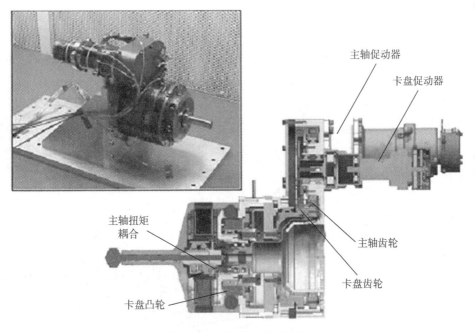

主轴促动器

卡盘促动器

主轴扭矩
耦合

主轴齿轮

卡盘齿轮

卡盘凸轮

图 7 - 32　卡盘/主轴装配图

图 7 - 33（b）演示了足够扭矩条件下，装满粗、细火星风化层模拟物的球形容腔的 4
倍寿命操作。然而，试验结果得出的摩擦系数表明：凸轮的接触应力超过了材料的允许
值，对凸轮变形处的拆卸和检查也验证了这种结果。此外，Lub - Lock 4306 固体润滑剂
也受到了磨损。分析还表明，最大接触应力出现在凸轮轮廓的倾斜部分，为了减小接触应
力，凸轮曲率降低，方式是把球的数量从 12 个减到 8 个，然而这还不够，因此，在凸轮
上设置了一个符合标准的曲率形状，以便减小接触应力，再配以更好的固体润滑剂，这种

新凸轮设计接受了 5 倍寿命试验［见图 7 - 33（c）］，结果显示耐磨性不变，凸轮表面也没有损坏。

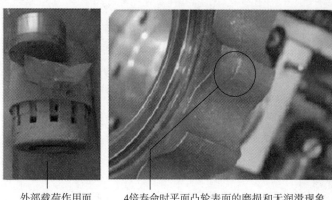

　外部载荷作用面　　　　　4倍寿命时平面凸轮表面的磨损和无润滑现象　　　经过5倍寿命性能测试的沟槽凸轮和Ni、MoS₂润滑剂共溅

　(a) 钻机卡盘机构测试　　　　　(b) 测试凸轮表面　　　　　　　(c) 测试沟槽凸轮表面

图 7 - 33　钻机卡盘机构

（4）钻机冲锤机构

钻机冲锤机构（Drill Percussion Mechanism，DPM）能够产生冲力，击碎岩石，创造一个动态（振动）环境，让粉末样本通过 DBA。钻机冲锤机构结构简单，主要包括：锤、弹簧、外壳，如图 7 - 34 所示。钻机冲锤机构由 BEI Kimko Magnetics 开发的长冲程音圈驱动。

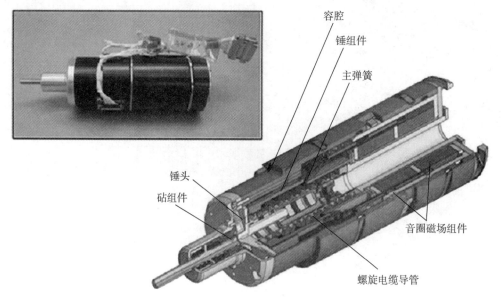

图 7 - 34　钻机冲锤机构

重 0.4 kg 的锤组件敲打弹簧悬砧杆尾端，而砧杆保持不动，并与钻头尾端相接触。

弹簧刚度是 DBA 轴弹簧刚度的一半，它支撑着钻头三分之一的重量，冲锤动作把动能从移动的锤经过砧以应力波的形式传给钻头，最终到达岩石，频率为每分钟 1 800 下，冲击能量在 0.05～0.8 J 之间。

在钻机冲锤机构的铝制外壳里有 3 根不可分割的抛光硬质氧化面线性轴承导轨，这种机构内部和外部的大部分接口处都有弹簧，以便适应各种热膨胀系数。冲锤外壳有凹槽，包含内部和外部的径向扩张弹簧，以分别适应安装在里面的钢制音圈磁场和钛管的径向空间变化，在轴向，专用的波形弹簧用来确保有预载荷使以下几方面之间的热应力最小：冲锤壳和钻机其余部分、音圈和军用电缆导管以及冲锤壳和音圈场组件之间。最后一根弹簧还充当收缩限位，在冲锤超过其正常运动范围时，吸收残余的动能。

冲锤组件里的主弹簧有两个功能：1) 存储音圈上行冲程传到下行冲程的功；2) 捕获上次碰撞的回弹能量供下次使用。音圈促动器只需补充碰撞（导致岩石破碎）时和内部机制损失的能量，冲锤机构样机的一个技术性挑战是主弹簧的弹簧振荡，由于弹簧的固有频率和工作频率接近，最初的弹簧过早地失效了，解决办法是换成低剪切模量、低密度、高疲劳强度的弹簧材料，新的弹簧能储存大量能量，同时使弹簧的固有频率和工作频率保持适当大的差距。

在主弹簧里，音圈导线按照与主弹簧相反的螺旋方向布置在独特螺旋电缆导管里。受到电话听筒线的启发，这种设计控制了导线的分布，提供重要冲程，同时使线的张力最小化，具有很低的弹簧刚度。为了避免与主弹簧接触，电缆导管螺旋的内径受到移动锤头和电缆导管组件固定端的分开的手指形心轴控制，主弹簧的外径则由弯曲壳体的内表面控制，在组装冲锤机构时，已校准了空隙，确保两个部件之间有间隙。

一个技术性挑战是主弹簧的振荡，另一个挑战是导电音圈筒材料迅速通过磁场时的涡流电流，表现为一种黏性阻尼。为了有效操作，它必须被消除。解决方案是消减暴露在磁场中的音圈筒中的轴向插槽，然后在插槽填满非导电结构胶黏剂，这在适当的方向上提高了音圈筒的有效电阻，同时不会损害它的热导电性能。用冲锤机构样机做试验时，插槽 Be－Cu 音圈筒和聚合物音圈筒之间并没有明显的性能差别。

钻机冲锤机构由开环电压波形驱动，电压波形设置为零，这样锤就可以在碰撞之前和之后滑行，电压值非零时设定在音圈能产生收缩力（上行冲程力）和延伸力（下行冲程力）的大小，调试过程中，从而产生所需的冲锤力。电压驱动方法有速度调节功能，如果锤的速度低于预期，音圈将产出更大电流，从而增大力量，提高速度，这就相当于拥有一个内置的锤速度反馈控制器。

安装在钻机冲锤机构外壳的是一系列（6 个）常开接点簧片开关传感器，它们可以提供滑行锤位置遥测。小簧片开关能适应大的动态环境，并能轻易地集成到现有巡视器的航天电子设备上。开关由安装在锤组件上的磁体激活。邻近开关的激活区互相重叠，产生 12 个位置状态。图 7－35 显示了整个机构运动范围内的簧片开关的性能。这些传感器提供唯一的锤运动的直接遥测（不是用于反馈控制），从而有助于操作诊断。

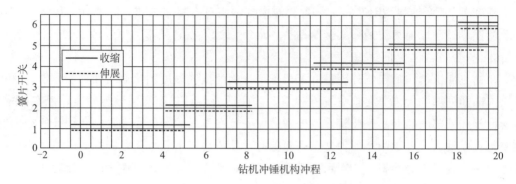

图 7 - 35　钻机冲锤机构冲程中的弹簧开关数据

（5）钻机转换机构

钻机转换机构（Drill Translation Mechanism，DTM）可以让钻头、主轴、卡盘和冲锤钻机子组件线性运动以实现以下功能：维持样本采集过程中 120 - N Weight - On - Bit（WOB）；产生一个大回缩力，把钻头从孔里抽出；实现钻头箱中新钻头的配对。钻机转换机构由以下几部分组成：

1）构成线性轴承的壳体后部装置；

2）装有各种轴承部件的转换管；

3）带有集成力传感器的滚珠丝杠。

冲锤安装和集成在转换管尾端，卡盘/主轴子组件安装在转换管和壳体后端之间的金属波纹管密封内部，防止火星灰尘。

滚珠丝杠的螺杆一端由高度轴对称的轴承支撑，它由与钻机转换机构相似的带有制动器的电动换向齿轮电机驱动，如图 7 - 36 所示。为了缩短钻机的总长度，滚珠螺杆轴承还要支撑齿轮电机的输出部分，这不仅因移除多余的轴承（促动器齿轮箱里）而减小了体积，也消除了齿轮箱和滚珠螺杆之间对连接元件的需求。

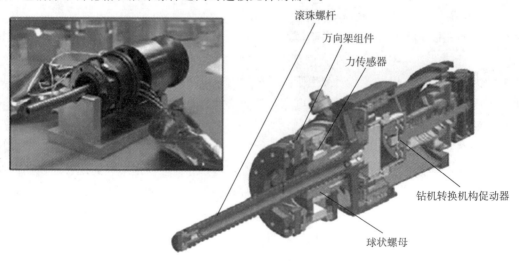

图 7 - 36　带有力传感器的滚珠螺杆

图 7－37 所示为钻机转换机构两个正在进行的测试，一个演示了样本采集过程，另一个则表征了钻机转换机构产生回缩力的能力。

图 7－37 钻机转换机构测试

（6）钻机接触传感器/稳定器

钻机接触传感器/稳定器（Drill Contact Sensor / Stabilizer，DCSS）是一个被动机构，可以显示钻机在目标岩石上的位置。图 7－38 集成到 DCSS 前端铰链上的是 4 个定位柱，它们使钻机能够与钻头箱对接。DCSS 相关联的两个点接触型设计综合了接触点和钻机轴与目标岩石表面曲面法线的高度变化。当且仅当两个叉脚与目标接触时，DCSS 才会提示接触，一旦机械手臂把 DCSS 预加载到目标岩石上，DCSS 就会通过在钻机和目标之间锁定 4 自由度（3 平移自由度和 1 绕钻头轴旋转自由度）以稳定钻机，该设备概念上与 MER 岩石磨损工具上的接触传感器相似。DCSS 包括两个由耦合器组件连接的反向相连的弹簧承载 4 杆机构。耦合器组件则包括可以驱动两个微型开关的有凸轮表面的活塞。

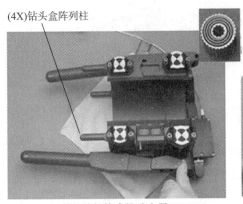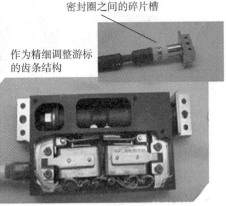

(a) 钻机接触传感器/稳定器(DCSS)　　　　(b) 压缩的DCSS

图 7－38 钻机接触传感器/稳定器（DCSS）和压缩的 DCSS

通过机械臂，一个小的不变的开关触发力可以产生更可靠的预加载，这对 DCSS 产生了一个矛盾要求：复位弹簧力应该足以释放开关，但又不能使触发力超过 40 N。解决办法是密封移动部件：包括所有旋转接头和有毛毡密封件的耦合器的活塞，以确保火星灰尘不会污染设备，维持其性能的一致性，然后预装载复位弹簧，以保证足够的裕度来克服摩擦力并触发接触开关。

7.1.5 火星岩石原位采样分析仪子系统

7.1.5.1 简介

火星岩石原位采样分析仪（CHIMRA）是 MSL 的样本处理装置，装载有先进的分析仪器（见图 7 - 39、图 7 - 40），为了给这些分析仪器提供样本，MSL 需要一个最先进的 SA/SPAH，其作用是对样本进行收集、筛选和分组，然后把需要的样本送至科学仪器。SA/SPAH 利用 5 自由度机械手和一个以旋转冲击钻机为骨架的转台，收集 50 mm 以内的岩石粉末，这些粉末随即被送至 CHIMRA。

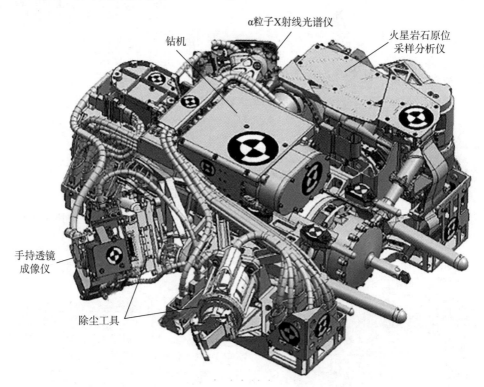

图 7 - 39　安装在转台上的 CHIMRA

CHIMRA 要求将风化层或岩石粉末样本分为直径小于 1 mm 和直径小于 150 μm 两类颗粒，将直径小于 1 mm 的样本体积控制在 45~65 mm³，将直径小于 150 μm 的样本体积控制在 45~130 mm³，筛选分组后将样本送至科学仪器。

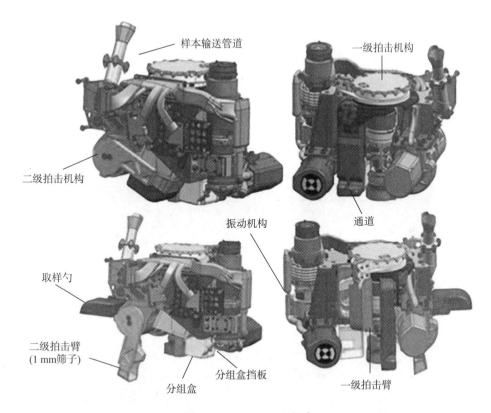

图 7 - 40　CHIMRA 组成

7.1.5.2　功能

CHIMRA 的大部分功能都是通过其整体配合完成的，CHIMRA 的内部结构就像"迷宫"，"迷宫"由两条样本通道组成（见图 7 - 17），样本通道的作用是将样本送至样本中央存储库，样本来源包括 CHIMRA 获取的风化层和钻机获取的岩石粉末。在样本中央处理容器内，样本被分成两类，一类直径在 150 μm 以下，一类直径在 1 mm 以下，而后分别被送至量斗分成数组。CHIMRA 样本处理流程图如图 7 - 41 所示。

为了促使样本流动，CHIMRA 整体保持振动，振动环境由一个偏心回转质量与支撑 CHIMRA 的转台共振产生。共振可以使 8 kg 重的 CHIMRA 在较小输入力（150 N）条件下保持振动。设置单向阀（见图 7 - 42）和合适的容腔尺寸以保证样本朝着正确通道流动，利用化学成分已知的样本冲洗或驱离阻塞物是 CHIMRA 保持清洁和疏通的方法，颗粒尺寸筛与撞击机构相连，撞击机构可以撞击筛子及其骨架，产生的动力冲击可以清除筛子上的阻塞物。

CHIMRA 由四个不同机构组成：一级拍击机构、二级拍击机构、分配驱动器、振动机构，每个机构分别由一个驱动机构驱动，所有驱动机构由一个中央核心结构支撑，这与机械臂驱动机构支撑方式是相反的，采用中央配置结构能够降低对驱动机构中齿轮减速器的要求，能够减小整个装置的质量和体积。

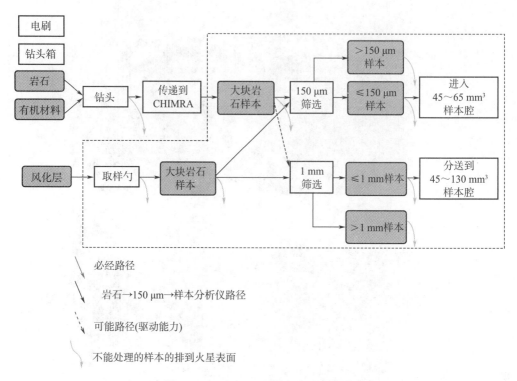

图 7 - 41　CHIMRA 样本处理流程图

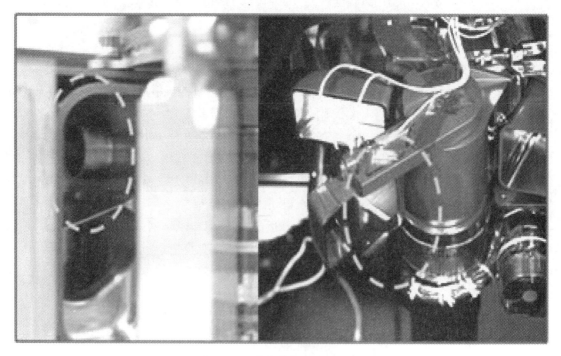

图 7 - 42　单向阀控制样本流向

为了避免主动分组机构被样本堵塞失效，被动分组机构成为一种更好的选择。样本分组盛放的容腔都包含一个开放的试管，它的尺寸跟对应容腔相匹配。一定体积的样本进入容腔之后，特殊的旋转运动及振动和重力作用使试管充满样本，而后试管外多余的样本被移除。此时，试管中盛有一定体积的样本，接着分组驱动器将试管打开，振动环境使样本从试管中顺利流出，样本被投递后，转台旋转 360°，位于溢流室内的新的样本又能够被送至样本试管，下一个样本投递工作开始。

CHIMRA 的几何形态和内部特征允许其他分组机构与其已有功能进行无缝连接，这种新颖的配置减少了驱动机构的使用，但牺牲了样本体积的一致性。图 7 - 43 展示了取样勺和产生直径 1 mm 样本的拍击臂。粗糙样本首先通过 4 mm 栅格和 1 mm 过滤筛，而后流过单向阀进入 1 mm 样本分组容腔。4 mm 栅格的作用不是对样本过滤，而是对 1 mm 过滤筛（0.05 mm 厚）起保护作用。

二级拍击臂受预载荷作用与取样勺接近，当取样勺打开后，二级拍击臂将跟随取样勺运动 10°，直到二级拍击机构闩锁启动，拍击臂被锁止，这种功能使得丢弃 1 mm 样本容腔中多余样本和取样勺中大直径样本成为可能。

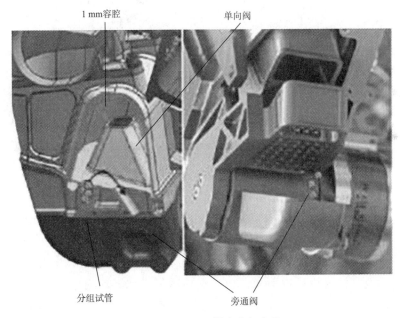

图 7 - 43 1 mm 样本分组方法

7.1.5.3 方案设计

由于设计 CHIMRA 时没有先前的经验可以借鉴，因此在设计前要先制定好 CHIMRA 布局的指导原则。这些指导原则可以分为两类：使内部堵塞的可能性尽可能小；在故障出现时能够对故障进行评估。此外 CHIMRA 要求能够在一个驱动机构失效的情形下完成样本处理工作。

CHIMRA 设计过程中存在的一大困难是外部体积和质量约束，这种限制使得设计指导原则和子系统装置需求之间存在妥协。比如容腔尺寸与样本颗粒尺寸的比值是严格控制的，研制人员最终选取的比值为10∶1，而这一数值开始的设计值是20∶1。为了防止特定种类的岩石样本在3/8地球重力加速度环境下出现意外状况，CHIMRA的正常工作要尽可能少地依赖岩石的非普遍特征。为了减少堵塞和非圆形颗粒样本困陷在CHIMRA中，CHIMRA一些特定容腔的出口尺寸要比入口尺寸大得多，这种设计特征在1 mm栅格处最明显，如图7-44所示。

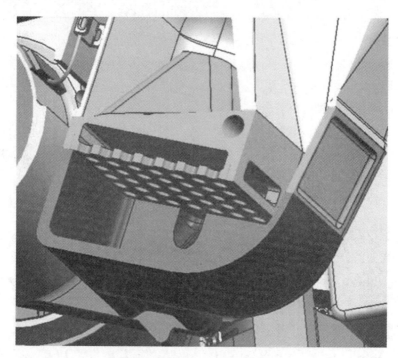

图7-44　防堵塞结构特征

　　CHIMRA中与防止堵塞同等重要的设计问题是堵塞后的疏通，当样本处理装置性能退化后，样本通道的疏通非常关键。具体说来，CHIMRA的特殊内部布局使外部相机能够观察到CHIMRA的几乎所有内表面。此外，巡视器相机能够检测所有即将投送至仪器组的样本，这种功能能够协助地面操作人员剔除对仪器组不利的样本。CHIMRA尽量减少黑盒设计结构（样本进入/样本送出），以方便地面操作人员进行故障评估并防止同类问题再次发生。

　　CHIMRA能够应对任何单一元素失效，在单一元素失效的状态下保持处理和投送样本的能力，这种性能主要是由其设计结构决定的。举例来说，如果150 μm分组机构的某个零件失效，比如分组电机失效、分组试管堵塞，150 μm样本仍然能够通过1 mm分组机构改变方向进入正确位置。在设计中，取样勺或拍击驱动机构的失效更加难以处理。CHIMRA的内部配置使内表面观察视野最大化，在这种配置结构下，驱动机构在开环配置中失效将导致样本处理过程中所有样本丢失，为了解决这个问题，CHIMRA采用了样本存储库分流器（见图7-45）以保证样本通道或取样勺失效时样本不会完全丢失。

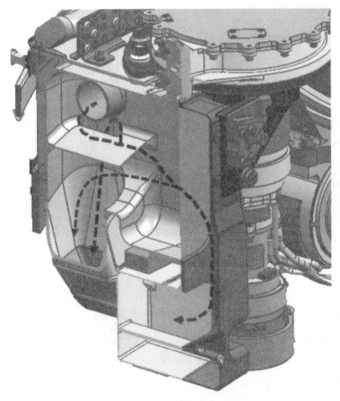

图 7 - 45 样本存储库分流器

CHIMRA 潜在的失效除了驱动机构外还有内部堵塞，CHIMRA 整体承受的正弦振动和高能冲击能够最大可能地疏通拥堵的样本通道。

在 CHIMRA 设计指导原则中，有四条普遍适用的原则，对于保证其工作稳定性和实用性至关重要。其一，能够观察 CHIMRA 内部通道以协助地面操作人员了解样本状态和进行故障处理；其二，在一个元素失效的情形下样本仍然能够被送至科学仪器；其三，有多种方式促进样本在 CHIMRA 中流动；其四，明确 CHIMRA 样本处理功能和体积限制之间的具体关系。

（1）一级拍击机构研制

一级拍击机构和二级拍击机构的设计难点并不在于机械本身，它们都是普通的闩锁和卡爪机构。研制难点在于综合考虑机械强度和不明确的机构设计目标即疏通一个被未知颗粒堵塞的通道。

一级拍击机构（见图 7 - 46）与二级拍击机构具有很多的相似点，一级拍击机构的输入点为样本通道底部（横截面上蓝色部分），在样本通道底座内是闩锁筒和柄脚装置，闩锁筒内装有一个受弹簧预载荷的闩锁，这个闩锁有多余的旋转曲面，闩锁自身可以围绕一根销轴转动，销轴可以在镀铜-钢基轴衬中独立旋转。柄脚装置是一个卡爪，卡爪有一套轴承，柄脚能够在轴承内相对样本通道底座独立旋转。一级拍击机构的输出是横截面中黄色部分，它与 $150~\mu m$ 样本筛骨架相连接，由一个轻微预载的轴承支撑。

图 7-46　一级拍击机构（见彩插）

柄脚装置和输出机构由一根螺旋弹簧相连，当样本通道被打开 5°，输出机构与柄脚装置被固定在样本通道底座内的闩锁装置所约束，样本通道底座的附加旋转将促使输出机构、样本筛和柄脚机构一同旋转，相对样本通道滞后 5°，这种旋转将继续压缩弹簧，在机械活动范围极限处，一个固定在静止机械结构上的"终止旋转机构"将闩锁与柄脚相脱离。一旦脱离，螺旋弹簧加速输出机构和样本筛回到关闭位置，这种关闭动作将产生一个惯性冲击以冲走堵塞的样本颗粒，样本通道关闭后，闩锁绕过柄脚装置背面，迅速恢复开始状态，而后重置整个机构。

（2）振动机构

振动机构（Vibration Mechanism，VM）是影响 CHIMRA 样本处理能力的关键设备（见图 7-47），由它产生的振动环境能够协助样本流动、筛选及分组，其使用寿命要求超过两年，工作循环超过两亿转。振动机构的振动产生元件是一偏心钨质量块，偏心钨质量块由两个弹簧预载的角接触轴承支撑。电机一边的轴承被压在轴上，内座圈被压在一根空心轴上（图 7-47 中绿色部分），空心轴套在振动机构的一级轴上，滑动内座圈而后被一根波形弹簧预载，中心轴和偏心质量块由振动电机通过柔性螺旋形联轴器驱动，旋转速度为 4 000～6 000 r/min。

7.1.6　除尘工具

除尘工具（Dust Removal Tool，DRT）用于清除尘暴现象导致的覆盖于火星岩石的灰尘。DRT 安装在一个长为 154 mm，直径为 102 mm 的圆筒内，总质量为 925 g。DRT 由一个简单的无刷直流电机驱动，能在直径为 45 mm 的范围内清理灰尘。在除尘过程中，一组刷子高速旋转与岩石表面接触。

除尘工具是 MSL 样本获取、处理和分析系统的一个重要部分。被红色氧化铁灰尘覆盖是火星表面的特征之一，这使得科学家很难确认目标岩石进行样本获取。仅 1 μm 的灰尘就能使通过桅杆相机和透镜成像仪获取的岩石本真图像模糊化。MSL 的 α 粒子 X 射线

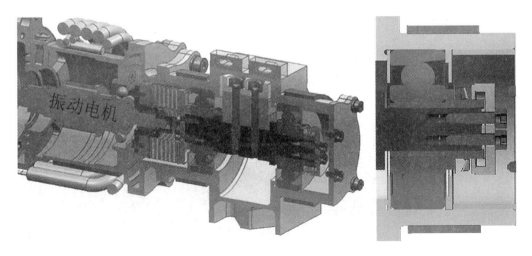

图 7 - 47　振动机构（见彩插）

光谱仪（岩石组成成分信息的重要来源）只要被 5 μm 灰层遮挡，就会导致分析失真，所以火星表面岩石除尘技术是非常重要的。

7.1.6.1　简介

DRT 位于 MSL 机械臂的转台部分，如图 7 - 9 所示。DRT 的主要功能是清除直径不小于 45 mm 的岩石表面厚达 2 mm 的灰层。与 MER 的岩石打磨工具（Rock Abrasion Tool，RAT）相似，DRT 被期望用来处理各种各样的表面地形。与 MER 的 RAT 不同的是，DRT 只有一个单制动器，该设计需要适应机械臂错误的定位，这一新设计和操作需要继承 RAT 的刷子设计。

当需要 DRT 除尘时，机械臂必须先用转台的各种接触传感器来确定岩石表面的位置，其次将 DRT 定位于一个安全的间距（不接触岩石），DRT 电机通电激活，使刷毛以相对较高的速度旋转，然后机械臂朝岩石表面移动 DRT 至一个适宜的位置，理论上 DRT 的适宜位置为离目标岩石约 10 mm，角度为 15°。

除了单制动器和机械臂的操作约束，其他的主要约束包括 DRT 可允许的容量和质量，因此 DRT 必须使用一个特别的电机产品，该电机产品由 JPL 提供。DRT 被装配于一个长约 134 mm、直径 141 mm 的圆柱包层内，DRT 可允许的质量为 950 g，其中包括电机的质量（350 g）。DRT 设计证明电机可以提供的转矩为 28 mN/m，转速为 10 000 r/min。

圆筒内的 DRT 最终长 154 mm，直径 102 mm，重 925 g。机械机构由 JPL 供应的电机和由 Honeybee Custom 设计的行星齿轮变速箱组成，齿轮变速箱用来驱动一个被称为电刷块的减速装置。电刷块由一组刷子组成，每一个刷子位于弹簧加载轴上，以适应表面不规则的变化，如图 7 - 48 所示。

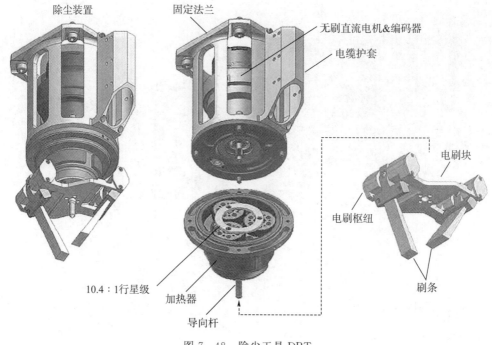

图 7 - 48　除尘工具 DRT

7.1.6.2　电刷块装置设计

JPL 测试使用岩石灰尘模拟物，定量测试了电刷工作性能。DRT 的除尘能力为在自然表面清除 70% 小于 500 μm 的颗粒，通过数码相机和软件分析，决定除尘工具需要清除的区域大小。

最初团队想出了几种简单的刷子构型（见图 7 - 49），但是很快发现，不增加机构的摩擦阻力，仅仅依靠刷毛不足以适应火星表面的各种情形。仅依靠刷毛工作会使刷毛变硬、灵活度和耐磨度受损，刷毛的寿命变短，所以 DRT 最终使用了一个弹簧加载铰链装置，DRT 的最后设计中，刷子扭转 30° 以适应表面高度变化（10~20 mm）。电刷的设计过程如图 7 - 49 所示。

图 7 - 49　电刷的设计过程

　　影响旋转电刷性能的因素有电刷尺寸、电刷布局、软件和定位等，它们与设计/性能要求的关系如图 7-50 所示。以下是设计过程中获得的一些经验：

　　1）电刷中心偏距。较大的中心偏距会使 45 mm 直径的范围更加困难，小的中心偏距则会增加刷毛纠缠的可能性。

　　2）电刷间距。如果电刷离得太近则会缠绕，最小间距约 8 mm。

　　3）电刷的整齐度。不规则的电刷设计容易导致缠绕。为解决缠绕问题，采用一个清除目标区域中心部分的内刷，大部分外刷清除区域其他部分。

　　4）工作距离（电刷角度）。DRT 与岩石表面的工作距离是中心标杆的最顶点到岩石表面的距离。太近（小于 10 mm，低角度）会导致清理不干净，距离大于 10 mm（大角度）可以达到更好的清理效果，使得刷毛更有效地从水泡坑和裂缝中清理灰尘。

　　5）电刷宽度。电刷宽度约 15 mm（是需要被清理的区域直径的 1/3）。

　　6）弯度。直的刷毛从近距离水泡坑和裂缝中清理灰尘非常困难，所以要使刷毛弯曲到一定程度，提高其清理表面灰尘的能力。

　　7）电刷速度。电刷速度小于 300 r/min 不足以有效清除颗粒，相反会使得颗粒成团。大于 300 r/min，电刷能更有效地清理颗粒。300 r/min 和 500 r/min 相比，清理颗粒的效果明显不同，然而 500 r/min 和 1 000 r/min 之间的区别就很微小了。

　　8）接近方法。当接近岩石产生较大的反作用力时，不旋转电刷块，当接近岩石减小 DRT 的轴向力时，旋转电刷块。

		要求和限制						
		直径 45 mm 的圆	清洁范围大于 70%	中心清洁	避免电刷毛纠缠	包含容量限制	小于 50 N 的反应负载	直径小于 5 μm 的灰尘
电刷尺寸	电刷宽度	■				■		
	电刷长度					■		
	弯曲程度		■		■			
电刷布局	电刷距中心距离			■	■			
	电刷间距				■			
	电刷对称性				■			
	电刷轴承离中心距离					■		
	电刷角度					■		
	弹簧预载荷		■				■	
软件和定位	电刷速度							■
	逼近算法						■	
	收缩算法	■	■					
	接触距离							■
	工作时间		■					■

图 7-50　主刷和设计驱动机构相关的矩阵图

9）撤回算法。当轴向力开始将灰尘或颗粒送回清理完的区域时，高速旋转（或者完全停止旋转）。低速（100 r/min 或更小）旋转不能将材料拖进干净区域。

弹簧加载电刷枢轴，如图 7-51 所示。枢轴允许电刷旋转 30°，整个电刷块装置通过机械臂允许的载重高达 200 N，弹簧机械的密封保护电刷防止灰尘入内，密封与传动轴相匹配来减小摩擦阻力。在标准温度和气压下，它的使用步骤与 RAT 的碾磨轮轴（grinding wheel shaft）和凤凰号使用的土壤获取装置的钻头轴相似，传动轴是双弹簧加载装置，有弹簧轴心的尾端盖板嵌入弹簧区域。

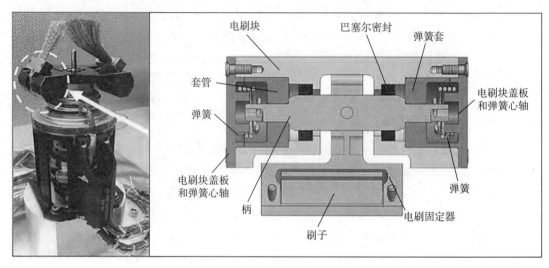

图 7-51　DRT 电刷枢轴

一方面，弹簧需要足够的力来保证电刷与接触物产生的阻力在枢轴动力范围内。另一方面，弹簧要足够软，这样电刷接触力在轴心位置对电机产生较小的阻力矩，并且可满足所需的电机转矩裕度要求，需要用 3 N 的电刷接触力来达到允许的电机电流限度。

电刷块装置通过了温度范围为 −70～+70 ℃ 的测试试验。试验没有使用力矩测表来直接测量每一动作范围内轴动力提供的力矩，而是测量两刷对装有测压元件的接触板产生的净接触力，中心标杆顶端和目标接触面之间的距离为 21 mm，16 mm，11 mm，6 mm，1 mm。结果如图 7-52 所示。

7.1.6.3　电刷测试分析

在经过 DRT 飞行件、工程样机测试试验后，要进行 DRT 工程样机在操作温度范围内的性能和寿命测试。在测试中，电刷块被安置于热真空容器内的岩石表面上，一旦加速，机械臂将 DRT 移向岩石，经过一段时间后，电机速度会减小到一定程度，使得 DRT 能从岩石撤回。

在 −70 ℃ 的测试环境下，可观测到工程样机下的内刷在降低速度撤回时并没有一路返回至限位位置，而是停在了离限位位置还有一段距离的地方。然而，内刷在 900 r/min 转速运行下，也没有回到限位位置。工程样机的性能和寿命测试继续执行，直到工程样机能成功达到两个寿命周期的除尘要求（大于 300 次刷操作）。

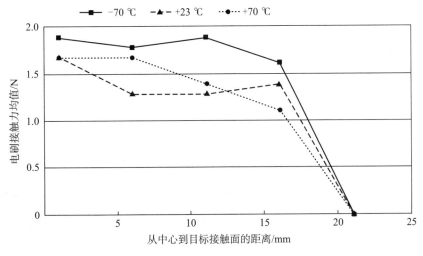

图 7-52　DRT 飞行件电刷接触力和表面高度图

　　驱动力矩是否能达到其力矩临界要求是主要的关注焦点，所有的制动器要求能在最恶劣环境中最小临界值 100% 达到所需力矩要求。在这种情况下，工程样机内刷弹簧不能提供足够的力矩来克服摩擦，同时不能使电刷回到限位状态。因此，科学家要求弹簧能提供两倍力矩来克服摩擦和回到限位状态。

　　在 JPL，驱动阻力和弹簧力矩均在工作温度范围内以工程样机和飞行件进行了测量，来确定力矩的临界值。图 7-53 是驱动性能的一般模型，展示了各个方向的阻力力矩相等。所以，在一个方向测量的力矩是弹簧力矩和阻力力矩的总和，而在其他方向，弹簧力矩和阻力力矩间的测量力矩不同。

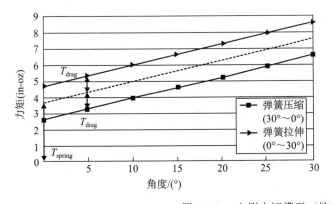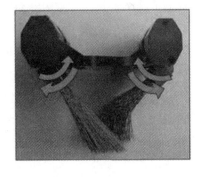

图 7-53　电刷力矩模型（见彩插）

　　JPL 的测试结果见表 7-1。在 0 r/min 时，只有一个工程样机的测试和一个飞行件的测试表明电刷块驱动达到 100% 或枢纽力矩安全系数（FOS）≥2 的临界。

表 7 - 1　FOS 测试结果

温度/℃	测试	工程样机除尘工具				正样除尘工具			
		内电刷		外电刷		内电刷		外电刷	
		0 r/min	900 r/min	0 r/min	900 r/min	0 r/min	900 r/min	0 r/min	900 r/min
+70	测试 1	2.00	6.96	1.24	4.64	1.51	5.59	1.33	4.69
	测试 2	1.78	6.54	1.23	4.60	1.83	6.44	1.56	5.54
+20	测试 1	1.30	5.03	1.58	4.85	1.27	4.79	1.87	4.85
	测试 2	1.23	5.28	1.42	4.63	1.17	4.60	2.20	6.20
-30	测试 1	0.67	3.34	0.61	2.27	0.96	3.61	1.05	3.28
	测试 2	1.06	3.58	0.54	2.29	0.74	3.13	0.52	2.13
-70	测试 1	0.76	2.22	0.47	1.50	0.43	1.87	0.51	1.64
	测试 2	0.57	2.04	0.35	1.33	0.38	1.78	0.64	1.77

当考虑作用在电刷上的离心力——电机以 900 r/min 旋转电刷块时要重复测试计算安全系数。900 r/min 是在每一次工作的最后——在 DRT 从岩石撤回后使用的速度，表 7 - 1 中标注了"900 r/min"那一列是计算结果，它说明 DRT 在 900 转数下，产生了一个有足够安全系数的离心力，使得电刷驱动回到了其限位状态。这种情况下，最小的安全系数 FOS 是 1.64 (-70 ℃)。

7.1.6.4　电机和减速器设计

由于要求使用一个预先确定了的电机，DRT 设计的挑战在于克服临界力矩。基于电机性能规格，需要将转矩放大，并且设计一个单级行星齿轮箱（见图 7 - 54），电机的小齿轮是一个预先确定了的齿轮，需要使用渐开线行星齿轮和环形齿轮来避免咬边现象，提高其负载能力，延长小齿轮的寿命。

制动器边界分析（见图 7 - 55）基于各性能参数和由 JPL 提供的基于加热分析的热力限制。很多参数包括密封力、轴承摩擦损耗和操作力矩都是估算出来的，后者是基于电刷开发测试得来的数据估算的。

分析预测 10.4：1 的减速比能产生一个临界值为 140% 的力矩和一个临界值为 475% 的热消耗，将会超过 CDR 设计水平的 125% 的要求。降低减速比至 6：1，相应降低临界值至 41% 和 99%。

特定滑动率（Specific Sliding Ratio，SSR）是指齿轮啮合内滑动速度除以切向速度。SSR 根据齿轮啮合而变化，高 SSR 与低 SSR 相比，高 SSR 意味着齿轮啮合设计有相对较多的滑动，这就会增加摩擦，降低效率，缩短寿命。因此，需要设计一个传动比保证在其他驱动要求限制内，使 SSR 最小化。

为了维持前文所说的电机的临界力矩值，DRT 要求有一个高减速比。高减速比和预先设定的 15T 小齿轮结合，固定了齿轮比。图 7 - 56 展示了在单啮合周期内，10.4：1 设计的 SSR 在行星齿轮啮合中的情况。单齿接触的最高点和最低点（LPSTC 和 HPSTC）、临界应力跳跃点，高减速比（SSR）没有超过 1.0 级。最差情况 SSR 值出现在行星齿轮的

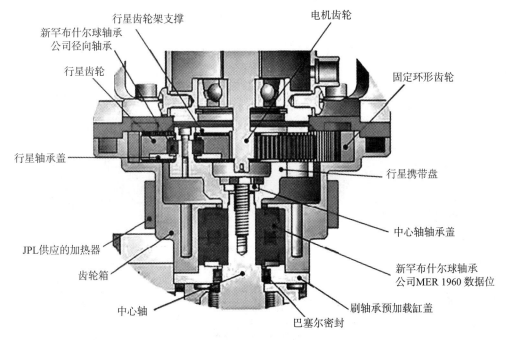

新罕布什尔球轴承
公司径向轴承
行星齿轮架支撑
电机齿轮
行星齿轮
固定环形齿轮
行星轴承盖
行星携带盘
中心轴轴承盖
JPL供应的加热器
新罕布什尔球轴承
公司MER 1960 数据位
齿轮箱
刷轴承预加载缸盖
中心轴
巴塞尔密封

图 7 - 54 减速器装置的横截面

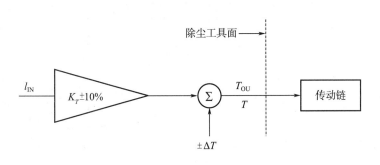

除尘工具面

l_{IN}　$K_T \pm 10\%$　Σ　T_{OU}　传动链

$\pm \Delta T$

制动器性能不确定性 $\longrightarrow$ $\Delta T = 5\% \times (T_{STALL} + T_{OP})$

力矩临界值 $= \dfrac{T_{allowable}}{T_{operational\_req}} - 1$ 　　　散热临界值 $= \dfrac{I^2_{allowable}}{I^2_{operational\_req}} - 1$

图 7 - 55 制动器临界值分析方法

齿根，大于 3.0 级。因为在 LPSTC 和 HPSTC，SSR 都小于 1.0 级，所以 DRT 齿轮设计是合理的。

为验证以上分析和确定 DRT 变速器效率可接受，DRT 要在整个操作温度范围内接受输出轴功率计测试。功率测试要求在不同温度点（+70 ℃，+23 ℃，-55 ℃和-70 ℃）不同电机电压下（6 V，10 V，16 V 和 22 V）取值。电机转矩常数（K_t）是从功率数据计算出来的，见表 7 - 2、表 7 - 3。

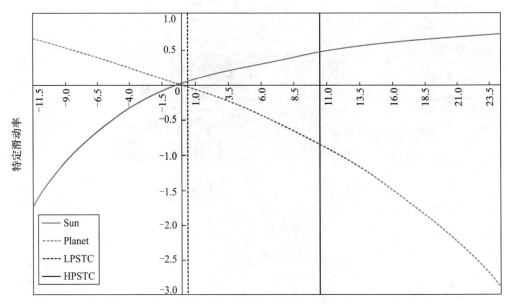

图 7 - 56　太阳行星齿轮啮合特定滑动率

表 7 - 2　除尘工具集成的 A300 电机转矩常数值（K_t）

电压	6 V	10 V	16 V	22 V
温度	反转	反转	反转	反转
+70 ℃	18.0	19.4	20.0	19.2
+23 ℃	18.8	20.4	19.8	20.1
−55 ℃	19.9	20.2	20.5	20.3
−70 ℃	21.4	22.0	20.3	20.7

表 7 - 3　A300 电机转矩常数值（K_t）

电压	16 V	21 V
温度	反转	反转
+70 ℃	20.0	20.7
+23 ℃	21.1	21.0
−55 ℃	—	—
−70 ℃	23.1	23.1

7.2　主要技术指标

好奇号结构与机构主要性能参数详见表 7 - 4。

表 7 - 4　好奇号结构与机构性能参数表

系统分类	技术指标			好奇号参数
结构与机构系统	驱动机构数量	移动系统		10 个
		桅杆		3 个
		高增益天线系统		2 个
		SA/SPAH		17 个
		总计		32 个
	桅杆高度			2 100 mm
	结构	内部温度环境		−20～+50 ℃
		外部温度环境		−130～+40 ℃
		基频		>18 Hz
	SA/SPAH			
	总自由度			17 个
	机械臂	自由度		5 个
		机械臂长		约 2 300 mm
		有效载荷负载		34 kg
		机械臂自重		67 kg
		机械臂工作温度		−110～+50 ℃
	转台直径			600 mm
	CHIMRA	自由度		4 个
		CHIMRA 振动强度		4 g ～10 g
		CHIMRA 振动频率		70～100 Hz
		CHIMRA 处理样本的规格		1 mm/0.15 mm
	钻机	自由度		4 个
		钻机取样深度		50 mm
		钻机取样时接触传感器预压力		240 N
		钻机冲锤机构工作频率		30 Hz
		单次冲锤能量		0.05～0.8 J
		钻机备用钻头数		3 个
	DRT 自由度			1 个
	入口封盖自由度			3 个

7.3　关键技术解析

7.3.1　MSL 小质量灰尘除尘技术

火星上存在尘埃，具有磨损力高，带静电，易吸附等特点。在探测过程中，巡视器暴露在外的机构、器件若不采取有效的防尘、除尘措施，对巡视器有重大影响。如果这些尘埃沉降在太阳电池阵，将直接影响到能源系统的效率和寿命；如果沉降在光学敏感器表面，将影响到光学敏感器的光学特性和图像质量。

火星大气中含有显著的悬浮尘埃，据估算火星表面大气中尘埃密度约为 1.8×10^{-7} kg/m^3，这些尘埃与太阳热辐射的相互作用，关系到与火星大气相关的凝聚和蒸发过程，也影响到火星大气的结构热平衡和动力学过程，被认为是火星低层大气环境变化的重要因素之一。火星大气尘埃也会对火星表面地貌起着长期效应，尘埃剥蚀尘埃颗粒迁移和沉积会逐渐改变火星地貌和火星表面反照率，并参与火星的气候演变。不仅如此，火星大气尘埃环境对着陆在火星表面的着陆器或巡视器及其有效载荷有重大影响。

火星尘埃的基本物理特性见表 7-5。

表 7-5　火星尘埃的物理特性

参量名称		参量估值
火星大气尘埃颗粒尺度		<60 μm，平均直径约 3 μm，最小颗粒尺度 0.2 μm
火星表面大气尘埃密度	无尘暴时	约 1.8×10^{-7} kg/m^3
	有尘暴时	约 7×10^{-5} kg/m^3
火星表面不同高度上大气尘埃密度	表面附近	$1 \sim 2$ /cm^3
	$15 \sim 20$ km 处	$0.2 \sim 1$ /cm^3
火星大气尘埃光学厚度（可见光～近红外波段）	无尘暴时	$0.1 \sim 0.2$（苏联 Phobos-2 结果） $0.05 \sim 1.5$（火星全球观测者结果）
	有尘暴时	>3（火星全球观者结果）

火星上的尘埃有一些不一样的特性，主要有以下三种类型的颗粒：

1）浮尘（Airbone dust）。主要是半径约为 $1 \sim 2$ μm 的颗粒，长期悬浮于火星大气。浮尘有磁性，因为它主要由包含少量磁性矿物的硅酸盐颗粒组成。

2）落尘（Settled dust）。半径大于 10 μm 的颗粒，落尘一般在火星表面，由风或尘卷效应卷入大气中。落尘比大气中的浮尘大得多，可能是本身就很大的颗粒，也可能是微小颗粒凝聚成的硕岩。

3）跃移颗粒（Saltating particles）。大于 80 μm 的颗粒，主要由跃移产生。

尘埃的磁性最早是 MER 巡视器发现的，浮尘颗粒包含亚铁磁矿物质，每个颗粒各有不同。落尘和跃移颗粒并没有进行实验研究，因此其有无磁性至今仍未知。

目前有几种技术可用来克服太阳电池阵及光学设备在火星表面被尘埃覆盖的问题。技术主要有以下两大类：

（1）被动技术

主要以减小表面尘埃沉积率为目标。例如，使用永久磁铁或者盖子（盖子只在使用时才打开）。对于长期要使用的系统或是不受大量尘埃影响的设备，不推荐用被动技术。

（2）主动技术

主动技术旨在清理被尘埃覆盖的表面。通过刷子或者电磁动力学来实现尘埃清理。第一种技术受刷子的分辨率/弦局限，然而后者基于假设——磁场排斥质量与磁力比小的尘埃。使用电磁动力学要求有高电压产生、分配至表面，这就增加了电子设备和线束的复杂性。刷子除尘是一种既轻巧又简单的除尘方法，将在本书后面部分进行介绍。

通过测试位于磁体顶部的两种灰尘（高磁性的灰尘和无磁性灰尘）颗粒，研究分析了基于磁体的被动方法。在模拟火星浮尘环境下，两种灰尘都带电了。图 7 - 57 显示了这一实验结果，该实验是在火星灰尘模拟室中进行的。

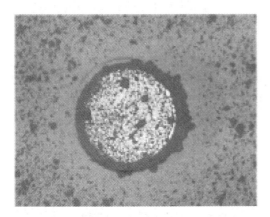

图 7 - 57　基于磁体的被动除尘技术

由图 7 - 57 可知，磁体技术最好针对高磁性的灰尘，否则无效果。浮尘被认为是有磁性的灰尘。在某些灰尘分布情况下，即使是高磁性的灰尘，磁体技术也可能遭遇磁化饱和现象。

基于新型驱动机构的机械臂除尘技术，主要用于清洁微米大小灰尘颗粒的表面，它是特别为在火星表面操作的光学传感器表面除尘而设计的，也可以应用于其他器件（如太阳翼电池板、传感器、相机和挡风器）。

经论证分析最终采取了基于超纤维刷的主动除尘技术，原因包括以下 3 点：

1) 使用超纤维刷的除尘技术不依赖于环境条件，可解决表面各种程度的灰尘覆盖情况；

2) 除尘技术有效性高，不依赖于灰尘颗粒类型（有无磁性）、颗粒大小和覆盖率；

3) 灰尘清除技术有双重功效，除了除尘，还可以除霜。

除尘工具主要由刷子、驱动机构、刷子清洁器三个元件构成。

1) 刷子：主要由聚四氟乙烯、钛和聚酰亚胺薄膜构成；

2) 驱动机构：由于质量必须要小，因此传统的机构不能使用。最终使用了动态范围为 43°的旋转式驱动装置。该装置基于形状记忆合金，不需要润滑，并且对灰尘有免疫力。该装置使用超轻型结构材料，使得制动器既轻巧又坚实。控制算法非常简单，只有两种情况需要操作驱动机构（在清理过程中移动至 43°，在待命时保持 0°，如图 7 - 58 所示）。

3) 刷子清洁器：由于灰尘并非被消灭了，而是被转移了，因此对刷子进行清理就很有必要。刷子进行多次清洁操作后灰尘沉积，为避免刷子饱和，刷子清洁器起到重要作用。刷子清洁器优化了刷子纤维间的直径，保证刷子的清洁功能。在表面使用了微复制技术以确保刷纤维最佳除尘效果。

　　该刷子应用于 MSL - REMS UV 传感器，其清理表面小于 30 cm²。为此设计了 65mm 的刷子（见图 7 - 59），清理过程自动化。制作了 100 个刷子，最后通过筛选过程，选出了最好的一个。

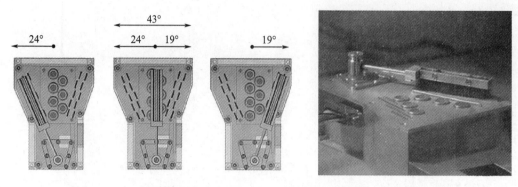

图 7 - 58　清洁器的旋转位移图和带有除尘器 EM 模型的 UV 传感器图

图 7 - 59　可清除亚微米颗粒的多纤维清洁器

　　该技术的测试试验使用的是类似于火星灰尘的直径小于 5μm 的灰尘粉末。为模拟火星浮尘环境，研制了称为火星灰尘模拟器（Martian Dust Simulation Chamber，MDSC）的测试环境，如图 7 - 60 所示。该仪器通过在仪器内制造尘埃云来再现火星浮尘沉积过程，尘埃云通过激活仪器空气泵和尘埃注入器来完成，尘埃注入器通过高电压场给注入的尘埃充电，尘埃云一形成，必须等待几秒钟，为了使浮尘积沉于容器底部——为试验测试做好铺垫。通过这种方式，模拟了火星上尘埃沉积过程。

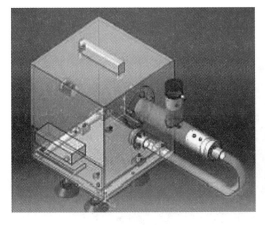
（a）CAD 图示

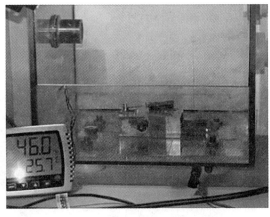
（b）测试试验原型

图 7 - 60　火星灰尘模拟器（MDSC）

将一个 UV 源置于容器顶部，来模拟尘埃沉积前后的 UV 传感器，用来为量化传感器上沉积的尘埃做参考。容器内湿度被控制在 $10\%RH\sim100\%RH$，气压和温度不可控制，但是可以测量。

为量化从表面移除的灰尘及粉末，定义了清洁效率（Cleaning Efficiency，CE），CE 表示在一次灰尘清理操作后被移除的粉末比例，即

$$CE = \frac{I_f}{I_i} \times 100\%$$

式中　I_f——一次除尘操作后的光学传感器接收的信号；

　　　I_i——光学传感器表面没有任何沉积灰尘接收的信号（完全清洁）。

在以前的研究中，灰尘量一般是通过其质量来测量的，然而，在试验过程中发现质量并不一定能完全代表光学信号的微扰。根据测量，灰尘光学堵塞不仅与灰尘质量有关，也与灰尘分布有关。所以，需要更加有效的方式来测量灰尘的光学堵塞。沉积粉末量可以通过 UV 传感器接收的光学信号测量出来。在试验过程中，UV 光以恒功率发出。

测试过程中使用的粉末，其组成和颗粒大小都与火星灰尘类似，颗粒大小小于 $10\ \mu m$。在试验过程中，通过观察发现，由于带电颗粒间的静电作用力，发生了凝聚作用，颗粒大小比在传感器底部沉积的灰尘要大得多。

功能测试通过火星灰尘模拟器，测出了 5 个不同分布位置的光学传感器的清洁效率。结果显示，不论传感器位于何处，除尘器的清洁效率都相同。试验中通过对不同的灰尘沉积水平进行测试（图 7 - 61 是灰尘严重沉积的情况下，除尘器的工作表现），显示了刷子清洁器的有效性。

灰尘清洁系统不仅可用于除尘，也可以用来均匀灰尘沉积。如图 7 - 62 所示，在最坏的灰尘沉积条件下，一次除尘操作后每个传感器的清洁效率均高于 93%。

功能测试同时在常压 $-150\ ℃$ 的条件下进行，由于测试大气中水蒸气浓度大，导致传感器上形成了霜，该除尘装置除了除尘，还可以有效除去霜，如图 7 - 63 所示。

图 7 - 61　灰尘被 UV 传感器移除

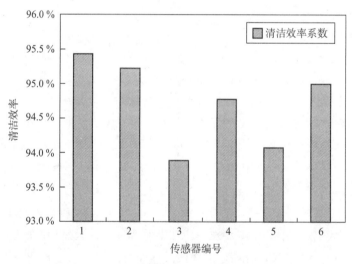

图 7 - 62　最坏灰尘沉积条件下的清洁效率

7.3.2　极端环境下的机电系统设计技术

在地球低轨道以外的深空探索对于硬件设备在极端环境下的性能提出了挑战。目前最先进的做法是对温度敏感硬件进行局部隔离并单独供热。然而，单独供热的低温防护模式将导致探测器质量增大，能量需求增多。这种情况在探测器机电元件，比如电子元件、驱动器或传感器上，表现尤为突出。而电子元件有时采用分布式配置，许多机电系统按要求必须布置在不同位置，这也给元件隔离供热带来了难度。

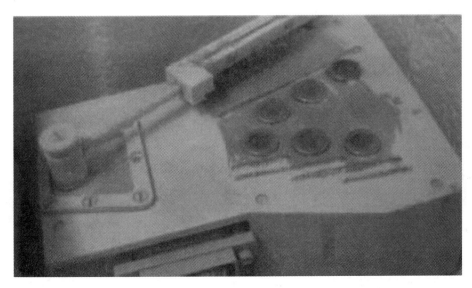

图 7 - 63　除尘装置除霜

　　无刷直流电机与行星齿轮减速器整合在一起构成驱动机构，这种驱动机构是机电系统的基本组件，它具有灵活性和可扩展性，能够适用于任何机械装置。由于驱动机构是机械系统的基本动力装置，它们的安装一般完全暴露在极端环境下。为了防止驱动机构在低温环境（如－230 ℃）下冻结，其内部使用固体润滑。液体润滑（如油润滑和酯润滑）一般只能适用于－50 ℃的环境。固体薄膜润滑剂并不是一种新技术，以前的深空探测使命曾使用的极低温电机和极低温减速器都应用了这一技术。一直以来，固体润滑技术的难点在于润滑薄膜的使用寿命。研发团队力图解决该问题，努力于提高固体润滑薄膜的润滑性能，延长固体润滑薄膜的使用寿命。好奇号采用的车轮转向电机是Aeroflex 公司制造的 100 W 无刷直流电机，Aeroflex 公司为好奇号量身制作了一整套极低温减速器，这些减速器采用固体润滑剂润滑，它们将在极端温度环境下工作，使用寿命预计可以满足使命要求。

　　研发人员建立并评估了一个样机，试验的目的在于确定样机的使用寿命和性能，首先将电机和解析器分开测试以确保其能够在－230 ℃的低温下工作。电机和解析器都成功通过了这次测试，如图 7 - 64 所示。

　　随后，电机和解析器被整合在一起接受试验。本阶段试验的目的是确定电机-解析器组装体在－230～＋120 ℃环境下的真实工作寿命及整个寿命周期内的性能变化。驱动机构样机（电机、减速器、传感器组合体）在温度低至－256 ℃和高至120℃的环境都能够成功运转。由于齿轮减速器安装界面和电机外壳之间的热导率差异，要保持电机在合理的低温环境下正常工作存在难度，研发人员采用了一些技术来保证寿命周期内电机不升温。由于这种热导率问题，在电机寿命测试的大部分过程中，测试温度都维持在－180 ℃左右。试验结果表明，样机的合理工作寿命是：电机 1.2 亿转，减速器输出轴 3 千万转。这一寿命测试结果远远超过了电机寿命最低要求（3 千万转）。在固体润滑薄膜失效之前，

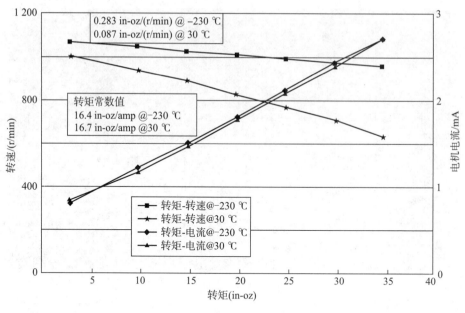

图 7 - 64　转矩-转速-电流图

整个寿命周期中驱动机构性能非常稳定，值得指出的是，固体润滑薄膜的失效并不是灾难性的，在寿命周期末期，驱动机构低速运转时效率严重降低，操纵不稳定性加剧，但是，即便如此，Aeroflex 选用的驱动机构齿轮材料仍然能够维持驱动机构工作，研发团队需要进行专门试验来确定驱动机构在寿命末期的状态。

电子设备分布式布置能够降低总体质量和成本，因而在很多领域（比如汽车工业）内应用广泛。在深空探测领域内，采用电子设备的分布式布置也能够带来很多好处。首先分布式布置不需要集中式布置中用于和中央控制元件通信的电线，而电线的减少有利于减小整体尺寸、质量，简化电子设备的设计；集中式布置通信线路长，因而更容易受电磁干扰。分布式布置可以将控制器安装在靠近执行机构的地方，利用二进制通信方式与主控制器通信，既减少了电线的使用又降低了受外界信号干扰的可能性。采用分布式布置的一个缺点是电子设备安装在靠近执行机构的位置，因而一般工作环境恶劣，这对电子设备的工作稳定性提出了极大的挑战。

因此，研发团队需要解决的另外一个问题是了解分布式电机控制器（Distributed Motor Controller，DMC）的低温特性。好奇号选用的 DMC 由 JPL 研发，它被看作是火星关键技术的一部分。根据设计，JPL 研发的 DMC 安装在驱动机构上或者与驱动机构毗邻的位置，它们将被折叠起来，放置在一个立方体盒中。图 7 - 65 是不同电子元件低温试验的结果。

电子元器件	AFLK 0.6u 350Kgates CMOS ASIC	X	X	X	X	X	X	X	X	X	X	X
	CMOS CRYST AL OSCILLATOR	X	X	X	X	X	X	X	X	X	X	X
	HNV MONOL YTHIC CMOS 12bit ADC	X	X	X	X	X	X	X	X	X	X	X
	AFLX MDNOL YTHIC CMOS 16bit RDC	X	X	X	X	X	X	X	N/A	N/A	N/A	N/A
	AFLX MONOLYTHIC CMOS OIFFERENTIAL HMITTER	X	X	X	X	X	X	X	N/A	N/A	N/A	N/A
	H-BRD-GE MONOLYTHIC HIGH/LOY SIDE GATE DRIYERS	X	X	X	X	X	O	O	O	N/A	N/A	N/A
	IR POVER MOSFETS	X	X	X	X	X	X	X	X	N/A	N/A	N/A
	IR SMALL SIGNAL MOSFETS	X	X	X	X	X	X	X	X	X	N/A	N/A
	YISCHAY MATCHED PAIR HICH OAIN NCH JFET	X	X	X	X	X	X	X	X	X	N/A	N/A
	MATCHED PAIR HIGH GANBYPOLAR PCH TRANSISTORS	X	X	X	X	X	X	X	X	X	N/A	N/A
	VISCHAY JFET 1ma CURRENT SOURCE	X	X	X	X	X	X	X	X	X	N/A	N/A
	THIN FILM RESISTOR"s	X	X	X	X	X	X	X	X	X	X	X
	CERAMIC NPO AND X7R DELECTRIC CAP ACITORS	X	X	X	X	X	X	X	X	X	X	X
	IR 5V POYER CONVERTER	X	X	O	O	N/A	N/A	N/A	N/A	N/A		N/A
	5V BAND GAP DIODE	X	X	X	X	X	X	X	X	O	O	O
电机	AFLX 4POLE 3PHASE ELECTROM AGMETIC MOTOR	X	X	X	X	X	N/A	N/A	N/A	X	O	O
	ARMA TURE SUPPORT BALL BEARINGS	X	X	X	X	X	N/A	N/A	N/A	X	O	O
传感器	FESOLVER	X	X	X	X	X	N/A	N/A	N/A	X	X	N/A
	AFLX HALL SENSOR	X	O	O	O	N/A	N/A	N/A	N/A	N/A	N/A	N/A

彩色标记

X	通过全功能测试
X	通过部分功能测试
O	测试失改
N/A	无法获得测试数据

AFLX　AEROFLEX
HNV　HONEYWELL
IR　international rectifier

图 7-65　JPL 样机控制器元件耐极限低温试验（见彩插）

第8章 自主导航分系统

好奇号巡视器的导航包括自主导航和遥操作两种模式，由于火星与地球之间通信时延和带宽的限制，以自主导航模式为主，遥操作模式为辅。在巡视探测器自主操作和地面操纵人员协同控制下，巡视器能够在非常复杂的地面环境中实现远距离行驶，安全到达指定位置，完成科学考察任务。

8.1 功能与组成

自主导航分系统由视觉导航子系统、组合导航子系统与路径规划子系统组成，如图 8-1 所示。视觉导航子系统负责完成环境图像获取、立体匹配、三维地形重建等功能，它主要包括导航相机（NavCam）、避障相机（HazCam）及相应的图像处理单元。组合导航子系统负责完成巡视器的定位定向与姿态获取功能，它主要包括 IMU 和太阳敏感器等；路径规划子系统在综合上述两个子系统信息后进行处理，完成路径规划。

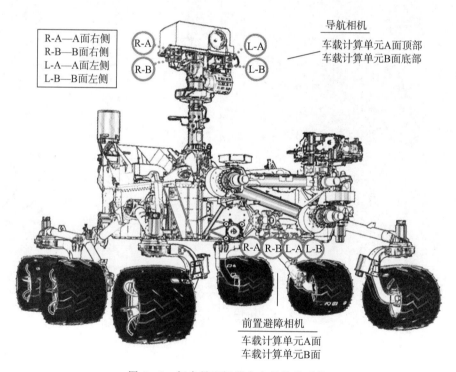

图 8-1 好奇号巡视器自主导航分系统

8.1.1　视觉导航子系统

视觉导航子系统主要包括 4 台（2 对）导航相机、8 台（4 对）避障相机以及相应的图像处理单元。通常情况下只有 1 对导航相机与 2 对避障相机工作，其余相机与有关电脑备用，只在主相机或主电脑出现故障时才使用。

8.1.1.1　导航相机

2 对导航相机都安装在与巡视器连在一起的桅杆上，主导航相机安装在桅杆顶部，高出地面 1.99 m，备份导航相机在主导航相机下面 5 cm 处。两对导航相机的基线均为 42.4 cm，桅杆可以将相机旋转 360°，上下俯仰 90°，导航相机主要用于导航，此外还用于地点选择，可以提供 360°全景拼接影像，能够获取避障相机所不能观察地区的影像。好奇号在桅杆上装有两对导航用的黑白 3D 相机，主要用于辅助地面控制人员规划好奇号的行动路线。导航相机成像系统的关键要求是：

1）为路线规划和 MastCam，ChemCam 取点提供地形环境信息；

2）提供小于 1 像素角分辨率的 360°全方位视域范围；

3）提供大于 100 m 的立体测距数据；

4）使用一个宽带可见光滤光器。

MSL 和 MER 导航相机的最大区别在于，MSL 导航相机有更强大的加热器，能够在冷环境中工作。导航相机安装在相机安装板上，离左/右立体基线约 42 cm。好奇号巡视器上有两对导航相机（总共 4 个导航相机）。一对位于车载计算单元（Rover Compute Element，RCE）电子设备的 A 面，另一对位于其 B 面。一次只有一个 RCE 有效，另一个 RCE 处于故障重复性状态。导航相机的安装位置如图 8-2 所示。

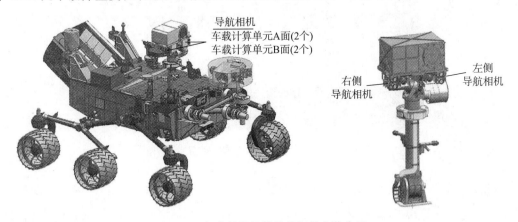

图 8-2　好奇号巡视器导航相机安装位置

装有 MastCam 和 ChemCam 的相机板，位于 0.85 m 高的遥感桅杆（Remote Sensing Mast，RSM），可将相机指向各方位角和仰角。RSM 位于巡视器舱板上，比标称表面高 1.1 m。合成配置将导航相机置于高于表面 1.9 m 的位置（比 MER 的导航相机高 0.4 m）。

导航相机由两个机械组件组成：一个探测头和一个电子设备箱，如图 8-3 所示。探测头包括一个光学透镜组件和一个电荷耦合 CCD 探测器。电子设备箱包含 CCD 驱动电子设备，12 位模拟数字转换器（Analog to Digital Converter，ADC）和相机接口电子设备。相机电子设备箱包括一个加热器电阻回路，可在最低操作温度（−55 ℃）以上加热电子设备。因为探测头与电子设备箱热力相隔离，相机电子设备可在探测头未明显变热的情况下被加热，有助于保持热诱导 CCD 暗电流降到最低。每一个导航相机大约重 220 g，消耗约 2.2 W 能量。

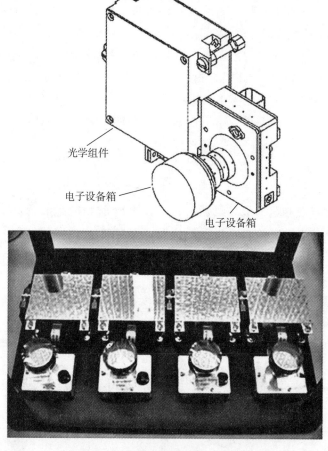

图 8-3　好奇号巡视器导航相机示意图

　　MSL 导航相机与 MER 导航相机的操作方式类似，为巡视器导航、机械臂行动计划、遥感科学设备定位和表面获取图像。除继承了 MER 导航相机以上特性外，MSL 导航相机还在样本获取系统及样本处理分析系统选择、传送及编档过程起到重要作用。

8.1.1.2　避障相机

　　两对避障相机安装在车体前面的面板上，高出地面 68 cm，每对避障相机基线长 16 cm；另外两对避障相机安装在后面的面板上，高出地面 78 cm，每对避障相机基线长 10 cm。好奇号上有 8 个避障相机，如图 8-4 所示。对其成像系统的要求主要有：

1) 在巡视器穿越时为障碍侦测提供图像数据；

2) 直接为巡视器提供其前后的地形信息（尤其是 MastCam 不可视的区域）；

3) 支持机械臂的操作，如将样本送至 SAM；

4) 实现巡视器对其机械臂目标的精定位；

5) 宽视场：120°，2 mrad/pixel 角分辨率；

6) 精确至±5 mm 的立体测距；

7) 宽频，可见光滤光片。

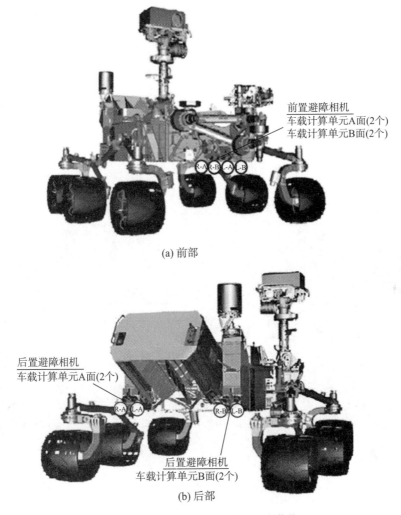

(a) 前部

(b) 后部

图 8 - 4　好奇号巡视器避障相机安装位置

好奇号上有两对前置避障相机，如图 8 - 5 所示，其中一立体对连接至 RCE - A 电子设备，而另一对则连接至 RCE - B 电子设备。与导航相机类似，一次只有一个 RCE 是活动的，而另一个则是为了预防故障重复性。后置避障相机安装于巡视器底盘后部，有 10 cm 的立体基线［见图 8 - 4（b）］。

图 8-5　好奇号巡视器的两对前置避障相机

避障相机由两部分组成：一个侦测头与一个电子盒，如图 8-6 所示。侦测头包含一个光学镜头组件以及一个电荷耦合器件侦测器。电子盒包含一个 CCD 驱动电子设备，一个 12 bit 的模拟数字转换器以及相机/巡视器接口电子设备。相机电子盒包含一个加热电路，能在必要时为电子设备供热，以维持最低 −55 ℃ 的操作温度。每一避障相机质量约为 245 g，消耗大约 2.2 W 的能量。MSL 的避障相机与 MER 的如出一辙，它们的主要不同之处是 MSL 避障相机具有更强大的供热能力。

图 8-6　好奇号巡视器避障相机

8.1.2　组合导航子系统

好奇号所用的惯性导航设备 Litton LN-200S 是一个小型化、高可靠性的惯性测量单元（IMU），其在一个紧凑的盒体内，包含 3 个光纤陀螺和 3 个微机电系统（MEMS）加速度计。IMU 姿态航向软件以 8Hz 的频率计算和更新其姿态和位置，其中姿态更新由三轴加速度计和三轴陀螺仪测量获得，位置则通过 IMU 结合里程计数器采用"航迹推算法"

获得。惯性测量单元使巡视器能够做精确的水平、垂直和偏航运动。此外，它还能检测巡视器的倾斜和俯仰角度，从而允许巡视器控制器或地面操纵人员根据车身状况做相应控制。惯性测量单元的这些功能对于保证巡视器在行走过程中的安全与稳定是至关重要的。

8.1.3　路径规划子系统

路径规划子系统能够整合视觉导航子系统和组合导航子系统的信息，对巡视器的姿态和行走路径做出相应控制，保证巡视器在火星地面上的安全行驶。该系统能够综合利用视觉导航子系统所获得的 DEM 图、障碍物信息以及视觉里程信息，进行不同状况下的最优路径规划。

8.2　主要技术指标

8.2.1　导航相机

MSL 导航相机使用的是 MER 飞行备用探测器（Flight Spare Detector），该探测器是 1024×2048 像素的 CCD 设备——$12~\mu m \times 12~\mu m$ 像素，100% 光学填充因子（见表 8-1）。电荷耦合器件（CCD）以帧传输模式运行，探测器分为两个区域：一个是 $1~024 \times 1~024$ 像素光感成像区，用于记录图像；另一个是 1024×1024 屏蔽存储区域，该区域在探测器读数时将记录的图像转化并贮存。信息从成像区到贮存区转移需要 5.1 ms，而从贮存区读取数据需要 5.4 s。除了成像像素，CCD 还包括非图像像素，用于检测 CCD 电子设备偏移、探测器噪声和读数噪声。考虑到火星操作环境相对低的读数噪声和暗流率，探测器系统的信噪比是泊松极限。

表 8-1　导航相机探测器的属性

CCD 完整输出	170 000 电子
CCD 读出噪声（−55 ℃）	25 电子
CCD 晶粒（−55 ℃）	50 电子
ADC 数字化	12 B
帧传输时间	5.1 ms
CCD 读出时间（完整图像）	5.4 s
CCD 读出时间（4 合 1 模式）	1.4 s
像素大小	$12~\mu m \times 12~\mu m$
填充因子	100%
信噪比	＞200∶1
曝光时间	0～335.5 s

图 8-7 是导航相机光谱响应度的波长函数。火星表面（tau=0.5）的正午，标称导航相机曝光时间约为 0.25 s，曝光时间为帧转移时间 5.1 ms 的 50 倍，图像信号比帧转移期间信号的垂直拖光效应大。

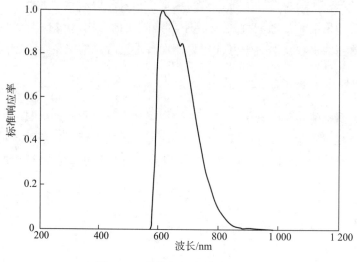

图 8-7 导航相机光谱响应特性

导航相机光学部件属性见表 8-2。导航相机焦比为 $f/12$，焦距为 14.67 mm。每一个导航相机有 $45°\times45°$ 的视场，与 35 mm 相机的 40 mm 镜头相等，中心视域的角坐标分辨率为 0.82 mrad/pixel，导航相机的景深是从 0.5 m 到无限大，最佳为 1.0 m。导航相机使用光学滤波器来产生一个 650 nm 为中心的红光带通滤波器。

表 8-2 导航相机光学部件属性

中心视线的角坐标分辨率	0.82 mrad/pixel（发散角/像素）
焦距	14.67 mm
光圈系数	12
入瞳直径	1.25 mm
视场	$45°\times45°$
对角线视角	$67°$
景深	>0.5 m
最佳聚焦	1.0 m
光谱范围	600~800 nm

8.2.2 避障相机

与 MSL 导航相机一样，MSL 避障相机使用的也是 MER 的飞行备用侦测设备。侦测设备是 $1\,024\times2\,048$ 像素的 CCD 设备，CCD 具有 12 μm $\times$ 12 μm 的像素以及百分之百的光学填充因数。

避障相机的视场角为 $124°\times124°$，波长为 600~800 nm，视场深度为 0.1 m 至无穷远，焦距长为 5.58 mm，最佳聚焦点为 0.5 m，避障相机提供的影像范围最好为近视场（小于 5 m），这些相机将通过立体影像测距提供车载避障探测。

8.3　关键技术解析

火星与地球之间的通信存在较大的时间延迟以及非常严格的带宽限制。火地之间 0.6 个天文单位以上的距离要求好奇号的工作是以自主导航与控制为主，以遥操作为辅。要完成自主导航与控制工作，好奇号必须具有清晰感知所处环境、发现障碍与危险、了解自身位置与姿态、综合分析规划路径等功能，这些功能分别通过 DEM 图构建与障碍物检测技术、火星表面三维场景拼接与重建技术、立体视觉匹配技术、巡视器定位定姿技术、视觉测程技术、在轨自标定技术、路径规划技术来实现。本节将对巡视器定位定姿、视觉测程、路径规划三个关键技术进行介绍。

8.3.1　巡视器定位定姿技术

高精度的巡视器定位对安全行驶及科学目标和工程目标的实现发挥了关键性的作用。巡视器的定位运用了无线电测控定位、航迹推算、太阳图像确定方位角、视觉测程、光束法平差定位、地面影像与高分辨率卫星影像对比等多种方法，每种方法都有其自身的优点和局限，多种方法的优化组合保证了定位信息的及时性、精确性。

8.3.1.1　无线电测控定位

同勇气号和机遇号一样，好奇号巡视器同样也采用无线电系统同地球跟踪站直接通信或与火星轨道器通信，好奇号巡视器可以通过其自身的两个无线电系统来进行定位，一个用来同地球跟踪站进行通信交流，另一个用来同火星中继轨道器进行通信交流，这两个无线电系统均可以对无线电信号进行准确的多普勒转换，通过这些信号，可以推测出巡视器的具体位置。直接与地球通信的无线电系统可以准确测量出地球跟踪站与巡视器之间的距离。巡视器通过 X 波段无线电系统以 7.2 GHz 的频率接收来自地球跟踪站的信号，并以 8.4 GHz 的频率向地传输数据。地球跟踪站对来自巡视器的信号进行测量来估算巡视器与地球之间的相对速度。根据无线电信号的多普勒频移来确定巡视器在火星惯性参考系统中的位置。通过多次重复测控定位，巡视器在惯性参考系统中的定位精度可达 1~10 m。无线电测控确定的巡视器位置可以转换到星座参考系统中，转换精度约为 250 m。

8.3.1.2　航迹推算

航迹推算法基于里程计和 IMU 计算巡视器的位置和姿态，不依赖于外界环境信息，是一种车上实时自主定位方法。好奇号巡视器采用惯性测量单元，由表面姿态位置及指向软件以 8 Hz 的频率计算与更新其姿态和位置，其中姿态更新由三轴加速度计和三轴陀螺仪量测，位置由 IMU 和里程计转数共同计算。表面姿态位置及指向软件获取巡视器位置的设计精度为行驶距离的 10%，即在 100 m 的行驶距离累积定位误差不超过 10 m。

航迹推算法的优点是功耗小、自主性强、计算简单、相对廉价，缺点是 IMU 随时间漂移及车轮打滑，在长距离导航定位中会产生较大误差。根据其固有的优缺点，航迹推算法作为基本的车上实时定位方法仍然会被广泛应用，当有条件应用其他精度较高的方法时再对其定位误差进行定期或不定期改正。

8.3.1.3　太阳图像确定方位角

好奇号巡视器还用其全景相机作为太阳敏感器获取太阳图像，确定图像中太阳质心位置，计算相对于巡视器参考系统的太阳方位角和高度角，然后利用太阳星历表和太阳时计算太阳方位角和高度角，通过两组姿态的关系计算巡视器相对于正北方向的绝对方位角，改正 IMU 随时间漂移带来的方位角累积误差。根据在地球上的测试，用太阳图像确定方位角的精度约为 3°。这一方法无法单独用于探测车定位，未来的月球车和巡视器探测任务中应与航迹推算法结合使用，用于不定期地改进方位角测定精度。

8.3.1.4　视觉测程

连续拍摄的导航相机立体像对在二维影像平面和三维地面空间追踪特征点并估计相对的位置和姿态，基于此，视觉测程法（Visual Odometry，VO）实现车上实时定位，改正由航迹推算法在车轮打滑时带来的较大定位误差。JPL 开发的 VO 算法，其基本过程是：

1）在第一个立体像对上用 FÊrstner 算子提取特征点；

2）用相关系数法在第一个立体像对上进行特征点匹配，并用双二次方内插方法将匹配位置定位到子像素，计算匹配成功的特征点的三维坐标；

3）根据航迹推算法获得第二个立体像对的位置和姿态，将这些三维点投影到第二个立体像对中，用相关系数法匹配实现特征点的追踪并计算新的三维坐标；

4）用 RANSAC 算法计算两组三维点六自由度刚性变换过程中剔除匹配和追踪的粗差，最后用最大似然估计计算第二个立体像对相对于第一个立体像对的位置和姿态变化，进而获得巡视器在前后两个位置间的位置和姿态变化；

5）对新获取的立体像对重复以上过程，更新巡视器位置和姿态，若提取和追踪的特征点数量不足或最终的位置和姿态估计不收敛，则不更新而沿用航迹推算法得到的位置和姿态。

为了保证前后立体像对之间有较大的重叠和较小的目标形状变化，相邻像对之间拍摄间距不超过 75 cm，摄影方位角的变化不超过 18b 。由于巡视器上计算机运行速度的限制，获取和处理一个立体像对并更新位置和姿态需要近 3 min 的时间，速度太慢，因而 VO 无法用于好奇号的全行程，而是用于部分短距离关键路径上的局部定位（一般小于 15 m），如预计车轮打滑时，还有接近指定的科学目标时。

8.3.1.5　光束法平差定位

美国俄亥俄州立大学制图与地理信息系统实验室开发的基于光束法平差（Bundle Adjustment，BA）的定位方法是将导航相机和全景相机在不同摄站拍摄的图像连接起来构成图像网，通过对图像网的摄影测量光束法平差，提高图像位置和方位参数以及地面点位置的精度和一致性，从而实现巡视器的长距离高精度定位。在加利福尼亚银湖沙漠同 JPL 做的联合户外测试表明，利用降落图像和地面巡视器图像联合光束法平差定位精度达 0.1%，仅用巡视器图像的光束法平差定位精度为 0.2%。光束法平差定位方法的优点是不需要短距离连续拍照，可以在巡视器整个路径上进行全局定位，定位精度较高，缺点是尚未达到全自动化，目前需要在地球上计算。如果需要确定巡视器的其他部分（如巡视器桅杆、机械臂、车轮）的位置，在巡视器标定数据（相机基线、桅杆高度等）的辅助下可以确定巡视器的精确位置。光束法平差定位能大大提高巡视器的定位能力。

8.3.1.6　地面影像与高分辨率卫星影像对比

尽管视觉测程法和光束法平差方法的定位精度远高于航迹推算法，它们在长距离的定位中仍然不可避免地有误差累积。虽然光束法平差的定位精度为 0.2%，10 km 的行驶路线也会产生 20 m 的累积误差。可以应用高分辨率的卫星图像消除仅利用地面传感器和图像进行巡视器定位的误差累积。现在，火星卫星图像的分辨率越来越高，如 HiRISE 图像分辨率为 30 cm。可以用巡视器图像产生的正射影像同高分辨率图像叠加对比；在多个 HiRISE 图像中观测到了巡视器，可以直接定位消除累积误差；对于好奇号着陆区多石块的特点，可以通过将分别从巡视器图像和 HiRISE 图像中提取的石块进行匹配来实现巡视器在卫星图像上的定位。

好奇号巡视器多种定位方法的比较见表 8-3。

表 8-3　好奇号巡视器多种定位方法的比较

	全局或着陆区局部定位	定位计算平台	应用范围	定位精度
无线电测控	全局	地球上	着陆点和火星停留时间较长的位置	惯性参考系统 1~10 m，转换到星固参考系统中的转换精度 ±250 m
航迹推算	局部	巡视器上	路径全程	10%
太阳图像确定方位角	局部绝对方位角	巡视器上	部分位置	3°
视觉测程	局部	巡视器上	部分短路径	3%
光束法平差	局部	地球上	路径全程	0.2%
地面影像与高分辨率卫星影像对比	全局	地球上	部分有明显特征的位置	恒星图像一个像素（如 HiRISE 30 cm）

8.3.2　视觉测程技术

视觉测程使用图像来判断机动车的动作。与传统的车轮测量法不同，使用视觉测程法得到的运动判断不会因为车体的滑动而降级。因而可以用来在崎岖与低牵引地域进行可靠的运动判断。但是，视觉测程法的成像条件（如地貌、车体运动、照相机参数）对计算成本与灵敏度有较高要求，这些都必须在视觉测程运用到实时测量之前得到解决。

在 MER 上视觉测程算法在立体像对之间使用图像特征跟踪来估算图像之间的平移与旋转。在 MER-VO 的基础上升级得到的 MSL-VO 可以跟踪大量的特征并给出一个综合的运动估计，特征跟踪算法非常高效且不要依靠初始运动估计。由于在运行时间上有了巨大的改善，视觉测程使得跟踪大量特征成为可能，对于视觉跟踪与自动导航而言，是非常有好处的。

MSL - VO 与 MER - VO 在相同的阶段开始工作，但是会对它们进行优化，使它们进行更高效的计算，可以跟踪更多的特征且不需要进行初始运动估计。如图 8 - 8 所示，MSL - VO 经过所有的视觉测程过程（从特征选择到运动估计），首先使用的是金字塔顶部的图像，当 VO 的各阶段被用到金字塔下一级的图像时，所得的运动估计用来约束全部有效特征点的位置及其深度进行特征点的跟踪搜索。这一过程在到达金字塔的底部之前不断重复。

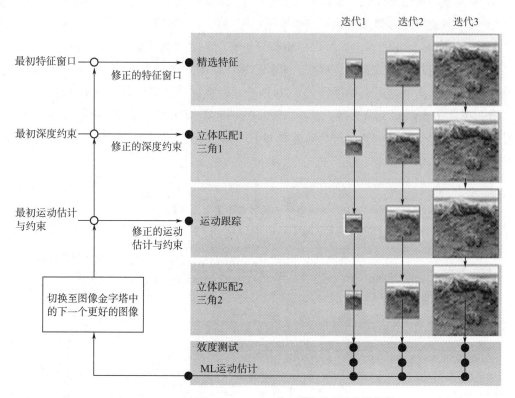

图 8 - 8　MSL 视觉测程

这种 VO 阶段的迭代运用增加了跟踪到的特征点的数量，因为一旦跨越一层金字塔，基于对运动估计的优化，关联搜索窗缩小了。当到达金字塔底部时，由于关联搜索窗非常小，由噪声或者图像的不清晰所导致的不正确的特征跟踪概率非常小。

因为关联搜索窗的大小刚好设置为可以包含当前的运动估计与它的不确定性，所以用这种方法可以减少计算量。当跨越金字塔后，使用特征深度来提炼最大与最小深度参数，这样，第一个立体匹配搜索窗会尽可能小。最后，每一个层的特征选择只在窗口内进行操作，窗口由有效的特征所确定，而这些有效的特征点由前一层获得，因此最终可以避免在运动估计中在整个图像中进行特征搜索。算法细节如下：

8.3.2.1　特征选择

在金字塔的顶层，使用用户规定的参数设置一个约束窗口，在此窗口内进行特征选择。此窗口可以用来避免巡视器车体、天空或者车体位置突出的部位出现在视场内。重复顶部 VO 之后，约束窗口就会优化，刚好围住从顶部迭代中获得的有效特征点（外加一用户规定的参数，稍微扩大窗口，从而当跨越金字塔时阻止过多的萎缩）。在下一层金字塔的左起第一幅图像中的此窗口中进行特征选择。这种算法可以预测需跟踪的好的特征点在图像中的位置，这样就没有必要浪费计算量来寻找在运动估计中无效的特征点。这种方法可以保证跟踪的最优特征点在当前层的金字塔被选择出来。图 8-9 所示为每一层金字塔特征选择与跟踪的例子。

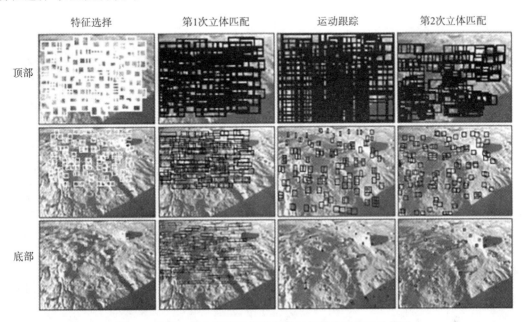

图 8-9　每一层金字塔的特征选择与关联搜索窗口的例子

8.3.2.2　第一次立体匹配

在金字塔的顶部，用户为特征的最大与最小深度规定的参数约束了顶部第二幅图像中的关联搜索窗口。顶部 VO 迭代之后，这些数据得到修正，刚好包括了来自顶部迭代的所有的特征点的深度（外加一用户规定的参数，以此来稍微地增加深度，从而当金字塔被跨越之后阻止深度约束的萎缩）。这些新的约束之后用来在下一层金字塔上设置关联搜索窗口。

8.3.2.3　运动跟踪

运动跟踪的目的是追踪从左边第一幅图像到左边第二幅图像的特征点。在左边第二幅图像中，特征点的位置依赖于特征的深度以及两幅图像之间的运动。最为典型的是运动有一个估计，但是它可能有太大的未知的不确定性。面临的挑战就是将估计与不确定性转化为对关联搜索窗口的约束条件。

用户在确定运动的不确定性时，本能地会在所有自由度（x，y，z，滚动，俯仰，偏航）里对最大与最小运动不确定性设置约束。例如，巡视器在平地上向前行进 0.5 m 时，不能存在滑行。在完全滑行与没有滑行之间约束向前运动是合理的（$0.0\,\mathrm{m} < x < 0.5\,\mathrm{m}$）。水平方向的运动可能较小（$-0.2\,\mathrm{m} < y < 0.2\,\mathrm{m}$），垂直方向的运动更小（$-0.1\,\mathrm{m} < z < 0.1\,\mathrm{m}$）。滚动、俯仰与偏航都小（$-5° <$ 滚动角 $< 5°$，$-5° <$ 俯仰角 $<$

5°，－5°＜偏航角＜5°），这些限制可能被转换成 1 个运动估计与 12 个运动约束。

最初，在金字塔的顶部，对跟踪而言，用户会基于巡视器特点与行进命令规定运动约束。可以利用运动估计、运动约束与可知的特征深度来设置搜索窗口，这样所有的在运动不确定性约束之内的改变就会将特征投影到搜索窗口。计算所有的变化与相应的投影是不可行的，但是可以采取保守的方法。如图 8－10 所示，搜索窗口约束首先对平移的不确定性进行计算，然后将这些搜索窗口约束条件增加到旋转不确定性的搜索约束上。

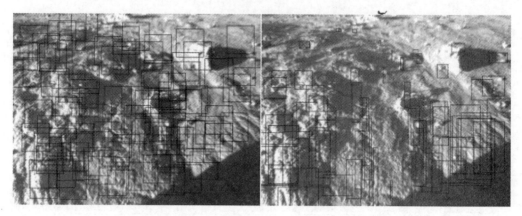

(a) MER－VO　　　　　　　　　　　(b) MSL－VO

图 8－10　运动跟踪关联搜索窗口的比较

图 8－10 将 MER 的搜索窗口与 MSL 的搜索窗口进行了比较。从图上可以看出，MER 的搜索窗口大小都是一样的，而 MSL 的搜索窗口的特点是越远的越小，因为只有旋转的不确定性对这些窗口有影响。进一步讲，在中心突出的特征与在图像边缘上的搜索窗口相比，有更窄的搜索窗，因为中心突出特征大部分向下移动，而边上的特征则会向下并向外移动。

8.3.2.4　第二次立体匹配

与运动跟踪阶段一样，第一帧特征点的深度是已知的，而运动未知但受约束。根据运动跟踪概念，运动估计与约束被用来对每一特征的最大与最小深度进行约束，其方法如下：建立一个带有运动追踪像素射线的 3D 点，然后将运动约束加到此点上，以此来产生 6 个 3D 点；旋转运动约束并没有使用，因为特征深度并不依赖旋转运动。如图 8－11 所示，这 6 个点被投影到像素射线，从而获得特征的最大与最小深度。

这些深度约束之后以标准方式来限制立体匹配关联搜索窗口。对每一特征都可以重复这一过程。

8.3.2.5　运动估计

MSL－VO 使用与 MER－VO 同样的坚硬度测试，在 MER－VO 中使用最小平方中值运动估计与最大可能性运动估计。区别在于它们在每一个金字塔上的对应关系。在 MSL－VO 算法中，为了改善数值条件，在计算运动估计与最大可能性运动估计错误项之前，从两项的立体对的点中减去 3D 点的平均值；运动估计与最大可能性运动估计完成后，把平

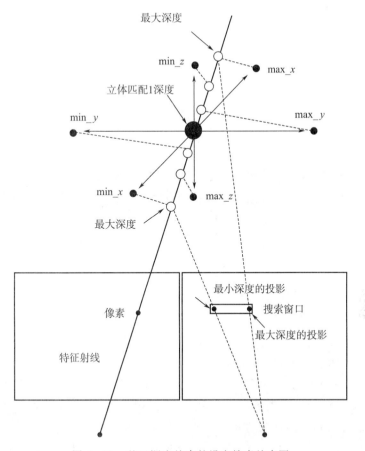

图 8 - 11　基于深度约束的设定搜索约束图

均值加进去，从而改善运动估计。

　　图 8 - 12 表明，运动协方差椭圆球的交叉部分及其到运动轴的投影没有完全包含运动协方差，但是使用的近似值可以非常快地计算出来，并且测量因子 S 的小数值的增加会确保运动协方差被完全包含进来。

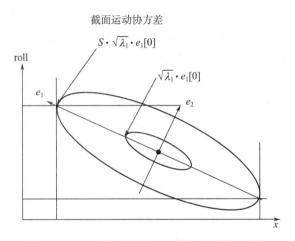

图 8 - 12　运动协方差交叉区域与不确定性约束

8.3.2.6　效度测试

在 MSL - VO 中，在所有视觉测程法迭代结束时所追踪到的特征数，对运动估计而言是一个非常强的度量标准。利用特征共线或密集的配置检查运动估计中不稳定的地方，计算出有效特征的分散矩阵，然后计算特征矢量分解执行的条件数。只要两个中的任意一个条件数比所要求的最低数低，那么这一运动估计就被认为是无效的。

8.3.3　路径规划技术

路径规划技术即综合利用视觉导航系统获得的 DEM 图、障碍物信息以及视觉测程信息，进行不同状况下的最优路径规划。巡视器有对其本身局部位置以及方向的估计，以 8 Hz 频率进行更新。位置通过车轮测程获取，而方位由 IMU 获取。

8.3.3.1　自主导航软件 GESTALT

自主导航软件 GESTALT 是一个通用库，已经成功运用在几个 JPL 巡视器上了。它并不基于任何相机或者电机的特定硬件或软件界面。更确切地说，有了立体像图，它会更新关于立体像对中关于附近障碍的内部地图。不同的是好奇号巡视器由笛卡儿坐标进行目标定位，至于障碍图，则反馈一个建议行驶指令以便顺利达到目标地。GESTALT 软件是导航模块中的一部分，它为移动管理器软件提供基础性服务。

巡视器自主行驶状况下的路径选取对其行驶方向拥有自主控制权。在多条路径可供选取的情况下，当前的 x，y 目标点（巡视器为 z ）投影从世界坐标系转为巡视器坐标系，巡视器会选取能最有效到达目标点的那条路径。根据高斯分布，能够直接导向目标地的路径为最优估计，其他路径的受欢迎度要小一些。每一次分布的变化是可配置的，通常圆弧的曲率长度为 3.2，转弯点为 9°。

此外，巡视器有两种非常规方法：倒退模式与极限环转弯模式。落在最紧密的回转圆之内的目标不能通过圆弧方式获取，所以在那种情况下，背离目标点的圆弧被选取为首选圆弧路径。此模式下的倒退方式，巡视器进行一个 "K" 转弯，在远离目标位置的最紧密的圆弧内行驶。

有时候巡视器会在行走了多步以后却不能够再向前走了，此时第二种非常规行为会进行侦测。在视觉测程侦测到地面很滑以至于步履维艰之时，或者在通往目标的路途中横亘着巨大障碍物而巡视器却不能够成功绕道之时，此时就会发生第二种非常规行为。在任一情况下，极限环检测会对情况进行侦测，或终止命令或迫使巡视器稍稍拐入另一处以调整车头方向，这时巡视器或许能够找到障碍物周边一条更好的路径。

巡视器运动控制主要有三种模式：低级模式、直接模式和自主模式。在低级模式里，地面操作人员通过指令直接控制巡视器每个轮子的转动及轮子方向电机的位置。这种模式能使巡视器以特殊的机动方式运行，以应付一些突发情况。在直接模式中，则由地面操作人员给定火星具体的运行轨迹。巡视器根据环境判断该路径的安全性。在路径安全的情况下执行给定的运行轨迹。在自主模式里，则由地面操作人员给定巡视器目标点位置的笛卡儿坐标，巡视器的导航系统根据状态信息自主决定运行轨迹，将控制指令发送至驱动控制系统，使巡视器不断趋向目标。

　　在巡视器的整个自主导航和运动规划系统中，GESTALT 系统处于核心地位。在巡视器直接控制模式中，该系统判断制定轨迹的安全性。GESTALT 的具体运行方式如下：由导航系统给定目标点的位置信息后，GESTALT 进入导航循环。在每个导航循环的开始阶段，GESTALT 系统先通过传感器获取巡视器周围最新的环境数据，这些数据主要是由立体相机获得的环境深度信息。这些数据被转换为以车体的中心为原点的三维坐标，生成DEM 图。

　　GESTALT 系统使用一张局部地图来储存环境的通行性信息。局部地图采取正则网格式的结构，以车体中心为原点，整个地图的大小和网格单元的尺寸是 GESTALT 的可调参数。网格单元尺寸由巡视器车轮的直径决定，一般为 20 cm×20 cm。整个地图的大小由传感器的测量范围决定，一般为 10 cm×10 cm。数字高程图中的数据被划分到各自对应的单元格中，由于传感器的分辨率一般大于网格的分辨率，且采集数据分布不均，每个网格单元中所落入的高程图数据坐标点的数量不同，没有落入数据点的网格单元被标记为未知单元。值得注意的是，生成局部地图还存在一个新旧数据融合的过程，因为局部地图中保留着上一个导航循环采集的数据，GESTALT 采用的方式是使用新的数据覆盖旧的数据。然后 GESTALT 将开始对局部地图中的每一个已知的网格单元进行通行性分析并为每个网格确定一个通行性指标。如图 8-13 所示，在 GESATALT 系统中通行性分析主要考虑三种威胁，分别为突起、侧翻和起伏。

　　　　（a）突起　　　　　　　　　　（b）侧翻　　　　　　　　　　（c）起伏

图 8-13　巡视器通行性分析的三因素

　　在 GESTALT 系统中，每一个网格的通行性由该网格为中心的扩展区域所决定，扩展区域的面积由车体几何尺寸决定，可以认为每个网格的通行性指标衡量的是车体中心位于该网格单元时巡视器的安全程度。通过这样的处理，GESTALT 系统在接下来对规划路径进行通行性分析中便可以把整个巡视器简化为一个网格单元进行处理。确定了网格的扩展区域之后，只要该区域内具有足够多的数据点，GESTALT 便使用最小二乘法计算出该区域内的最佳拟合平面，并使用该平面计算该网格单元的通行性。图 8-14 所示为对局部地图网格进行通行性分析后得出的结果，网格的颜色由红至绿，表示单元格的通行性指标由低至高。

　　计算出局部地图中每个网格的通行性后，根据 Morpin 算法，GESTALT 会在地图上产生一系列虚拟的运行轨迹（见图 8-14）。每一条轨迹对应一组具体的车体可行的控制指令，包括车轮的旋转控制和舵角方向。轨迹的数量默认是 23 条，最大长度为 20m，这些都是 GESTALT 的可调参数。

图 8-14　在局部地图中生成虚拟轨迹

巡视器在按照规划轨迹行驶的过程中，不使用相机采集的数据来检查自身的安全，而是通过较低级别的传感器来检测巡视器的状态。同时，GESTALT 系统也不要求驱动控制系统完全严格根据规划的轨迹执行，它会努力在导航循环中消除驱动控制系统造成的控制偏差。受巡视器车载计算能力的限制，GESTALT 的每个导航周期一般在 70 s 左右。巡视器的最大行驶速度为 5.0 cm/s，考虑电力因素，实际的行驶速度一般小于 3.75 cm/s，考虑到每个导航周期的计算时间，巡视器的净速度在 0.6 cm/s 左右。为提高巡视器的巡航速度，巡视器还采用遥操作控制方式，即直接由地面站的操作人员根据图像上的信息，确定一条安全且最长的运动轨迹。但在整个巡视器运行过程中，自主导航的方式仍占据着主导地位。

8.3.3.2　路径规划的挑战性因素

（1）资源限制

MER 与 MSL 等火星任务受到计算能力以及动力资源方面的限制。MSL 的预估平均发电量为 100 W。倘若将驱动电机与电子设备的能源消耗考虑进来，自主导航系统并不能够维持所有的传感器开启或长时间维持较高的 CPU 使用率。

（2）硬件性能降低

一旦飞离地球，想要修复硬件是不可能的。长时间任务期间，硬件失效会限制机器的能力。在这种情况之下，即便是有硬件组件失效，机器的自主导航能力应能继续发挥作用。

1) 对受损硬件的预测模型补偿。一旦移动系统性能降低，标准方法是反应性地补偿路径跟踪误差。勇气号在处理由于车轮损坏所造成的与理想轨道偏离的状况时，生成一个与由视觉测程测算而来的偏航距成比例的校正系数。在硬件性能降级更为严重的情况下，移动若大大偏离正轨，无效率的导航行为会危及整个平台。

2) 预测性移动规划与控制方法，可用来减少路径跟踪误差。更智能化的控制器可以通过向右行驶补偿坏轮子的拖曳，这种预测性移动规划与控制方法将更有效。模拟预测控制与航迹生成技术可用来补偿干扰，这种补偿是预测性的而非反应性的。这一方法已在Rocky8 样车试验中得到验证。

8.4　未来行星车自主导航技术的发展

用来探索火星表面的巡视器需要具备很高的自主性，如此方能导航至难度大的未知地带，并在此进行研究，观测科学事件。未来巡视器探索任务成功与否与巡视器的自主能力密切相关。MSL 的自主能力使其能够探索在这之前难以想象的火星表面。然而，未来的火星任务还需要具备更多的自主性以便实现更大的进步。

8.4.1　地形预测

在高低不平、打滑地形的导航涉及巡视器与地面之间复杂的相互作用，而且难以检测、建模，因此很难决定如何导航。例如，在沙地斜坡上，巡视器的行驶方式和沙子的类型影响了巡视器滑动距离和方向，因为在疏松地会下沉、滑动，所以很难预测它的实际运动。使巡视器具有自动获悉行驶区域地形特征的能力能够有效解决该问题，然后根据这些信息预测新地形，并做出反应。如图 8-15（a）所示，巡视器可以通过感知滑行的距离和方向，并与地形外貌几何结合，获悉地形特征。这种"自我指导"的方式使巡视器能够预测其在能看到却还没有穿越的新地带中将遇到的滑动情形。结合地形信息和精确的巡视器模型，动力学驱动模块能预测巡视器如何对地形做出反应，并选择最佳的行进路径，如图 8-15（b）所示。巡视器获悉外界情况的能力也能使其对先前不能预测的地形或障碍物做出反应。例如，可能使其下沉的那些虽然具有硬表土却证明是柔软土地的地带。

8.4.2　航行速度

为了提高火星采样返回（MSR）过程的整体行驶速度，巡视器必须能够回到着陆舱把样本传送给上升器。巡视器需要进行路径识别和定点导航，以便于能够返回至出发点。要做到这点，巡视器必须能检测或熟悉路线。实现方式是直接从图像中发现路线或记住环境特征图，然后在返回时匹配这些特征。

图 8-15　地形预测

8.4.3　自主能力

学习能力可以用于提高巡视器的自主能力。在探索某个区域，例如采集图像或做科学测量时，巡视器可以学会该测量什么。知道预期标称测量后，就能自主检测有趣的或非标称测量。不像专门的乌云、尘埃探测程序，这种能力可使它用不同仪器自主探测新奇的科学事件。

8.4.4　岩心取样

火星采样返回任务的目标之一是从火山口壁的不同地方采集岩心样本。这就要求类似 MER 大小的轻质巡视器对可能是多沙地带的裸露岩石钻进几厘米。为了防止岩心取样工具弯曲断裂（意味着任务的结束），当工具被嵌在坚硬岩石中时，火星采样返回巡视器必须能消除不可避免的位移和滑动。自主是解决问题的唯一办法。巡视器必须感知滑动，利用相机发现可视化的运动，或利用取样工具中的力传感器感知巡视器的滑移与沉陷。利用传感器的输入信息，巡视器就可以通过机械臂和巡视器的运动调整工具，以抵消滑动，如图 8-16 所示。

未来巡视器的这些功能需要更多的可计算资源。尽管抗辐射的 CPU 的速度与记忆能力提升能够预见，然而在提高巡视器自主能力的道路上还有诸多的限制性因素。传感器获取能力、读取速度、转移预测、缓存管理策略等都还存在不足。

图 8-16　巡视器在 JPL MARS YARD 钻取岩心，利用视觉和力反馈能够对巡视器滑移与沉陷进行补偿

第 9 章　综合电子分系统

好奇号配备了先进的综合电子分系统，以数据系统为核心，采用分布式计算机结构，通过多路传输数据总线把多种器载分系统融合在一起。包含在综合电子系统的器载分系统大体上可分为三类：传感器系统（惯性导航系统、大气数据计算机、雷达、各种无线电导航接收机等）、控制系统（飞行控制系统、电动机控制系统等），以及综合电子显示系统和各种控制器。该系统采用了分布式计算机结构、标准的内部数据总线、容错技术等较先进的技术，具有工作灵活、适应力强、可靠度高等特点。

9.1　功能与组成

9.1.1　综合电子分系统主要功能

好奇号综合电子系统位于巡视器，巡航级无独立的"大脑"，而是依赖巡视器综合电子系统计算机完成控制功能，从而进一步提升电子设备的复用度，以减轻重量。综合电子分系统的功能包括以下几方面：

1）采集工程遥测参数和科学探测数据，形成统一数据流后由测控数传分系统下传至地面；

2）接收地面上行遥控指令进行解调、译码与校验处理后，将指令与数据分配至各分系统执行；

3）执行程控指令和延时遥控指令，提供巡视器时间基准；

4）电机驱动控制模块完成对移动和结构与机构等分系统电机的控制；

5）管理有效载荷；

6）热控温度控制管理；

7）电源的供配电管理；

8）各分系统间的数据交换与分配管理；

9）具备系统级故障检测及处理功能；

10）软件在轨维护；

11）夜晚休眠唤醒；

12）分时完成巡航和 EDL 阶段的控制和管理功能，火星表面巡视阶段通过软件升级移除该功能。

9.1.2　综合电子分系统组成

综合电子分系统采用高集成度设计方案，为提升系统可靠性采用了双模交叉冗余方案。综合电子分系统按功能划分为以下主要组成单元：

（1）车载计算单元

车载计算单元相当于巡视器的大脑，执行巡视器任务控制、管理信息调度、器务处理、容错管理等高级功能；采用 A/B 双机架构，每一机含三个中央处理器，进一步提高可靠性。

（2）巡视器功率与模拟模块（Rover Power Analog Modules，RPAM）

巡视器功率与模拟模块相当于巡视器的小脑，实现巡视器生命支持的有关功能：配电、系统故障保护、关机与唤醒等；采用 A/B 双机架构。

（3）分布式电机控制器

实现对巡视器移动系统、机械臂、转台、天线、桅杆及仪器盖等机构进行驱动控制。

（4）通信接口单元

处理遥控、遥测及其他对外通信接口。

9.1.3　硬件

硬件一般是由许多不同功能模块化的部件组合而成的，并在软件的配合下完成输入、处理、存储和输出 4 个操作步骤。好奇号综合电子硬件主要由车载计算单元、DMC 和通信接口单元等部分组成。

9.1.3.1　车载计算单元

（1）基于 RAD 750 抗辐射微处理器的双模中心计算机

好奇号巡视器上装有两台车载计算单元，采用双机备份模式，同一时刻只有一机当班。每台计算机装有 3 个 RAD 750，其运行频率为 200 MHz，每台计算机的快闪内存大小为 2 GB，随机存取内存大小为 256 MB，现场可编程只读存储器内存大小为 256 KB。RAD 750 的处理能力最高可达 500 MIPS（实际降额使用 400MIPS）。图 9 - 1 为好奇号所采用的 RAD 计算机系统图，RAD 750 通过专用 PCI（Peripheral Component Interconnect）桥接芯片管理系统 PCI 总线及本地存储器。

（2）RAD 750 处理器体系结构

RAD 750 采用了超标量精简指令计算机结构，该结构性能较高，运用 6 个执行单元，包括双整数单元（dual integer units）、1 个具有双倍精确度的浮点单元、指令获取及指令完成单元、2 个 32 KB 一级缓冲器、1 个二级缓冲器。图 9 - 2 为 RAD 750 处理器体系结构图。

RAD 750 处理器、主存储器、插件、底板采用的是 33 MHz 32 bit 的 PCI 总线，PCI 接口既是 PCI 总线的仲裁机同时又能为 RAD 750 处理器接口计时。PCI 接口采用硬件描述语言进行编码，并在内部安装了 2 组总线，1 个为 64 位位宽，1 个为 32 位位宽，同时还在处理器接口和存储器之间安装了 64 位位宽的专用总线。

（3）PCI 总线

好奇号综合电子系统主要采用的是 PCI 总线，该总线是一种高性能并行总线，可以满

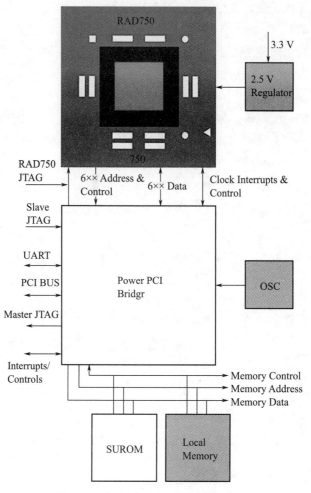

图 9 - 1　好奇号 RAD 750 计算机系统

足外设间以及外设与主机间高速数据传输。在数字图形、图像和语音处理，高速实时数据采集与处理等对数据传输率要求较高的应用中，采用 PCI 总线可以解决原有的标准总线数据传输率低带来的瓶颈问题。

9.1.3.2　分布式电机控制器

　　分布式电机控制器（DMC）模块是基于总线的电子模块，能够在极端环境下控制无刷直流电机。极端环境包括温度（要求范围为-120～+85 ℃，理想范围为-180～+100 ℃）、辐射（要求范围为>20 krad，理想范围为>100 krad）。为了达到这一目标，需要一个用于电机控制的模块化结构来提高稳定性，同时也可以降低设计、制造和装配、测试和发射（Assembly，Test and Launch Operations，ATLO）阶段的成本。

　　DMC 的核心是一对耐冷的专用集成电路（Application Specific Integrated Circuit，ASIC）和一个现场可编程门阵列（Field Programmable Gate Array，FPGA）；ASIC 采用 IBM 公司 0.5 μm 的硅锗门电路结构工艺加工，它包含提供遥测信息的模拟电路、传感器

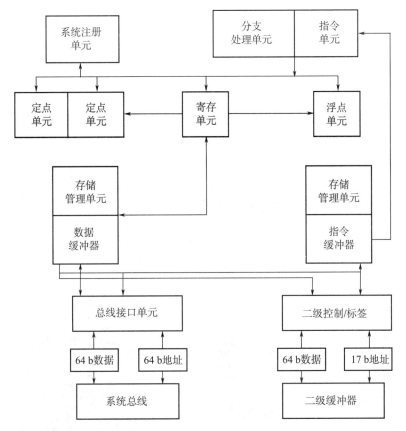

图 9 - 2　RAD 750 处理器体系结构图

界面和 DMC 状态监控界面。ASIC 在 − 135 ℃ 低温情况下仍然可以保持其优越的性能。FPGA 用于实现电机控制算法、运行状态监控及与中心计算机接口。

DMC 组成如图 9 - 3 所示。

图 9 - 3 绿色部分是 2 个 DMC2C 混合信号专用集成电路（Application Specific Integrated Circuit，ASIC），蓝色部分是商用非定制（Commercial Off The Shelf，COTS）电路。

（1）DMC2C 模拟专用集成电路

对于极端环境下的分布式电机控制来说，DMC2C 模拟专用集成电路采用了较新的混合信号遥测接口技术。利用硅锗铋互补金属氧化物半导体，可以制造、测试和验证模拟混合电路（CRYO 1 - CRYO5），同时可以建立极端环境（大温差、高辐射）下包括放大器、电压基准器、模数转换器（ADC）和线性稳压器在内的电路集成模块。

由于 DMC2C 有步计限制（Pad - Count Constrained），它的主要功能被分成了两个独立的模块：旋变数字转换器（Resolver to Digital Converter，RDC）芯片和模拟传感器链（Analog Sensor Chain，ASC）芯片。这两个芯片分别装在 304 - PQFP 和 208 - PQFP 中。

图 9 - 4 所示为 RDC 的专用集成电路布局图。RDC 的主要电路模块包括：1）解析器/线性差动变压器；2）上电复位（Power - On Reset，POR）；3）负荷开关控制器；4）远程串行总线收发器。

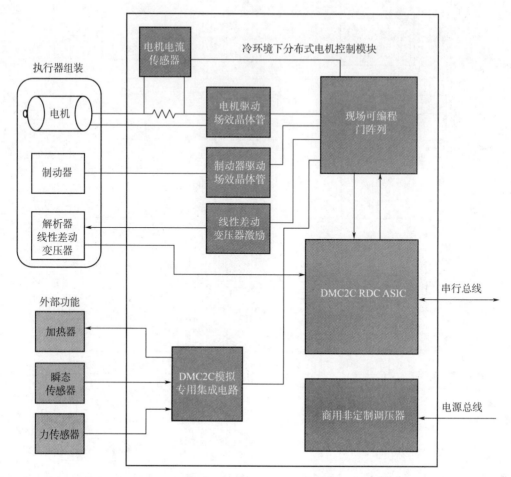

图 9-3　DMC 组成（见彩插）

模拟传感器链专用集成电路的主要电路模块包括：1）模拟转换开关；2）16 通道 12 位的模数转换器（ADC）。

①解析器/线性差动变压器

解析器/线性差动变压器的电路模块中，16 通道 12 位模数转换器能够用 20 K 字符串处理系统进行同步采样。田纳西大学（University of Tennessee，UT）设计的威尔金森（Wilkinson）模数转换器已经被证明可以在 $-180\sim+125$ ℃和 100 krad 的极端辐射环境下正常工作。其原理框图如图 9-5 所示。

前端模块接收来自解析器/线性差动变压器次级线圈的输入信号，同时调整输出信号以适应模数转换器的输入范围。对进入信号增益或衰减的选择则由 FPGA 来完成。FPGA 需要在正弦信号在最大值和最小值处进行采样。定制采样和保持电路有 2 个保持信号在前端模块内，这 2 个信号由 FPGA 进行控制。由于 FPGA 通过脉宽调制来合成解析器的激励，所以很容易知道正弦信号的峰值以及进行采样的时刻。图 9-6 所示为双重时间跟踪及保持电路。

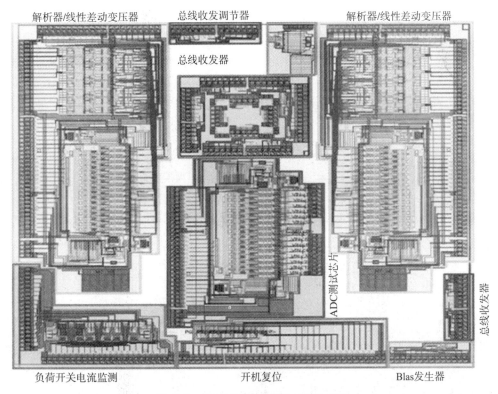

图 9-4　RDC 的专用集成电路布局图

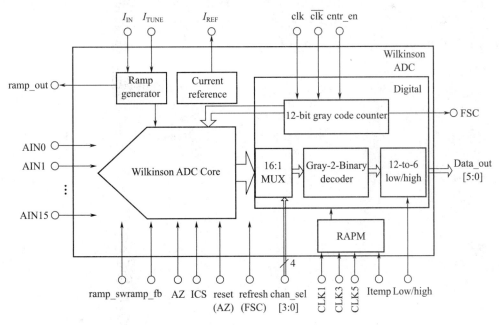

图 9-5　田纳西大学 16 通道 12 位的威尔金森模数转换器原理框图

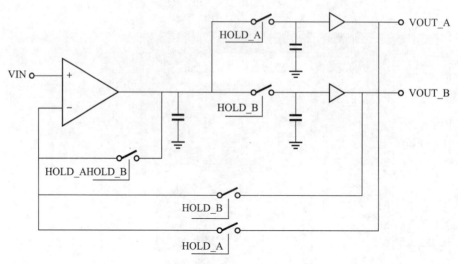

图 9-6　双重时间跟踪及保持电路

②上电复位（POR）

POR 电路用于监测电子模块上的电源，并产生一个用于 FPGA 的电源低态有效信号。POR 接收来自电源的 5 个独立电压，并将这些值与参考电压 1.2 V 相比较。FPGA 允许的电压值在正常电压的±5%～±10%之间。

③负荷开关控制器（Load Switch Controller）

负荷开关控制器可以通过电子组件对 6 个及以下的主要电源网进行有功电流监测。每个控制器的输入取决于一个低阻抗电流传感电阻器与被监测的电源串联的分流器装置。负荷开关控制器通过电阻来感应电压，当超过一定范围时将发送一个告警信号至 FPGA。对于每个单一的传感器通道，其电流过流门限由 FPGA 进行单独选择，其范围是 25～400 mV（步进量为 25 mV）。

④远程串行总线接口（Remote Serial Bus Interface）

通过使用板级变压器（Board - Level Transformer）及其配套的有源和无源元件（Supporting Active and Passive Elements），可将目前的信号地与参考地通过探测器的两个通信节点区分开来，这些参考地在每个节点处与探测器底盘地（Chassis Ground）相连，这样就可为探测器电子设备提供参考基准。然而这样也会有一系列不良因素，如由于火星碎屑引起的短路问题、底盘平面包含的大量瞬态噪声问题等。

⑤模拟传感器链专用集成电路（Analog Sensor Chain ASIC）

模拟传感器链的主要作用是：读取系统遥测数据和传感器数据，以此判定分布式直流电机的健康状况并将结果送至现场可编程门阵列。模拟传感器链同时也运用 16 通道 12 位的威尔金森模数转换器来支持 20 K 字符串处理系统。在这些通道的前端是差分和单端模拟多路复用器（Differential and Single - Ended Analog Multiplexers），可以提供额外 16 个传感通道。另外，模拟传感器链还包括一个激励驱动模块，激励驱动模块能够以恒定电流或恒定电压向 8 个传感激励通道发送指令，每个激励通道能够接收 1 mA 的恒定电流或

1.2 V 的恒定电压。传感器的输出可以通过连接模数转换器的多路复用器通道反馈到模拟传感器链中。模拟传感器链对于大多数传感器来说是一个独立的接口,其专用集成电路布局如图 9-7 所示。

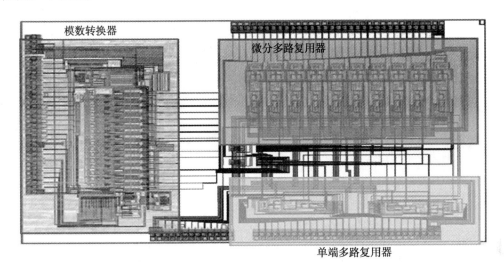

图 9-7 模拟传感器链专用集成电路(包括主要电路模块)

(2) FPGA 设计

FPGA 设计与模拟传感器链的设计是并行的,这样可以确保两者的兼容性。Xilinx Virtex 5 FPGA 用于此项任务的原因是它的处理能力强、大量的逻辑块和 I/O 端口。图 9-8 为分布式电机控制器 FPGA 模块。

(3) 供电控制

电源总线可以给模拟传感器链模块提供电能。每个具有模拟传感器链的闭合回路都具有独立的引脚提供电源和回线,因此可以使其保持无供电状态,这使得设计者在设计板级电路时具有一定的灵活性,从而可使不用的模块断开以节省系统资源。另外,即使模拟传感器链中的模块失效,也不会影响其他模块内部的芯片,因为各模块之间具有独立的电源线路。

9.1.3.3 通信接口单元

好奇号采用空间数据系统咨询委员会 (Consultative Committee for Space Data Systems,CCSDS) 空间数据标准,对微弱信号的传输或直接对地数据传输具有直接性、可靠性及鲁棒性较强的优势。这一标准可使大量的数据及时传送给科学家和公众。自 2002 年起,空间数据系统咨询委员会开始评估低密度奇偶校验码(Low - Density Parity - Check,LDPC),好奇号上也使用了这一标准数据代码。低密度奇偶校验码具有以下优点:

1) 优越的编码增益,编码速率在 1/2 及以上;

2) 多种编码字大小;

3) 低错误率;

4) 探测器硬件中高度平行的译码器结构。

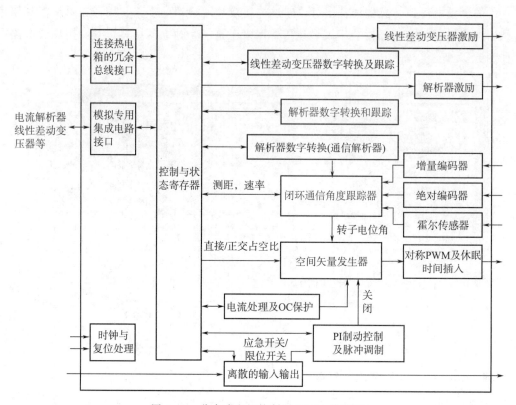

图 9 - 8 分布式电机控制器 FPGA 模块图

LDPC 用于好奇号与火星勘测轨道器（MRO）之间通信的原因有以下几点：

1) 好奇号至 MRO 的链路是好奇号中继链路的受限制部分。

a) 好奇号至 MRO 的最大数据传输速率为 2.048 Mbit/s；

b) MRO 至好奇号的最大数据传输速率为 5.2 Mbit/s；

2) 由于功率的限制，Proximity - 1 方案很难达到 2 Mbit/s 的传输速率。

3) AR4JA（1 024，1/2）编码能够提供重要的数据返回。

a) 与 CC（7，1/2）相比，信噪比提高 2.8 ~3 dB；

b) 在数据返回方面提高了 37%；

c) 好奇号伊莱卡软件无线电收发器使用 LDPC 编码，其在 MAC 和编码层具有优异的性能；

d) LDPC 编码器能够较好地适应好奇号伊莱卡软件无线电收发器，译码器能够较好地适应火星勘测轨道器的伊莱卡软件无线电收发器。

9.1.4 软件

综合电子分系统软件一般包括器上软件和地面软件。其中器上软件由操作系统和应用软件组成。运用于好奇号的应用软件和地面软件在设计上深度融合，具有高度的互操作性，主要包括任务数据处理与控制分系统、自主导航分系统、机械臂分系统相关软件等。

巡视器综合电子飞行应用软件运行于车载计算单元的 RAD 750 中，并运行于 VxWorks 操作系统。好奇号飞行应用软件最大的特点是包括许多自主功能，以减少地面策略规划工作量。例如，通信窗口可以提前很长时间规划好，并一次性上注到巡视器，巡视器内存更新通信窗口表后就可以自主跟踪所有此类窗口，并自动执行通信，即使在休眠状态也可自主唤醒并完成通信。

巡视器软件的自主能力处于持续提高状态，这要归功于多个飞行软件升级。将新软件上传到好奇号需要很长时间。每个科学仪器也具有自己的飞行软件，可以独立升级主要的飞行软件。

9.1.4.1　操作系统

Wind River 研发的 VxWorks 实时操作系统是探测器控制系统的核心操作系统。同以往的巡视器相比，好奇号巡视器更大，装载的科学仪器更多，在火星表面探测的范围更大，工作时间更长。因此，好奇号对操作系统有更高的要求。在 EDL 阶段，需要将好奇号的飞行速度从 13 000 mile/h 降至零，因此，对着陆技术提出了新的要求和挑战。在 EDL 阶段，VxWorks 相当于一个独立装置，可以对该阶段进行有效的管理和控制。除此之外，EDL 阶段之前的轨线调整也需要利用 VxWorks 来进行操作。VxWorks 控制深空网（DSN）的增益天线捕获广播信号，并帮助确定探测器目前的位置及所处轨线。更为重要的是，VxWorks 操纵好奇号在火星地面完成科学任务。VxWorks 在好奇号的抗辐射 RAD 750 上运行，扮演非常关键的角色，完成综合的关键性任务，如轨道调整，下降及地面操作控制，数据收集，火星-地球通信传输等。VxWorks 是一个软件平台，控制好奇号所有功能的执行工作，包括管理航电设备、收集科学数据、通过卫星遥测技术将试验结果发送给地球。VxWorks 具有稳定的程式界面及兼容性，如可移植性操作系统接口（POSIX）。

9.1.4.2　应用软件及其地面支持软件

（1）任务数据处理与控制系统

与之前的火星探测任务相比，MSL 的科学与工程目标有所扩展：对障碍检测与避障能力、目标指令、具体目标、远距离穿越及科学仪器装载等的要求有所加强。因此，需要更先进的嵌入式的软件技术及任务数据系统来支持并完成这些科学与工程目标。除了提供模块化的组件系统结构外，任务数据系统还将为 MSL 提供指令获取的系统化过程、为系统状态及各状态间的关系建立模型、对探测器进行目标型控制管理。

MSL 任务数据处理与控制系统软件利用巡视器软件自动化性能（比如，路径规划、避障等）来完成科学目标。将先进的软件技术嵌入任务软件体系结构对深空探测来说是个新的转折点，MSL 首次将软件技术与自动化技术结合完成科学探测任务。

（a）任务数据处理与控制系统技术特色

1）它是一种上行与下行数据处理系统的多任务核心系统；

2）支持早期的帧同步测试，提供高精确性试验平台，支持与地面通信系统 DNS 的通信操作；

3）任务数据处理与控制系统（Mission Data Processing and Control System，MPCS）的组件基于 Java 语言的独立操作平台，建立生成可扩展标记语言格式的数据；

4）MPCS 组件体系结构（见图 9-9、图 9-10）是事件驱动模式的，即插即用，分布式系统设计；

5）允许飞行经纬偏差、试验台操作、ATLO 操作及地面操作；

6）在 15 min 内适用遥控指令；

7）数据分配具有较强的可靠性；

8）解耦式信道处理及数据显示；

9）开放式系统结构及标准化信息；

10）支持 MSL 整个任务探测阶段的数据处理和控制；

11）为适应任务需要而迅速进行数据格式转换。

（b）MPCS 组件分析

MPCS 硬件装置（见图 9-11）包括：

1）深空网遥测/指令模拟器；

2）1 TB 磁盘阵列；

3）MPCS 主机；

4）键盘/监视器转换器；

5）扩展空间；

6）接入 SSE 的接线板。

MPCS 的主要组件包括：

1）信息总线。

2）名为 Chill-down（Chill 是 MPCS 的一种代码，down 是指下行指令）的 MPSC 遥测处理分系统。该组件从探测器接收未经处理的遥测数据流（或其他的遥测资源，如模拟环境等），帧同步处理及提取数据包，生成事件验证记录和数据产品。

3）名为 Chill-up（up 是指上行指令）的 MPCS 指令组件。该组件将指令传输给飞行软件（或模拟环境）。目前该组件只用于飞行软件和 ATLO 环境软件，不能用于操作。

4）MPCS 数据库，结构化查询语言数据库用来存储遥测数据及其他信息，比如日志及指令数据。该数据库可以被大量分析组件查询。

5）监控界面（Chill-monitor），用来及时显示遥测数据；

6）各种大量的名为 Chill-get-frames 及名为 Chill-get-packets 的 MPCS 查询组件，这些组件能以标准的格式从数据库输出数据。

以上组件的有效结合能产生标准的数据流。通过 Chill-up 生成的指令可以传输给飞行软件，由飞行软件来执行这些指令；经 Chill-down 组件处理后，飞行软件生成遥测数据；Chill-down 组件将经处理后的遥测数据存储至 MPCS 数据库（这些数据库可以被 MPCS 查询组件查询）并将处理后的遥测数据信息传输给信息总线，数据信息通过 Chill-monitor 组件显示出来。

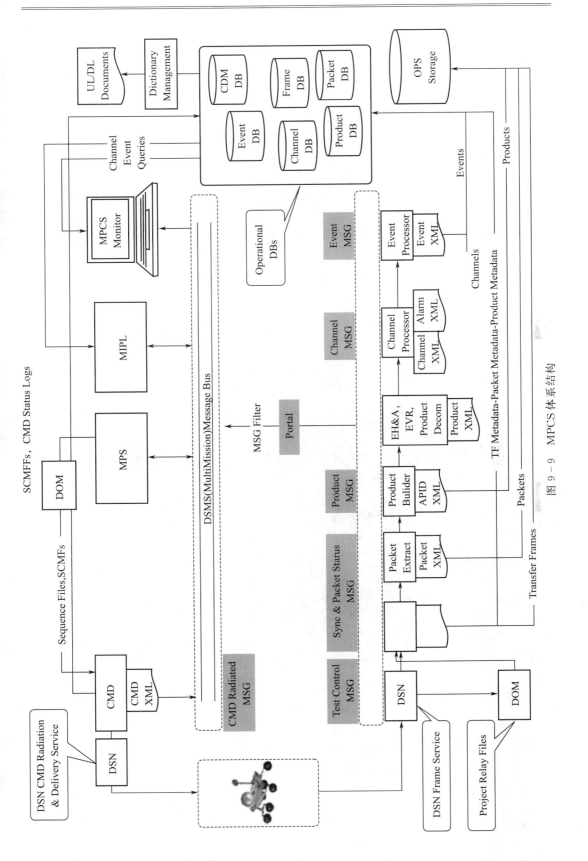

图 9 - 9　MPCS 体系结构

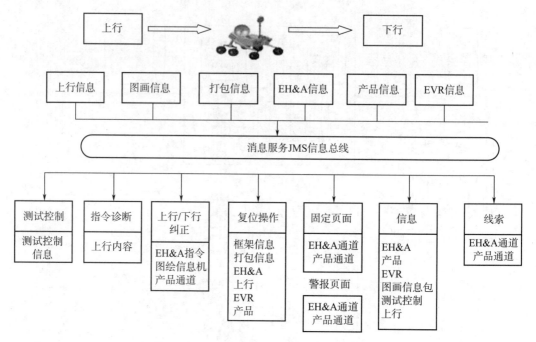

图 9-10　MPCS 采用信息导向的体系结构图

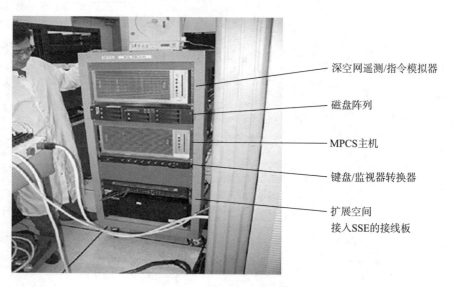

图 9-11　MPCS 硬件装置

（c）功能分析

MPCS 具有以下功能（见图 9-12）：

1）数据-信息交互功能；

2）标准数据格式；

3）信道处理；

4）图形用户界面；

5）数据分析与收集；

6）任务数据处理控制系统。

MPCS 从多方面完善图形数据系统的性能，如：

1）通过信息服务接口输送信息具有可靠性；

2）标准的可扩展标记语言数据格式；

3）解耦式信道处理器及信道显示器；

4）全套/可扩展的插件。

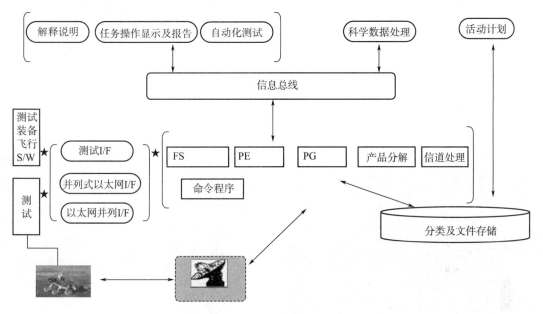

图 9 - 12　MPCS 功能图

采用通用信息传输总线，实现 MPCS 系统内部元件间的通信交流。各信息单元作为单个信息或信息报被传送出去，这些信息成为各系统间进行信息整合的关键处理任务。运用通用信息传输总线这种通信方式，大量的信息用户可以从该总线接收并订阅这些信息。MPCS 选用 Java 信息服务来分布信息。

MSL 数据流程图如图 9 - 13 所示。其中英文缩写词义表见表 9 - 1。

（2）自主导航分系统软件

（a）火星科学仪器接口计划定序软件

MSL 任务由工具软件火星科学仪器接口（Mars Science InterfaCE，MSLICE）支撑，该工具能支持科学数据可视化与分析，跟踪往返数据，规划综合活动，建模，仿真以及验证活动规划。MSLICE 确保任务科学家能与巡视器及仪器工程师密切合作，最大化规划科学研究并确保好奇号所执行的任务是安全的。MSLICE 是一个协作软件工具，它能够查看生成的数据，选取目标，准备活动并为在有限条件下执行的任务定序。

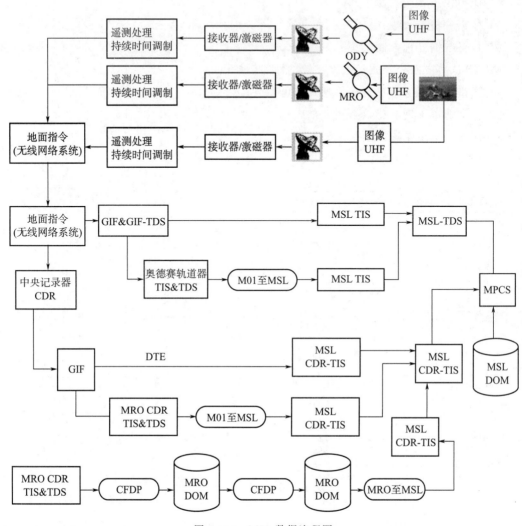

图 9 - 13 MSL 数据流程图

表 9 - 1 英文缩写词义表

缩略词	展开	中文词义
UHF	Ultra High Frequency	特高频
CDR	CoreDraw	平面设计软件(文件格式)
ODY	Odyssey	奥德赛轨道器
MSL	Mars Science Laboratory	火星科学实验室
MRO	Mars Reconnaissance Orbiter	火星勘测轨道器

（b）成像飞行软件

MSL 成像飞行软件在巡视器主计算机运行，称为 RCE。MSL 巡视器包含两个功能一致的 RCE：RCE - A 与 RCE - B。每一个 RCE 都与 6 个工程相机相连。这些工程相机不是交叉捆绑在一起的，意味着每一个 RCE 只能与跟它相连的 6 个相机进行交流。为了获取另外 6 个相机所摄的图像，巡视器必须切换至另一个 RCE。一次只有一个 RCE 是活动的，而另一个则是为了预防故障重复性发生。在表面操作阶段，指定一个 RCE 为主电脑而另一个 RCE 则会切断电源并被设置为备用单元。只有必要时才会将一个 RCE 切换至另一个 RCE，而且在表面任务阶段最好不要这样做。相机指令对每一个 RCE 来说都是一样的，也就是说另一个 RCE 可以加载并执行同样的指令。针对特定相机的机载参数必须加载于特定的 RCE 并储存于 RCE 非易失性存储器。

MSL 工程相机成像飞行软件继承自 MER。MSL 系统的机载软件能力包括：指南与自动曝光、曝光时间表存储、曝光时间比值、生成直方图、行/列总和、生成缩略图、12 bit 比 8 bit 压缩、空间缩减采样、空间子组帧、快门减少、平场图像矫正、几何相机模型管理、立体处理、图像元数据收集等。此外，飞行软件所采用的 ICER 小波图像压缩器是有损图像压缩器，LOCO 图像压缩器为无损图像压缩器。通过图像指令，避障相机与导航相机获取并处理图像。通过以连续的方式执行一些单独成像命令，导航相机全景图得以呈现。基于输入图像命令，飞行软件自动开启相机，而在闲置时段，会自动关闭。多达 2 台相机可以同时被开启。图像从相机读出并缓冲进入非易失性存储器与导航相机接口。在这之后它们会传输至 RCE 进行进一步处理，存储与随后的下行工作。

（c）地面成像软件

地面成像软件也继承自 MER。JPL 的多任务图像处理实验室（Multimission Image Processing Laboratory，MIPL）在 MSL 表面操作期间对工程相机图像数据进行地面处理。地面软件图像处理能力包括将所有下行图像数据写入实验资料记录文件，进一步处理为简缩数据记录文件以便操作团队使用。简化数据记录包括：平场矫正图像、几何线性化图像、立体视差图、XYZ 图、距离图像、表面法线贴图、机械臂可达性图、地面坡度图。此外还有包括所生成的由多张图像构成的马赛克图像。

为辅助巡视器硬件成像，RCE 飞行软件生成一个相关硬件位置的更新单，并记录坐标系的位置，比如校准目标、基准标、样本入口盖、机械臂位置、转台、巡视器轮等。MSL 工程相机所获取的图像将用来操控巡视器，开展科学调查，记录当地地形。所有的导航与避障相机的图像数据将在地面接收后 6 个月之内送至行星数据系统。该数据装置包括工程相机实验数据记录装置，连同一个简化数据记录装置，进行立体图像和马赛克图像的处理。

9.2　主要技术指标

综合电子分系统的主要技术指标见表 9 - 2。

表 9 - 2　综合电子分系统的主要技术指标

技术参数	指标数值
系统架构	双模冗余
主处理器及核心频率	RAD 750@200 MHz
指令处理能力	400MIPS
快闪内存 FLASH	2 GB
只读内存 PROM	256 KB
随机存储器 RAM	256 MB
总线及位宽	PCI/64 bit
总线最大数据传输速率	133 MB/s
ADC 转换位宽	12 bit
地面测试接口	RS232
好奇号至 MRO 通信数据传输速率	2.048 Mbit/s
MRO 至好奇号通信数据传输速率	5.2 Mbit/s
编码方式	LDPC

9.3　关键技术解析

9.3.1　分布式电机控制技术

对于上一代巡视器 MER，其电机控制采用集中式控制方案，即用一台计算机控制大量电机控制器卡。每个电机控制器卡接口与火星巡视器末端电机相连。计算机与电机控制器卡相连并命令一个或多个与电机控制器卡相连的电机，如图 9 - 14 所示。这一结构提供了电机电子控制的主机代管功能，但是对于探测器设计提出了很大挑战。这一设计不同于传统集中式电机控制，它能够减小未来探测器的尺寸、质量及电机控制电路功率。

9.3.1.1　集中式电机控制的不足

（1）热控

火星环境温度为 $-120\sim+20$ ℃，商用集成电路的主要温度范围为 $0\sim70$ ℃，超出这个范围以后，集成电路就很难确保其性能。传统的电子设备放置在由环境管理系统控制室温的热箱。这一防热系统能够使得电子设备温度处在 $-55\sim+65$ ℃的温度范围内。其缺点是：增加了能源消耗、需要大量防热材料。

（2）布线

集中式电机控制电路要求在电路接口处进行点对点布线，同时驱动机构由电机、编码器、解析器、制动器、温度传感器、加热器和力传感器组成。每个驱动机构电缆由至少 30 根导线组成，这样大大增加了布线数量及质量。对于好奇号，驱动机构的接线最多有 3 000～4 000 根导线，预期质量为 18 kg，如图 9 - 15 所示。

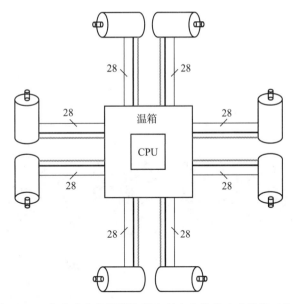

图 9 - 14　集中式电机控制方案中每个电机的功率及接口连线

图 9 - 15　集中式电机电缆组装图

由于电热箱周围有成千上万的电线，因此会产生大量的热损失。这意味着需要另外的供能设备来保持电子设备在可接受的极限低温之上。

9.3.1.2　分布式电机控制

好奇号采用 DMC 模块，这一模块解决了上述的热控和电缆问题，并且还降低了探测器/巡视器的质量和复杂度，从而降低了成本，增强了系统可靠性。图 9 - 16 是分布式电机控制平面印制电路板。图 9-17 是基于总线的分布式电机控制结构。表 9-3 列出了几代巡视器执行器线缆质量的对比。

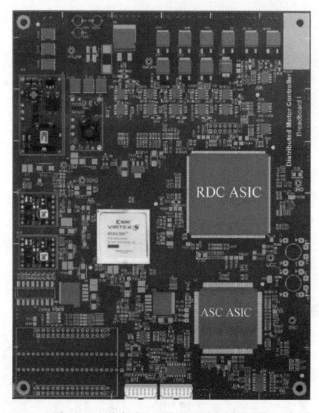

图 9-16 分布式电机控制平面印制电路板

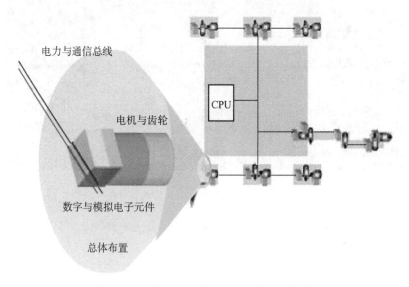

图 9-17 基于总线的分布式电机控制结构

表 9 - 3　巡视器执行器线缆质量

巡视器系统	MPF	MER	MSL	MSL(DMC)
总的线缆质量	1.4 kg	10.4 kg	52.7 kg	37 kg
执行器线缆质量	0.35 kg	3.0 kg	17.4 kg	1.8 kg
执行器质量利用率	25%	29%	33%	5%

9.3.2　适用于低温环境的专用集成电路加工技术

为了使电子系统适应火星表面的极度低温环境，好奇号采用了特殊工艺专用集成电路。该电路由 IBM 0.5 μm 硅锗铋互补金属氧化物半导体加工而成。与传统单纯的互补金属氧化物半导体技术相比，硅锗模拟电路在严峻的低温和辐射环境下具有优越的低噪声性能。例如，硅锗晶体管的提取噪声与质子辐射及频率的函数如图 9 - 18 所示，用以上技术设计的带隙基准电压发生器的性能与温度和辐射的关系如图 9 - 19 所示。

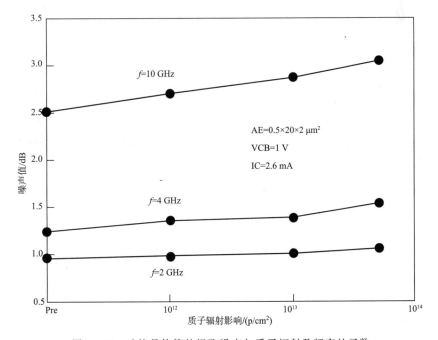

图 9 - 18　硅锗晶体管的提取噪声与质子辐射及频率的函数

由图 9 - 18 可以得出，辐射环境对硅锗晶体管的噪声影响并不大。图 9 - 18 和图 9 - 19 还表明，随着温度降低，硅锗基础电路的性能增加，但这一性能受辐射和低温的影响并不大。这些均表明，在严峻的环境条件下，对于电机控制系统的低噪声电子设备的设计来说，硅锗晶体管是比较理想的。

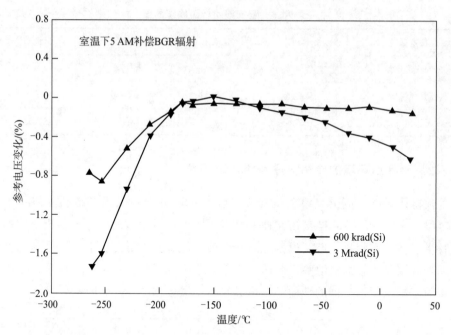

图 9 - 19　硅锗参考电压发生器的性能与温度和辐射的函数

第 10 章　电源分系统

10.1　功能及组成

10.1.1　功能

MSL 由巡航级、下降级和好奇号巡视器三部分组成，好奇号电源系统与 MSL 系统采用统一架构，一体化设计的方式，以最小的质量代价为 MSL 各组成部分在各个阶段的工作提供能源。自 MSL 奔火巡航段至火星动力下降与着陆段开始，由太阳能电池为整个探测器供电；在火星动力下降与着陆段，自空中吊车将好奇号释放到火星表面之前，由四节热电池为下降级供电；在火星表面工作段，采用多任务同位素热电发电机（MMRTG）与两个锂离子蓄电池组为好奇号巡视器提供动力。好奇号电源分系统作为 MSL 电源分系统总体架构的重要组成部分，负责巡视器能源的产生、控制与分配，具体功能为：

1) 为好奇号火星表面巡视与工作提供充足、可靠的能源；
2) 为好奇号巡视器提供部分热源；
3) 为好奇号巡视器负载提供配电通路；
4) 为 MSL 各舱段电源系统提供能源控制。

10.1.2　组成

MSL 电源分系统包括主能源、储能单元、电源组件（Rover Power Assembly，RPA）与配电（RPAM‑A/B）单元。

巡航级、下降级与巡视器都有不同的主能源与储能单元，整器功率控制由巡视器能源组件完成，各级的能源分配由各级自行为负载提供开关控制。火工品和阀门驱动功能也由各级自行完成。

好奇号巡视器电源分系统为巡视器供电，亦为 MSL 电源分系统的一部分。

10.1.2.1　主能源

MSL 的主电源包括三结砷化镓太阳电池阵以及多任务热电发电器。其中太阳电池阵位于巡航级，总共 252 并 21 串，分为 12 个阵，总面积为 12.8 m²。最大发电能力为 3 kW，在火星轨道发电能力为 1 080 W。MMRTG 位于好奇号巡视器，作为好奇号巡视器电源系统的主能源部分，可提供 106～117 W 电力。在发射段以及火星表面工作时，MMRTG 为好奇号巡视器的唯一主电源；在地火转移巡航段，MMRTG 与巡航级的太阳电池阵联合为 MSL 各组成部分，包括好奇号巡视器提供能源。

好奇号巡视器是首次采用全部核动力的行星车，其电源分系统中最富特色的部分莫过于其 MMRTG，如图 10-1 所示，它采用二氧化钚（钚 238）作为燃料，能够持续稳定地为巡视器其他分系统提供电能和热能，工作寿命达 14 年以上。采用"核电池"大大降低了电源系统对火星环境的依赖性，提升了巡视器在低温、尘暴等气候环境下的生存能力。好奇号的 MMRTG 由两个主要部件：钚 238 热源和热电转换器组成，采用标准、灵活的模块化设计。MMRTG 由 8 个通用型热源模块组成，总共使用了 4.8 kg $^{238}PuO_2$ 陶瓷燃料。每个模块能发出 250 W 热量，总热能输出为 2 000 W。热电转换器采用半导体热电元件，其中 n 型元件为 PbTe，p 型元件为 TAGS。经热电转换后，初始电功率可达 123 W，热电转换效率为 6.3%。

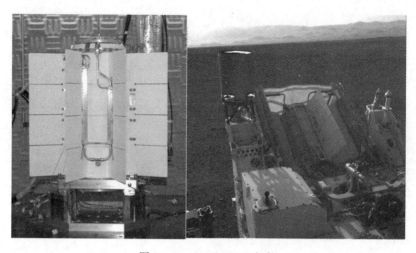

图 10-1　MMRTG 飞行件

10.1.2.2　储能单元

好奇号的储能单元为两个容量为 43 Ah 的锂离子蓄电池组，总容量为 86 Ah。两组电池组装成车载电池单元，如图 10-2 所示。

图 10-2　巡视器车载电池单元

下降级的储能单元为两组共四块热电池，每组电池可以 45 A 放电 23 min。

在 MSL 动力下降阶段，巡航级电源系统从供电母线上独立出来，不再向主总线供电。而好奇号巡视器的 MMRTG 与锂离子蓄电池组联合供电也无法支持下降级的能源需求，因此在此阶段，下降级由热电池进行供电。

10.1.2.3　巡视器电源组件

MSL 探测器一次电源母线由巡航级延伸到好奇号巡视器，电源母线控制器使用线性分流稳压器架构。在巡航阶段和动力下降与着陆阶段与巡航级分离之前，MSL 一次电源母线的调节由巡视器能源组件（RPA）和巡航级能源组件（Cruising Power Assembly，CPA）共同完成，在火星表面工作阶段，电源母线调节完全由 RPA 执行。RPA 架构如图 10 - 3 所示。

RPA 由 4 个板卡组成，分别为母线控制器（Peripheral Bus Controler，PBC）、并联驱动系统（Shunt Driver System，SDS）以及电源断路器（Battery Current Breaker，BCB）1 和 2（BCB1 和 BCB2）。除了电源母线调节功能外，RPA 还分别通过 BCB 和 PBC 提供一次母线、两个 43Ah 锂电池和 MMRTG 之间的接口。此外，RPA 还提供与 RPAM、巡视器电机控制组件的直接电源连接，并且通过继电器控制锂离子电池向火工母线供电。

RPA 中的 SDS 用于在火星表面工作阶段分流多余的电能，具有 5 个线性分流级，配有 5 个巡视器分流散热器。每一级分流电路由带两个功率电阻器的串联冗余功率管组成。在地火转移巡航期间，由于火星分流散热器缺乏有效的散热通道，因此巡视器的分流驱动器不工作。

RPA 中的母线控制器完成母线调节功能，将母线电压控制在 29.3～33.1 V 的范围。在巡航阶段的最初 100 天里，PBC 将母线电压设置为 29.3 V，以保持巡视器锂电池处于 50% 的荷电态，这样可以在早期温暖的热环境中，将锂电池性能的退化降至最小。100 天后，PBC 将母线电压设置为 30.6 V（对应电池 70% 的荷电态）。在动力下降之前的两周，锂电池被充到 32.8 V（满荷电态），为火星的再入和着陆做准备。在下降与着陆期间，PBC 将母线电压设定点提高到 33.1 V，以尽量减少从下降级热电池到巡航级分流调节器和巡视器分流调节器的电流，从而降低三器之间的母线电流，为三器之间的母线断开做准备。在火星表面着陆后，PBC 将巡视器母线电压设置为 32.8 V，保持巡视器电池在满荷电态。

RPA 采集巡视器母线电压，并且将其与设定电压比较，产生误差信号。此信号由 PBC 中三个独立控制模块各产生三次，随后，这三个独立的误差信号被送入巡视器 SDS 中的模拟表决器中，同时也被送到巡航级能源组件中，用于调节各舱段母线电压。巡视器母线控制器也具备充电电流限流功能，将巡视器锂电池的充电电流限制在 11 A（0.25C）以内。

RPA 中的电源控制板通过监视电池组中每一个单体的电压来维护电池均衡以及进行电池保护。当任意一节单体电压低于 2.9 V 时，BCB 中的放电调节 MOS 管将关闭，使这一组电池停止放电。当这组电池中单体电池被充电到 3.4 V 时，放电调节 MOS 管重新被使能。BCB 也具备充电保护功能，当电池组中任一单体电压超过 4.2 V 时，BCB 中的充电调节 MOS 管将关断，防止这组电池过充电。

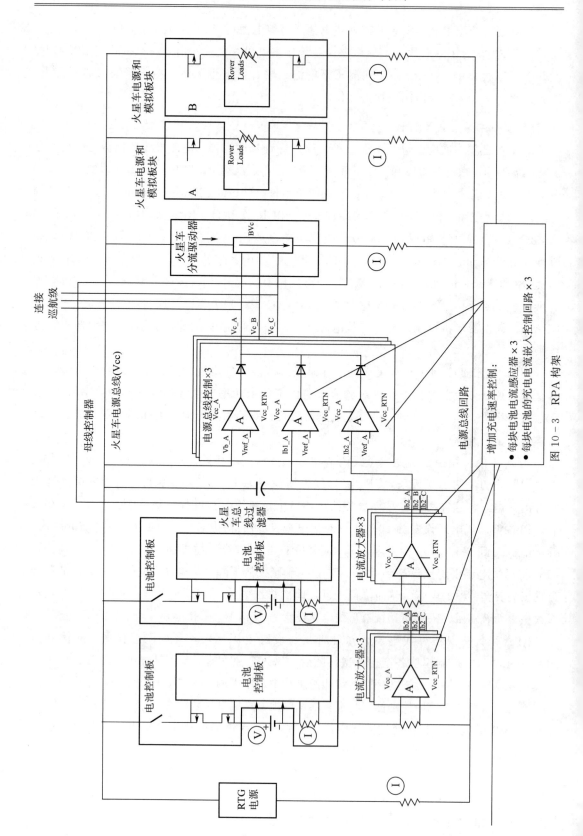

图 10-3　RPA 构架

10.1.2.4　巡视器配电单元

MSL 每个舱段均配有功率与模拟模块（PAM－A/B），分为 A 侧 PAM 与 B 侧 PAM，互为冗余，并通过总线与火星计算机单元连接。每一个 PAM 之间的通信，以及与巡视器计算机单元的通信均通过 1553B 总线实现。巡航级 PAM 与巡视器 PAM 之间采用巡视器 1553B 总线通信，下降级 PAM 采用下降级 1553B 总线。每个功率与模拟模块均由 7 块 6U 电路板组成，但是不同舱段的 PAM 中，7 块板卡不完全一样。RPAM 的组成如图 10－4 所示。

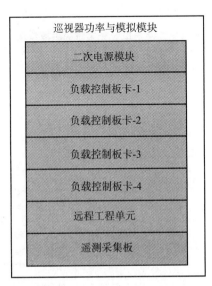

图 10－4　RPAM 组件图

其中 7 块板卡分别为：

远程工程单元（Mars Remote Engineering Unit，MREU）：负责遥测参数的测量与缓存，包括 48 路模拟电压、52 路热敏电阻以及布尔信号的采集；负责维护任务时钟与唤醒倒计时器，巡视器大部分时间都在休眠以节省电能，在计算机关闭之前，倒计时计时器开始工作，当计时器到期时，MREU 将通过执行简单序列，再次打开主计算机；具备 1553B 驱动功能，与 RPAM 中的其他板卡采用串行总线通信。

二次电源模块：负责提供 PAM 所有的二次电源，并具备母线电压欠压监测与保护功能。

负载控制板卡（Load Control Cards，LCCs）LCCs－1/2/3/4：负载控制板卡和 MREU 协同处理来自巡视器计算机单元（RCE）的 1553B 总线指令，以关闭向负载的供电开关并激活指令母线电路。每个负载控制板卡包含 21 个继电器（2 个 10A 继电器、4 个 4A 继电器和 15 个 2A 继电器）和 16 个 1A 驱动通路。每个继电器状态通过数字量遥测进行显示。16 个驱动通路用于驱动继电器等器件。驱动指令有特定的驱动脉冲持续时间。此持续时间以 40 ms 的倍数指定，以指令叠加的方式扩展脉冲长度，单个命令的最长脉冲持续时间为 10.2 s。

遥测采集板：负责电源母线相关参数的采集测量，例如母线电压、母线电流等参数。遥测采集板具有 60 个热敏采集通道、16 个模拟电压通道、8 个差分采集通道、16 个单端采集通道和 2 个差分输出通道。遥测采集板同时也为 REU 的 1553B 芯片提供看门狗计时器。

10.2　主要技术指标

巡视器电源分系统的主要技术指标见表 10－1。

表 10－1　巡视器电源分系统的主要技术指标

项目		指标
系统指标	母线电压	29.3～33.1 V
	功耗(休眠)	45～70 W
	功耗(工作)	150～500 W
	火工品负载	6 A
MMRTG	输出电压	28～32 V
	存储寿命	3 年
	工作寿命	14 年
	抗机械负载能力	约 0.3 g^2/Hz(随机振动) 大于 6 000 g(冲击)
	初期输出功率	115 W
	末期输出功率	100 W
	系统重量	45 kg
	功率密度	2.8 W/kg
	系统效率	6.3%
	电偶材料	768<PbTe(碲化铅)＋TAGS/PbSnTe>couples 电偶
	核材料	4.8 kg 钚 238
	包络尺寸	ϕ 640 mm×660 mm
	热源模块	8 个
	热功率输出	250 W×8
锂离子蓄电池组	数量	2 组
	单组容量	43 Ah
	总容量	86 Ah
	串联数	8
	最大充电电压	32.8 V
	最大充电电流	11 A

续表

项目		指标
RPA	PBC	稳态工作电压 32.8 V
	SDS	5 级分流 单级分流能力:80 W
	BCB	控制蓄电池单体电压范围 2.9~4.2 V
RPAM	MREU	48 路模拟电压采集 52 路热敏电阻以及布尔信号的采集 1553B 驱动
	二次电源模块	二次电源输出 母线电压控制
	遥测采集板	60 个热敏采集通道 16 个模拟电压通道 8 个差分采集通道 16 个单端采集通道 2 个差分输出通道 提供 REU 的 1553B 芯片看门狗计时器
	LCCs	21 路配电 16 路继电器驱动电路 最长驱动指令 10.2 s

10.3 关键技术

10.3.1 高可靠多任务同位素热电发电机总体技术

与之前的巡视器相比,好奇号巡视器的设计具有更大的机械臂和更先进的有效载荷,因此也需要更多的能源。好奇号巡视器着陆点选择宽泛,在火星 60°N 至 60°S 纬度之间,要适应如此大范围的着陆点选择,采用太阳能发电会付出很大的重量代价。因此,好奇号巡视器选择了以 MMRTG 与锂离子蓄电池组相结合的电源架构,而没有使用传统的光伏电源系统。好奇号巡视器电源系统具备以下优势:

1)在运营规划方面,不再需要考虑太阳能帆板对太阳入射角的需求,使好奇号的路径规划更加灵活,也降低了电源分系统的能源设计裕度;

2)MMRTG 的输出稳定,不受火星尘的影响;

3)MMRTG 产生的废热可以作为巡视器加热热源,由流体回路将热量传送到巡视器其他部位,保障电子设备有更稳定的热环境。

好奇号 MMRTG 由海盗号空间核辅助能源(Space Nuclear Auxiliary Power,SNAP)同位素热电发电器(SNAP - 19 RTG),百瓦级同位素热电发电器,特别是通用热源(General Purpose Heat Source,GPHS)同位素热电发电器(GPHS - RTG)发展而来。与前几代的 RTG 相比,MMRTG 有更为灵活的模块设计,能以更小的增量(稍微大于

100 W）产生电能，因而能够满足更多的任务要求。MMRTG 的设计目标包括保证更高的安全度，更优化的功能，保证 14 年以上的工作寿命，并在此基础上做到质量最小化。MMRTG 在 MSL 巡视器上的位置如图 10-5 所示。

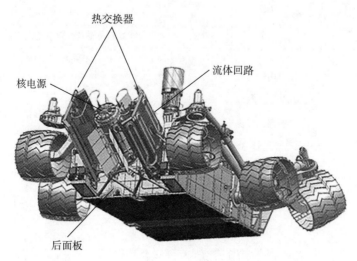

图 10-5　MMRTG 在 MSL 巡视器上的装配位置

MMRTG 由 8 个通用热源模块和 16 个热电模块构成。MMRTG 的剖面图如图 10-6 所示，热电模块以串联方式连接在一起，产生约 125 W 的电力。电压范围为 28~32 V。16 个热电模块置于 8 个散热铝片下面，分成 8 对，呈轴向排列。热电模块卡在内部隔离衬底与铝制罩之间。

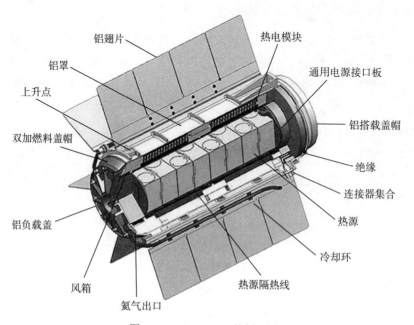

图 10-6　MMRTG 的剖面图

研制人员根据工程目标的要求对 MMRTG 的设计提出的要求，见表 10 - 2。

表 10 - 2　MMRTG 设计要求及设计优化

参数	要求	备注-衍生条件
通用热源模块数量	8 个	使用 8 个通用热源模块
任务初期电源功率	>110 W	任务初期定义为刚刚发射之时
		大于 110 W 的电功率并无益处
环境适应性	多任务	使用一个密封的单元(由 SNAP - 19 产生)
		最坏的温度条件范围(火星白天为 270K)
功率退化	最小化	14 年末期，输出功率从 125 W 下降到 100 W，损失不超过 25%(有修改)
质量	<45 kg	
容量	尽可能小	
特定功率	最大	任务初期目标要大于 3 W/kg
寿命	>14 年	使用寿命长度已经得到证明的方法(源于 SNAP - 19)
整合/限制	限定	定义任务不同阶段的热/接口要求
可信度	最大	没有可信的单点失误，单个容错设计
安全	GPHS 发布	证实建筑材料会熔掉

1) MMRTG 设计主要特点：铝是最基本的结构材料。Al 2219 耐力强，用来制作罩。Al 6061 的热导性能高，用来制作翅片。

2) 冷接口温度优化到 210 ℃这一数值是折中考虑了一个散热器尺寸/质量与热电寿命得出的。

3) TAGS（碲-锑-锗-银）过渡温度得到了优化，使降解最小化，而仍满足任务初期的功率要求且有余。TAGS 过渡温度优化到 427 ℃，使其功率退化在 14 年的任务寿命中小于 25%。

4) 散热片设计优化为最小质量与容量。

MMRTG 采用 GPHS 模块化通用热源，继承了 SNAP - RTG 的换能器设计，温差电材料采用 PbTe＋TAGS/PbSnTe。

MMRTG 设计参数见表 10 - 3。

表 10 - 3　MMRTG 设计参数

参数	单位	数值	备注
热接口温度	℃	541	在当前数据库范围之内
TAGS 过渡温度	℃	427	TAGS 在高温下易于退化，在此值上已经做出了优化
冷接口温度	℃	210	在性能与热排放系统质量之间加以优化
平均翅根温度	℃	191	与模块棒接触的罩的平均温度
电偶数	—	768	16 个模块，每一模块有 8 排电偶，每一排有 6 个电偶

续表

参数	单位	数值	备注
平行绳的数	—	2	两条绳上电偶串并联排列,这样排列是为了获得高可靠度。交叉捆绑在每一个电偶上
功率输出,任务初期	W	125	
功率退化	%	24.8	部分是由于放射性衰变;其余主要是由于 TAGS 温度

10.3.2　多任务同位素热电温差发电技术

位于 GPRS 中的放射性同位素燃料衰变时产生热能,热能流过热电模块时,RTG 产生电能,而 8 个散热片会排热。热流会在温差电偶(又称"热电偶")之间产生一个温度梯度。温差电偶会通过塞贝克效应产生一个电压。当负载置于热电绳上从而构成电流通路时,这个电压转化为电源。

在这个过程中,温差电偶(见图 10-7)起了关键作用。每一个模块包括 48 个温差电偶,为了不冗余,它们以串联/平行梯板的方式排列。这样能非常有效地将单个电偶故障的影响降到最低,并大大地改善总体发电机的可靠性。一个或几个电偶故障不可能明显地减小发电机输出功率。模块包含装载在弹簧上的冷边活塞,而活塞又可以将热从电偶的冷的接口传到模块棒,之后又传到外壳。弹力把模块控制在衬底与外壳之间。热电模块的分解图如图 10-8 所示。

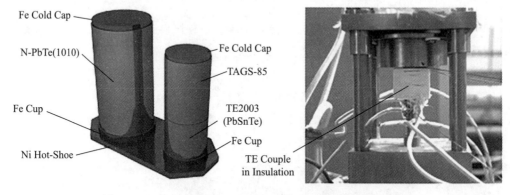

图 10-7　MMRTG 温差电偶图解与在测试设备中的温差电偶

MMTRG 的另一个组成部分是 GPHS,如图 10-9 所示。

放射性同位素燃料衰变产生热能的过程如图 10-10 所示。

放射性同位素燃料位于发电机的中心,燃料衰变的过程中会产生氦气。氦气逐渐增加,如果不释放,就会威胁到 MMRTG 的容量。而且氦气会通过热电转换器大大地增加寄生的绝缘热流失。因此,MMRTG 分为两个明显区室:热源室与热电室。两室由一个薄薄的金属衬垫分开。热源部分有一个排泄口,是为防止气体积累而设置的。热电室用惰性气体氩密封,以达到降低热量流失与保护热电的目的。将 TE(热电)转换器与热源室

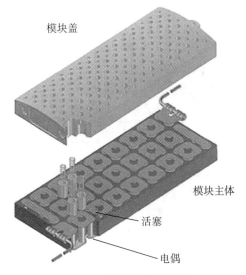

图 10 - 8　热电模块分解图

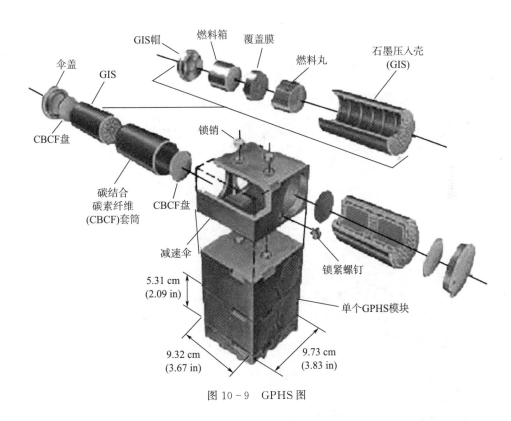

图 10 - 9　GPHS 图

隔离开来，这样做可以允许电源在真空或者火星和土星上的气体环境中有相同的操作功率。而其他先前的热电系统设计就必须在真空环境中进行操作。这种设计特点允许 MMRTG 储存在一个普通的室内环境而不需要主动的热控、电控和气体管理。

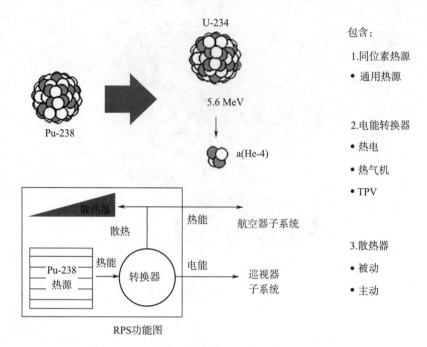

图 10-10　放射性同位素燃料衰变产生热能过程

10.3.3　多任务同位素热电发电机热防护技术

核燃料放入飞行器（见图 10-11）之前，MMRTG 将需要一些补充性的冷却。

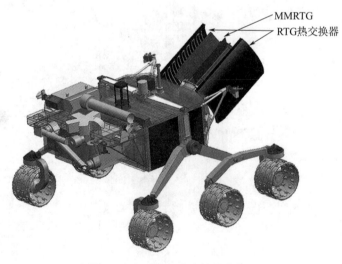

图 10-11　RTG 热交换器的位置

在加燃料，消毒，发射前，与巡航整合过程中，搭在翅片根附近的铝管用来排热。但是，给铝管充氟利昂的过程带来了另一个问题，这就使得有必要引入"双管道"概念。

将 MMRTG 整合到 MSL 中（见图 10-12），就有必要将近处的电子器件温度维持在

图 10 - 12　整合到再入飞行器

限度以下。这在冷却管连接与最初充入氟利昂之后完成。因此就产生了"双管道"方法，该方法将第二次冷却管置于初次冷却槽管背上。之后可用地面支持设备来将 MMRTG 冷却（还有初次冷却管）。这些冷却都发生在整合到 MSL 之前。这样当在初次冷却管上加载上氟利昂，并流通起来后，电子器件就可以受到保护。在 MSL 任务中使用的 MMRTG 装置采用氟利昂 11 泵送环排除在星际运行（或巡航阶段）大气保护层/负载整流区的热。以上过程的原理图如图 10 - 13 所示。

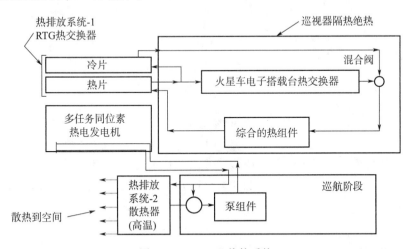

图 10 - 13　MSL 热控系统

在这里，热负载传输到了一个外部的散热片（如图 10 - 13 中热排放系统-2），经此散到太空中。MSL 也采用了另一个氟利昂 11 泵送环，进行火星表面操作。同位素热电发电机热交换器（Radioisotope Thermoelectric Generator Heat Exchange，RTGHX）用来收集来自 MMRTG 的热（通过对流和辐射的方式传到"热片"），在冷环境中将热传给巡视器的电子器件或者在热环境中将其传递给"冷片"以供对流并辐射到环境中。

　　在火星表面，巡视器环用来从 MMRTG 上收集热，并用它来保持 MSL 电子器件在寒冷的火星夜间仍然保持在适宜的温度。如果不需热，热就会传送到 RTGHX，在热交换器里，热发散或对流到环境中。JPL 最初给出的 RTGHX 内部的温度为−10～+100 ℃。火星地面、空气、天空温度以及太阳照射一起限定了其他的界线条件。

　　图 10 - 14 直观地显示了翅片内模块棒，也显示了热排放系统的几何关系图。热排放系统有 8 个呈放射状排列在转换器壳周围的导电翅片。为了使热传输路径最短，每一个翅片附于相应热电模块棒的中心线上，而热电模块棒置于罩里面。导电翅片的质量与效率是关于长度、厚度，以及材料的函数。设计使用的 Al 6061 翅片约 20.3 cm 长，相当于整个转换器轴的高度。翅片呈锥形以使质量与体积最小，翅根厚度为 0.41 cm。

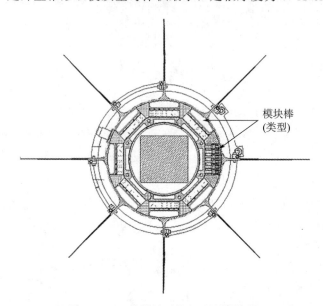

图 10 - 14　热排放系统翅片内模块棒

　　散热片使用一个热包装来提高在太阳波长上的表面辐射，同时限制吸收。散热片最初的涂胶是 Aptex2711 涂料。任务初期名义上的太阳吸收与发射值分别为 0.17 与 0.90。在每一个翅片的基底附近，有一个辅助冷却槽。这给任务提供了操作灵敏度，这种灵敏度是有依赖性的，通过一个辅助液体冷却电路来移除热量。为散热片涂层的过程就是使用热合成系统（Thermal Synthesizer System，TSS）与改进系统数值差异分析器（System Improved Numerical Differencing Analyzer，SINDA）的计算机模拟规范的过程。TSS 用来决定辐射交换因素。表面区域与发射率将这些交换因素翻倍后，它们就成了辐射电导，辐射电导输入到 SINDA 规范，在 SINDA 规范中计算出来稳定状态温度。

　　MMRTG 系统性能模型在任务初期采用 125 W 的输出功率作为总体热平衡分析的输入（高于指标要求的 100 W）。在 14 年里所有的功率损耗小于 25%，热源年衰减率为 0.8%/年，且其衰减引起温场衰减为 0.5%/年，功率损耗的 16% 是由于自然的燃料衰变，8.5% 是由于热电器件衰减。图 10 - 15 显示了产生平均 191 ℃ 的翅片根温度所需的翅片与罩温度。

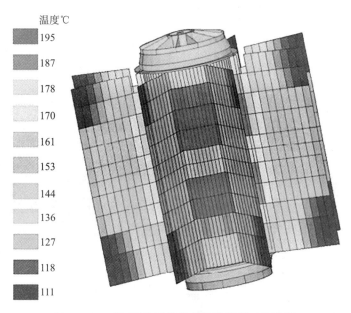

图 10-15　罩/翅片温度分布基准案例（见彩插）

基准设计性能是用火星日间温度（−103～−3℃）来进行评估的。动力性能对火星白天/晚上周期并不敏感，白天与晚上功率输出只有小于 3 W 的差别。任务初期的基准性能据称是假定在火星正午最糟糕的热环境下得出的。另外，已经报道过的系统退化假定系统在一个生命周期中都在最坏的热环境中运作。但是，热电整合平均温度是关于任务环境的一个函数。对于火星上的任务而言，火星夜间的低温条件可以减少 MMRTG 在任务中的性能退化，提高了 EOM 的功率输出。与火星分析相同，发电机性能数据用来评估外行星任务的系统性能，这些性能是在温度从接近地球的−23 ℃到外太空的−233 ℃得出的。

对于在空中储存的情况，使用自然的对流和向环境中热辐射来评估对 MMRTG 的反应。已计算出的稳定态的温度分布表明在 40 ℃的空气环境时翅根温度维持在 159 ℃。这一值比设计操作点低了 32 ℃。基于这一翅根温度，所有的其他模块范围内的温度限制仍然在可接受的限制之内。如果 RTG 的配置短路，那么热接口温度就会比供电时配置的温度更低。所以 MMRTG 工作环境中的热电退化也会减少。

10.3.4　耐低温锂离子电池技术

Yardney 公司的第七、八代电池使用在 2009 年的 MSL 上，这两组锂离子电池的电压为 28 V，电流为 23 A，隔离并联。图 10-16 是电池正准备进行电子与环境测试。

为了经受住发射环境，Yardney 公司提出使用一个棱柱形的锂离子电池，这样电池就可以紧紧地不留空隙地在一起。Yardney 电池最有创新的设计参数在电池内部。Yardney 公司只选用测试最好的原材料与加工过程生产电池极（阳极和阴极粉末、箔、剂等）。在加工这些材料的过程中使用了纳米技术，从而产生了关键的表面区域与零件配置，以此实现突出的性能。为装载电子，Yardney 使用电解液，它能允许电池继续工作，甚至当它暴

图 10-16　电池正准备进行电子与环境测试。

露在大部分电池都会冻住、电子流停止流动的环境下，也能继续工作。图 10-17 为进行热分析以决定加热器大小。

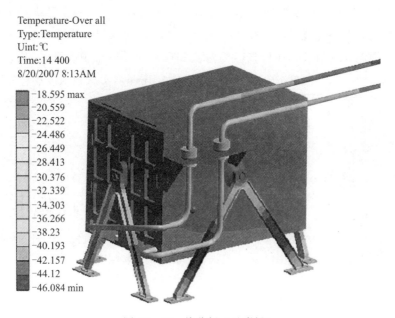

图 10-17　热分析（见彩插）

　　为了 MSL 计划，电池设计要创新，加工过程也要创新。电池盒承担着电池约束系统与部分电池支架系统的作用。这就要求一次性地将电池摆放、压缩，然后小心地安装到电池盒里。这样做最大的好处是没有了侧夹、压板、电池与支架硬件，从而减小了重量。

第 11 章 　 热控分系统

11.1 　 功能与组成

11.1.1 　 功能

MSL 整个任务包括以下四个阶段：发射阶段、巡航阶段、EDL 阶段、火星表面巡视探测阶段。

在发射阶段，火星探测器所经历的热环境与地球轨道卫星面临的热环境可以认为基本是相同的。火星探测器从进入地球轨道，再到地火转移巡航和环火飞行，整个巡航阶段和地球轨道卫星面临的宇宙冷黑背景也是一样的，可认为是 4K 的黑体环境。虽然深空环境为高真空度环境，相比地球轨道真空度要高得多，但从传热学角度来看，这种幅度的真空度变化对探测器的传热学影响可以忽略，因此其真空环境也可认为是相同的。但是在巡航阶段，由于火星、地球和太阳特殊的相对位置，火星探测器受到的外热流与地球轨道卫星有很大不同。探测器在从地球轨道向火星轨道转移过程中，主要受到太阳辐照的影响。在巡航阶段的前 100 天，太阳辐射强度从近地轨道平均约 1 400 W/m^2 减小到大约 870 W/m^2，到接近火星时，太阳辐射强度降到约 580 W/m^2。在火星轨道上，太阳辐射强度变化为 ±19%，火星的太阳反照率与地球相似，在赤道附近为 0.25～0.28，并且随纬度的增高而增大，最高为 0.5。在巡航阶段，太阳矢量与探测器的机械坐标系 Z 轴垂直，基本与探测器旋转轴一致。这种探测器飞行姿态直接影响了其外露部件的温度，如太阳电池阵。图 11-1 给出了巡航阶段太阳辐射强度及太阳矢量与探测器夹角的变化情况。同样在巡航阶段，另一个显著的热负荷来自 MSL 使用的 MMRTG。安装于巡视器尾部的 MMRTG 在产生110 W 电能的同时，也持续释放约 2 000 W 的废热，这就给处于探测器内部密闭空间内且临近 MMRTG 的电子设备、仪器和推进系统带来了额外的散热方面的难度。当然，在巡航阶段早期，MMRTG 产生的废热要比探测器吸收的太阳辐照热量小一个数量级。探测器最后一个热负荷来自探测器内部分布的电子仪器及通信设备，在不包括热补偿加热功耗情况下，探测器总热耗大约在 500～600 W 范围内。

在 EDL 阶段，对于采用大气制动方式再入预定轨道的探测器再入舱，其壳体表面与火星大气产生强烈的摩擦，会造成十分严重、恶劣的气动力热效应，其表面热环境十分复杂，必须采取特殊的热防护设计。

在火星表面巡视探测阶段，巡视器要经受火星表面热环境的考验。火星表面昼夜温差达到约 100～150 ℃，夜晚两极地区最低温度约为 -132 ℃，正午赤道附近温度约为 +28 ℃。火星表面环境影响因素主要包括巡视器着陆点的纬度、经度、地表热特性、大

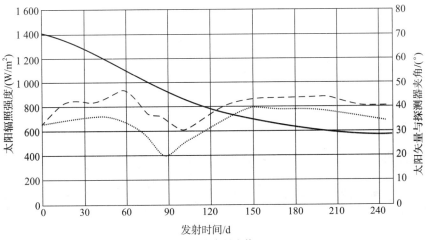

图 11-1　巡航阶段太阳辐射强度及太阳矢量与探测器夹角的变化图

气中灰尘含量和着陆点高度。如果采用太阳电池阵提供能源，则着陆在赤道附近所能提供的能源最大。火星地表热特性（表面辐射特性和热容）决定了受光照表面能够吸收的太阳能及昼夜期间储存与散失的能量比。大气中灰尘含量会直接影响到达地面的太阳能，并影响天空辐射背景温度和大气温度，火星表面的沙尘暴则会严重影响巡视器表面材料的辐射性能。此外，风速也是影响巡视器热控设计的重要因素，据美国海盗 1 号和海盗 2 号着陆器的探测，火星表面最高风速可达 20 m/s。图 11-2 显示了在极端高温条件下，火星表面环境在一昼夜的温度变化（CO_2 气压为 1 kPa 或 8 Torr）。可以看出，大气环境和地表温度变化趋势相似，且最低温度基本一致。在极端低温条件下，大气环境和地表最低温基本一致，约为 −125 ℃，此时天空辐射背景温度约 −190 ℃。

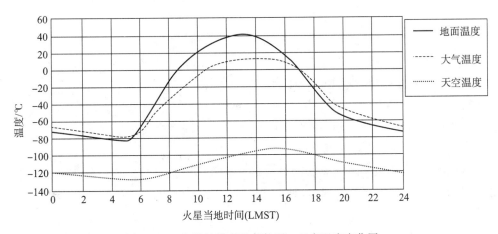

图 11-2　火星极端高温条件下，昼夜温度变化图

根据 MSL 的任务规划，巡视器需要在火星南北纬 60° 范围内开展巡视探测活动。表 11-1 是巡视器的工作环境——火星表面南北纬 60° 范围内的极端环境条件参数表。

表 11 - 1　火星表面环境参数表

条件	极端热环境	极端冷环境
地点	南纬 15°	北纬 60°
季节	火星夏季	火星冬季
直射太阳辐射通量/(W/m²)	580	0
散射太阳辐射通量/(W/m²)	104	0
火星表面温度/℃	31	-123
火星表面反射率	0.8	0.8
大气温度/℃	5	-123
天空辐射背景温度/℃	-101	-150
大气压力/kPa	0.67	1.34
表面风速/(m/s)	0	30

　　热控分系统的任务与功能就是应对整个火星探测任务所遇到的恶劣环境，解决探测器在复杂外热流环境、多种工作模式下的温度控制问题，保证所有的仪器设备及有效载荷都能在适宜的温度范围内正常工作。

11.1.2　系统组成

　　MSL 热控系统提出了主、被动热控措施相结合的解决思路，采用了以两套泵驱动流体回路热排散系统为核心骨架，辅以加热器、多层隔热组件等被动热控措施，对气动壳体采用烧蚀隔热材料特殊设计的系统设计方案。通过流体回路和 MMRTG 相结合的设计途径，使整个探测器的热管理系统更加灵活，具有较强的环境适应能力，整个 MSL 热控系统的框架如图 11 - 3 所示。

　　1）巡航级流体回路热排散系统，主要用于整个探测器在巡航阶段的热量调控管理，通过收集 MMRTG 持续产生的废热及巡航级、下降级和巡视器仪器设备的工作热耗，输送至探测器温度较低的地方给予热量补偿，并将多余的废热通过巡航级热辐射器，排散到外部空间。对于无热源且流体回路无法实施的部位，例如推进系统，则采用隔热独立热控措施，外部包覆多层隔热组件并设置补偿加热回路。在飞离地球轨道 8 个半月后，开始 EDL 阶段前，巡航级热排散系统完成工作使命，随巡航级与探测器整体分离。

　　2）在再入舱壳体迎风面设计隔热罩，在气动壳体其他不同部位的外表面，根据气动力热 CFD 仿真分析结果，采用不同的轻质烧蚀防热材料，以满足再入舱在 EDL 阶段的热防护需求。

　　3）巡视器流体回路热排散系统，主要用于巡视器在火星地面巡视探测阶段的热量调控管理。低温工况下，利用 MMRTG 产生的废热对仪器设备进行补偿加热；高温工况下，通过流量控制阀，自动增大通过冷板的流量，利用冷板作为辐射器进行散热。

　　4）巡视器上的电子设备安装在设备安装板（RAMP）上，并通过钛支撑结构安装在巡视器顶部甲板上。由于巡视器流体回路可以主动地把底盘周围的热量转移到需要的地方或者消散掉，大大降低了巡视器仪器舱的隔热要求，减小了热控系统受机械结构和构型布局的影响，使得巡视器仪器舱不必加太多的隔热材料而仅仅利用约 1 in 厚的低压气体层（CO_2）就能满足隔热要求。对于锂电池，采用额外的补偿加热器以满足其更窄的温度范围要求。巡视器热控系统构架如图 11 - 4 所示。

5）热控系统除流体回路外，为了保证巡视器在夜晚无法回收舱内且不宜布置流体回路的外露部件工作温度，如相机、驱动机构等，还采取了其他一些独立的热控措施，如设置补偿加热器，在工作前将其预热至最低允许工作温度之上等。

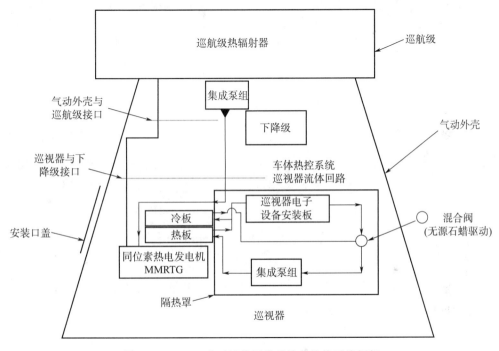

图 11 - 3　MSL 基于流体回路系统的热控系统框架

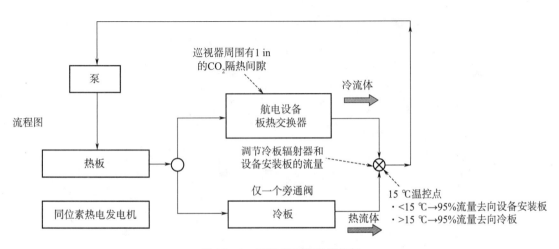

图 11 - 4　巡视器热控系统构架

热控分系统主要包括：集成泵组、温控阀等阀门、管路及辐射器、加热器、铂电阻等测控温元器件、机械控温器、隔热材料、热控涂层等。

图 11-5 给出了巡航阶段前 200 天 MSL 各部位的平均温度。图 11-6 和图 11-7 给出了巡视器在火星表面巡视探测阶段，电子设备安装板的温度。其中图 11-6 是在低温基准工况下，即在火星表面纬度 60°地区、火星冬季的低温环境下，巡视器电子设备安装板的昼夜温度变化图。由于巡视器处于无光照环境，其电子设备安装板的温度变化较小（一昼夜小于 15 ℃），主要由设备热耗引起，昼夜温差波动小对于电子设备长寿命性能是非常有利的。由图可见，电子设备板最低温度不低于 -25 ℃，距离其许可工作温度的下限 -40 ℃ 还有一定的余量。

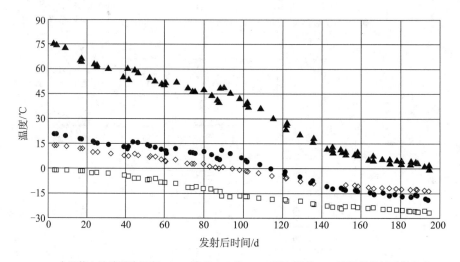

图 11-5　巡航阶段前 200 天 MSL 各部位的平均温度

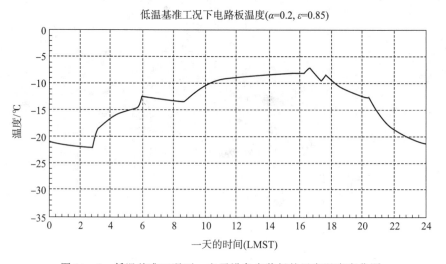

图 11-6　低温基准工况下，电子设备安装板的昼夜温度变化图

　　图 11-7 是在高温基准工况，即在火星表面南纬 15°地区、火星夏季的高温环境下，巡视器电子设备安装板的昼夜温度变化图。由于受到太阳光照环境变化较为剧烈的影响，电子设备安装板的温度波动比在低温环境中要大得多。电子设备安装板昼夜温差只有 20 ℃，是因为在夜晚通过流体回路对其进行了热补偿，减弱了环境温度的波动影响。电子设备安装板的最高温度约为 30 ℃，距离最高允许工作温度还有 20 ℃的余量。总之，通过采用有效的热管理措施，无论是在高温环境下，还是在低温环境下，都能保证巡视器电子设备安装板的昼夜温度在 -40～+50 ℃，且温度波动小于 60 ℃的指标要求。

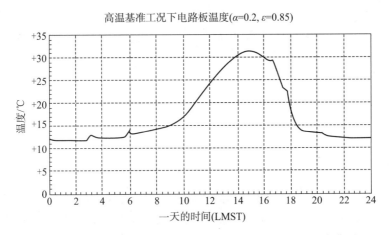

图 11-7　高温基准工况下，电子设备安装板的昼夜温度变化图

11.2　主要技术指标

　　热控系统要保证探测器的所有仪器设备及有效载荷，在任何工作模式及环境条件下，均处于其要求的温度范围之内，具体要求如下：

　　1）一般设备工作温度 -40～+50 ℃，储存温度 -50～+70 ℃；

　　2）锂电池工作温度 -20～+30 ℃；

　　3）机械臂工作温度 -110～+50 ℃，储存温度 -128～+50 ℃；

　　4）舱外相机工作温度 ≥-55 ℃，储存温度 -128～+50 ℃；

　　5）驱动机构工作温度 ≥-55 ℃，电机工作温度 >-75 ℃，中心齿轮到外壳的径向温差梯度 <15 ℃；储存温度 -130～+40 ℃。

11.3　关键技术解析

11.3.1　EDL 阶段气动热防护技术

11.3.1.1　TPS 设计难点

　　MSL 再入系统需要将质量大于 900 kg 的巡视器送入火星表面，要求着陆椭圆误差保持在 10 km 以内。再入舱再入火星大气时速度可达到几千米每秒，经过再入、下降过程后，再入舱速度降低到接近于零。再入下降过程中，再入舱巨大的动能主要通过与火星大气摩擦转换成热能，这对再入舱的防热设计提出了极大挑战。EDL 阶段主要使用气动壳体、降落伞和下降级（空中吊车）减速。再入舱再入火星大气时以超高声速飞行，再入舱的锥形底板与火星大气摩擦，此过程中升阻比为 0.24，攻角为 16°，再入舱在此阶段将承受最恶劣的热环境。当再入舱速度降到超声速阶段后，隔热罩被抛弃，降落伞打开以进一步对再入舱进行减速，而后抛掉后盖，通过空中吊车的反冲发动机将速度降到接近零。

MSL 再入舱与火星表面大气之间的相互作用将消耗掉再入舱初始动能的 99%，消耗的动能大部分转换成热量。MSL 的防热系统（Thermal Protection System，TPS）需要合理的系统方案设计及选择合适的防热材料来保护再入舱内部装置，使其免受火星大气层气动热影响与破坏。

为了解决防热问题，MSL 使用了与之前成功任务相类似的刚性气动壳体和 TPS。海盗号是最先选择 70°半角球形钝化锥前体形状的探测器，因为该外形保证了弹道系数低（m/CDA），并且足够稳定，可以尽量减少控制系统的使用。海盗号之后的美国火星再入舱都是使用这一前体形状，图 11 - 8 及表 11 - 2 给出了历次火星任务再入轨迹及再入舱对比。可以看出，MSL 比以往任务具有更大的尺寸和质量，这使得 MSL 再入火星大气层的历程更具有挑战性。首先，MSL 的高轨道系数要求在更深的大气层内仍然维持速度，导致了更高的气动热和结构负载。其次，MSL 的大面积隔热罩增大了产生湍流过渡区的可能性。最后，由于 MSL 为了获得期望的升阻比（Lift - to - Drag ratio，L/D）参数而采用了更大的攻角飞行，这进一步加剧了湍流边界层导致的气动热负荷。

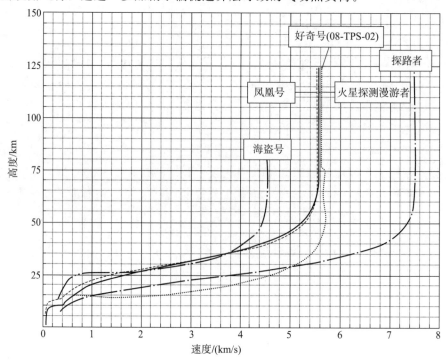

图 11 - 8　历次火星任务再入轨迹对比

表 11-2 历次火星任务再入舱对比

火星任务	海盗1号和2号	探路者	勇气号和机遇号	凤凰号	好奇号
形状					
直径/m	3.51	2.65	2.65	2.65	4.5
再入质量/kg	981	585	840	573	3 380
再入速度 V_∞/(km/s)	4.5	7.6	5.5	5.5	5.6
再入角度 γ/(°)	−17	−13.8	−11.5	−13	−14～−15.5
着陆质量/kg	603	360	539	364	830+775
高超声速 β_m /(kg/m²)	64	62	95	62	146
高超声速 α_{trim}/(°)	11	0	0	0	16
高超声速 $(L/D)_{trim}$	0.18	0	0	0	0.24
热通量峰值处是否有湍流层？	No	No	No	No	Yes
热通量峰值/(W/cm²)	22	118	48	55	197
气动压力峰值/atm	0.10	0.20	0.10	0.08	0.37
防热系统	SLA-561V (0.5 in)	SLA-561V (0.75 in)	SLA-561V (0.62 in)	SLA-561V (0.55 in)	PICA (1.25 in)

出于 TPS 设计及鉴定目的，在气动热力学环境参数中，一般重点考虑以下 5 个参数：焓、热通量、总热负荷、峰值压力以及剪应力。对再入舱的 CFD 仿真分析如图 11-9 所示，图 11-10 和表 11-3 给出了隔热罩的极端环境条件，其中热通量、剪应力和压力是根据 08-TPS-02a 轨道条件计算的，总热负荷是根据 08-TPS-01a 轨道条件计算的。给出的条件中未考虑不确定因子。由于热通量和剪应力的最大值出现在相近区域，位于背风面的肩部区域，这对于该区域 TPS 材料的性能提出了严峻的考验。并且高剪应力对表面烧蚀防热材料存在机械破坏效应，而且这种作用还不能被目前的仿真工具很好地预测，这就需要通过设计有效的地面试验来保证飞行的可靠性。

由于尾部流场建模困难以及相关飞行和地面试验数据的缺乏，再入舱后部壳体的热流预测不确定性大于前体热流预测的不确定性，图 11-11 为 MSL 后部壳体中心线热流分布预示图，最大热流轨迹在峰值气动压力条件下，其中考虑了大约 200% 的不确定性。同时，后部壳体上安装的姿态控制系统（Reaction Control System，RCS）发动机在再入阶段点火工作，其产生的羽流流场，使得后部壳体的热环境更进一步复杂化。图 11-12 给出了 RCS 发动机点火工作时的后部壳体热流场。发动机羽流阻碍了迎面而来的超声速流而形成了马蹄形旋涡。该旋涡对后部壳体部分表面产生了明显的作用，导致局部表面热流的提高。

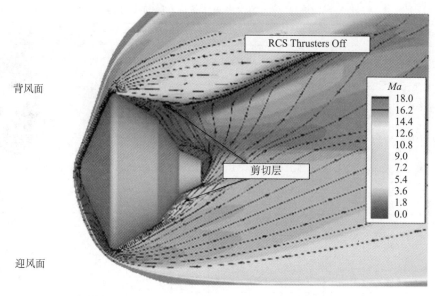

图 11 - 9　MSL 再入火星大气时 CFD 仿真（见彩插）

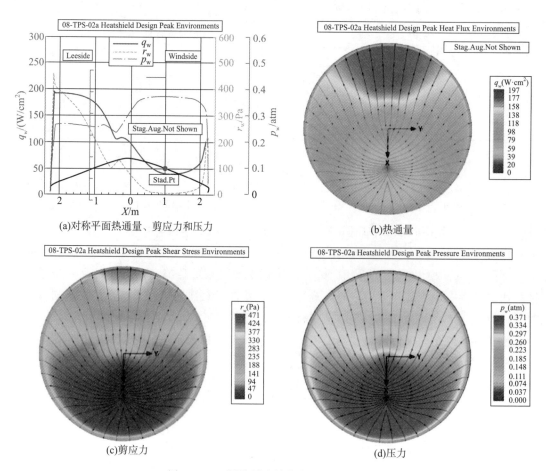

图 11 - 10　隔热罩力热分布图（见彩插）

表 11 - 3　隔热罩设计环境条件

位置	Peak q_ω / (W/cm^2)	Peak τ_ω /Pa	Peak p_ω /atm	Q_ω /(J/cm^2)
最大热通量	197	444	0.262	5 477
最大剪应力	178	471	0.227	5 054
最大压力	45	10	0.371	2 219
背风面侧翼($X = -1.8$ m)	191	372	0.268	5 224

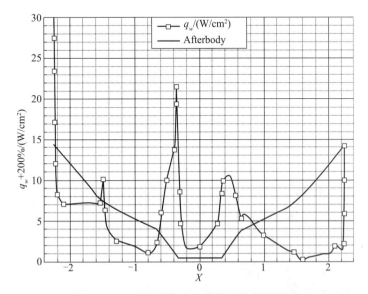

图 11 - 11　后部壳体中心线热流分布预测图

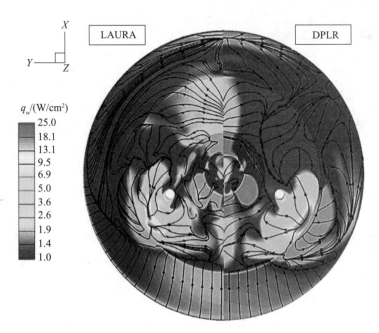

图 11 - 12　极端气动压力环境下，RCS 发动机点火时，后部壳体热流分布（见彩插）

根据仿真分析结果，后部壳体各个部位的设计环境条件见表 11-4。

表 11-4　后部壳体各部位设计环境条件

位置	Peak q_ω /(W/cm²)	Peak τ_ω /Pa	Peak p_ω /atm	Q_ω /(J/cm²)
隔热罩/密封后盖	6.3	36	0.005	377
后盖髋部	5.2	28	0.009	245
后盖接口板	7	23	0.005	174
降落伞收放筒边缘	13	93	0.013	499
降落伞收放筒盖（密封）	6.5	46	0.006	250
倾斜低增益天线/降落伞低增益天线天线罩（密封）	23	162	0.019	873

11.3.1.2　TPS 方案概述

MSL 的气动外壳的主要作用是执行飞行系统的初始空气动力减速（空气制动）及保护其内部的下降级/巡视器免受气动加热热流影响，其主要结构由隔热罩（Heatshield），后盖（Backshell），后盖接口板（Backshell Interface Plate，BIP），降落伞支撑结构（Parachute Support Structure，PSS）和 TPS 等组成，如图 11-13 所示。

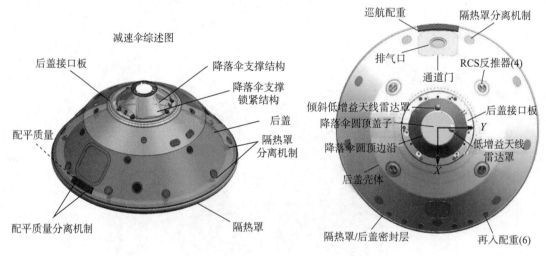

图 11-13　气动外壳的主要结构组成

气动壳体的 TPS 主要设计方案为，隔热罩采用 1.25 in 厚的 PICA 防热材料，后盖采用 0.5 in 厚的 SLA-561V 轻质防热材料，后盖接口板和降落伞支撑结构采用 Acusil Ⅱ 防热材料，其中降落伞收放筒（Parachute Closeout Cone，PCC）外表面出于减重和天线通信的目的，其表面防热材料厚度根据不同环境条件进行设计，如图 11-14 所示。

隔热罩是 MSL 在气动减速过程中抵御压力、热流及剪应力的最主要部件，其主结构采用铝蜂窝芯及石墨聚氰酸复合材料承受压力作用，结构外表面采用烧蚀防热材料以抵御

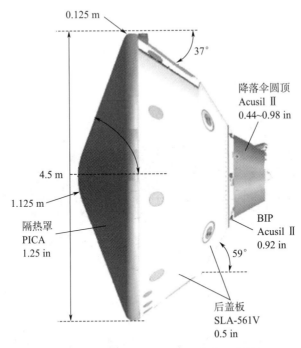

图 11 - 14　气动外壳的 TPS 构成示意图

气动热流及剪应力。MSL 隔热罩 TPS 初始设计沿用 MPF 和 MER 等火星探测器上所采用的 SLA - 561V 防热材料。SLA - 561V 是由洛克希德·马丁公司生产的，一种低密度（≈256 kg/m³）、基于含酚醛微珠硅树脂黏合剂的软木复合材料，图 11 - 15 为 SLA - 561V 烧蚀材料与结构试件。考虑到 MSL 气动热环境的严酷性超过了以往任务，因此对其进行了一系列额外的鉴定试验。SLA - 561V 最终未能通过一项关键的电弧喷射试验，该试验在确保试验焓值条件与实际飞行条件一致的情况下，适当降低了最高热流和剪应力条件。SLA - 561V 材料在该项试验中烧蚀速度达到了预测值的 20～50 倍。录像显示几秒钟内蜂窝板外侧的 SLA - 561V 材料就已经烧蚀完毕。

　　最终，设计团队从一系列备选材料中，选择了最初用于星尘任务的 PICA（Phenolic Impregnated Carbon Ablator）材料作为隔热罩的防热材料，样品如图 11 - 16 所示。PICA 是由 NASA 艾姆斯研究中心于 20 世纪 90 年代早期开发，由 Fiber Materials Inc 生产的 FiberForm 纤维状碳基板浸渍酚醛树脂后形成的。PICA 随后通过了所有严格的结构与鉴定试验，试验项目如图 11 - 17 所示。由于制造尺寸限制等原因，PICA 以隔热瓦形式分块胶粘在隔热罩上，共使用了 27 种不同形状的 113 片 PICA。黏合材料 RTV560 被用来将隔热瓦粘贴在隔热罩结构上，以及填充隔热瓦之间的缝隙。在考虑所有热分析结果和不确定因素下，为了保证黏接面温度不超过 250 ℃，PICA 的厚度需要为 0.94 in，同时考虑额外的 0.31 in 厚以减小气动热力学预计和材料性能等的潜在风险，所以最终 PICA 的设计厚度为 1.25 in。图 11 - 18 为 PICA 隔热罩的最终产品状态。

图 11-15　SLV-561V 烧蚀材料与结构试件

图 11-16　PICA 样品

MSL 任务因故将发射时间从 2009 年推迟到 2011 年，经过分析，推迟发射最大的影响是再入舱的再入速度将由 5.63 m/s 增加到 5.90 m/s，隔热罩需承受的热环境条件变化见表 11-5。经过分析后，由此需要增加的 PICA 厚度为 0.07 in，仍然在设计余量可接受范围内，因此未对其厚度进行更改。

电弧喷射测试	
层流	67
湍流	12

粘结隔热材料	
梁弯曲（热，冷，常温)	98
极端热环境下梁弯曲	60

PICA材料性能测试	
拉伸	660
热导率	432
热重量分析	324
密度	540

冲击损伤验证	
面板冲击	78

再入舱PICA性能	
圆顶热真空	1
圆顶压差	1
圆顶破坏性评估	1
肩部无损评估	1

粘合过程分析与验证	
短梁剪切	231
平拉	122
梁弯曲	20

隔热罩飞行件验收	
热真空	1
声学	1

冲击敏感性	
多轴效应	9

图 11 - 17　PICA 结构与鉴定试验项目

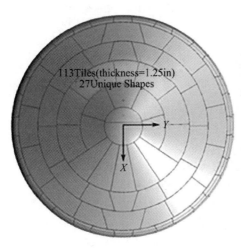
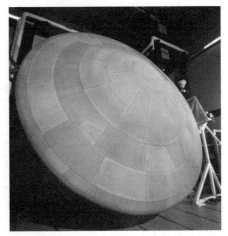

图 11 - 18　MSL 的 PICA 隔热罩

表 11 - 5　2009/2011 发射窗口，隔热罩设计环境条件对比

位置	Peak q_w /（W/cm^2)	Peak τ_w /Pa	Peak p_w /atm	Q_w /（J/cm^2)
最大热通量	197/226	444/446	0.262/0.243	5 477/6 402
最大剪应力	178/203	471/490	0.227/0.209	5 054/5 895
最大压力	45/48	10/5	0.371/0.332	2 219/2 042
背风面侧翼（$X=-1.8$ m)	191/220	372/392	0.268/0.246	5 224/5 976

由于 BIP 和过程控制系统上安装有 UHF 天线，因此选择在其外表面涂覆 Acusil Ⅱ 材料。Acusil Ⅱ 是一种硅泡沫材料，由 ITT 公司生产，这是一种具有 RF 穿透性能的防热材料，普遍用于导弹上的天线防热。

11.3.2　流体回路系统技术

11.3.2.1　巡航级流体回路系统

在巡航阶段，MSL 使用巡航级流体回路，除了吸收 MMRTG 的热量，流体回路也吸收电子设备释放的热量，并在巡航级将废热传递给辐射散热器，将热量排放到太空中。整个过程中流体回路传输的热量非常大，比 MPF 和 MER 使用的流体回路高一个数量级，并且工作温度也更高。为了维持 MSL 仪器设备及 MMRTG 处于恰当温度，需要使用大约 $6\,m^2$ 大小的辐射散热器。辐射散热器由 1.5 mm 的铝蒙皮构成，并与流体回路散热管路形成一体。由于电子设备的工作温度范围比 MMRTG 低很多，因此流体工质在进入 MMRTG 前，首先流经巡航级、下降级及巡视器，以提供温度较冷的工质给电子设备，巡航级流体回路系统原理图如图 11 - 19 所示。巡航级构型如图 11 - 20 所示。

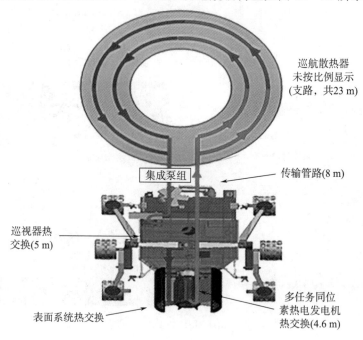

图 11 - 19　巡航级流体回路系统示意图

在巡航阶段极端高温环境下（近地轨道区域），辐射器出口工质温度约为 10～15 ℃，首先进入电子设备安装板吸收大约 150 W 的热量；然后流入 MMRTG 翅片上的管路，吸收大量废热（约占 MMRTG 的 2 000 W 废热的 80%），其出口温度约为 70 ℃，最后进入巡航级辐射器，辐射器表面温度比其内部工质温度大约低 20 ℃。MMRTG 废热的剩余部分，约占 20%，则通过辐射直接排放到低温的后壳体和隔热罩区域。由此，MMRTG 温度将控制在 50～75 ℃ 区间。

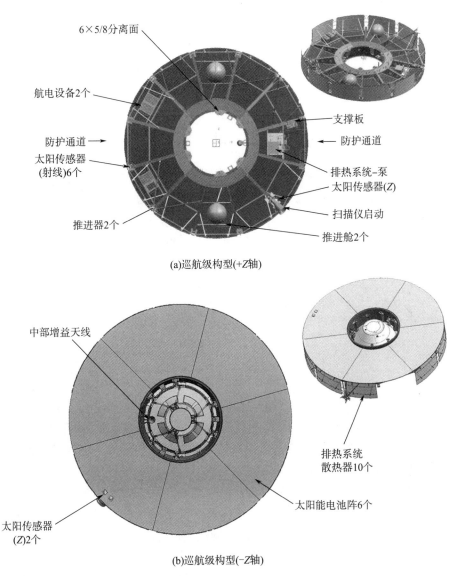

(a)巡航级构型(+Z轴)

(b)巡航级构型(-Z轴)

图 11-20　巡航级构型图

在 EDL 阶段开始之前，巡航级的流体回路被断开，巡航级流体回路包括泵组件和着陆器流体回路分离。流体回路与外部辐射器的分离迫使 MMRTG 仅依靠自身的热容量吸收大量自身废热，导致其在大约 40 min 的 EDL 阶段中，温度逐渐升高。在此阶段限制 MMRTG 的最高温度和临近部件的温升很重要，这就需要仔细研究 MMRTG 与临近区域部件的热耦合关系。因此，为了保证 MMRTG 本体温度低于其设计上限 200 ℃，并且确保 MMRTG 换热器，即热板与冷板的温度低于 100 ℃ 以防止其内部回路工质沸腾，在巡航阶段不工作的巡视器流体回路系统在 EDL 阶段需要启动。当回路工质升温超过温控阀控温点时，温控阀自动将回路工质直接全流量旁路到冷板，而不经过巡视器电子设备安装板，这使得热板从 MMRTG 吸收的热量直接传输到冷板，并排放到相对更冷的再入舱后壳体及隔热罩去。同时，MMRTG 的热量也会通过未被热板换热器遮挡的区域，直接排放到后壳体和隔热罩中。MMRTG 及热板/冷板在 EDL 阶段的温升如图 11-21 所示。

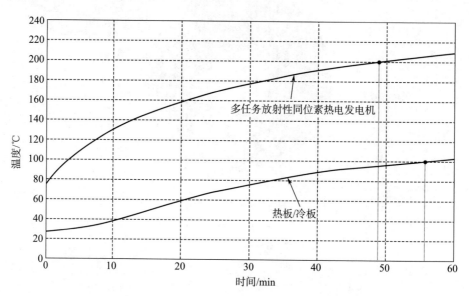

图 11-21　EDL 阶段 MMRTG 及热板/冷板温升图

　　流体回路管路是由铝或不锈钢制作而成的。需要热量传导之处，使用铝管，如 MMRTG、巡视器和散热器上的管路；不需要热传导之处，如巡航级与车体及 MMRTG 的连接管路，使用不锈钢管路。这是由于不锈钢抗腐蚀性比铝强，但是热传导能力较差。辐射散热器的外表面热控涂层使用的是特氟龙镀银带（Silver/Teflon Tape），将太阳热辐射作用最小化。这点非常重要，因为散热器面积很大，太阳吸收率的大小会对探测器吸收的总热量产生较大影响。与常用的白漆热控涂层（吸收率 0.3）相比，特氟龙镀银涂层的吸收率更低（约 0.12），能极大地减少吸收太阳热流。图 11-22 给出了巡航级流体回路系统管路与巡视器流体回路系统管路的分布。

　　巡航级流体回路系统中，工质 CFC-11 的流速约为 1.5 L/min，总流阻小于 25 kPa。流体回路并联使用了与 MER 相同的两个集成泵组（Integrated Pump Assembly，IPA）来提供回路动力。每一个 IPA 包括 1 台主份泵和 1 台备份泵，但是同一时间只有 1 台泵工作。辐射散热器中的流体管路分为并行的两条支路，以减小系统流阻。这是因为整个回路系统的管路全长约 40 m，其中辐射器管路长度占了超过 50% 的长度。辐射器管路的肋效率（fin efficiency）约为 80%。整个回路的管路外径为 9.5 mm，壁厚为 0.9 mm。

11.3.2.2　巡视器流体回路系统

　　巡视器热控系统采用和巡航级热控系统类似的设计方案，硬件主要包括一个 IPA、一个补偿器、长度较大的流体管道和换热表面。其工作原理图如图 11-23 所示。流体回路通过热板（Hot Plate）吸收 MMRTG 的热量。在火星表面巡视探测阶段，混合阀将关闭旁路，使得回路工质全流量进入热板，这就尽可能地降低了工质在热板内沸腾的可能性，

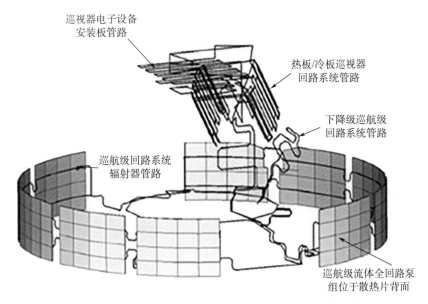

图 11 - 22　巡航级流体回路系统管路与巡视器流体回路管路分布图

因为工质如果被旁路分流，热板中的液体工质将因流量太小无法带走足够的热量，而导致沸腾，造成传热失效故障。

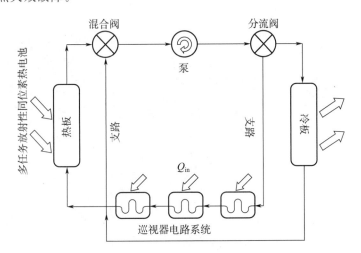

图 11 - 23　好奇号流体回路系统工作原理图

一个无源温控阀（由石蜡驱动）根据工质的温度，将流经热板的流体分流进入冷板和巡视器电子设备安装板。在热环境中，当工质温度高于 15 ℃（设定的控温温度）时，电子设备板被绕开（只有 5% 的流体通过），95% 的流体进入冷板支路。冷板充当着散热器功能，将从热板吸收的热量排放到空间中去。此时回路系统中最高温度处（热板）CFC - 11 的最高温度约为 100 ℃，离工质的沸点温度留有 30 ℃ 的余量。该方案满足了对于回路系统压力大约 1.36 MPa 时，CFC - 11 温度应小于 100 ℃，以防止其沸腾的设计要求。在热环境下，航天电子设备安装板需要依靠被动漏热方式（Passive Heat Leaks）将电子设备产生的部分热量释放到外界环境中去。在冷环境中，即工质温度低于 15℃（设定的控温温度）时，温控阀将 95％的工质分流至航天电子设备板支路，来补偿设备在极端寒冷环境中（在南北纬 60°，—125 ℃）的热损失。只有 5％的流体通过冷板，使得整器的热损失最小化。此时，在冷板中，CFC－11 在小流量情况下的最低温度是—85 ℃，相对于 CFC－11 凝固点（—111 ℃），此回路系统设计有 30 ℃的余量，避免了工质的凝固。

　　同时因为火星风会过度冷却 MMRTG 和热板，MMRTG（车体对立面）的尾端设计有一个防风板，足以从各个方向阻止风，以最大化减小风的影响。

　　巡视器流体回路系统管路图如图 11－24 所示，回路工质流速为 0.75 L/min，流阻小于 25 kPa，使用与 MER 相同的集成泵组来驱动工质。巡视器流体回路系统管路材料采用铝，整个回路管路的外径为 9.5 mm，壁厚为 0.9 mm。

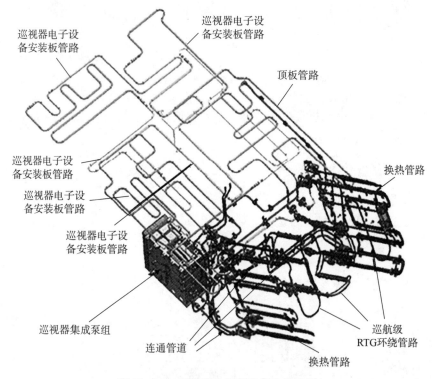

图 11－24　巡视器流体回路系统管路图

　　流体回路通过 RTG 热交换器来收集 MMRTG 的热量，即在 MMRTG 周围设计有热板，热量通过对流和辐射的方式传到热板上，热板上的一部分热量通过与热板上管路换热进入流体回路系统，另一部分将传递给背面的冷板，再通过对流及辐射排放到环境中。

　　图 11－25 所示为 MMRTG 与冷热板之间的构型示意图，图 11－26 所示为 MMRTG 附近的回路管路布局。

11.3.2.3　高温流体回路验证试验

　　巡航级和巡视器的流体回路均采用 CFC－11（氯氟化碳 11）工质。CFC－11 具有凝固点低、蒸汽压低、能与浸润材料如不锈钢和铝等长期相容、导热系数高、比热高、黏度

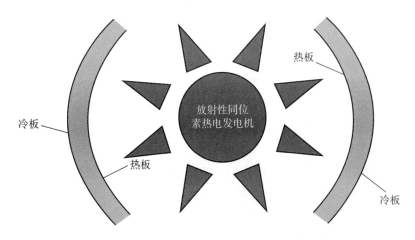

图 11 - 25 MMRTG 与冷板热板之间的构型图

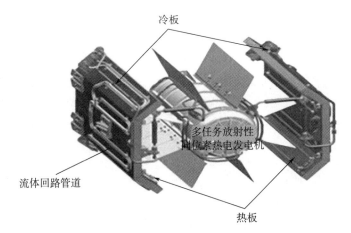

图 11 - 26 MMRTG 附近管路布局示意图

低、多余物少等优点。MPF 和 MER 都使用了 CFC - 11 作为流体回路工质,但 MPF 和 MER 任务中,CFC - 11 温度均在 50 ℃ 以下,对于 MSL 任务,由于 MMRTG 的存在,回路设计的工质最高温度约 100 ℃。有关前期任务的研究和测试均不能提供相关数据,证明回路组件与 CFC - 11 在高温下的长期相容性,因此需要额外进行一系列的验证试验来消除回路系统 1～3 年工作寿命期间高温情况下的风险。

需要完成的试验共分为三类。组件相容性试验:回路组件,尤其是管路组件,与 CFC - 11 在 100 ℃ 下的相容性;泵高温性能试验:在 100 ℃ 时,用 CFC - 11 作为工质的泵长期工作性能;全系统长寿命试验:飞行流体回路系统适当简化,但需包括所有回路组件及子系统的全系统长寿命验证试验,以了解在飞行回路系统中各子系统之间的协同匹配性。

(1) 组件相容性试验

回路系统的初始研制流程包括识别候选回路组件、这些组件在高温下的性能测试和材料相容性研究。期望 MSL 高温流体回路系统能够使用与 MPF、MER 探测器上回路系统相同的组件。这些组件包括 1 个或者更多的机械泵、温控阀、补偿器、过滤器、管路、辐射器、热交换器和回路排放系统。实验室验证试验被用于揭示工作高温环境下的潜在问题，以便于提出解决方法和对设计进行更改。与工质 CFC - 11 接触的所有回路系统管路（铝管、不锈钢管和两者之间的接口关节）样品充注 CFC - 11，并放置于 100 ℃ 的高温箱内。管路样品定期被取出进行测试，以了解工质和金属材料的长期性能退化趋势。

（2）泵高温性能试验

泵高温性能试验工作的开端是设计一个高温泵试验台。由 PDT 公司设计的（与用于 MER 任务同样设计状态）一台离心泵作为 MSL 任务的基线产品，用于本次试验。泵使用了 300 系列不锈钢并且设计适应于最高 100 ℃ 工作温度的 CFC - 11 工质。该泵在此最高温度时具有使水工质在小于 25 kPa 流阻下达到流速 0.75 L/min 的能力。为了本次试验效果，泵采用 O 形圈和法兰连接设计方案，使其可以在试验前后不需拆除即可进行检查。

一种高温试验装置被设计出来，用于监视泵在持续 100 ℃ 环境温度下的性能，如图 11 - 27 所示。试验台大规模使用了 9 mm 外径不锈钢管和大量阀门，使得单个组件可以从整个回路中隔离出来。一系列线圈状样本和阀门布置于回路中以允许回路的流径可以被改变。在每个线圈状样本的底部布置有一对阀门，以允许在不停止试验程序的情况下拆除样本。回路中布置有不锈钢过滤器，以去除工质中大于 25 μm 的多余物。该过滤器在试验后可以被拆除，以彻底分析其中被阻挡的微粒物质。垂直布置一个不锈钢油缸样件，采用氮气增压作为回路膨胀器使用。试验装置如图 11 - 28 所示。

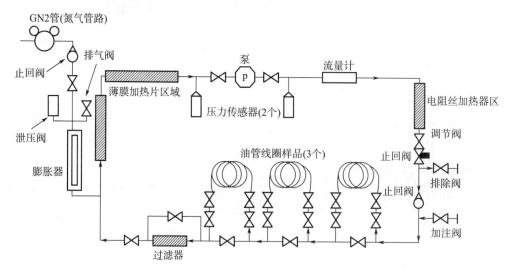

图 11 - 27　流体回路高温试验装置示意图

除了性能测试，组件在高温回路系统下的长期材料相容性也同时被监控。虽然回路系统设计中使用的是与 CFC - 11 相容的材料体系（如不锈钢、特氟龙），但是高温下的 CFC - 11 是一种有活性的溶液。因此，为了在系统中观察可能的腐蚀现象，定期对试验回路中的 CFC - 11 采样，并测试微粒、阴离子和金属溶解物等含量的变化。

图 11-28 高温泵试验台

11.3.2.4 关键单机概述

集成泵组（IPA）充分继承了 MER 任务设计经验，单体泵是一台流体润滑的、无刷机械泵，由电机、离心泵、电机驱动电路和限制工质流向的单向阀组成。泵组内使用两个泵以备不时之需，但在任何时候都只有一个泵工作。在任务过程中，为克服回路系统温度发生变化或少量泄露时，工质的体积变化，配置了一个金属波纹管补偿器。单向止回阀用来隔离工作泵和备份泵，以防工质回流。图 11-29 所示为巡视器 IPA 内部原理图。IPA 中的两个泵，均配置了独立的泵驱动控制器，为泵提供供电、控制及传感器测量。IPA 的输入功率（包括电子器件）为 10 W。

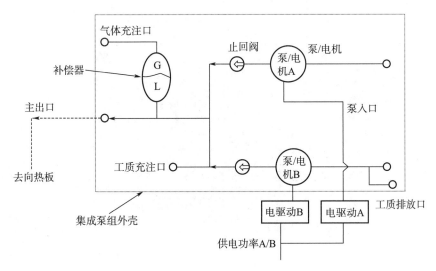

图 11-29 巡视器 IPA 内部原理图

　　图 11-30 所示为巡视器回路无源温控阀的组成示意图，包含石蜡驱动组件、止回阀和过滤器。过滤器设置于每条支路上，用来保护泵轴承不受工质中多余物的破坏。每个过滤器均并联了一个止回阀。当过滤器发生饱和或阻塞现象时，允许流体继续通过。

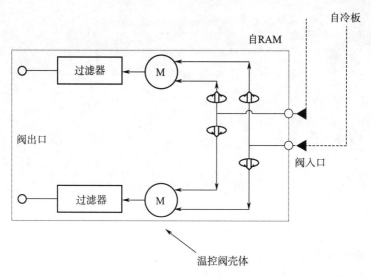

图 11-30　巡视器回路无源温控阀内部示意图

　　补偿器是一种气液设计装置，在流体和气体间使用一个金属波纹管作为阻隔。气体是干氮，流体是系统工质——Freon R-11。图 11-31 所示为波纹管完全展开位置的补偿器横截面。

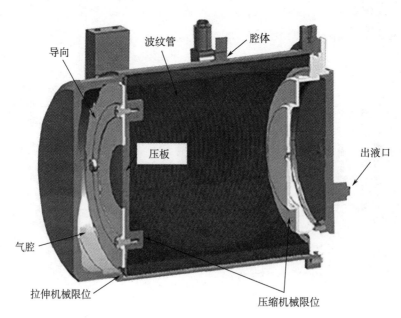

图 11-31　波纹管完全展开位置的补偿器横截面（最大流体容量，最大气压）

波纹管的自由端与压板连为一体。在压板上装配有较大外径的特氟龙导向盘，以减小波纹管与补偿器壳体之间的摩擦力。波纹管的作用是防止在最大液腔设计容量和最大气体压力下管路压力过大。随着工质不断从补偿器中流出，气体在压力作用下不断压缩波纹管，直到压缩机械限位生效为止。

11.3.3　关键部件热设计概述

11.3.3.1　SAM 热控设计

火星样本分析仪（SAM）热控设计难点是要在资源极其有限的条件下，满足设备各种加热和冷却的要求，其两大限制条件在于能源和体积。由于在 SAM 试验过程中，大量的气路管路（包括大量阀箱、部分不锈钢轮和镍管）会被加热至 135 ℃，因此控制高温管路的热量损失尤其重要。首先对漏热有巨大贡献的是火星自身大气。SAM 高温管路外表通过包覆多层隔热层，使得热对流和气体导热产生的漏热尽量减少。此外 SAM 的绝热处理还通过减小零部件外表面发射率和设计不同部件之间的二氧化碳气隙大小来实现。但是在严密装配的设备中寻找足够的气隙空间一般是不可能的，这一事实导致许多加热回路实际补偿功耗超过了预期。

火星大气和表面温度存在季节差异大、昼夜差异大的特点，不同的风力、大气浊度差异很大，巡视器外部散热器表面的灰尘沉积量在不同环境中的变化差异也很大。SAM 的主要散热面位于和 RAMP 的接口处。RAMP 是 SAM 和 CheMin 以及大多数巡视器电子设备的主要机械/热接口。RAMP 的温度由车体热控系统控制。热控系统是利用 RTG 产生的热量，来减少车体对加热器能量需求的泵驱流体回路系统。不断循环的流体回路也可以减小整个 RAMP 的温度梯度和瞬变现象。SAM 和其他装配在 RAMP 上的器件装在车体底盘内，以避免火星上的风和尘土。车体底盘外墙与 SAM 之间的二氧化碳气隙在低温环境中提供了良好的隔热效果。

SAM 中几个大热耗部件需要与优良的换热设备（如 RAMP）接触，主要包括射频电子电路（Radio Frequency Electronics，RF）、两个大功率泵（Wide Range Pumps，WRP）、可调激光光谱仪（Tunable Laser Spectrometer，TLS）的热电制冷器（Thermo Electric Cooler，TEC）、高电导陷波（High Conductance Trap，HC）热电制冷器、GC（Gas Chromatograph，GC - trap）陷波电路热电制冷器。主电子盒（Main Electronics Box，MEB）和 HC 热电制冷器底板也与 RAMP 有直接接触，并在 SAM 安装时使用导热界面间隙填充材料（NuSil CV - 2942）确保高效导热。射频电子电路通过密封退火热解石墨带（Encapsulated Annealed Pyrolytic Graphite，APGCtrap）与 RAMP 连接。SAM 其中的四个部件（TLS，WRP1，WRP2，GC TEC's）还设计有热管来传输热量。在火星表面，这些氨工质热管以重力辅助方式工作。

由于 SAM 装配在车体内部，不需要额外的加热器提供生存保温。但是，大量 SAM 部件在试验过程中需要主动加热，包括固态样本再入系统（约 120 ℃）、热解炉（从周围环境温度到 900～1 100 ℃）、大功率泵（WRP）（安全启动温度要高于 20 ℃）、TLS 赫里奥特电池（Herriott cell）（在至少−10 ℃的温度下精确测量）、主动气体管路（135 ℃或更高来保证从炉子高效传输有机物至 GC 和 QMS 设备）、HC‐Trap（快速闪烁到高于350 ℃）、GC 注入轨道（Injection Traps）（快速闪烁到约 350 ℃）、气相层析管（GC Columns）（从周围环境到110~250 ℃递增），还包括 QMS 离子源、水和二氧化碳洗涤剂和吸气剂等设备。

SAM 许多部件需要的高温超过了"标准"探测器热控制产品的限度，需要花大力气寻找和研究适合 SAM 使用的材料和成分。尽管使用了传统的蚀刻箔加热器为 TLS 赫里奥特电池和 SSIT 漏斗加热，但 SAM 气体传输路径的大部分加热器是使用 AeroRod BXX 加热器（ARI Industries）。这些以铬镍铁合金为外壳的铠装加热器既灵活又轻便（外直径为0.83 mm），并且可以忍受超过 500 ℃ 的温度。在 SAM 中，它们通常以螺旋形式包覆缠绕在部分管道上。在铠装加热器不合适的地方，则安装了简单的电阻丝加热器。这些加热器被 QMS 离子源区、GC 毛细管传输路线和洗涤剂使用。少部分 SAM 部件的加热器由脉宽调制（Pulse Width Modulation，PWM）方式控制，但是大多数在主电子盒中由电子开关控制。SAM 的加热器以高速控制（最好大于 1 Hz），比例积分微分控制（Proportional Integral Differential，PID）策略由飞行软件完成。在组件环境测试期间，无法为每一个加热器回路（如 PWM 和转换器）调整 PID 参数。

对于温度监测和控制，SAM 使用 60 余个温度传感器，包括铂电阻式温度传感器（RTD）（美国传感器 PPG501A1，500 ℃）、玻璃封装热敏电阻（YSI 45006 H 类型 10 kΩ和 44008 H 类型 30 kΩ 系列，250 ℃），和装配在板上的 AD590 装置。SAM 的最高温度部件（高温分解炉）使用铂合金线嵌入炉加热器，作为温度传感器。在测试试验中，需要进行特殊试验来对传感材料进行校准。

11.3.3.2　驱动机构热控设计

巡视器结构复杂，活动机构多，主要包括移动分系统车轮、机械臂、桅杆及其驱动组件等。热控分系统既要保证活动部件的温度满足设计指标要求，还要保证热控产品不与活动部件干涉。对于桅杆等夜晚需要收回的外露设备，可以利用舱内流体回路对其驱动组件进行加热，对于车轮等无法收回舱内的外露部件，采用独立的加热补偿设计来满足其驱动组件温度指标要求。

火星巡视器车上驱动机构的总数量为 32 个。其中，车体部分的驱动机构总数为 15，其中，移动系统有 10 个，远程遥感桅杆有 3 个，高增益天线系统有 2 个；SA/SPAH 中驱动机构的总数为 17，机械臂有 5 个，旋转冲击式钻机有 4 个，除尘工具有 1 个，CHIMRA 有 4 个，入口封盖模块有 3 个，如图 11‐32 所示。

加热回路的使用能够提高驱动机构的性能。驱动机构的加热需求如下：

1）所有大中型扭矩驱动机构的设计要求；

2）能加热热机编码器、制动器以及第一阶和第二阶齿轮箱，并将其各自的温度加热至−55 ℃以上；

3）提高温度来降低油性润滑油的黏稠度；

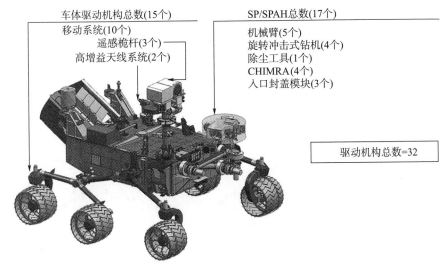

图 11 - 32　好奇号驱动机构布局

4）高扭矩输出齿轮箱使用的润滑油工作温度为－75 ℃以上；

5）节省能量；

6）低温下，机械的性能和电机的使用寿命会存在一定的风险。

驱动机构的热设计温度要求（见图 11 - 33）：

1）第二法兰最低温度必须＞－55 ℃；

2）输出组件的最低温度必须＞－75 ℃；

3）径向温差梯度为：中心齿轮-机械外壳的温度＜15 ℃，无轴向温差梯度要求。

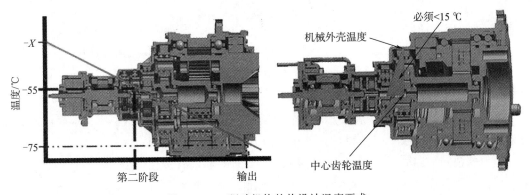

图 11 - 33　驱动机构的热设计温度要求

驱动机构的热设计使用要求：

1）合理的加热时间，一般在 1～2 h 内；

2）在电机带有其他附加设备的情况下，尽量平衡电机的加热时间；

3）减少一些功能性冗余设计；

4）加热器控制策略。

加热器的设计应该达到以下要求：

1）5 W/in² 功率密度；

2）能适应电阻±5%的制造误差；

3）安装驱动加热器装置的地方其宽度不能小于 0.5 ft（1 ft＝0.304 8 m）；

4）便于一些线路的安装，并有足够的空间来安装一些相邻的硬件设施；

5）能为每种驱动机构配置一套标准的加热装置；

6）考虑到总线电压变化：加热器设计的电压为 28 V，最大总线电压为 32.8 V。

加热器设计的资源限制（见图 11 - 34）分为以下几个方面：

1）一个火星日中可利用的最大能量；

2）可用的控制开关通道；

3）电缆路径走向和引脚分配。

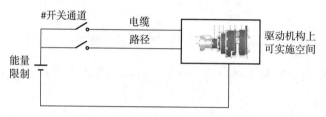

图 11 - 34　加热器热力系统设计限制

建模过程采取保守计算，在极端环境中测试。

1）极端低温环境：对流系数 15 m/s；

2）最坏着陆点：北纬 30°冬季；

3）巡视器选择在接收太阳照射最少之处定位；

4）只考虑驱动器内部热量传导（忽视齿轮间的导热、忽视二氧化碳的传导）；

5）加热器电压为 28 V，在实际工作过程中，更高的电压会产生额外的电能。

用于移动系统、遥感桅杆及高增益天线驱动机构的加热器标准化设计过程如下：

1）电机外壳加热器约为 10 W（或约 5 W/in²@32.8 V）；

2）在不超过 5 W/in² 的情况下，不断重复设计齿轮外壳的加热器功率，从而获得更合适的温度；如果不能实现以上设计，就在中型齿轮外壳上增加加热器；

3）迭代加热器功率使得其加热功能最大化、加热时间合理化。

以遥感桅杆所使用的 3 个驱动机构（见图 11 - 35）为例：

1）俯仰驱动机构，方位驱动机构，升降驱动机构；

2）方位驱动机构和升降驱动机构是相同的；

3）遥感桅杆使用的驱动机构是独特的。

遥感桅杆的可用能源资源如下：

1）方位驱动机构和升降驱动机构的能源资源：两路 20 W 用来提供给主份加热器；其中一路作为备份加热器；

2）俯仰驱动机构加热器的能源资源：两路 40 W 提供完全冗余；加热器采用单线制。

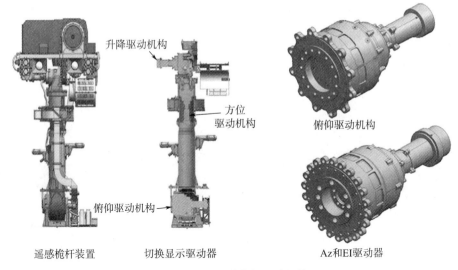

遥感桅杆装置　　　　切换显示驱动器　　　　Az和EI驱动器

图 11 - 35　遥感桅杆驱动机构

遥感桅杆中方位驱动机构和升降驱动机构的加热器布局位置如图 11 - 36 所示。

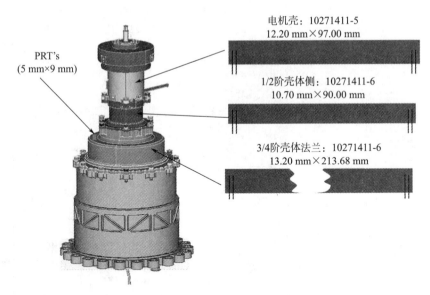

图 11 - 36　加热器布局位置图

图 11 - 37 是遥感桅杆升降驱动机构加热器效果示意图，南纬 30°冬季极端低温环境下的加热能力：Q（电机壳）＝6 W；Q（1/2 阶壳体侧）＝8 W；Q（3/4 阶壳体法兰）＝4 W。加热器工作 2 h 后，驱动机构在 13：55～17：10 区间，温度超过－55 ℃，满足工作要求。若无加热器，则温度均低于－55 ℃的工作要求。

图 11 - 38 是遥感桅杆升降驱动机构一昼夜的温度曲线。极端低温环境：Lat＝30°，LS＝90°；Q（电机壳）＝6 W；Q（1/2 阶壳体侧）＝8 W；Q（3/4 阶壳体法兰）＝4 W；加热时间 13：00～19：00。

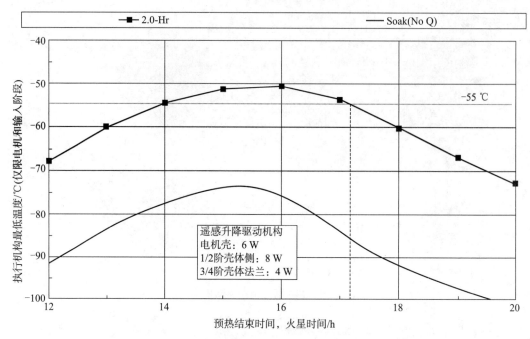

图 11-37　遥感桅杆升降驱动机构低温工况下的温度变化曲线

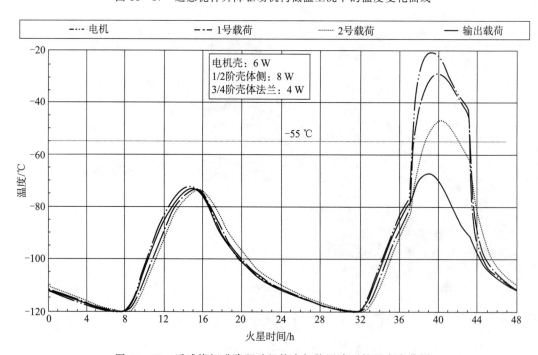

图 11-38　遥感桅杆升降驱动机构有加热回路下的温度变化图

图 11-39 是遥感桅杆升降驱动机构温度梯度云图，可见齿轮到壳体的温度梯度均小于 15 ℃。极端低温环境：Lat＝－30°，LS＝90°；Q（电机壳）＝6 W；Q（1/2 阶壳体侧）＝8 W；Q（3/4 阶壳体法兰）＝4 W；从 13：00～15：00 加热 2 h；云图时间＝15：00LST。

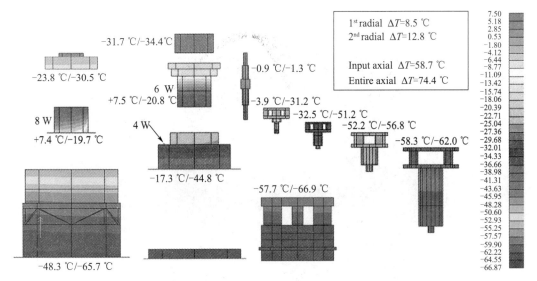

图 11 - 39　遥感桅杆升降驱动机构温度梯度云图（见彩插）

遥感桅杆中方位驱动机构和升降驱动机构热分析结果见表 11 - 6。

表 11 - 6　遥感桅杆中方位驱动机构和升降驱动机构分析结果

位置	电机壳/W	1/2 阶壳体侧/ W	1/2 阶壳体法兰/ W	总计/W（28 V）	-55 ℃		
					预热时间/h	能源/(W/h)	操作时间(LST)
方位驱动机构	6.0	6.0	0.0	12.0	2.0	24.0	14:50～18:00
俯仰驱动机构	6.0	8.0	4.0	18.0	2.0	36.0	13:55～17:10

在极端低温工况下：火星冬至日，功率为 12 W/18 W 的加热器足以将方位驱动机构和升降驱动机构的温度升至-55 ℃以上。

11.3.4　热平衡试验

探测器热平衡试验是在模拟任务热环境条件下，验证探测器热分析模型和热设计的正确性，考核探测器热控分系统功能及性能的试验，是探测器十分重要的验证试验之一。考虑到火星探测器的构型特点和任务环境的不同，其系统级热试验（System Thermal Test，STT）分为两部分进行：着陆/巡航级真空热试验和巡视器热试验。

11.3.4.1　着陆/巡航级真空热试验

着陆/巡航级真空热试验在 JPL 的 25 ft 真空模拟器中进行，如图 11 - 40 所示。着陆/巡航级真空热试验方法与一般的卫星真空热试验方法基本一致，采用顶部与底部两部分红外灯阵来模拟太阳热流。组合体热试验工况选择时考虑了不同任务阶段、极端环境条件及部件测试需求，具体工况及预计试验时间见表 11 - 7，并在实际实施中进行了简化，试验结果显示能够满足各项设计指标要求。

图 11 - 40　MSL 在真空模拟器中进行热试验的场景

表 11 - 7　组合体真空热试验工况表

试验工况		测试项目	飞行模拟		预估时长/h
			AU 距离	S/C 飞行阶段消耗	
过渡试验工况					
1	抽真空和预冷	在室温下抽成真空以排出水蒸气。在 HRS 泵关闭时,确认下降级通信和设备的加热特性,环境模拟器逐渐建立冷、黑真空环境	—	热试验前	30
低温工况					
2	下降级系统极端低温条件下的热平衡工况	DS 支持系统在极端低温工况下的热设计验证	1.63	巡航阶段末期	40
3	最后接近阶段热瞬态工况	考核 CS 推进器、RCS、MLE 底板加热器、MARDI 预热加热器	1.63	最后接近阶段	36
4a	飞行软件阈值测试	提高巡航和下降阶段推进剂管路控温阈值	1.63	巡航阶段末期	4
4b	备用加热器功能试验	关闭主加热器,测试备用加热器。切换 CHRS 泵 A/B	1.63	巡航阶段末期	4
5	飞行器巡航功能测试——低温环境	在低温模拟飞行条件下进行飞行系统 ST - 3 测试	1.63	按需	10
6	巡航级支持系统极端低温条件下的热平衡工况	巡航级支持系统和电子设备极端低温工况下的热设计验证	1.63	巡航阶段末期	40

续表

试验工况	测试项目	飞行模拟		预估 时长/h
		AU 距离	S/C 飞行阶段消耗	
高温工况				
7 EDL 最坏情况下 热平衡工况	EDL 前最恶劣条件下热平衡	1.5	巡航阶段末期	36
8 航天器在热环境下 的 EDL 功能测试	在高温模拟飞行条件下进行飞行系统 ST-3 测试	1.5	按需	10
9 航天器极端高温 条件下热平衡工况	巡航级支持系统和设备在极端高温条件下的 热设计验证	1	巡航阶段早期	36
10 航天器高温环境下 巡航功能测试	在高温模拟飞行条件下运行飞行系统 ST-3 测试	1	按需	10
11 复压和开罐	复压和开罐	—	最小值	25

总测试时长/h:281
天数:11.7

11.3.4.2　巡视器热试验

巡视器热试验着重验证其在火星表面巡视探测阶段的热设计，试验主要目的如下：

1）获取不同环境下的温度分布数据，用以修正热数学模型；
2）验证巡视器热设计的正确性；
3）验证巡视器流体回路系统及各部组件在火星表面各种环境下的性能和功能；
4）验证加热器、铂电阻、隔热层及阀门等热控产品的功能；
5）验证低温工况下的热补偿功耗及控温策略的正确性。

巡视器热试验在 JPL 的 25 ft 环境模拟器中进行，采用太阳模拟器提供 4.6 m 宽的六角形光斑来模拟太阳光照，最大热流约 700 W/m^2。巡视器通过支撑工装安装于真空罐内，与底面距离约 15 cm 高，使得巡视器车轮不与地面接触，具备空转能力，便于对其进行功能测试，如图 11-41 所示。

由于火星表面热环境的复杂性，使得基本不可能在真空罐内完全将其模拟到位（下面列出了主要的差异点），因此需要获取热试验数据后修正热模型，再通过热模型来验证热设计并预示实际飞行结果。

1）火星重力加速度为 $3/8\ g$，不到地球重力加速度的一半，这使得试验中自然对流效应比实际环境要强。

2）火星大气主要为 8 Torr 的 CO_2 气体。而试验中，为了防止 CO_2 冷凝、冻结和升华导致罐内压力不受控制的波动，采用 8 Torr 的 N_2 气体。由于 N_2 的热传导性能比 CO_2 高 50%，使得试验中由于气体热传导和对流引起的热损失比在火星上要高得多。在低温工况下，电子设备安装板和巡视器外壳之间大约 70 ℃ 的温差将导致占总热损 20% 的气体传导热损。在高温工况下，由于电子设备板和外壳之间的温差相对要小得多，大约 10 ℃，这也使得通过空气传导的热损失只有总热损的 3%。因此，使用 N_2 不会明显改变高温工况下

图 11-41　巡视器热试验安装示意图

的试验结果。当然巡视器热模型在用试验数据修正时，要关注这些差异。

3）火星大气中的灰尘会逐渐沉积在巡视器表面，这将使得巡视器表面涂层的热光学特性产生退化，表面涂层在寿命末期会退化导致太阳吸收率增大，因此以初期涂层模拟末期，会使得吸收的热量偏小。

4）实际任务中，太阳轨迹对于不同季节和着陆点，其方位角和俯仰角在一天内是同时变化的。同时受到大气中灰尘的影响，使得巡视器受到的太阳光照存在直射和散射。但是在试验中，并不具备太阳轨迹变化模拟能力和太阳光散射模拟能力。

5）火星上存在风速最大达 15 m/s 的风，而环境模拟器内是无风的。

6）火星上同时存在有地表、大气和天空三种温度环境。地表和大气温度主要受地表发射率和热惯性影响，天空温度主要受天空中灰尘的透明度影响。而在试验中，通过控制环境模拟器的壁面和底面温度来模拟火星地表温度，但是模拟器内大气温度受到壁面和底面温度影响，是无法实现独立控制的，会与实际存在差异。

巡视器热试验时充分考虑了各种火星表面极端温度环境、MMRTG 等部件不同工作模式以及敏感性对比分析的需求，最终选取的试验工况如图 11-42 所示，其中有 3 个瞬态工况（工况 2、4、9）未在图中显示，并在实际试验中取消了工况 14、15。

本次热试验中，完成了所有预计的测试项目，所有设备的温度均在指标范围内，热控产品的功能与工艺得到了验证，获取了所有有效的试验数据，同时发现巡视器热控系统在低温工况下的表现要好于预期，而高温工况下与预期非常接近，试验各工况下电子设备板的温度如图 11-43 所示，试验达到了各项预期目标。

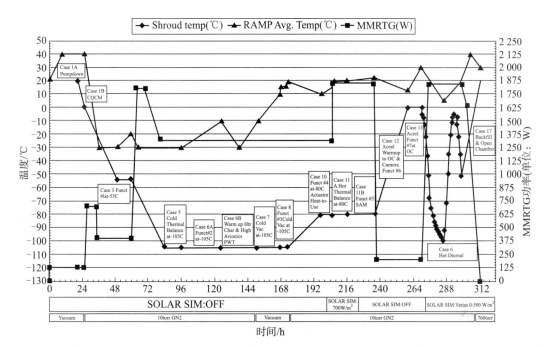

图 11-42 巡视器热试验工况

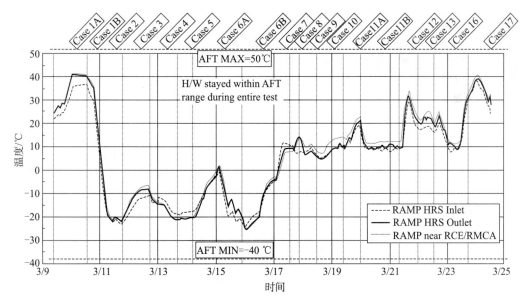

图 11-43 试验工况下电子设备板温度变化图

建立巡视器热试验条件下的热数学模型，并根据试验结果对部分参数进行修正，包括：热辐射特性（发射率、吸收率）、辐射热阻、热传导系数（接触面、电缆、气体传导当量 CO_2 厚度）、对流系数、有效热质量等。巡视器热试验的热分析模型如图 11-44 所示，模型修正后分析数据与试验数据的差异小于 5 ℃。

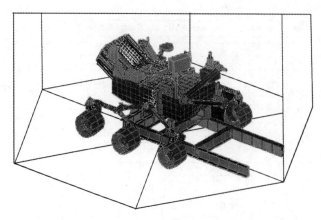

图 11 - 44 巡视器热试验的热分析模型

将修正后的热数学模型参数替换为实际飞行任务参数，例如，8 Torr N_2 参数更换为 8 Torr CO_2 参数、对流系数计算中使用火星重力加速度、极端低温条件下考虑 15 m/s 的风速、极端高温工况下采用自然对流系数（无风环境）等，并且选择盖尔环形山着陆点（南纬 4.5°）的相关环境（太阳光照、大气、地表及天空环境边界参数、实际工作模式、预测的灰尘沉积等），对极端飞行结果进行了预示，RAMP 的预示结果如图 11 - 45 所示，极端高低温环境下均能够满足温度指标要求。

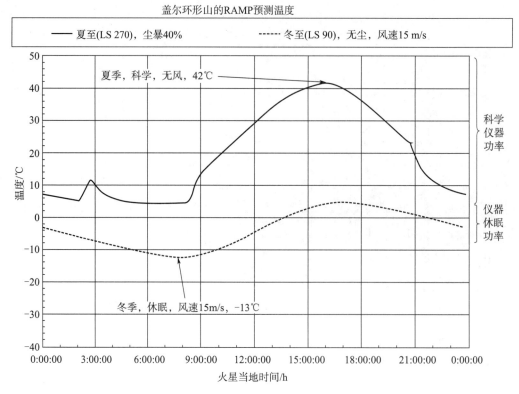

图 11 - 45 巡视器修正热模型后的 RAMP 飞行预测温度

第 12 章 测控数传分系统

12.1 功能与组成

12.1.1 功能

MSL 测控数传分系统主要在发射阶段，巡航或靠近阶段，再入、降落及着陆阶段，火星表面巡视操作阶段为 MSL 建立与地面或中继轨道器之间的测控数传链路。

MSL 测控数传分系统的主要功能如下：

1）在巡视器着陆前，协同地面 X 频段测控系统完成对探测器的双向多普勒测量、双向测距、DOR 测角，从而完成对探测器的跟踪测轨，并接收上行遥控指令，进行下行数据的传输；

2）巡视器着陆后，接收地面深空站 X 频段上行遥控指令，应急情况下进行下行 X 频段低码率遥测数据传输；

3）EDL 阶段开始，巡视器 UHF 测控设备开机工作，在 EDL 及火星表面工作阶段接收 MRO 中继星（或 ODY 备用中继星）发送的前向遥控指令，并向 MRO（ODY 备份）中继星发送 UHF 返向工程遥测及探测数据，由中继星转发至地面深空站；

4）接收来自地面或中继星的遥控指令和注入数据，解调输出遥控和注入数据流到综合电子分系统；

5）接收探测器综合电子分系统输入的编码后遥测或探测数据，进行调制并下传。

12.1.2 系统组成

MSL 测控数传分系统主要由器地通信和器间通信两部分组成。器地部分主要包含 X 频段测控上下行、数传下行通道；器间部分主要包含 UHF 频段双向通道。

12.1.2.1 器地 X 频段通信

X 频段对地测控数传系统由 X 频段小型深空应答机（2 台）、100 W 行波管放大器、15 W 固态放大器、X 频段测控天线（6 个）、波导开关（6 个）、低通滤波器（6 个）、双工器（2 个）、波导和电缆（1 套）组成。这些产品分别安装在探测器的巡航级、伞降包、下降级和巡视器上，应用于任务的不同阶段。

好奇号 X 频段测控数传组成框图如图 12-1 所示，主要配置如下：

1）中增益天线 MGA 安装在巡航级上；

2）降落伞低增益天线（Parachute Low Gain Antenna，PLGA）、倾斜低增益天线（Tilted Low Gain Antenna，TLGA）和 2 个波导开关安装在伞降包上；

3）下降级上安装有 1 台小型深空应答机（Small Deep Space Transponder，SDST）、100W 行波管放大器、低增益天线 DLGA、2 个波导开关、收发通道对应的滤波器、功分器及波导电缆等；

4）巡视器上配备了 1 台 SDST、15W 固态放大器、高增益天线 HGA、低增益天线 RLGA、2 个波导开关、收发通道对应的滤波器、功分器及波导电缆等。

任务初期巡航阶段各舱段的 X 测控产品均可用，随着 EDL 阶段开始，巡航级、伞降包、下降级上各级测控产品均随着探测器的分离被逐渐抛掉，最后只剩下巡视器上的测控设备。

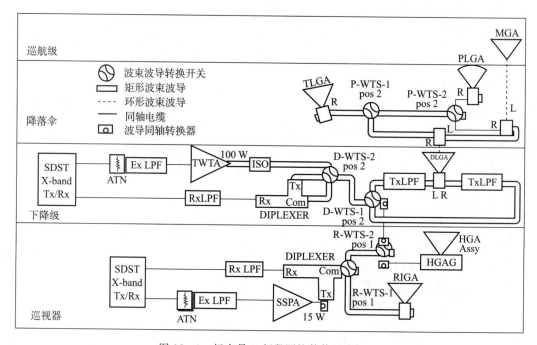

图 12-1　好奇号 X 频段测控数传组成框图

主要工作模式包括：

（1）发射和初始捕获阶段

星箭分离时刻探测器有可能处在地球阴影里，根据精确的计算，在探测器日食结束时行波管功放预热，4 min 后建立下行。

（2）巡航阶段

1）主份：用下降级上的 SDST 和 100 W 行波管功放对地通信，使用巡航级上的中增益天线 MGA 或 PLGA，分别适应较高增益和较宽波束的通信要求，同一时刻只有 1 副天线收发信号。

2）备份：巡视器上的 SDST 和 15 W 固态放大器、高增益天线和低增益天线。

（3）EDL 阶段

从 EDL 阶段开始，直到巡航级分离（约 15 min），在这个过程中仍然用巡航级上的中增益天线和 PLGA 通信。

再入过程（约 5 min），X 频段通信天线切换为 TLGA，巡航级分离后 UHF 频段设备开始工作，但在再入过程中有一段时间 UHF 频段天线被等离子区屏蔽。

下降过程（不超过 1 min），通信由下降级上的低增益天线（DLGA）和下降级上的 UHF 频段天线完成，分离的下降级还将继续向地面发送 X 频段信号，直到撞击火星表面。

（4）火星表面工作阶段

巡视器降落后，巡视器上的 SDST 和 15 W 固态放大器加电工作，X 频段高增益天线可以用于上行遥控下行遥测，使用高增益天线上行 15 min 需传输 225 KB 的数据量，传输速率为 1 kbit/s 和 2 kbit/s；高增益天线的下行传输速率不低于 160 bit/s（地面 34 m 站）和 800 bit/s（地面 70 m 站），数据的编码方式可以选择 Turbo 码（1/2，1/3，1/6）和 RS＋卷积（7，1/2）。

安全模式：低增益天线 RLGA 只能用于应急遥控，支持 15 bit/s 码速率；

UHF 中继通道可作为火星巡视探测阶段 X 频段测控的备份。

12.1.2.2　器间 UHF 通信

UHF 频段器间通信由 2 台 UHF 频段通信机、3 个 UHF 天线及 UHF 同轴转换开关等组成。UHF 天线产品分别安装在探测器的伞降包、下降级和巡视器上，应用于任务的不同阶段。其组成框图如图 12 - 2 所示。

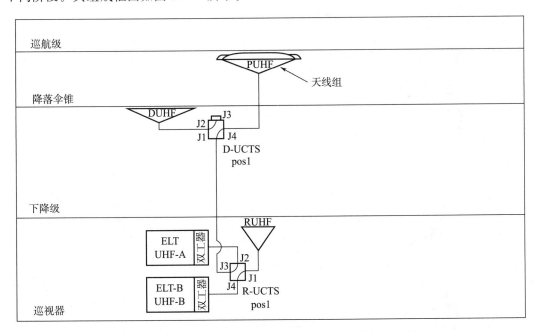

图 12 - 2　好奇号 UHF 频段测控数传组成框图

UHF 频段设备在 EDL 阶段巡航级分离后开机工作，与中继星进行 UHF 通信链路的建立，主要工作模式包括：

（1）EDL 阶段

在伞降阶段，UHF 通信机 A、B 机可备份，并使用降落伞特高频（Parachute Ultra

High Frequency，PUHF）天线，可大视角与中继卫星进行通信，但在再入过程中有一段时间 UHF 频段天线被等离子区屏蔽，使用 X 频段对地通信作为备份。

下降过程（不超过 1 min），切换至下降级上的 UHF 频段天线，X 频段对地通信作为备份。

（2）火星巡视探测阶段

火星巡视探测阶段，UHF 通信机 A、B 机可备份，切换至巡视器上的 UHF 频段天线，与中继星建立双向通信，在巡视探测阶段，UHF 通信链路是大容量数据回传的优选链路。

12.2　主要技术指标

12.2.1　器地 X 频段指标

MSL 器地 X 频段链路的主要技术指标见表 12-1。

表 12-1　MSL 器地 X 频段链路的主要技术指标

序号	项目	技术参数
1	频段	X 频段
2	频点	上行:7 150.8 MHz 下行:8 401.4 MHz
3	跟踪门限	−155 dBm
4	遥控码速率	7.812 5～4 000 bit/s
5	下行编码方式	Turbo 码(1/2,1/3,1/6),RS+卷积(7,1/2)
6	帧长	1 784 bit/8 920 bit
7	下行传输速率	≥160 bit/s(15 W,34 m 站) ≥800 bit/s(15 W,70 m 站)
8	X 频段固放输出功率	15 W
9	X 频段行放输出功率	100 W

MSL X 频段器地通信设备的重量和功耗见表 12-2。

表 12-2　X 频段器地通信设备重量和功耗汇总

序号	安装位置	单机名称	数量	单重/kg	总重/kg	功耗/W
1	巡航级	中增益天线	1	0.65	0.65	—
2	EDL 伞降包	PLGA	1	0.4	0.4	—
3		TLGA	1	0.4	0.4	—
4		波导开关	2	0.45	0.9	—
5		微波组件	1 套	2.8	2.8	—
6	EDL 下降级	DLGA	1	0.35	0.35	—
7		微波组件	1 套	2.5	2.5	—

续表

序号	安装位置	单机名称	数量	单重/kg	总重/kg	功耗/W
8	EDL 下降级通信平台	行波管功放	1	2.5	2.5	预热:4.6 静默:62.4 工作:175.2
9		波导开关	2	0.45	0.9	—
10		SDST	1	3	3	11.4(单收) 14.7(非相干收发) 14.4(相干收发)
11		设备平台	1	6.6	6.6	
12		微波组件	1套	2.5	2.5	
13	巡视器	SDST	1	3	3	11.3(单收) 14.8(非相干收发) 14.2(相干收发)
14		固放	1	1.4	1.4	无输入:45.1 有输入:62.9
15		波导开关	2	0.45	0.9	—
16		RLGA	1	0.4	0.4	—
17		高增益天线	1	1.4	1.4	—
18		指向机构	1	6.6	6.6	—
19		微波组件	1套	3.7	3.7	—
20	总计	—	22	—	40.9	189.9(巡航阶段) 77.7(巡视阶段)

12.2.2　器间 UHF 频段指标

MSL 器间 UHF 通信的主要技术指标见表 12 - 3。

表 12 - 3　器间 UHF 通信的主要技术指标

序号	项目	技术参数	备注
1	频段	前向:437.1 MHz(CH0)、435.6 MHz(CH1)、439.2 MHz(CH2) 返向:401.585 625 MHz(CH0)、404.4 MHz(CH1)、397.5 MHz(CH2)	CH0 是默认主用通道,CH1 和 CH2 是备用,奥德赛仅支持通道 0
2	前向码速率	2 kbit/s,8 kbit/s,16 kbit/s,32 kbit/s,64 kbit/s,128 kbit/s,256 kbit/s	奥德赛仅支持 8 kbit/s 和 32 kbit/s
3	返向码速率	2 kbit/s 至 2 048 kbit/s 自适应	奥德赛仅支持 8 kbit/s、32 kbit/s、128 kbit/s和256 kbit/s
4	调制方式	PM/BPSK	
5	协议	Proximity - 1 协议	
6	工作模式	相干/非相干可切换	
7	输出功率	≥8.5 W	

MSL UHF 频段器间通信设备的重量和功耗见表 12 - 4。

表 12 - 4　MSL UHF 频段器间通信设备重量和功耗汇总

序号	安装位置	单机名称	数量	单重/kg	总重/kg	功耗/W
1	EDL 伞降包	PUHF 天线	1	—	—	—
2	EDL 下降级	DUHF	1	—	—	—
3		波导开关	1	0.13	0.13	—
4	巡视器	UHF 通信机	2	3	6	开机:7 W 待机:21 W 数据传送:69 W
5		波导开关	1	0.13	0.13	—
6		RUHF	1	—	—	—
7		微波组件	1 套	—	—	—

12.3　关键设备解析

12.3.1　器地 X 频段关键部件

12.3.1.1　巡航级

中增益天线安装在巡航级的最顶部，周围环绕着太阳能阵列，如图 12 - 3 所示。中增益天线的主要作用是在巡航阶段进行 X 频段对地通信，用于中后期巡航阶段的通信。

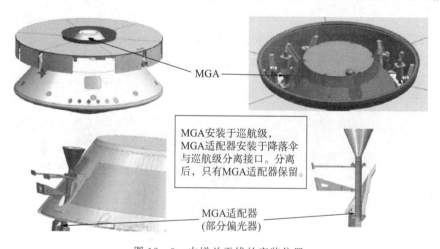

MGA

MGA安装于巡航级，MGA适配器安装于降落伞与巡航级分离接口。分离后，只有MGA适配器保留。

MGA适配器
(部分偏光器)

图 12 - 3　中增益天线的安装位置

表 12 - 5 列出了中增益天线的射频特性。

表 12 - 5　中增益天线的射频特性

参数	数值
接收频率	7 150.8 MHz
发射频率	8 401.4 MHz
增益	(18.1±0.4)dB(接收) (19.2±0.4)dB(发射)
极化方式	接收右旋圆极化 发射左旋圆极化
3 dB 波束角	接收：±10.3° 发射：±9.3°
轴比（轴向）	接收：1.01 dB 发射：0.27 dB
轴比（偏离轴向±20°）	接收：6.29 dB 发射：7.53 dB
扫描方式	锥形

12.3.1.2　伞降包

伞降包安装有 2 个波导转换开关、2 个低增益天线 PLGA 和 TLGA，其具体安装位置如图 12 - 4 所示。

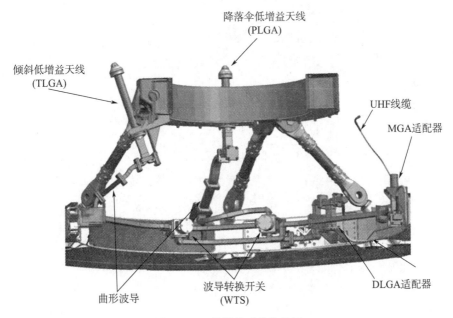

图 12 - 4　低增益天线位置图

（1）波导转换开关

伞降包安装有 2 个波导转换开关 P - WTS - 1 和 P - WTS - 2，用于在 TLGA、PLGA、MGA 三个天线之间进行选择切换。

（2）降落伞低增益天线

PLGA 主要用于巡航阶段的通信与故障备份，也用于 EDL 阶段的通信。

（3）倾斜低增益天线

TLGA 与 PLGA 类似，唯一不同的是其轴向与 Z 轴方向存在一定的角度（17.5°）。

12.3.1.3　下降级

下降级安装的 X 频段设备包括深空应答器、行波管功率放大器和下降级低增益天线（DLGA）、波导开关及射频组件（滤波器、波导、双工器、电缆、波导电缆适配器等），具体布置如图 12-5 和图 12-6 所示。

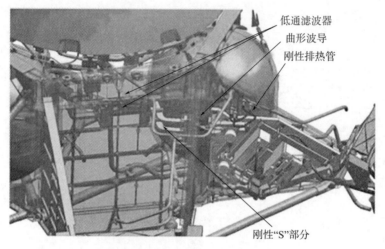

图 12-5　下降级 X 波段组件布置

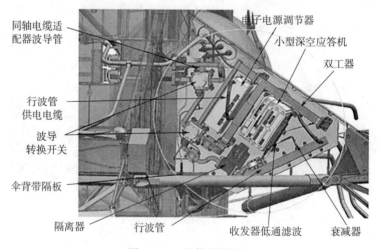

图 12-6　通信板装配图

低增益天线（DLGA）组装图如图 12-7 所示。

（1）行波管功率放大器

行波管功率放大器由两部分组成：行波管（Traveling Wave Tube，TWT）和 EPC 电

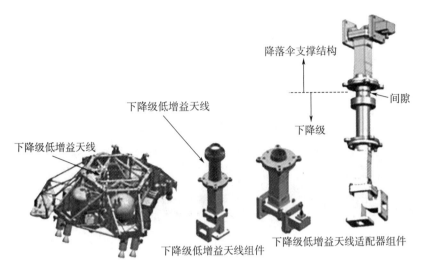

图 12 - 7　DLGA 与 DLGA 适配器

源 (Electronic Power Conditioner，EPC)。TWT 输出功率至少要大于 100 W，来支撑 X 波段对地通信。在 EPC 开机时，EPC 输出高电压至行波管之前会有 200～240 s 的延时。在这一阶段，系统会通过限制运行/待机模式控制信号来避免无线电频率的输出。

（2）X 频段双工器

MSL 下降级双工器和巡视器的双工器保持一致，主要作用是分离天线的接收信号和发射信号。双工器的功率容量在 EDL 段极端压力条件下会略显不足，测试中的极限值是 85 W，低于 100 W，在下降时旁路设计会避免这一问题的出现。

（3）行波管发射低通滤波器

发射低通滤波器具有波导滤波功能，它有 2 个目的：

1）对于近地操作，滤波器会抑制行波管功率放大器的带外发射。

2）在 EDL 阶段，滤波器会减少行波管功率放大器对着陆雷达的接收干扰，尤其是在 16.7～17 GHz，25.2～25.5 GHz 和 33.4～34 GHz 三个波段。

表 12 - 6 列出了低通滤波器的射频特性。

表 12 - 6　低通滤波器的射频特性

参数	取值
接收带内差损	7.1～7.2 GHz 时为 0.2 dB
发射带内差损	8.35～8.5 GHz 时为 0.2 dB
发射 2 阶谐波抑制（16.7～17 GHz）	> 50 dB
发射 3 阶谐波抑制（25.0～25.4 GHz）	> 50 dB
发射 4 阶谐波抑制（33.4～34 GHz）	> 30 dB
群时延波动{带宽大于 1 MHz [接收（7.1～7.2 GHz）/发射（8.354～8.5 GHz）]}	1 ns

（4）应答机发射低通滤波器

应答机发射低通滤波器减弱了深空应答器输出带宽外的杂散发射，与低通滤波器协同工作后，行波管功率放大器输出的带外发射将被有效抑制。

（5）接收低通滤波器

接收低通滤波器可以排除行波管功率放大器在接收频段的噪声干扰，保证深空应答机能灵敏地测量微弱的上行信号。通过这一设计，双工器能够通过接收波段内的所有信号，同时可以减弱来自行波管输出的干扰。为了达到这一目的，接收低通滤波器的通带频率要低于行波管输出频率。表 12 - 7 列出了接收低通滤波器的射频特性。

表 12 - 7　接收低通滤波器的射频特性

参数	取值
带入插损	在 7.1 GHz 时＜ 0.2 dB
带外抑制	＞ 70 dB

（6）波导

行波管功率放大器隔离器和波导转换开关（D - WTS - 2 ）之间的波导可以滤除接收信号进入行波管功率放大器。

12.3.1.4　巡视器

巡视器上安装的 X 频段设备包括深空应答器、固态功率放大器、高/低增益天线、滤波器、波导开关等。具体布局如图 12 - 8 和图 12 - 9 所示。

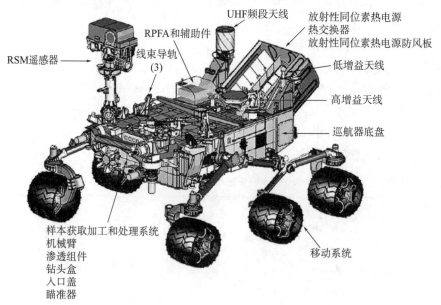

图 12 - 8　火星巡视器测控数传设备内部布局

（1）波导开关

R - WTS - 1 控制低增益天线（RLGA），R - WTS - 2 控制高增益天线和连接下降级深空应答机的信号通道。

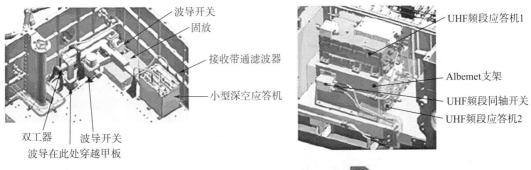

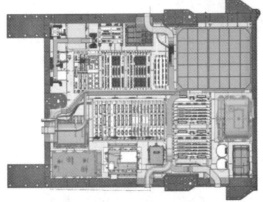

图 12 - 9　火星巡视器详细的内部布置

（2）巡视器低增益天线（Rover Low - Gain Antenna，RLGA）

在高增益天线的视野被遮挡或者高增益天线出现故障时，低增益天线能够接收地面低速率的上行指令。

（3）高增益天线

高增益天线安装在双轴万向节上，其组装图如图 12 - 10 所示。

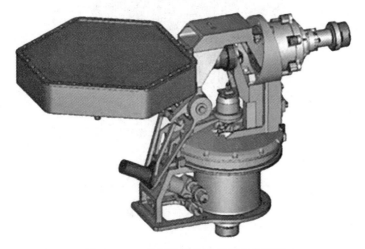

图 12 - 10　高增益天线及平衡环组装图

巡视器高增益天线无线电射频特性见表 12-8。

表 12-8　巡视器高增益天线无线电射频特性

参数	单位	取值	条件
尺寸	cm	25.5×29.4	—
发射增益	dBi	25.5	轴向
		24.1	轴向偏离 2°
		20.4	轴向偏离 5°
接收增益	dBi	20.2	轴向
		19.7	轴向偏离 2°
		17.3	轴向偏离 5°
指向机构损失	dB	1.2	—
极化方式	—	RCP	—
发射轴比	—	3.0 dB	轴向偏离 5°以内
接收轴比	—	2.4 dB	轴向偏离 5°以内

（4）巡视器双工器

与下降级双工器保持一致。

（5）巡视器小型深空应答机

MSL 上使用的小型深空应答机为第三代产品，与早前的产品相比有两处明显的改进：一是修正了接收机跟踪环数模转换器的问题（短时脉冲波形干扰），缩短了在不同温度条件下接收机的捕获时间；二是减少了相干泄漏，因此接收机的统计相位误差在锁定前不会发生漂移。Group Ⅲ 深空应答器结构如图 12-11 所示。

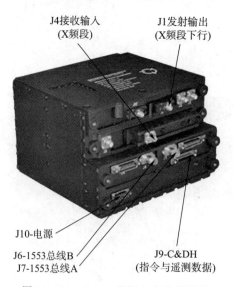

图 12-11　Group Ⅲ 深空应答器结构

应答器包括 4 个不同的模块：数字处理模块、下变频模块、电源模块和发射模块。

数字处理模块得到数据的卷积，给发射模块提供 X 频段基带遥测信号和测距信号，并将下变频模块的模拟信号转换成二进制信号。

下变频模块接收 7.183 GHz 的上行信号，然后将其转换成一个中频信号。表 12-9 列出了深空应答器上行通信链路性能指标。

表 12-9 深空应答器上行通信链路性能指标

深空应答器接收参数	数值
接收信号最大功率	−70 dBm(正常工作) +10 dBm(不损坏)
载波环门限带宽	(20±2)Hz(随载噪比变化，强信号载噪比为 100 dB 时，最大 120 Hz 左右) (50±5)Hz(接收机门限)
噪声系数	<3.2 dB(最差情况下) 2.1 dB(典型值，寿命初期)
载波跟踪门限	−157.7 dBm(典型) −155.0 dBm(最差)
数据速率	7.812 5~4 000 bit/s
遥测调制度	0.5~1.5 rad

电源模块提供一组稳定电压给其他模块。

发射模块将三个输入信号：1）遥测信号；2）转发测距；3）DOR 测距调制到下行载波上。表 12-10 列出了深空应答器下行通信链路性能指标。

表 12-10 深空应答器下行通信链路性能指标（频率 880f1）

X 波段 880f1 传输参数	数值
输出功率	13.0＋3/−2 dBm(全温度、全寿命周期)
相位噪声	<−20 dBc/Hz
辅助晶振短稳	$6 \times 10^{-8}/s$
NCO 副载波短稳	$1 \times 10^{-6}/s$
NCO 长稳	5×10^{-5}(全寿命周期)
谐波抑制	<−50 dBc
杂波抑制	<−50 dBc
最小下行码速率	0 sps(副载波调制) 2 000 sps(直接调制)
最大下行码速率	滤波模式:4.4 Mbit/s 宽带模式:>4.4 Mbit/s
调制度准确度	±10%
测距信号调制度	$4.375°, 8.75°, 17.5°, 35°, 70°$
测距信号调制度准确度	±10%
测距信号调制度稳定度	<±20%
测距时延波动	<20ns(典型值)
DOR 调制度	70°

续表

X 波段 880f1 传输参数	数值
DOR 调制度准确度	±10%
DOR 调制度稳定度	<±25%

（6）巡视器低通滤波接收器（Rover Receiver Low - Pass Filter）

与下降级低通滤波器接收器一样。

（7）固态功率放大器（Solid State Power Amplifier，SSPA）

MSL 的 15 W 固态功率放大器和 MER 固态功率放大器相同。图 12 - 12 是 MSL 固态功率放大器的框图。X 波段的固态功率放大器包括一个固态射频放大器，一个 EPC，模式控制和遥测电路，输入/输出隔离器。表 12 - 11 列出了固态功率放大器的一些关键参数。

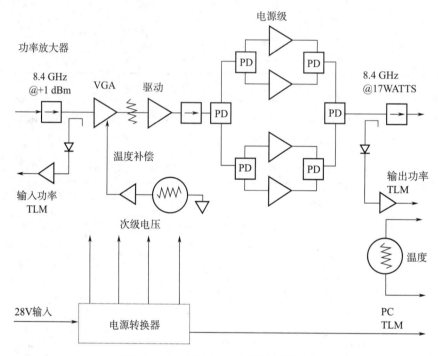

图 12 - 12　MSL 固态功率放大器框图

表 12 - 11　固态功率放大器关键性参数

参数	数值
频率范围	8.395～8.455 GHz
输出功率	15 W
功耗	标称 55 W，最大 64 W
输出驻波比	最大 1.5：1

12. 3. 2　器间 UHF 关键部件

12.3.2.1　伞降包

伞降包 UHF 天线在 EDL 巡航级分离至底壳抛掉时会用到，它能够大视角与中继卫星进行通信。为了预防 EDL 阶段探测器严重故障（比如歪斜姿态），在极端姿态下，天线将允许接收重建数据。伞降包 UHF 天线是一个被包裹的天线，通常用于运载火箭上，以前在凤凰号着陆器 EDL 阶段中成功使用过，由与 JPL 有密切合作的位于新罕布什尔的 Haigh - Faar 设计制造。

UHF 天线是微带阵列天线，共包括 4 段，每一段都有两个辐射接收天线元件，这样在一个锥形阵列里共有 8 个辐射接收天线由一个一对四的功分器连接。UHF 天线安装在降落伞锥上，天线通过电缆连接下降级的 UHF 同轴开关传输信号，如图 12 - 13 所示。

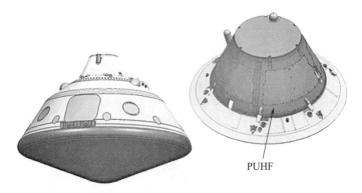

图 12 - 13　降落伞特高频（PUHF）天线装于降落伞锥上

UHF 天线方向图呈现半空间辐射，大致呈方位角对称，与探测器 Z 轴排成一列的地方有一凹点。其在 Z 轴正方向的性能表现具有高变化性与不可靠性。UHF 天线的辐射方向图如图 12 - 14 所示。

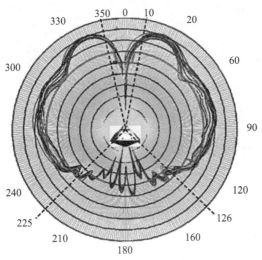

图 12 - 14　伞降级 UHF 天线的辐射方向图

12.3.2.2 下降级

下降级的 UHF 设备由同轴开关以及下降级 UHF 天线（含连接电缆）组成，如图
12 - 15 所示。下降级 UHF 天线是偶极子天线，方向图呈现方位角对称辐射。

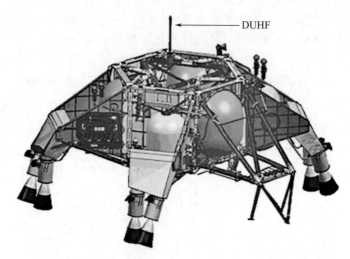

图 12 - 15　下降级 UHF 天线（DUHF）装于下降级

下降级 UHF 天线辐射受到下降级硬件的极大影响，如图 12 - 16 所示。在动力下降与
空中吊车启动的关键几分钟内，此种模式更适合用于中继链路。

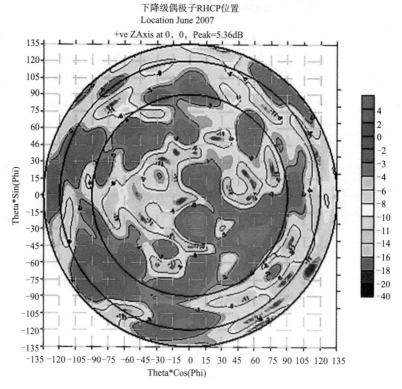

图 12 - 16　下降级 UHF 天线辐射图（见彩插）

在落地阶段，用下降级 UHF 开关将伞降包 UHF 天线切换至下降级 UHF 天线，转换期间中继信号会有短暂关断，避免开关带信号切换。

12.3.2.3　巡视器

巡视器上安装的 UHF 频段设备包括 UHF 通信机 A（ELT‐A）、UHF 通信机 B（ELT‐B）、UHF 频段天线、同轴开关、电缆等。车内设备的具体安装如图 12‐17 所示，车外 UHF 天线的具体安装如图 12‐18 所示。

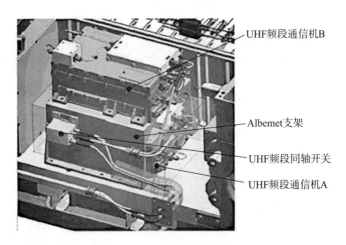

图 12‐17　巡视器热电箱中的 UHF 设备

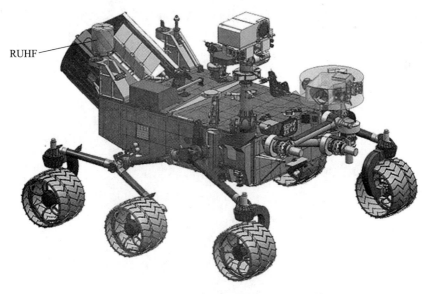

图 12‐18　安装于火星巡视器的 UHF 天线

UHF 通信机 B 安装于一个罩着 UHF 通信机 A 的支架上（由 Albemet 公司制造），同轴开关（R‐UCTS）装在此支架的侧边。由于安装在支架上，UHF 通信机 B 的散热要求比 UHF 通信机 A 更为严苛。

（1）巡视器 UHF 频段天线

巡视器 UHF 频段天线是专门为 MSL 任务所设计的四臂螺旋天线，可用于 MSL 所有的地面活动。天线的外形如图 12 - 19 所示。

图 12 - 19　UHF 四臂螺旋天线

巡视器 UHF 辐射方向图覆盖广，在地面操作阶段，巡视器 UHF 圆极化的覆盖范围可从大部分天空到很低的地平面。

在设计初期，采用 WIPL - D 仿真来分析巡视器其他物体对 UHF 天线方向图的遮挡失真，模型如图 12 - 20 所示。

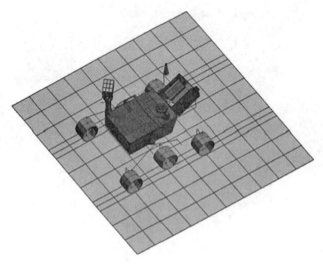

图 12 - 20　巡视器 UHF 天线的 WIPL - D 模型

图 12 - 21、图 12 - 22 是巡视器在火星表面工作时的 UHF 天线接收和发射方向图。

巡视器甲板上的表面效应，437 MHz
+ve Z Axis at 0，0，Peak=6.14 dB

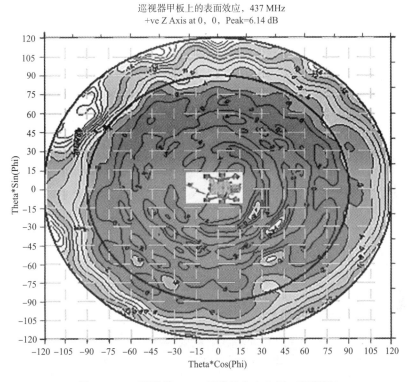

图 12 - 21　巡视器 UHF 天线接收方向图（见彩插）

巡视器甲板上的表面效应，401 MHz
+ve Z Axis at 0，0，Peak=6.38 dB

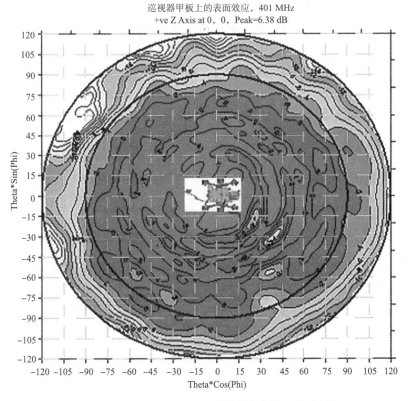

图 12 - 22　巡视器 UHF 天线发射方向图（见彩插）

由于巡视器 UHF 天线在空中吊车启动时启用，此时巡视器 UHF 天线将会被下降级部分遮挡。为了研究此种模式的影响，使用 WIPL‐D 分析方法在三种各具代表的高度进行展示，如图 12‐23 所示。很明显，当靠近下降级时，此模式能看出失真，然而在空中吊车部署的后阶段，失真就相对不太明显，如图 12‐24 所示。

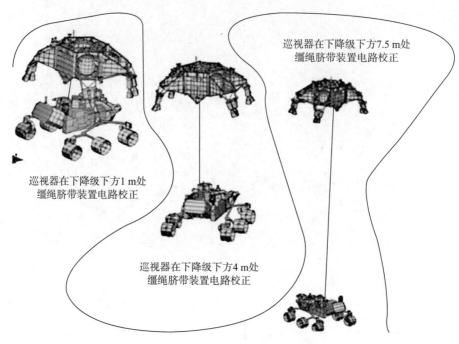

巡视器在下降级下方7.5 m处
缆绳脐带装置电路校正

巡视器在下降级下方1 m处
缆绳脐带装置电路校正

巡视器在下降级下方4 m处
缆绳脐带装置电路校正

图 12‐23　关于空中吊车 UHF 天线遮挡模式研究

（2）UHF 通信机

MSL 上使用的 UHF 通信机与 MRO 和奥德赛使用的是同类型产品，但是简化了功能以减小体积和功耗，主要用来与 MRO 轨道器（以及其他兼容轨道器如 MEX）等进行中继通信。UHF 通信机符合 NASA 的 Proximity‐1 中继通信协议，首次实现了火星轨道器与着陆器之间的软件无线通信。其基带处理完全用一个可重新配置的 FPGA 实现，对其进行恰当的再编程可以适应任何信道编码、调制和数据速率。

UHF 通信机的 Proximity‐1 软件无线通信模式的优势主要体现在以下三方面：

①可自主调节数据速率

MRO 可根据与 MSL 的 UHF 链路之间角度和距离的变化，指示 MSL UHF 通信机选择最优的数据速率，进而实现数据传输量的最大化。

②支持频率自适应

前向链路的频率范围为 435～450 MHz，返向链路的频率范围为 390～405 MHz，而传统通信的前向频率固定为 437.1 MHz，返向链路频率固定为 401.585 265 MHz。

③数据速率高

其数据速率最高可达 2 048 kbit/s，而传统通信最高为 256 kbit/s。

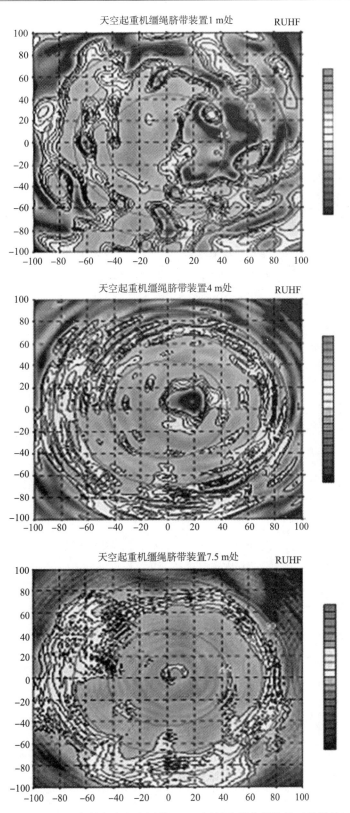

图 12 - 24　空中吊车阶段巡视器 UHF 辐射遮挡分析结果（见彩插）

UHF 通信机的主要功能包括：

1）标称情况下，依据 Proximity‑1 协议通过 1553 端口接收时钟数据；

2）在故障需排除情况下，通过 1553 端口收集测试数据；

3）从轨道器接收到符合 Proximity‑1 协议的信号后，向 LVDS 发送"探测器已唤醒"的信号。

UHF 通信机集成了应答机、功率放大器、双工器三者的功能，如图 12‑25 所示。

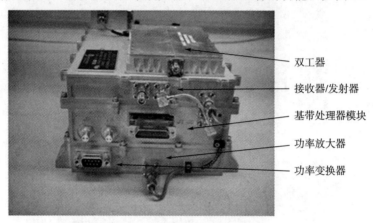

图 12‑25　UHF 通信机

（3）UHF 同轴开关（下降级与巡视器）

UHF 同轴开关的作用是在 EDL 阶段进行天线切换，并在 UHF 通信机 A 和 UHF 通信机 B 之间进行主备选择，均是双刀双掷开关。

UHF 同轴开关的指标为：端口隔离度大于 6 dB，最大插入损耗为 0.2 dB，开关切换时间小于 50 ms，额定功率为 15 W，最大回波损耗为 −20 dB。

第13章 着陆与地面验证技术

本章主要讲述好奇号在 EDL 阶段所运用的着陆技术。主要针对降落伞减速技术、火箭反推制动技术和热防护技术等做了系统分析，其中又对热防护技术做了仿真分析。系统组成主要包括：降落伞、火箭反推器和空中吊车。好奇号巡视器采用了很多创新技术，包括空中吊车分离控制技术、空中吊车着陆缓冲技术、空中吊车动力下降技术、矢量点乘控制的隔热罩分离技术、基于马赫数的开伞控制技术、升力式再入及再入制导控制技术等。

13.1 巡视器着陆技术

13.1.1 着陆过程

与以往火星探测任务相比，MSL 的质量和体积、隔热罩直径、升阻比 L/D、降落伞直径、着陆点高度、着陆精度要求等参数在目前的火星探测着陆任务中都是最高的，具体见表 13-1。EDL 系统必须能够将质量高达 900 kg 的好奇号火星巡视器着陆在高度为火星海平面高度（由火星全球勘测者携带的激光高度计定义）+2.0 km 的着陆点，且要求着陆点圆概率半径小于 20 km。

表 13-1 MSL 与以往火星探测任务飞行参数对比

探测器	海盗号（Viking）	探路者（MPF）	火星探测漫游者（MER）	凤凰号（Phoenix）	好奇号（MSL）
再入质量/kg	981	585	840	603	3 380
着陆质量/kg	603	360	539	364	1 625
移动质量/kg	0	11	173	0	899
隔热罩直径/m	3.5	2.65	2.65	2.65	4.5
降落伞直径/m	16.15	12.4	15.09	11.5	19.7
升阻比 L/D（$Ma=24$）	0.18	0	0	0	0.24
着陆点高度/km	−3.5	1.5	−1.3	3.5	+2.0

MSL 的 EDL 阶段从巡航段分离 1 min 后开始，直至空中吊车飞离后结束。执行的主要动作及顺序为：再入前准备、升力式再入、超声速开伞、隔热罩分离、基于空中吊车的动力下降和着陆缓冲、空中吊车飞离。过程如图 4-4 所示。

美国火星着陆器的着陆系统主要技术参数见表 13-2。

表 13 - 2　美国火星着陆器的着陆系统主要技术参数

项目名称	海盗1号	海盗2号	探路者	勇气号	机遇号	凤凰号	好奇号
再入速度/(km/s)	4.7	4.7	7.26	5.4	5.5	5.6	7.6
轨道系数/(kg/m²)	64	64	63	94	94	70	115
升力控制	有	有	无	无	无	有	有
再入导航	无	无	无	无	无	无	阿波罗方式
升阻比	0.18	0.18	0	0	0	0	0.24
外形直径/m	3.5	3.5	2.65	2.65	2.65	2.65	4.5
盘-缝-带伞直径/m	16.2	16.2	12.7	14.1	14.1	11.8	19.7
伞阻力系数	0.67	0.67	0.41	0.4	0.48	0.67	0.67
开伞点速度(Ma)	1.1	1.1	1.57	1.77	1.77	1.6	2
开伞动压/Pa	350	350	585	725	750	420	750
开伞高度/km	5.79	5.79	9.4	7.4	7.4	9	6.5
着陆前制动	变推力发动机	变推力发动机	固体火箭	固体火箭	固体火箭	变推力发动机	变推力发动机
着陆垂直速度/(m/s)	2.4	2.4	12.5	8	5.5	2.4	0.75
着陆水平速度/(m/s)	<1	<1	<20	11.5	9	<1	<0.5
着陆前缓冲	3支腿	3支腿	气囊	气囊	气囊	3支腿	6车轮
着陆点海拔/km	−3.5	−3.5	1.5	−1.9	−1.3	3.5	2.0

13.1.1.1　再入阶段

再入阶段是不确定性因素最多、状态变化最快、气动环境最复杂、对着陆精度影响最大的阶段，因此要实现精确着陆任务，高精度的导航制导控制系统是必不可少的。由于此时挡热板尚未抛离，加之存在较大的通信延迟，所以只能通过惯性测量单元进行航位递推，初始位置、姿态等状态信息由深空网和星敏感器确定。未来采样返回与载人登陆等任务要求着陆误差不超过 1 km，对再入段导航精度的要求势必会更高，仅仅依靠惯性测量单元已经无法满足要求，因此必须研究与开发新的自主导航方法，利用火星轨道上潜在的或已有的导航信标资源进行辅助导航是可能的解决方案。

升力式再入：火星大气层的上边界是一个以火星质心为球心、半径为 3 522.2 km 的圆球面，再入器再入此圆球面就标志着再入阶段开始。MSL 再入器具有升力，在再入段通过实时监测控制滚转角的大小，来改变升力的方向，从而在一定程度上调整再入器的运行轨道，使再入器具有一定的机动飞行能力。这样可补偿初始状态、大气变化、气动力参数等干扰引起的散布，使再入器能达到理想的开伞条件。降落伞开伞之前，再入器的弹道系数约为 140 kg/s。再入大气后，再入器依靠自身的气动外形产生的动阻力，再入速度从 6 km/s 降为约 400 m/s。

MSL 采用升力式构型设计，如图 13 - 1 所示。再入前通过弹出配平质量块，使质心偏离中心，在再入阶段以配平攻角状态飞行（图 13 - 1 中的 α 为攻角），$Ma = 25$ 时，升阻比约为 0.24。MSL 首次采用再入制导，通过控制滚转角改变升力方向以达到控制飞行轨迹的目的。采用升力式构型是因为这样不但可以提高轨迹控制能力，提高着陆精度，而且可以使再入轨迹更加平缓，提高气动减速性能，降低对 TPS 的要求。图 13-2 所示为历次火星探测任务再入阶段速度-高度曲线对比。从图中可以看到 MSL 相对于其他的探测器飞行高度更低，由于高度低，大气密度大，所以阻力和升力都较大，气动减速性能和轨迹控制能力都有所提高。

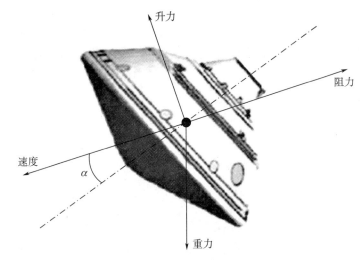

图 13-1 升力式构型设计

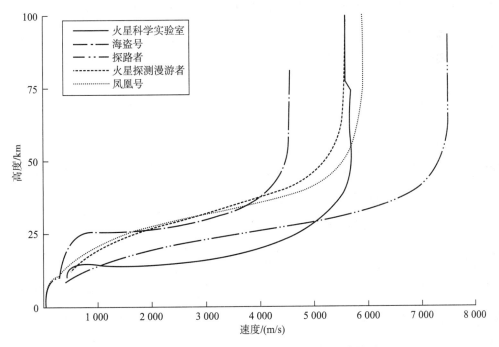

图 13-2 历次火星探测任务再入段速度-高度曲线对比

MSL 采用"阿波罗"式再入制导，整个控制过程可以分为 3 个阶段：

（1）再入大气阶段

再入大气层时，由于大气密度很低，气动阻力小，控制能力弱，控制效果不好，为了节省推进剂一般固定滚转角不变。这一阶段速度变化很小，高度下降却很快。

（2）航程控制阶段

随着高度不断下降，气动阻力不断增大，当阻力加速度达到 1 m/s^2 时进入航程控制阶段。该阶段的主要目的是消除预测航程误差。控制探测器飞到预定开伞点。为了简化控制系统，纵向运动和侧向运动需分开控制。纵向控制滚转角大小使探测器跟踪标称轨迹，消除航程误差，侧向采用滚转角变号逻辑，当航向角误差超出漏斗形的边界时改变滚转角符号。

（3）航向调整阶段

航向调整阶段时探测器已经接近预定开伞点，滚转角变化对航程影响不大，因此不再控制航程，而是最小化侧向误差，使探测器飞向预定开伞点。由于采用的是标准轨迹跟踪法，初始状态误差和不确定性扰动是影响制导精度的关键因素之一，另外，控制能力弱也是影响着陆精度的主要原因，因此，在设计制导与控制系统时需着重考虑系统抗扰动功能。

探测器的姿态控制是由对称分布在后盖的反作用姿控发动机实现的，其布局如图 13-3、图 13-4 所示。这些发动机是常推力的，依靠方向相反的 4 组发动机的开与关控制姿态力矩。在再入阶段起到轨迹控制作用的主要是滚转通道，通过改变滚转角控制升力方向，俯仰和偏航通道通常用来控制攻角和侧滑角在一定范围内，使探测器可以在配平攻角状态下飞行。

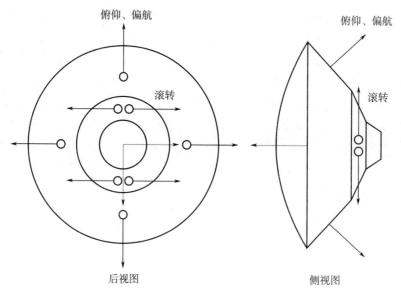

图 13-3　姿控发动机布局图

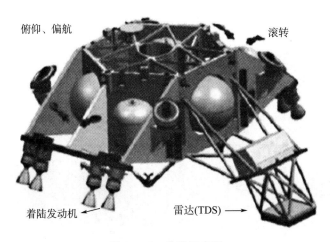

俯仰、偏航　　　　　　　　　　　　　　　滚转

着陆发动机　←　　　　　　　雷达(TDS)　→

图 13 - 4　发动机布局

13.1.1.2　降落阶段

（1）开伞降落

降落伞下降段的难点在于低密度大气、超声速条件下的开伞技术。降落伞在超声速条件下存在开伞困难、开伞不稳定、阻力系数下降等问题。MSL 虽然沿用了曾多次使用的盘-缝-带降落伞，但是它的直径更大，开伞马赫数更高。试验中发现当 $Ma > 1.5$ 时，降落伞会出现不稳定的现象，这与伞型、降落伞的直径以及伞绳的长度有着直接的关系。表 13 - 3 列出了 NASA 进行降落伞投放试验和实际飞行时的数据。

表 13 - 3　降落伞投放试验数据

飞行或测试	Ma	动压/Pa	降落伞直径/m
海盗 1 号测试	2.18	699	16.15
海盗 2 号测试	2.13	522	16.15
NASA - 1575 测试	1.91	555	12.19
NASA - 1499 测试	1.59	555	19.72
海盗 1 号	1.04	316	16.15
海盗 2 号	1.07	330	16.15
火星探路者	1.71	588	12.40
勇气号	1.78	729	15.09
机遇号	1.86	763	15.09
好奇号	2.05	570	19.70

降落伞开伞时需要再入器的质心位于其纵轴上，以减小充气过载对再入器的影响，MSL 在开伞之前再次调整了再入器的质心位置。开伞前，系统通过时间控制再入器内部的 6 个质量均为 25 kg 的配重物依次释放（见图 13 - 5），使其质心回到纵轴上，依次分离

是为了减小由于质量块分离引起的再入器瞬时振荡。为使开伞高度最高，应使再入器尽量保持有升力飞行，因此要尽可能延迟质量块分离的时间，同时也要考虑在开伞之前有足够的时间消除再入器的瞬时振荡。为此，MSL 设定质量块全部分离 15 s 后降落伞开伞。在质量块全部分离后，再入器质心回到其纵轴上，攻角和升阻比都近似于 0。

图 13-5　再入段配平质量块依次分离

　　MSL 允许的开伞高度范围为 6～12 km，它使用了一个直径为 19.7 m 的盘-缝-带降落伞，采用了与 MER 和 MPF 类似的射伞筒。降落伞开伞后，弹道系数变为约 15 kg/s，进一步将再入器的速度降至 100 m/s 左右。

　　（2）动力下降段

　　当高度下降到 1 500～2 000 m，速度变为 100 m/s 左右时后盖分离，制动发动机点火并开始动力下降。动力下降阶段状态变化比较平缓，导航测量信息多且精度较高，影响着陆精度的主要是制导控制精度。MSL 沿用了阿波罗登月舱的多项式制导方法，通过多项式拟合出一条加速度曲线，调整姿态与推力跟踪加速度曲线。两者不同的是阿波罗登月舱是有人的，可以识别障碍并进行相应的规避机动，而 MSL 目前还不具备自主障碍检测规避能力。

　　整个动力下降过程可以划分为 3 个阶段：动力接近段、常值速度段、常值加速度段。

　　1）动力接近段主要是为了减小下降速度，消除水平速度。

　　2）探测器沿着预先规划好的轨迹运动到着陆点上空 100 m 处，然后开始以 20 m/s 的常值速度垂直下降，保持固定速度是为了消除高度测量误差，因为在隔热罩分离以后探测器上雷达虽然开机工作了，但是在降落伞下降阶段和动力接近段探测器高度较高，测量精度较差。

3）当高度下降到 50 m 左右时开始以常值加速度下降，下降速度由 20 m/s 减小到 0.75 m/s，此时探测器距离火星表面约 21 m，关闭 4 台制动发动机开始空中吊车着陆。动力下降段的姿态与发动机控制至关重要，直接影响到能否成功着陆。MSL 的动力下降系统由 8 台推力范围从 400～3 000 N 的变推力发动机组成。推力方向与探测器垂直轴线方向呈一定夹角，这样布置是为了消除发动机气流吹起的岩石灰尘等对巡视器和下降传感器的影响，同时还可以起到姿态控制的作用。MSL 总共携带了 390 kg 推进剂，其中大部分消耗在动力下降段，表 13－4 列出了动力下降段各阶段推进剂消耗情况。

表 13－4 各阶段推进剂消耗统计数据

下降阶段	最小值/kg	均值/kg	最大值/kg	标准差/kg
动力接近段	190.1	193.4	199.1	1.7
常值速度段	0.6	9.7	19.0	3.2
常值加速度段	34.4	35.0	35.9	0.4
空中吊车	32.0	42.1	52.0	3.3
飞离	16.8	17.8	18.9	0.4
合计	273.9	298	324.9	9

13.1.1.3 着陆阶段

（1）空中吊车着陆

MSL 首次采用空中吊车着陆缓冲技术，这是其最为新颖的地方。空中吊车通过吊索与巡视器连接，像直升机移动一个大物体一样，空中吊车将好奇号软着陆在预定着陆区。这种创新性的设计有效解决了使用着陆支架时的巡视器出口问题。

着陆操作开始后下降平台保持 0.75 m/s 的下降速度，同时以 0.75 m/s 的速度释放吊索和巡视器，整个吊索全长 7.5 m。当吊索全部释放以后，继续保持 0.75 m/s 的下降速度直到巡视器着陆，然后断开吊索，下降平台垂直上升一段时间改变姿态启动全部发动机飞离，具体过程如图 13－6 所示。这种着陆方式可以保证巡视器不受发动机气流影响，不需要像凤凰号那样提前关闭制动发动机，也不需要设计复杂的缓冲吸能装置，使着陆有效载荷的质量进一步得到提高，如图 13－6 所示。巡视器着陆依靠 6 个轮子进行缓冲，着陆速度小，着陆安全性高，可以在坡度不超过 15°，岩石高度不超过 0.55 m 的复杂地形着陆，如图 13－7 所示。

（2）空中吊车飞离

好奇号巡视器与空中吊车通过吊索进行连接，好奇号着陆后，为保证它不被空中吊车以及推进剂的燃烧产物影响，系统通过指令将吊索切断，空中吊车垂直上升飞行一段距离后改变姿态，并开启全部发动机以预定的推力飞离着陆点附近区域。

图 13-6　凤凰号和 MSL 的着陆器

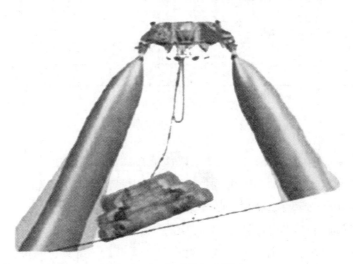

图 13-7　发动机气流影响

13.1.2　着陆系统组成与功能分析

13.1.2.1　降落伞系统组成与功能

降落伞减速系统作为 EDL 系统中不可分割的一部分，可为 MSL 提供有效的气动阻力，这样可使再入制导探测器的飞行速度从 $Ma = 2$ 减小至亚声速。MSL 降落伞减速系统是一个直径为 19.7 m 的装有射伞筒的"盘-缝-带"降落伞，该系统是在海盗号火星探测器、凤凰号火星探测器降落系统的基础上，根据 MSL 的总体机构及设备进行改进的。降落伞系统主要由降落伞和射伞筒组成。其中降落伞为探测器提供有效空气阻力；射伞筒用来弹射开伞袋，保证开伞袋展开及伞绳拉直，最终实现开伞。

(1) 降落伞

MSL 减速伞系统包括有效载荷绳索装备、链环、架空线、伞盖及伞包。MSL 降落伞系统中射伞筒内直径为 19.7 m 的"盘-缝-带"降落伞是迄今为止火星探测器使用的最大的降落伞。286 kN 的正压可以使伞膨胀,结合超声速降落动力学及伞绳可以防止重复加载(10 个循环)。该降落伞在海盗号降落伞的比例基础上有所扩大,见表 13-5,但其弹道特征同海盗号相似。直径为 19.7 m 的降落伞将马赫数限制在 1.5 以上,使得降落伞弹道系数减小,在规定的时间与高度范围内能够顺利完成 EDL 任务。

表 13-5 MSL 降落伞规格

参数	数值
名义直径(D_0)	19.7 m
伞盘直径(S_0)	$0.72D_0$
基准面积	$1/4\pi D_0$
几何空隙率(面积)	12.5%
顶孔直径	$0.07D_0$
盘直径	$0.121D_0$
缝宽	$0.042D_0$
拖拽比(x/d)	10
伞绳长度	$1.7D_0$

注:拖拽比是降落伞的拖拽距离与前体直径的比值,其中拖拽距离指降落伞伞衣底边到前体的距离。

MSL 降落系统将在气流动力压为 650 Pa 时以 $Ma=2.2$ 的速度开伞,其超声速弹道与海盗号的气囊进行 AV1、AV4 推进降落测试所采用的弹道相同。MSL 降落伞系统在大约 5 s 的时间内将其速度增加至 $Ma>1.5$,并通过空气流动将伞撑开。

MSL 伞盘前沿至再入器的最大拖拽比为 10,海盗号为 8.5。同样,MSL 带宽比例为 0.228,海盗号为 0.223。MSL 降落伞是在与海盗号降落伞进行比较的基础上改造的,这样就可以利用已有的超声速风洞及地面高海拔降落测试数据,MSL 伞盖示意图如图 13-8 所示。

MSL 降落伞的伞盖由 80 幅尼龙单色宽幅织物和凯夫拉伞绳结构网格组成。伞衣幅数量增大,可以减小织物载荷,同时使用轻质织物可承受住超声速阶段开伞载荷的情况。伞绳在盘的下边缘和带的下边缘进行了加强(V 字形),这样可改进展开和充气期间的载荷分布。结构网格采用连续伞绳设计(和 MER、凤凰号相似),减少了接头数量,提高了结构强度。吊带和吊索也用钛合金件连接。表 13-6 列出了 MSL 减速伞装置所用到的材质。

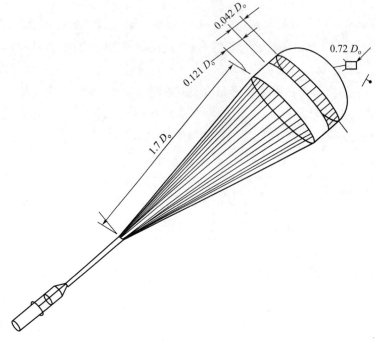

图 13 - 8　MSL 伞盖示意图

表 13 - 6　减速伞装置所用到的材质

装置	材质
链绳	1200 索杰纳号凯夫拉编织绳索
径向线	1200 索杰纳号凯夫拉编织绳索
升线	6000 索杰纳号凯夫拉网格
带-盘面料	聚酯和尼龙

质量较小的钛质材料绳索将架空线主柱接到伞绳上。该伞绳由三根线交捆而成，每根线又由 8 根凯夫拉带子组成，只需 1 根线就可以防止由于伞膨胀带来的负载力。伞绳连接结构环（见图 13 - 9），能有效地将负载力转移至探测器，消除来自射伞筒的负载力。

（2）射伞筒

MSL 降落伞系统使用射伞筒完成开伞过程。射伞筒包括外筒、气体发生器、射伞底托和密封盖。射伞底托位于射伞筒内底部位置，开伞袋位于外筒的内底托之上。射伞筒工作时利用气体发生器产生的燃爆气体，将开伞袋像"弹头"一样射出，实现开伞。图 13 - 10 为射伞筒结构图。

采用射伞筒装置是为了在具体的喷射速度范围内射出伞包，使得伞带和伞绳在互不缠绕或不损坏降落伞伞包的情况下顺利打开降落伞。射伞筒发射时的反作用力必须在探测器接口结构所能承受的范围内。射伞筒是一个反推装置，其大部分推进燃料用于气体发生器，采用反推系统也是考虑到该系统的持续性能。

图 13 - 9　射伞筒结构环

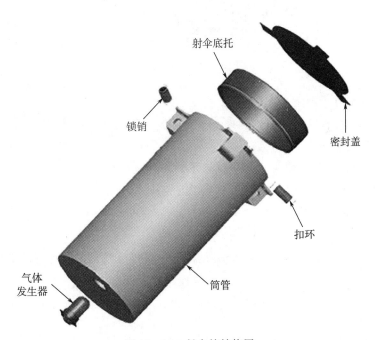

图 13 - 10　射伞筒结构图

　　射伞筒是一个 0.5 m ×1 m 大小的三件套带轮缘的铝制焊接件，位于射伞筒顶端的轮缘连接结构环，位于底端开口处的轮缘连接气体发生器；伞包等其他物件位于底板上端的射伞筒内，被压缩在聚四氟乙烯和凯夫拉纤维材质的装置包中。之前的火星探测任务中，由三根线交织成的伞绳并未连接射伞筒，这样的设计轻便、简单。气体发生器（见图 13 - 11）由一个两片装的不锈钢密封高压容器组成；燃料筒安装在气体发生器装置中，由底端的两个 NASA 规格的引燃器引燃。气体发生器采用 WC231 球形粉末燃料以满足弹射速度及一般性太空需求。推进燃料从 4 个固定区域孔射出，这些孔口上盖有焊接的爆破隔膜，用于密封这些孔口。

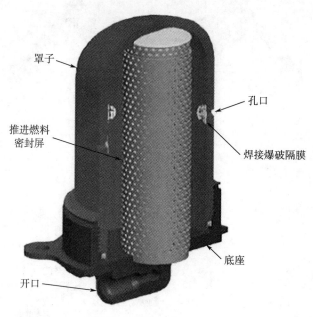

图 13-11　气体发生器

（3）着陆技术分析及解决途径

结合火星的环境特征，通过对国外典型火星探测器减速着陆系统方案的分析发现无人火星探测器的减速着陆系统具有如下特点：

1）探测器的再入质量均在 1 000 kg 以下，着陆质量在 600 kg 以下；

2）探测器的弹道系数较小，均小于 100 kg/m²；

3）探测器着陆点的误差均在 100 km 左右；

4）着陆点高度都在 4 km 以下；

5）探测器的气动外形均采用类似于海盗号的 70°半锥角、球锥外形钝度为 0.5；

6）开伞速度为 $Ma=1.1\sim2.0$，在超声速状态下开伞；

7）降落伞基于海盗号所用的盘-缝-带伞结构，均采用射伞筒直接射伞和一次开伞设计理念。

由于火星大气密度稀薄（其密度是地球的 1%），火星探测器依靠其自身气动外形进行减速时，相比地球上的探测器需要在高度更低时才能达到明显的减速效果。在火星上，只有再入器的弹道系数小于 50 kg/m² 且高度非常接近火星表面（10 km 以下）时，才能将有效载荷的速度降低到亚声速阶段，或者说，在这种稀薄大气环境下，适合开伞的高度相对较低，即留给减速着陆系统剩余部分的时间相对较短，这样可导致再入器没有充足时间进行着陆准备。同时，火星大气密度是随火星年不断变化的，这使得很难研制出一种通用的减速着陆系统方案来适应所有火星大气环境的需要。当然，目前成功实现火星着陆的无人探测器着陆点的高度都在 4 km 以下，着陆点的高度也限制了无人探测器减速着陆系统的发展。

尽管火星减速着陆系统外观上有很大不同，但是这些系统方案都有着明显的共同点，即通过降落伞减速到达离火星表面 1 km 处，接近最终速度时着陆器与伞分离（速度为 55~90 m/s）。但是，由于目前火星探测器的减速着陆系统方案还难以理想应对火星表面的潜在危险，所以，要想更好、更安全地实现火星减速着陆，必须获取更加准确的火星表面参数和大气参数，选择一个合理的适合探测器本身的减速着陆系统方案。选择着陆系统最优的安全减速方案，不仅可满足无人火星探测减速着陆系统的要求，对于载人火星探测减速着陆系统也尤为重要。表 13-7 列出了火星探测器着陆系统的着陆技术参数。

表 13-7　火星探测器着陆系统的着陆技术参数

伞型	名义直径/m	开伞点速度（Ma）	开伞动压/Pa	开伞高度/km	探测器质量/kg	是否成功
环帆伞	12.2	1.64	436	26.5	108	否
环帆伞	26.0	1.16	282	40.4	125	是
环帆伞	9.5	1.39	527	37.3	100	是
环帆伞	16.6	1.60	555	40.2	244	是
环帆伞	12.2	2.95	440	52.3	127	是
十字型伞	16.6	1.65	607	39.9	257	是
十字型伞	9.1	1.57	464	41.5	109	是
十字型伞	7.7	1.57	474	40.4	98	否
盘-缝-带伞	9.1	1.56	546	38.9	102	是
盘-缝-带伞	19.7	1.59	555	40.7	248	是
盘-缝-带伞	12.2	2.72	464	48.3	127	是
盘-缝-带伞	12.2	1.91	555	42.7	127	是
盘-缝-带伞	12.2	3.31	508	51.4	129	否
盘-缝-带伞	12.2	2.58	972	43.6	127	是
盘-缝-带伞	12.2	2.77	958	43.6	129	否
盘-缝-带伞	16.8	2.69	886	44.3	1 193	否

13.1.2.2　空中吊车

好奇号使用了一种完全不同于以往的全新软着陆方式——空中吊车。之前的海盗号和凤凰号则使用大的托盘结构来实现减速，这种方式的缺点是巡视器从托盘中出来比较困难。火星探路者号和 MER 则依靠安全气囊来缓解巡视器的冲击载荷，但其不能传送较大的负载。着陆操作开始后下降平台保持 0.75 m/s 的下降速度，同时以 0.75 m/s 的速度释放吊索和巡视器，整个吊索全长 7.5 m。当吊索全部释放以后，继续保持 0.75 m/s 的下降速度直到巡视器着陆，然后断开吊索，下降平台垂直上升一段时间改变姿态启动全部发动机飞离。这种着陆方式可以保证巡视器不受发动机气流影响，不需要像凤凰号那样提前关闭制动发动机，也不需要设计复杂的缓冲吸能装置，使着陆有效载荷的质量进一步得到提高。巡视器着陆依靠 6 个轮子进行缓冲，着陆速度小，着陆安全性高，可以在坡度不超过 15°，岩石高度不超过 0.5 m 的复杂地形着陆。图 13 - 12 所示为好奇号着陆过程图。

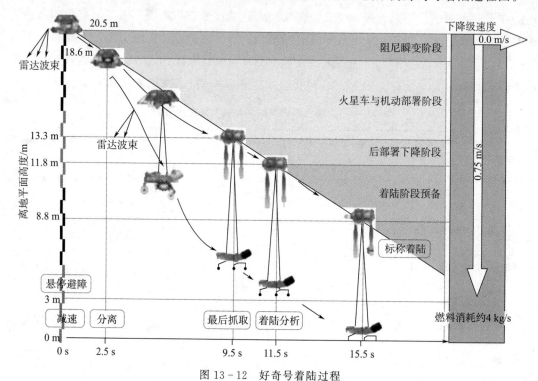

图 13 - 12　好奇号着陆过程

空中吊车着陆系统的优点：

1）减小了影响速度的鲁棒性；

2）避免了以往着陆方式的出口问题；

3）能够传送非常大的载荷。

（1）工作原理

好奇号空中吊车上的末端下降传感器（Terminal Descent Sensor，TDS）提供相对于火星表面的速度及高度等信息，空中吊车的内部 IMU 用来传送这些数据。最后，通过导航与控制系统来给 8 个节流的火星着陆发动机组传送指令以控制高度等参数。图 13 - 13 所示为好奇号空中吊车的工作原理图。

（2）结构组成

好奇号空中吊车主要包括惯性测量单元、TDS、火星着陆发动机组（Mars Lander Engines，MLEs）和缰绳脐带装置（Bridle Umbilical Device，BUD）四部分，如图 13 - 14 所示。

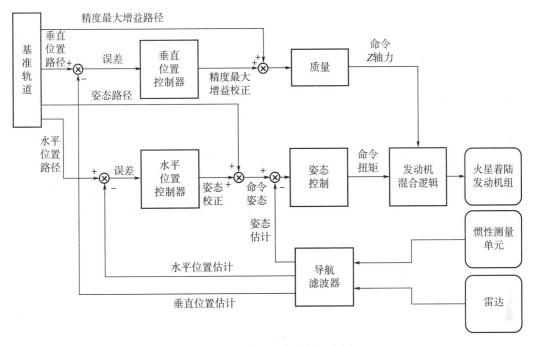

图 13 - 13　好奇号空中吊车工作原理

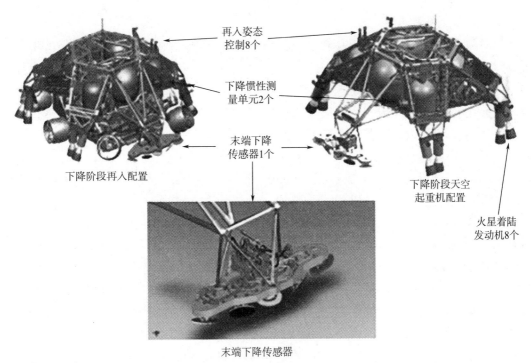

图 13 - 14　空中吊车结构

（3）下降级惯性测量单元（Descent Stage IMU）

惯性测量单元在好奇号 EDL 阶段起着非常关键的作用，包括 3 个加速度计和 3 个陀螺仪，可实现实时快速的位置和姿态测量。惯性测量单元是一个标准的传感器组件，用来提供探测器或移动系统的平移和角运动信息测量。惯性测量单元系统主要包括惯性测量单元自身基础结构、可控电源开关和计时器，如图 13 - 15 所示。

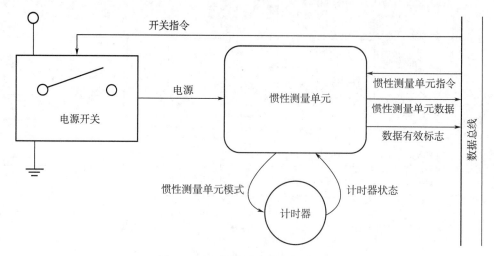

图 13 - 15　惯性测量单元系统框图

（4）末端下降传感器

好奇号末端下降传感器（TDS）由 6 个 Ka 波段脉冲多普勒雷达组成，以前所未有的精度感应三维速度和高度，对于好奇号的控制系统是非常重要的。当速度为 100 m/s，高度为 4 km 时，多普勒雷达开始测量三轴的速度与探测器的高度，这一工作将持续到好奇号完全着陆。末端下降传感器具有较优的性能来解决着陆过程中遇到的问题，这些性能包括：

1）无记忆测量方法：能够克服 EDL 阶段遇到的高度与角速率方面的问题；

2）Ka 波段中心频率：使速度性能最优化；

3）独立、低旁瓣天线辐射、笔形波导天线可减小对速度精度影响非常大的到达角误差。

根据设计，TDS 通过脉冲多普勒雷达的原理能够满足表 13 - 8 的需求。通过雷达回波的通行时间的测量，能够得到沿着波径方向的地面范围，同时多普勒漂移可以通过两个连续的或近似连续的相移计算得出。TDS 的创新之处在于其允许测量参数（例如脉冲宽度、脉冲重复周期、脉冲对分离及测量精度）的适应性选择，对之前的数据不进行存储并且波束之间不进行信息交流。这一无记忆设计使雷达对探测器的动态性能具有较强的鲁棒性。

同时这一雷达设计不依赖于之前的测量数据，这样就可使其在某一短暂时间内进行测试，而不依赖于整个下降轨道来获取测试条件进行测试。EDL 阶段雷达参数及其特性要求见表 13 - 8。

表 13-8　雷达参数及其特性要求

参数或条件	取值
中心频率	37.75 GHz
天线波束宽度	3°
传输功率（每波束）	2 W
脉冲宽度	4~16 ns
脉冲宽度范围	4~16 000 ns
高度	6~3 500 m
下降阶段速度	最大值为 200 m/s
探测器总线功耗	30 W
传输功率	120 W
质量	25 kg
尺寸	1.3 m×0.5 m×0.4 m
波束视线速度范围	-20~160 m/s
雷达波束偏角范围	0°~60°
包络空间有效比	95%
测量精度范围	2%波束视线速度范围
最大范围偏差	0.5 m
速度测量精度	$0.75\% v +0.2$ m/s
最大速度偏差	0.03 m/s
最大速度比例因子	$0.25\% v$
天线数	6
波宽	8.39 mm
天线直径	220 mm
检测校正速率	20 Hz
脉冲重复间隔范围	75~50 μs

　　TDS 的硬件方面主要包括 3 个物理单元：数字堆栈、RF 电子堆栈和大型组件。数字堆栈包含数字电子组件和数字电源分布单元；RF 电子堆栈包含 RF 电源、频率合成器和增频/降频转换组件；大型组件包括天线、前端滤波器传输/接收模块及相关的控制。其原理如图 13-16 所示。图 13-17 为 TDS 硬件图。

　　TDS 的工作流程图如图 13-18 所示。

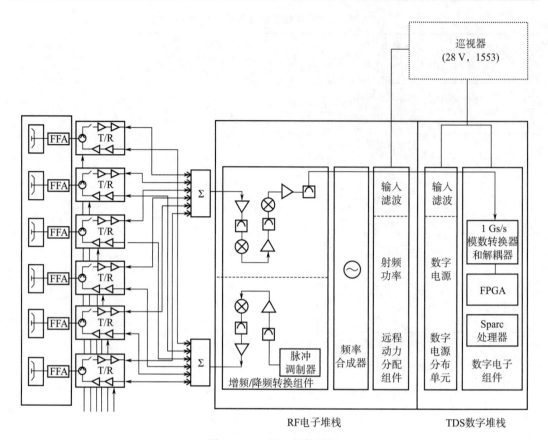

图 13 - 16　TDS 结构框图

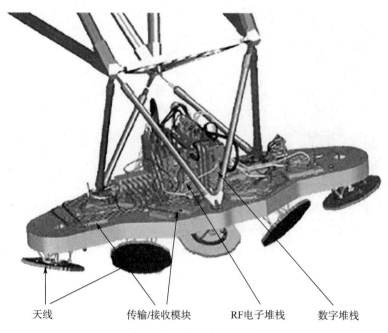

天线　　　　传输/接收模块　　　RF电子堆栈　　　数字堆栈

图 13 - 17　TDS 硬件图

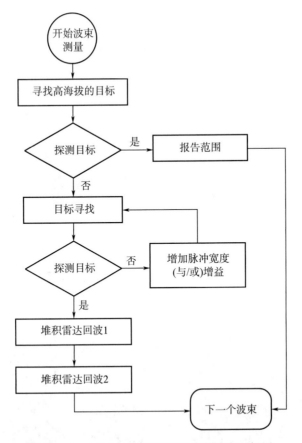

图 13-18　TDS 目标获取/雷达参数设定逻辑图

（5）火星着陆发动机组

好奇号下降段推进系统是一个节流、可调压和单一组件喷气燃料推进系统，这一系统使用火星着陆发动机组，保持一定的倾斜角度以避免对巡视器的气流冲击影响，同时可实现减速度和三轴姿态控制。三个肼推进剂燃料箱用来提供最高 390 kg 的推进动力。每一个火星着陆发动机组能够提供 400～3 000 N 的推力。在再入空中吊车状态时，8 台发动机会关闭 4 台，这样可以避免过小的节流设置。

（6）BUD

① 好奇号对 BUD 的要求

1）BUD 整个工作过程不超过 7 s；

2）缰绳的强度必须在一定的范围内；

3）在空中吊车阶段，缰绳和脐带不能接触巡视器上甲板，切断后也只能接触到预定位置。

② BUD 的工作原理

BUD 的功用是吊着 850 kg 的巡视器从 7 m 高的地方缓慢下降，它的主要特征是使巡视器和下降级之间的抓举负荷尽可能小，同时还要使下降级控制系统所要克服的影响尽可能小。图 13-19 为 BUD 的部署次序,图 13-20 是 BUD 组装图。

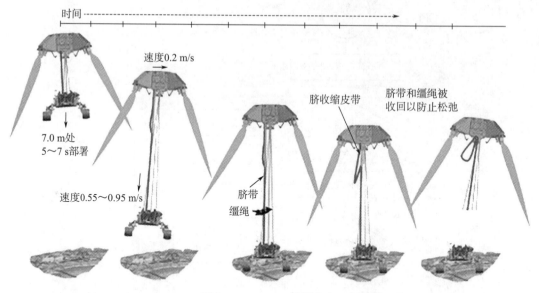

图 13-19　BUD 部署次序

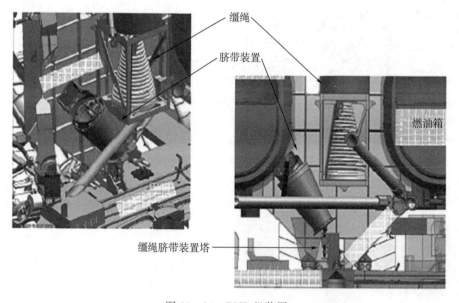

图 13-20　BUD 组装图

缰绳包括 3 根聚芳酯纤维绳,每根绳的直径为 5 mm。巡视器下降速度的变化和制动通过制动器电机、齿轮箱和锥形线轴实现,如图 13-20 和图 13-21 所示。下降级和巡视器之间的电路连接通过脐带实现,其主要负责巡视器、下降段航电设备和 GNC 传感器之间的通信。

缰绳在三个点与巡视器相连接,每根缰绳的末端都被强化以防止其缠绕在巡视器硬件上。在接近巡视器底盘连接点处,每根缰绳缠绕在线导和火工切割器上,一旦巡视器车轮

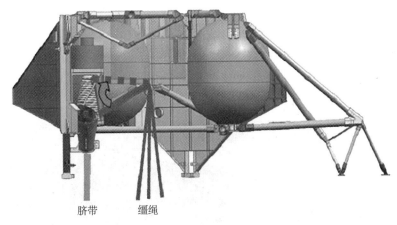

脐带   缆绳

图 13 - 21   缆绳脐带路径设置

与地面相接触，缆绳和脐带都将处于松弛状态。为了避免绳索与巡视器顶部甲板的硬件相接触，弹簧将缩回缆绳和脐带并保持绳索松弛，这种松弛状态大约持续 1 s，这样可以在绳索被割断之前确认巡视器是否完全着陆在火星表面。一旦飞行系统确认巡视器安全着陆，3 个火工切割器将切断缆绳，同时脐带切割机切断脐带，然后下降级飞离巡视器。

③BUD 组成

BUD 主要由 4 个部分组成，分别为缆绳线轴装置、融合滑轮、缆绳退出向导和脐带部署装置。除安装在巡视器上甲板的缆绳退出向导，其他组件都安装在下降级上，如图 13 - 22 所示。

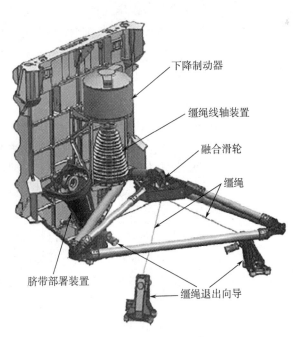

下降制动器

缆绳线轴装置

融合滑轮

缆绳

脐带部署装置

缆绳退出向导

图 13 - 22   BUD 组成

（a）缰绳线轴装置

在部署空中吊车之前，缰绳线轴装置用来装载缰绳，其安装在下降级内部的嵌镶板上。当巡视器缓慢从下降级下落时，与下降制动器相连的缰绳线轴装置会控制缰绳的部署及巡视器离开下降级的速度。缰绳线轴装置包括下降制动器、缰绳和缰绳线轴，组装图如图 13－23 所示。

图 13－23　缰绳线轴装置组装图

在部署巡视器之前，缰绳缠绕在线轴上，锥形线轴有较深的通道来保持三根缰绳包裹在一起同时起降，线轴的解缠方向为大端到小端。下降制动器是一个机电一体化的旋转阻尼器，线轴旋转越快，制动器提供的阻力矩越大。由于线轴的锥形形状以及与旋转速度成线性关系的阻力矩等因素，巡视器在缰绳处于大端时的速度是最大的，而且线轴的直径越小，下降的速度越慢，力矩臂也越小。

缰绳由 12 条尼龙绳制造，其末端包含 1 级索眼。一旦巡视器着陆信号发出，缰绳退出向导上的缰绳将被切断，然后缰绳将由与线轴相连接的动力弹簧拉回，这一动力弹簧向后旋转线轴上剩余的缰绳。好奇号下降级并不能将所有的缰绳都撤回，但会尽可能多地实现这一操作，因为这样可以减轻剩余的缰绳对好奇号上甲板的影响。

（b）融合滑轮

融合滑轮（见图 13－24）的主要功能是使 3 根缰绳分散点汇集于一处，这 3 根缰绳共同围绕线轴旋转，然后通过融合滑轮使 3 根缰绳分布在巡视器上甲板 3 个不同点处。3 根缰绳的汇合点要接近下降级的重心点，这对于空中吊车结构来说是极其重要的，因为这样可使巡视器的拉力正好处于下降级正下方。此时，尽管火星着陆发动机组任意倾斜、转动和偏航，GNC 都可以很好地对空中吊车进行控制，而不需要巡视器上有额外的阻力矩进行控制。融合滑轮内镶嵌有一个圆锥滚子轴承，锥形向导可以使缰绳在下降或缩回时都保持在滑轮上（尽管此时缰绳会处于松弛状态）。

图 13 - 24　融合滑轮

（c）缰绳退出向导

缰绳退出向导安装在缰绳末端、巡视器上甲板位置。每个缰绳退出向导配备有一个由 pre - wound 动力弹簧供能的收缩鼓（Retraction Drum）。在整个空中吊车阶段（巡视器着陆之前），收缩鼓不起作用，但一旦由于巡视器着陆而使缰绳处于松弛状态，缰绳将被鼓内的塔总成（Tower Assembly）收回，如图 13 - 25 金色部分所示。因为在每根缰绳的末端都有一个缰绳退出向导，所以它们能够单独地保持各自缰绳处于松弛状态，这一点也是非常重要的，因为缰绳线轴装置只能同时执行三根缰绳的运动（下降或收回）。当巡视器着陆在一定坡度的表面上或下降级调动巡视器着陆布置，每根缰绳就需要有不同的松弛状态。缰绳退出向导会预留足够的高度来缓解空中吊车阶段的缰绳缠绕干涉的情况，同时，缰绳退出向导上还安装了火工切割器来切割缰绳和脐带。接近塔顶部的银色圆柱体就是切割器，这一火工切割器利用活塞驱动切割器原理，用于激活缰绳装置并连接下降级与巡视器。

（d）脐带部署装置

在空中吊车阶段，巡视器与下降级之间的数据通信和火工切割器点火指令都由脐带来完成。在空中吊车阶段之前，脐带部署装置将脐带储存在空心的圆锥上。脐带部署装置的顶视图和底视图如图 13 - 26 所示。

图 13 - 25　缰绳退出向导（见彩插）

图 13 - 26　脐带部署装置视图

13.1.3　着陆技术分析及解决途径

13.1.3.1　降落伞减速技术

降落伞是探测器减速着陆系统最常用的减速装置之一，火星探测器也不例外。已成功实施的无人火星探测器减速着陆系统方案中，都包括超声速伞减速的内容。超声速伞主要起到使再入器的速度减小至亚声速段的作用。除此之外，超声速伞还可以在跨声速阶段为再入器提供足够的稳定性。从海盗号到火星科学实验室的火星探测着陆任务中，降落伞均工作正常。表 13-9 列出了包括火星科学实验室探测器在内的一些火星探测器的盘-缝-带降落伞技术参数。

表 13-9　盘-缝-带降落伞技术参数

参数	海盗号	火星探路者	火星探测漫游者	凤凰号	火星科学实验室
有效载荷/kg	244	92	173	167	775
开伞速度(Ma)	1.1	1.57	1.77	1.6	2
开伞高度/km	5.79	9.4	7.4	9	6.5
伞阻力系数	0.67	0.41	0.48	0.67	0.67
名义直径/m	16.20	12.70	14.10	11.80	19.70
盘直径/m	11.70	7.96	8.9	8.6	14.20
缝宽/m	0.67	0.46	0.54	0.50	0.83
带宽/m	1.95	2.97	3.00	1.40	2.38
顶孔直径/m	1.10	0.80	0.90	0.80	1.38
伞衣幅数/m	48	32	48	40	80
伞绳长度/m	27.40	21.70	24.00	20.10	33.50

MSL 采用盘-缝-带伞作为气动减速装置，该方案是在满足系统设计要求下的最简方案。对于超声速条件下的开伞情况，前体尾流区的影响是关键因素，要求降落伞与前体有足够的距离。另外，为了保证降落伞可靠弹出尾流区，MSL 采用了伞筒开伞的方案。随着探测器质量不断增加，弹道系数增大，导致其再入轨道的超声速开伞区域进一步减小，要想实现正常的开伞控制，面临更大的技术挑战。

（1）传统的减速伞减速技术

一般情况下，在火星上降落需要使用降落伞。但是即便是降落伞展开，着陆器的速度仍然很快。如果一个人跳出机舱，在地球上，其下落速度可以达到 193 km/h，当他打开降落伞的一瞬间，其速度就会减至大约 16 km/h；相比之下，由于极为稀薄的空气，在火星上跳出机舱的人下落速度可以达到 1 600 km/h，当他打开降落伞之后，其速度也只能下降到大约 320 km/h。当进行降落运动时，好奇号将展开一个超声速降落伞用以减速，这是迄今在行星探测领域使用过的最大的降落伞系统。

（2）充气气动减速技术

火星探测器经过长途行进，抵达火星时的时速高达 24 000 km。因此工程师们必须在探测器的底部设法安装一个扁平物，面积越大越好，这样能极大地帮助在探测器接触火星高层大气时降低其速度。好奇号采用的隔热罩的外形正是基于这一考虑设计的，它可以帮助探测器减速。其直径大约为 4.5 m，但是宽度越大越好，要能将火箭的整流罩放入。因此 NASA 使用了充气气动减速技术，这种装置和质地脆弱的降落伞不同，它的材质坚硬，能在高速状态下安全展开协助减速，而不会像降落伞那样由于速度过高而破碎。例如，HIAD 技术设备（高超声速充气气动减速器）能以折叠姿态放置于火箭整流罩内发射升空，当随探测器再入火星大气层时伸展开，其直径在数秒内从约 4.5 m 变为大约24.3 m。高超声速充气气动减速器的制造采用了某种特殊的高强度耐高温材料，可以耐受住冲击火星大气层时的极端高温环境。当探测器以相当于火星大气 4～5 倍声速的速度（降落伞无法承受）下降时，高超声速充气气动减速器可以帮助降低着陆器的速度。与降落伞的另一不同点在于，高超声速充气气动减速器不是附在探测器的后部，而是在其前方展开，就像一把大伞。

（3）超声速反冲火箭

将大质量探测器送上火星表面的最后一个技术性挑战在于超声速反冲火箭。简单来说这就是一个火箭反推系统，它能在探测器着陆前点火向着前进方向反推，从而进一步降低探测器的下降速度，确保探测器安全。过去的大多数火星着陆计划中都使用了火箭反推技术，但是从未尝试过在超声速条件下使用这一技术。如果想将一台质量超过好奇号的设备送上火星表面，工程师们将不得不面临反推火箭必须在探测器仍然处在超声速的情况下点火的难题，这是一项巨大的技术挑战。

（4）开伞控制技术

开伞控制技术是探测器减速着陆系统设计中的一项关键技术，这项技术能否成功应用直接关系到整个减速着陆系统工作的成败。火星大气环境与地球大气环境相比，气候更加寒冷、空气更加稀薄，如何确保在这种环境下顺利实现开伞控制很关键。开伞控制方案的设计需要考虑到各种可能的再入轨道，包括标准再入轨道和各种偏差轨道，同时还要考虑到可供选择的控制方法和器件精度，确保减速着陆系统开伞以及开伞后各个程序动作均能及时、可靠地完成，避免开伞时温度过高、动压过大和开伞高度过低等情况发生。

13.1.3.2　火箭反推制动技术

好奇号火箭反推制动技术使用的是一个放空的单一组分的肼推进系统，可以进行姿态控制和轨道修正工作，它使用的是 8 个 4.5 N 的推进器以及 2 个整体式钛膜推进剂贮箱。冗余太阳敏感器与恒星扫描器会为姿态控制提供传感功用，使用着陆器上的指令与数据系统来进行处理与控制。指令与数据系统装于远程工程单元上。好奇号姿态控制系统（RCS）是在多种约束条件下发展的。

为了避免 RCS 羽流与降落伞冒口的相互影响，推进器安在舱体后部并定向远离舱体轴线，如图 13 - 27 所示，这种布置能够包含局部气流，但是也使外面的喷嘴暴露在附着气流的高能路径下，这样就无法避免喷嘴出现过热的情况。解决上述问题的办法是调整迎风面和背风面喷嘴的位置，如图 13 - 28 所示。

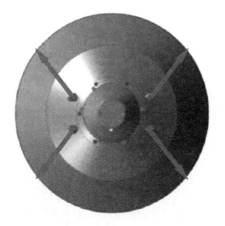

图 13-27 第二代 RCS　　　　　　图 13-28 第三代 RCS

（1）姿态控制策略

好奇号的外大气阶段与制导再入阶段使用的是 RCS 三轴姿态控制系统。控制器在控制框架中以独立的三个通道形式存在。控制框架与稳定框架于标称而言是伴随一起的。每一通道都有一个前馈路径与一个反馈路径。前馈路径使得对大的倾角转弯能迅速做出反应。反馈路径稳定机体在配平位置周边的攻角与侧滑角，并追踪倾斜指令。反馈路径形成一个姿态与速率耦合控制器以使燃料消耗最小化。

①外大气阶段

外大气阶段开始于巡航级分离以后，直到舱体再入火星大气之时截止。在此阶段，姿态控制器将停止巡航级的旋转，转变为预测所需的再入姿态并保持。此阶段大约持续 9 min。图 13-29 所示为外大气阶段功能图。

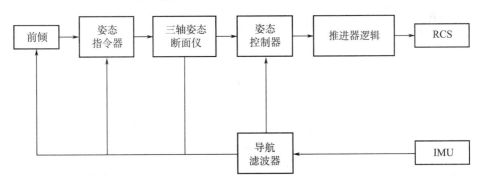

图 13-29 外大气阶段功能图

姿态控制模块经过两个步骤生成所需的姿态：以当前预测的侧滑攻角进行倾斜旋转；以所需的初始倾斜角进行滚动旋转（称为前倾）。之后三轴姿态断面仪产生剖面，使得再入舱生成所需姿态。在这样的情况下，角速率消失，生成所需的姿态。姿态控制器从机载导航滤波器获取状态信息，从三轴姿态断面仪获取所需姿态信息以生成控制误差。此后，它会计算所需扭矩以便控制姿态误差。姿态控制器是一种增益预定控制器。推进器逻辑模块使得姿态控制器所需扭矩的脉冲调制执行成为可能。

②制导再入阶段

制导再入阶段开始于所感知的加速度达到给定阈值之时，止于降落伞开始以速度 $Ma=2$ 部署之时。此阶段持续 $2\sim3$ min。制导再入阶段控制功能图如图 13-30 所示。

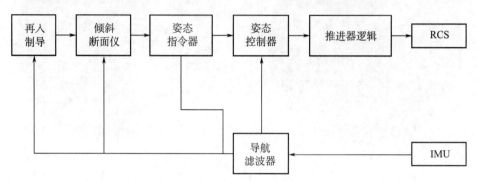

图 13-30 制导再入阶段控制功能图

在制导再入阶段，再入制导算法通过调整负加速度，生成倾斜角指令以控制剩余航程误差与横向距离误差。当横向距离误差超出了给定阈值，再入制导算法会下达一个倾斜反转的指令。横向与纵向气动力的区分，加之控制框架内的控制问题，使得再入控制器分为三个独立的通道成为可能。

（2）再入控制器

再入舱大约呈双锥体状。在再入阶段，重心抵消，升阻比约为 0.24，在再入界面产生一个 $-15.5°$ 的侧滑攻角，并随着时间流转而稍稍变化。再入控制器计算在一个控制框架内进行，称为非正交框架，如图 13-31 所示。控制框架随时间变化，由于侧滑攻角随轨道改变的缘故。预测的配平侧滑攻角接近于零。预测值的不确定性在选择姿态死区（deadbands）的时候要考虑进去。

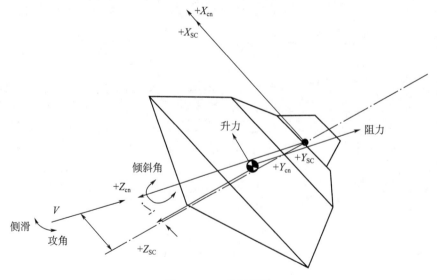

图 13-31 控制框架

再入控制器由在控制框架内的三个独立的通道组成，每一通道的控制器都有一前馈与反馈路径，如图 13 - 32 所示。前馈路径起着在大转弯时做出快速反应的作用。反馈路径则用来稳定这一装置。前馈路径有一带有姿态与速率死区的 PD/D 控制器以减少推进剂损耗。图 13 - 33 为此阶段姿态控制器反馈逻辑与死区平面图。

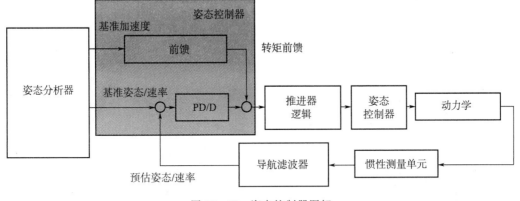

图 13 - 32　姿态控制器图解

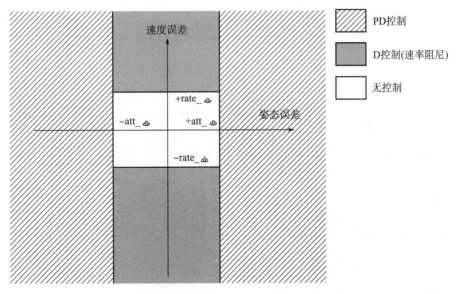

图 13 - 33　姿态控制器反馈逻辑与死区平面图

（3）姿态控制系统设计理念

由于很高的阻力要求，再入舱的投影面积与体积比例通常较高。喷嘴对舱后体表面压力所造成的影响主要有以下几个方面：

1）局部气流与 RCS 气流；

2）推进器大小、布置及方向。

由于后舱体设计要考虑有效载荷、结构、巡航阶段装备等因素，基于空气动力的因素将作为次要因素考虑，由此后盖的某些区域将有较大的中心力矩。由于相互作用的复杂性以及分析工具所具有的不确定性，RCS 活动导致的压力分布的变化对舱体力矩造成的影响很难预估。当喷嘴面向超声速气流时，RCS 与气流的相互作用是最严重的，解决办法就是使喷嘴与气流的方向一致或者使喷嘴羽流包含在回流区，而后者几乎是不可能实现的，因为回流区的形状和尺寸并不充足（见图 13 - 34）。如果喷嘴和周围气体的较强相互作用不能避免，舱体所受的力矩将会受到影响。好奇号 RCS 设计遵循这一设计理念取得了较大的成功，与之前的设计相比较表面压力有比较明显的减小，如图 13 - 35 和图 13 - 36 所示。总体来说，通过较小的发动机获得比较理想的控制力矩、较大力矩臂的同时，还需要在减小 RCS 与气体相互作用方面做出努力。

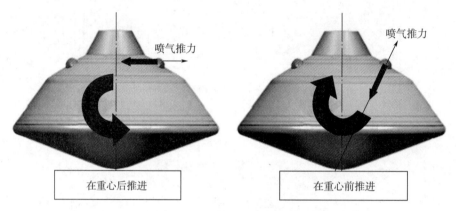

图 13 - 34　推力方向的选择

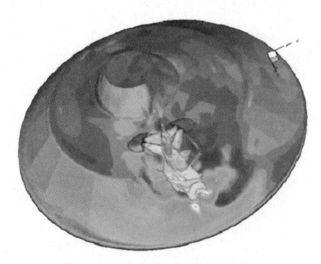

图 13 - 35　改进设计前的预计表面压力

13.1.3.3　热防护技术

在 EDL 阶段，MSL 在火星大气层作用下会面临严峻的加热环境，为保证 MSL 能顺利再入火星大气层，并成功登陆火星，需要合理的防热系统设计及防热材料来保护再入舱内部装置，使其免受火星大气层气动热影响与破坏。

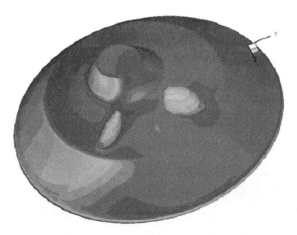

图 13 - 36　改进设计后的预计表面压力

（1）防热系统设计

MSL 再入系统需在距离着陆点 10 km 内将 899 kg 的巡视器送入火星表面。该系统通过减速体及降落伞使得巡视器成功登陆火星。在启动超声速开伞之前，MSL 再入舱的超声速升阻比为 0.24，经主动制导调整后的攻角为 16°，反控系统推进器控制其升力矢量方向。采用平衡质量对再入舱的径向中心进行平衡补偿以达到所需的升力。MSL 减速体与火星大气层间的相互作用会消耗再入系统 99% 的动能，大多数情况下是以热量的形式。MSL 防热系统能防止减速体内部装置受到外在环境的影响，使其免受损毁。

（2）减速体系统结构

MSL 减速体是一个直径为 4.5m 呈 75°半角圆锥体结构。它采用的是一种名为酚醛树脂的碳烧蚀材料（PCIA），除了隔热罩外，减速体后盖也采用了这种防热材料来抵挡反控系统推进器热流干扰。PCIA 是由软木塞、二氧化硅、酚醛树脂混合而成的，人工填进一个酚醛树脂材料的蜂窝状物体中。在进行气动热分析及防热系统分析之后确定 SLA - 561V 后盖的厚度（0.5 in①）以减小反控系统推进器所带来的破坏风险。0.5 in 的厚度足以抵挡这些风险，无须考虑更小的厚度要求。ITT - Aerotherm's Acusil Ⅱ 是一种硅泡沫材料，用来保护后盖接口板（BIP）与降落伞收放筒（PCC）。

后盖及 PCC 的特性需特别考虑其使用环境进行设计。其他一些零部件的设计，如通道门需与周围环境摩擦且不会对局部加热造成不利影响；PCC（TLGA 与 PLGA）的天线罩，由于其加热级别可能要提高到周围量级以上，因此需通过空气热动力学分析来对其进行优化。雷达天线罩上的 Acusil Ⅱ 厚度加以优化来满足热要求并允许射频传输。同样，BIP TPS 加以优化以满足热与机械要求，因为在 BIP 位置上，要能够支撑大型降落伞部署结构的负载。

MSL 减速体使得飞行系统减速并保护下降段装置及巡视器，使其在再入火星大气层期间不受空气热力学影响。减速体主要由隔热罩、后盖接口板、降落伞支撑结构及热控系

————————————

①　1 in＝0.025 40 m。

统组成，如图 11 - 13 所示。

隔热罩及后盖属于复合夹层结构，呈蜂巢状，两侧由石墨和聚乙烯氰酸酯材质的面板组成。MPF 和 MER 后盖的加热速率低于 10 W/cm²，所以采用的是 SLA - 561S 材料。MSL 隔热罩的最高加热速率为 225 W/cm²。后盖的最低加热速率低于或等于 40 W/cm²。这两种结构装置上都涂有防热材料。

6 个固件将降落伞伞筒固定在降落伞支撑结构圆盘的顶端。降落伞射出并膨胀时，伞筒与降落伞负载转至降落伞支撑结构。为了保护降落伞支撑结构及特高频接收天线，该系统表面涂有 Acusil Ⅱ 及透明的防热材料用以抵抗 60 W/cm² 以上的加热速率。降落伞支撑结构在设计上面临结构上及各种天线的适应性等问题。

（3）防热材料

MSL 再入火星大气层时，受空气热力的影响，使得整个下降着陆系统温度升高，因此需要采用防热系统对再入器表层进行防热保护。MSL 减速体系统采用了两种不同的防热系统进行防热保护，如图 13 - 37 所示。

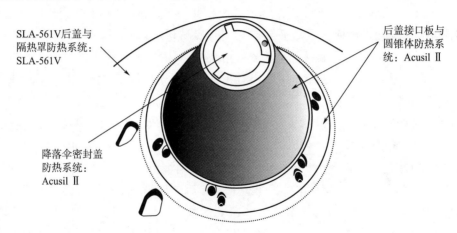

SLA-561V后盖与
隔热罩防热系统：
SLA-561V

后盖接口板与
圆锥体防热系
统：Acusil Ⅱ

降落伞密封盖
防热系统：
Acusil Ⅱ

图 13 - 37　防热系统材料在减速体系统中的应用情况

隔热罩防热系统采用的是超轻质烧蚀体防热材料（SLA - 561V），这是一种涂有酚醛树脂微珠的软木材料。防热系统中的隔热罩和后盖均采用 SLA - 561V 防热材料，要求该材料涂在隔热罩上的厚度为 23 mm，在后盖上的厚度为 13 mm。后盖接口板及降落伞收伞装置上涂有 Acusil Ⅱ材料，这是一种 RF 透明的防热材料，一般用于导弹天线。

（4）可拼接扩展的隔热设计

MSL 的隔热罩使用了一种名为酚醛树脂浸渍碳烧蚀体（PICA）的材料，其由 27 种不同形状的共 113 片 PICA 隔热瓦构成。与以往火星着陆器的隔热罩相比，新型隔热罩的技术进步主要体现在以下两个方面：一是可拼接扩展。二是可承受更加苛刻的再入环境。事实上，发射前的计算机模拟研究表明，MSL 隔热罩在 2011 年发射窗口承受的极限温度为 2 090 ℃，极限热通量为 226 W/cm²，极限剪切应力为 49 Pa，极限压强为 0.332 个大气压，极限热载为 6 402 J/ cm²，而 MSL 成功登陆火星的事实表明，可拼接扩展 PICA 隔热罩可承受这一极端环境。

（5）气动热设计与仿真分析

①气动热设计

图 13 - 38 所示为 MSL 气动热设计流程图。

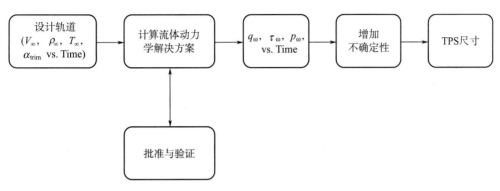

图 13 - 38　气动热设计流程图

根据 N - S 方程式流场模拟实验，对其最大总热负荷及最大热流设计方案进行分析。后盖的热流量限制在 6.3W/cm²，总热负荷为 377 J/cm²，且不受推进火力大小的影响。同样，推进器不影响降落伞伞盖设计环节的影响（热流量为 13 W/cm²，总热负荷为 499 J/cm²）。

②气动热轨道设计

原计划的发射时间为 2009 年，08 - TPS - 01a 与 08 - TPS - 02a 轨道指定为气动热与 TPS 设计约束，如图 13 - 39 所示。

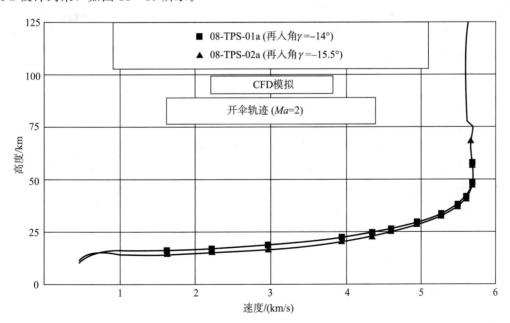

图 13 - 39　2009 年气动热轨道设计

这两个轨道只是在惯性再入飞行轨道角方面有所不同。08-TPS-01a 轨道（再入角等于-14°）飞行时间更长，可整合的总热负载也更高，这就需要 TPS 厚度最大。陡的 08-TPS-02a 轨道（再入角为-15.5°）为材料选择与地面测试设计给出了峰值的瞬时热流。再入舱将会产生足够的升力来实现几乎平行的飞行，从而进行降落伞部署（在 1～2 km/s）。最初 PCC TPS 尺寸分析是基于一个与 08-TPS-02a 设计相同的更早的轨道设计，但是其再入速率更高（为 5.93 km/s），弹道系数更低（为 126 kg/m²）。Acusil Ⅱ 的厚度源自 06-05 轨道，已经证明满足新的设计轨道。表 13-10 为气动热仿真参数。

表 13-10　气动热仿真参数

发射日期	2009.9.20
到达日期	2010.7.20
再入质量/kg	3 380
再入速度/(km/h)	5.93
再入角度/(°)	-14/-15.5
降落伞部署时间(Time at Parachute Deployment)/s	280/249

③气动热 CFD 模型

地面测试装置无法对包裹在 MSL 减速体外层的高温度非均衡流场进行模拟实验。因此，MSL 的气动热设计将根据 N-S 方程式，通过已有的 CFD 模型结合大量的不确定性因素，对其流场进行预测分析。对超声速再入舱的气动热环境进行预测计算将面临许多挑战。弓形激波所产生的高温使得无法在真实的飞行条件下对再入系统的化学及热力不均衡状态进行验证分析。对减速锥体产生的尾流进行计算分析将是一大难题。通过稳定状态的 CFD 模型来分析瞬息万变的流场，且 EDL 阶段中出现的动荡等都会增加计算分析的难度。此外，反控系统推进器的干扰也会使得本已复杂的流场更加难以计算分析。对 MSL 而言，将假设条件及不确定性情况通过已有的 CFD 编码结合起来以确定气动热环境。另外，选定好防热材料（SLA-561V）能有效地分析和预测防热系统风险。

根据 Langley 气动迎风松弛算法（Langley Aerothermal Upwind Relaxation Algorithm，LAURA）及数据并行松弛算法（Data Parallel Line Relaxation，DPLR），求解 N-S 方程，对 MSL 气动热环境进行分析。以前的火星再入舱流场预算均采用了这两种编码，包括探路者号、凤凰号等。LAURA 用来预测 MSL 在超声速和亚声速持续流场影响下所呈现出的气动热特征，包括反控系统干扰下出现的气动热特征。由于大规模分离流程的复杂性，我们无法对锥体后半部分所遭受的动荡情况进行预测分析。采用剪应力传输（SST）方程式紊流模型这样的 DPLR 方法在层流状态下对热力撞击因素进行评估。通过保守的高速催化边界条件，运用两种编码，考虑气动热所带来的最大面积范围内的化学反应。模型假设条件如下：

1）层流边界层（DPLR SST 模型用以预测紊流产生的影响）；

2）化学反应的非均衡性；

3）热量的非均衡性（平行及振动温度）；

　　4）放射状平衡墙；

　　5）快速分解墙：CO_2 与 N_2 发生化学反应生成小量的自由流。

　　④气动热仿真分析

　　(a) 后盖及降落伞伞锥气动热仿真分析

　　通过模拟轨道设计、CFD 解决方案等对 MSL 再入火星大气层时所遭遇的流场情况进行模拟仿真测试。对拼接式后盖、PCC 08 - TPS - 01a（最大总热负荷）及 08 - TPS - 02a（最大热流、剪应力及气压）定位设计环境所面临的不确定性因素进行分析。将气压因素考虑进去是为了便于对防热系统进行分析，但由于其震级较小，不会影响防热系统对厚度的要求。同样，剪应力也正好在防热材料所能承受的范围内。

　　(b) 下降级体尾部流场仿真分析

　　图 13 - 40 反映了当反控系统处于关闭状态时，层流式 LAURA 解决方案动压处于最高峰值时对 08 - TPS - 02a 轨道的影响情况。攻角为 16° 时，隔热罩滞点将从锥体前体位置移至两侧。相对较高的攻角会使得后盖两侧及锥体部分位置的流场增加，剪切层将再次冲击后盖及 PCC 两侧。这些受冲击部位的热流将会升高 ［见图 13 - 40 (a)］。由于 MSL 所面临的附加热流相对稳定，其对网格质量的要求不如分离流场时严格，因此其附加热流是可以直接预测的。稳定状态下的 N - S 方程不适于计算 MSL 背风面，因为背风面的气热流是分散式的，具有不稳定性，但其气动热环境相没有侧风那么严峻 ［见图 13 - 40 (b)］。因此，需加强对侧风的 CFD 加热情况的预测，因为侧锥体两侧的附加气热流环境使其对防热系统有更高的要求。

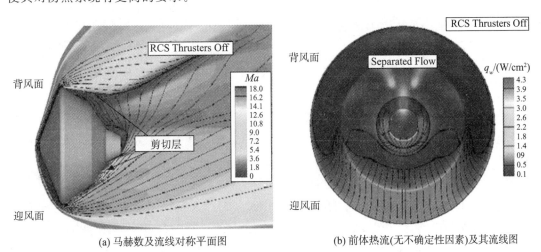

(a) 马赫数及流线对称平面图　　　　　　(b) 前体热流(无不确定性因素)及其流线图

图 13 - 40　LAURA 解决方案动压处于最高峰值时对 08 - TPS - 02a 轨道的影响情况 （见彩插）

　　⑤CFD 计算对比分析

　　由于火星飞行数据缺乏，CFD 编码对比分析将是用以预测 MSL 受热情况的最佳方法。用来进行模拟实验测试的再入轨道（07 - 25）类似于 08 - TPS - 02a 轨道，其再入速度为 5.8 km/s，而不是 5.9 km/s。图 13 - 41 对比分析了 07 - 25 轨道 LAURA 及 DPLR 的对称平面热流及总热负荷情况。这些分析结果包括无不确定性因素及反控系统推进器影响这两种情况。后盖、后盖接口板、PCC 受热程度处于或接近其最大承受范围时，说明动压达到了峰值。上风位置（$X>0$）有 3 个部位其局部达到了最大受热温度：隔热罩（$X=2.2\ \text{m}$），后盖尾部（$X=1.5\ \text{m}$），PCC 边缘（$X=0.4\ \text{m}$）。在层流状态下，第一个上风锥体的 DPLR 热流高于 LAURA 热流，但后盖尾部及上风位 PCC 边缘的编码预测结果相近。

　　DPLR SST 测试结果说明紊流将影响锥体前端的受热情况。SST 模型属于两方程式模型，该模型更适于用来分析锥体前端流场。后盖尾部上风位及 PCC 边缘位置的 SST 热流大约是 DPLR 层流的两倍，但隔热罩及后盖并没有增加太多的热流，该受热环境设计方案因考虑层流受热预测情况而出现大量的不确定性因素，图 13-41 反映了在无不确定性因素的情况下，07-25 轨道设计的 LAURA 与 DPLR 解决方案。

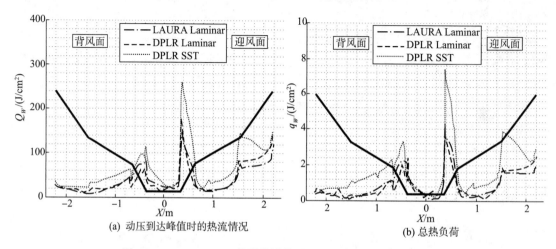

（a）动压到达峰值时的热流情况　　　　　　　（b）总热负荷

图 13-41　5-07-25 轨道设计的 LAURA 与 DPLR 解决方案

　　⑥反控系统推进器引起的羽流效应仿真分析

　　通过多种 CFD 解决方案可以更好地了解 MSL 推进器羽流对再入舱的气动力及气热环境造成的影响。在固定的燃烧条件下对每个排气口建模，其生成的超声速羽流能够拦截外部流场。假设在没有氨气参与化学反应，最大推进力（每个排气口的推进力为 290 N）产生稳定状态的羽流的情况下建立推进器模型。

　　图 13-42 反映了偏航推进器生成的 LAURA 及 DPLR 层流式热流及推进器生成的羽流对表层状态的影响。LAURA 及 DPLR 的预测结果与受热分布和振动情况相吻合。羽流的干扰使得排气口与偏航推进器之间受热不均。运用这两种编码，可以对冲击 PCC 侧壁及后盖接口板的上风位推进器羽流进行预测。隔热罩、后盖密封盖以及 PCC 边缘部位都不会受到推进器羽流的影响。相邻喷口产生的热流相互作用形成一条高温带，该高温带与外部流场分离开来。每个喷口上游及整流罩上风位侧面的加热模式是由羽流流场相互作用的结果。之前的反控系统结构导致大量羽流的干扰并出现大面积的高温受热情况，目前所采用的 SLA-561V 防热材料可以解决这些问题。最终确定的反控系统结构表明推进器整流罩附近的高温受热时间较短，并且不需要安装更多辅助防热系统。

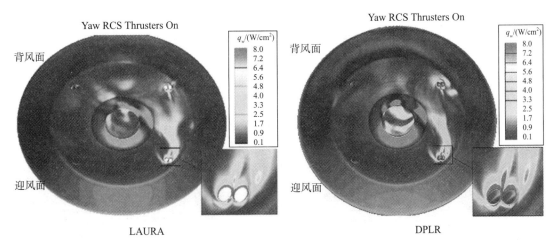

图 13-42　08-TPS-02 轨道最高动压峰值时偏航反控系统推进器对热流的影响（见彩插）

⑦天线罩环境仿真分析

PCC 盖上的天线罩需经过特殊计算才能确定其需要适应的环境，同时，采用较薄的 Acusil Ⅱ 材料可减轻锥体整体质量并且有利于通信。通过 LAURA 及 DPLR 方法，在不考虑反控系统推进器影响的情况下，对天线罩建模。结果表明，伸出的天线罩会产生局部热点，这些热点会使得上风位 PCC 边缘的温度升高。图 13-43 反映了之前的轨道（06-05）动压力对于 LAURA 及 DPLR 在不同时期的峰值测试结果，这两种方法都可以使得降落伞低增益天线罩（PLGA）的热流处于稳定状态，但 LAURA 振级要高出 50%。这两种编码无法使得倾斜低增益天线罩的热流分布处于稳定状态。如果这两种天线罩处于不同的流场，那得出上述结果也不足为奇。通过 DPLR 方法计算得出：倾斜低增益天线罩的最高受热温度与通过 LAURA 方法计算得出的降落伞低增益天线的最高受热温度是相同的。

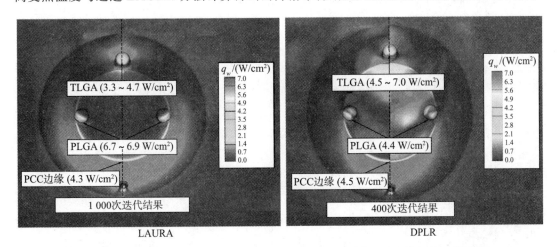

图 13-43　动压达到最大值时天线罩热流情况（不考虑其他不确定性因素）（见彩插）

⑧计算环境仿真分析

MSL 隔热罩气动热设计过程需对障碍因素及不确定性因素进行详细的分析评估。

由于锥体前段存有大量固有的不确定性因素，使得无法对其进行预测分析。后盖SLA-561V 防热材料足以使得 MSL 抵挡恶劣的大气环境，无须对不确定性因素进行分析验证。表13-11 总结了一些临界部位设计环境的峰值，这些峰值都是在不考虑发生时间的情况下得出的。热流、剪应力、动压等的最高值与 08-TPS-02a 轨道相符合，总热负荷与 08-TPS-01a 轨道相符合。机械载荷（如剪应力及动压）比较完整，但其振级较低，均在 SLA-561V 及 Acusil Ⅱ 所能承受的范围内。SLA-651V 及 Acusil Ⅱ 是绝缘体，不会在飞行过程中脱落。隔热罩及后盖的热流设计峰值为 6.3 W/cm²，总热负荷为377 J/cm²。后盖尾部热流设计峰值为 5.2 W/cm²，总热负荷为 245 J/cm²。

表 13-11　后盖/后盖接口板/PCC 设计环境峰值

位置	峰值 q_w /(W/cm²)	峰值 T_w /Pa	峰值 P_w /atm	Q_w /(J/cm²)
隔热罩/后盖密封盖	6.3	36	0.005	377
后盖尾部	5.2	28	0.009	245
后盖接口板	7	23	0.005	174
PCC 边缘	13	93	0.013	499
PCC 盖	6.5	46	0.006	250
倾斜低增益天线/降落伞低增益天线罩	23	162	0.019	873

反控系统推进器整流罩会影响后盖接口防热系统的厚度选择。此时我们将在偏航推进器整流罩中心的动压达到最大值，持续时间为 8 s 的假设条件下来计算总热负荷。在涂有防热材料的地方，08-TPS-01a 基于时间的计算情况如图 13-44 所示。

对好奇号再入舱后盖及减速锥的气动热计算（包括热流、剪应力、动压、总热负荷等）结果进行分析，可得出以上分析结果。通过建立化学与热量不均衡作用模型来预测再入舱在再入火星大气层时所面临的超声速及高温情况。通过 CFD 方法对飞行环境进行预测，与实际飞行环境间的误差都在正常的范围之内。通过模型计算的方法可以计算出反控系统推进器所产生的羽流量，并且通过这种方法还可以计算出后盖及减速体顶端推进器附近的热流增加情况。然而，根据反控系统导致的升温情况只能确定后盖接口板的厚度。推进器羽流导致其他区域产生热振动，这样振动情况就相对比较缓和。通过仿真实验测试得出：隔热罩及后盖的热流量为 197 W/cm²，总热负荷量为 377 J/cm²。由于受到剪应力冲击影响，减速体前沿将面临更为恶劣的环境条件，因此其所能承受的热流量为 13 W/cm²，总热负荷量为 499 J/cm²。

⑨隔热罩气动热仿真分析

根据 N-S 方法模拟再入轨道的总热负荷量、最大热流量、剪应力、动压等，对 MSL 隔热罩的气动热环境进行设计与模拟仿真分析。对热流最大值分析之前，需对边界层过渡期间，在热脉冲引起的振荡情况下，分析隔热罩气动热环境。运用已有的经验公式分析光洁度对剧烈热流与剪应力最大值的影响。根据已有的实验数据与灵敏度研究，采用计算模型对比分析法对其他的偏差与不确定性因素进行分析。计算得出热流量最大值为 197 W/cm²，剪应力为 471 Pa，动压为 0.371 atm，总热负荷为 5 477 J/cm²。

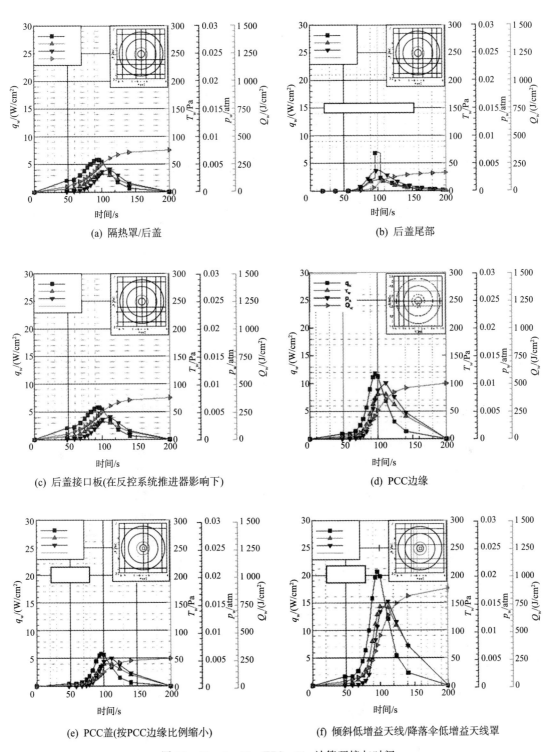

(a) 隔热罩/后盖

(b) 后盖尾部

(c) 后盖接口板(在反控系统推进器影响下)

(d) PCC边缘

(e) PCC盖(按PCC边缘比例缩小)

(f) 倾斜低增益天线/降落伞低增益天线罩

图 13-44 5-08-TPS-01a 计算环境与时间

⑩边界层过渡仿真分析

MSL 的大型减速体、高弹道系数、非零度调整攻角使其受热温度达到最大值之前要进行边界层过渡。采用一种超过严格的层流边界层动量厚度雷诺数的方法简单地对边界层过渡环境进行计算分析，边界层的边缘条件为其热含量占自由流的 99.5%。图 13-45 表明隔热罩背风面（$X<0$）的 LAURA 在设计轨道热流量达到最大值时将超过 200。

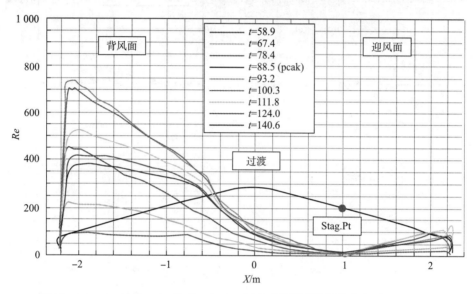

图 13-45　08-TPS-01a 轨道 LAURA 层流动量厚度雷诺数分布图（见彩插）

⑪气动热仿真分析需排除的相关变量

通过 LAURA 及 DPLR 两种方法，对 MSL 隔热罩在飞行状态下因化学与热量变化所产生的不均衡流场进行模拟仿真分析，建立模型。这些模型受大量参数的影响，在真实的火星超声速再入状态下存在许多问题，一些影响气动热环境的现象超出了 CFD 计算能力范围。根据大量模型预测结果，对影响 MSL 气动热计算条件的不确定性因素进行界定分析。表 13-12 列出了气动热模拟仿真分析需排除的相关变量。

表 13-12　气动热模拟仿真分析需排除的相关变量

类型	独立参数
偏离情况	表面催化作用 粗糙度分布不均 气流增强
不稳定因素	轨道 紊流施密特数 攻角 表面发射系数 转向定位 粗糙度分布不均 停滞

续表

类型	独立参数
不稳定因素	外形变化 参量因素（$q_w/T_w/P_w$） 其他

根据分析设计轨道热流、剪应力、动压的最大值及总热负荷情况可得出设计环境的最大值。在不考虑位置变化的情况下，设计环节的峰值情况如下：热流量最大值为 197 W/cm²，剪应力为 471 Pa，动压为 0.371 atm，总热负荷为 5 477 J/cm²。

13.1.4　好奇号着陆技术的创新性

MSL 的 EDL 新技术包括升力式再入及再入制导控制技术、基于马赫数的开伞控制技术、"矢量点乘"控制的隔热罩分离技术、空中吊车动力下降和缓冲着陆技术以及空中吊车飞离控制技术。

（1）升力式再入及再入制导控制技术

MSL 通过改变再入器的质心位置实现升力式再入，采用了"阿波罗"式的制导控制技术对再入段进行制导控制。MSL 采用"阿波罗"式再入制导，实现从再入点到开伞点的制导飞行。整个控制过程分 3 段：再入大气段、航程控制段、航向调整段。在再入大气段，再入器刚再入火星大气时，大气密度相对较低，气动阻力小，控制能力弱，为节省燃料保持滚转角不变。

随着高度不断下降，大气密度越来越大，气动阻力不断增大，当再入器的加速度大于地球重力加速度（9.8 m/s²）的 10% 时，航程控制段开始。该阶段通过控制滚转角，消除航向误差。为简化控制系统，分别对纵向和侧向进行独立控制。纵向控制滚转角大小，使再入器跟踪标准轨道（即安全开伞条件下开伞高度最大的轨道），消除航向误差；侧向采用滚转角变号逻辑，当航向角偏离标准值时，改变滚转角符号。

当再入器速度低于 1 100 m/s 时，控制过程转为航向调整段。控制系统不再控制航程，而是将滚转角偏转到使纵向误差最小的角度，使再入器飞向预定的开伞点，同时将滚转角限定在一定范围内，以保证有足够的升力。

（2）基于马赫数的开伞控制技术

降落伞开伞要被限定在一个安全的"马赫数动压"范围内，这一范围既要保证降落伞正常充气，同时也要保证降落伞在充气过程中不遭到破坏。例如，MER 探测器采用了基于动压的降落伞开伞控制技术，它根据惯性测量单元测得的再入器的阻力加速度以及再入器的阻力系数和参考面积来估计动压的大小。这种方法可确保 MER 在安全的"马赫数动压"范围内开伞。

MSL 也像 MER 一样被限定在一个安全的"马赫数动压"范围内开伞，图 13-46 是 MSL 和 MER 降落伞开伞的马赫数动压包络线，图中 Q_1、Q_2 分别代表安全动压的下限和上限，Ma_1、Ma_2 分别代表安全马赫数的下限和上限。从图中可以看出，当 MER 开伞动压在安全范围之内时，马赫数也在安全范围之内，而 MSL 的开伞动压在安全范围之内时，马赫数却已经超出安全范围，因此 MSL 选择将马赫数作为开伞控制条件，以确保开伞安全。

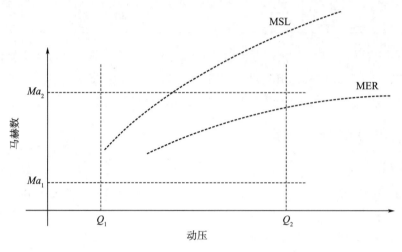

图 13-46　降落伞开伞的马赫数动压包络线

　　直接测量马赫数的传感器在空间飞行状态下往往不适用，因此 MSL 利用了马赫数与速度和火星大气特性的关系来获取马赫数。根据标准开伞马赫数（$Ma = 2.0 \pm 0.15$）推导出理想开伞速度（再入器的惯性速度），当再入器达到理想开伞速度时，控制系统自动控制降落伞开伞。然而，马赫数与速度和火星大气特性的关系需要考虑各种偏差因素的影响，其中主要包括惯性速度测量误差、随机风、声速不确定性等，其中影响最大的是随机风，其次是声速不确定性和惯性速度测量误差。

　　对 MSL 开伞范围内的带状风建立 70 m/s 速度的南部射流模型。风的影响分为两种情况：顺风使再入器加速，开伞时间推迟，达到理想开伞速度时的开伞高度降低；逆风使再入器减速，开伞时间提前达到理想开伞速度时的开伞高度增大。取惯性速度测量保守误差为 15 m/s、随机风保守误差为 25 m/s、声速不确定性保守误差为 15 m/s 的情况下，计算得出的开伞马赫数为（2.0 ± 0.19），稍稍超过标准值（2.0 ± 0.15）。由此可见基于马赫数的开伞控制具有很高的控制精度。

　　（3）"矢量点乘"控制的隔热罩分离技术

　　再入器再入大气后积累了大量的速度和高度测量误差，因此在动力下降段开始之前，必须对速度和高度进行精确测量。马赫数易受到速度和高度误差的影响，为提高隔热罩分离马赫数的控制精度，MSL 采用了一种"矢量点乘"的控制方法——将速度矢量和速度偏差矢量的"点乘"作为控制条件。

　　资料显示，在惯性速度测量保守误差为 10 m/s、随机风保守误差为 15 m/s、声速不确定性保守误差为 8 m/s 的情况下，隔热罩分离马赫数为（0.7 ± 0.08），比标准值（0.7 ± 0.1）更加精确。当随机风误差高达 20 m/s 时，隔热罩分离马赫数仍满足要求（见图 13-47）。

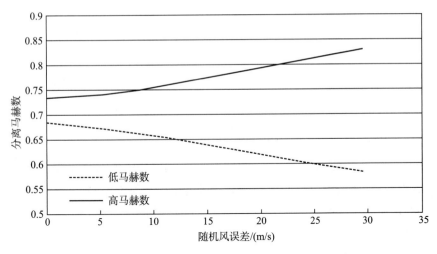

图 13-47 随机风误差对隔热罩分离马赫数的影响

（4）空中吊车动力下降技术

空中吊车动力下降段的推进系统由 8 台推力范围为 400～3 000 N 的变推力单组元肼燃料发动机组成，发动机安装在空中吊车底部，如图 13-4 所示，推力方向与再入器纵轴呈一定夹角，以避免燃气流影响巡视器和末端下降传感器。MSL 的 3 个燃料贮箱共携带了 390 kg 燃料，其中大部分消耗在动力下降段。推进系统不仅使再入器进一步减速，还能对再入器进行三轴姿态控制。

整个动力下降段分为 3 个阶段：动力接近段、常值速度段、常值加速度段，如图 13-48 所示。在该图中，横轴为再入器的速度，纵轴为再入器的地平面高度（AGL）。动力接近段一方面要消除水平速度，使速度指向垂直方向，这样可使末端下降传感器直接测量高度信息；另一方面要保证后盖分离之后与前体的最小距离，使它们不会发生碰撞。

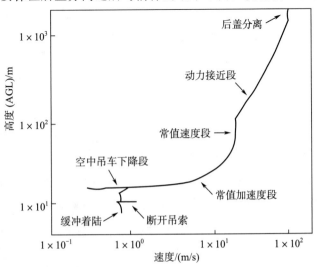

图 13-48 动力下降段速度高度曲线图

当高度下降到 50 m 左右时再入器进入常值加速度段。当垂直速度为 0.75 m/s，水平速度为 0，高度下降到 17.75 m 时结束，进入空中吊车缓冲着陆段。

（5）空中吊车着陆缓冲技术

如图 13 - 49 所示，空中吊车和巡视器在动力下降段是一体的，巡视器安装在空中吊车下方。当再入器达到标准弹道（高度 17.75 m，垂直速度为 0.75 m/s，水平速度为 0）时，巡视器与空中吊车分离，下降推进系统中的 4 台发动机关闭，3 根受力的机械式吊索和 1 根不受力的通信电缆保证空中吊车与巡视器的安全连接和通信，如图 13 - 49 所示。吊索完全拉直后长 7.5 m，空中吊车保持 0.75 m/s 的恒定垂直速度继续下降，直到巡视器完成着陆缓冲。巡视器与空中吊车分离是由高度进行控制的，为了产生合适的下降弹道，对高度测量的精确性要求非常高。

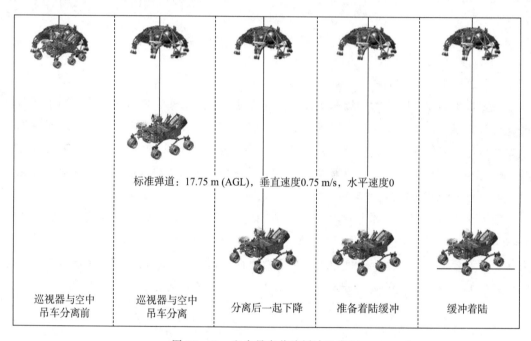

标准弹道：17.75 m (AGL)，垂直速度0.75 m/s，水平速度0

| 巡视器与空中吊车分离前 | 巡视器与空中吊车分离 | 分离后一起下降 | 准备着陆缓冲 | 缓冲着陆 |

图 13 - 49　空中吊车着陆缓冲示意图

（6）空中吊车分离控制技术

着陆缓冲完成后，启动空中吊车飞离程序，切断吊索。空中吊车飞离的控制时间非常关键，几乎是整个 EDL 阶段中要求最高的。飞离程序启动过早，巡视器还没有达到火星表面，切断吊索可能会摔坏巡视器；飞离时间启动过晚，继续下降的空中吊车将继续靠近并撞击巡视器，导致巡视器损坏或产生其他严重问题。为此，MSL 规定必须在巡视器着陆后 2 s 内执行空中吊车飞离程序。

由于缓冲感应系统易发生问题，MSL 通过监测巡视器着陆后空中吊车的速度状态来执行飞离程序。空中吊车以恒定的垂直速度下降，此时加速度为零，释放巡视器后产生负加速度，使速度降低。为了便于研究，大致认为空中吊车与巡视器质量相等。MSL 通过监测巡视器着陆后空中吊车的速度及持续时间，当确保巡视器完全着陆在火星表面上时即宣告着陆缓冲完成，并立即切断吊索。

13.1.5　小结

好奇号作为迄今为止国际上最先进的火星探测器，EDL 阶段必须在短短 7 min 内将再入器的速度从 20 000 km/h 降至零，这一过程是好奇号巡视器登陆火星的整个过程中的最大挑战，被称为"恐怖 7 分钟"。为了将迄今为止质量最大、着陆精度要求最高的火星巡视器安全精确地着陆在火星预定着陆点，好奇号采用了先进而新颖的 EDL 技术，其中包括升力式再入及再入段制导控制技术、开伞控制技术、隔热罩分离控制技术、基于空中吊车的动力下降与着陆缓冲技术和空中吊车飞离控制技术等一系列新技术。

13.2　地面验证技术

13.2.1　利用 ADAMS 仿真进行空中吊车系统论证

MSL 利用空中吊车结构执行最后的下降和着陆动作。天空起重器下降着陆阶段从巡视器与下降级分离开始，经过巡视器移动系统展开、巡视器着陆到最后吊索松开，整个过程中系统为闭环控制。本节介绍的 ADAMS 仿真包含由机械分系统创建的复杂动力学模型和编辑到 ADAMS 中的真实 GNC 飞行软件算法。这些综合仿真是项目组验证空中吊车关键技术的最佳途径。同时，这些仿真保证了设计的正确性（确定何时切断吊索）。仿真结果表明空中吊车性能优越。

13.2.1.1　简介

本节介绍的是一种能够提供高保真动态学模型的综合仿真技术。本节仿真对象主要集中在 MSL 最后着陆过程，此外还包括机构子系统和推进子系统等。在许多探索任务中，研制人员都模拟了对应方式下的着陆过程。MPF 和 MER 探测任务的着陆方式是在距离地面特定高度时，将包裹着巡视器的充气气囊投出，通过气囊与地面的撞击缓冲着陆。凤凰号探测任务中使用了一个软着陆系统——在巡视器触地瞬间推进系统被关闭，在这个系统中 GNC 控制着陆器触地时的速度。与气囊缓冲着陆相似，凤凰号软着陆过程中，着陆器处于一种无控制状态。

在空中吊车配置构架中（见图 4 - 4），着陆器与 GNC 的相互作用一直被保留直至吊索完全不受载荷（这种状态大约发生在触地 3 s 以后）。此外，MSL 使用天空起重器还能够实现机动部署，在下降阶段巡视器展开过程中，空中吊车能够根据收集的地面信息做出水平飞行的响应，以选择在合适地点着陆。MSL 使命中所有这些 GNC -机械结构相互作用，非常有必要建立一个高精度的 GNC -机械结构-推进系统模型以预测 MSL 着陆性能。

图 4 - 4 展示了 MSL 下降着陆过程中执行操作的时间线。动力飞行从后盖与动力下降级分离开始。分离后，动力下降级（PDV）被控制水平速度为零，垂直速度恒定为 20 m/s 的运动状态。随后动力下降级在垂直方向以恒定减速度减速直至垂直速度降到 0.75 m/s，此后 8 个着陆发动机组中的 4 个被关闭以维持推进剂使用效率。

在大约距地面 19 m 的高度，巡视器与下降级分离，巡视器移动系统展开并锁定以准备着陆。着陆过程中下降级维持 0.75 m/s 的下降速度。当巡视器着陆且吊索松弛后，下降级停止下降，与巡视器相连的吊索被切断，天空起重器往上加速后坠毁在远处。

研发空中吊车的关键有三点。第一，将子系统的耦合最小化。第二，合理地简化系统模型。比如，用于承受载荷和维持稳定性的机械结构子系统可以通过仅仅使用一根弹簧和一个缓冲器并选择合适的初始状态来模拟 GNC 子系统性能。同样地，再入下降阶段空中吊车可以使用刚体模型来近似模拟。第三，通过使用由最佳子系统模型组成的高仿真整体系统来进行最终验证。

为了实现上面第三点所述的最后验证，并提供一个最后机会来检验触发吊索剪断和空中吊车飞离的算法，验证团队使用标准商业化的 ADAMS 仿真项目来研发了 GNC-机械结构综合模型。仿真中包含了 GNC 子系统中的关键飞行软件模块，包含了整合为整体模型后通过了试验论证的机械结构硬件模型。这个仿真被用来探索和最终确认 MSL 空中吊车性能。

13.2.1.2　MSL 空中吊车需求条件分析

MSL 空中吊车最重要的功能是使巡视器安全着陆，将巡视器展开成稳定状态，为后续表面探测任务做准备。空中吊车 GNC 的主要功能是使空中吊车维持恒定的速度从而为巡视器机械着陆提供一个稳定的平台。机械结构的主要功能是完成巡视器下降、移动系统展开和随后的着陆动作。为了实现这些目标，研制团队设置了系统级的需求来指导子系统的设计。ADAMS 综合仿真的目的就是要验证这些系统级需求。

第一个需求与空中吊车阶段车体稳定性相关。在下降过程的大多数时候，下降级与巡视器刚性连接在一起被称为动力下降级（PDV）。在这种配置下许多下降级与巡视器的零部件相互交错（见图 13-50）。为了确保精确分离，动力下降级要求尽可能保持稳定状态。因而，在部件分离时，动力下降级的速度、姿态和角速度等精度要求很高。值得提出的是，巡视器-空中吊车分离是在闭环控制下完成的。

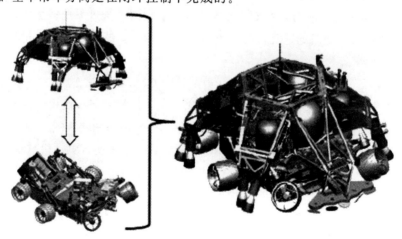

图 13-50　动力下降级结构配置

第二个需求与巡视器在下降级内的钟摆运动相关。巡视器与下降级分离后,3 根吊索将巡视器放下(见图 13 - 51)。在这种双体配置下,巡视器的摆动是不利的,因而要尽量避免。减小摆动的主要途径是防止巡视器进入发动机羽流范围内。此外,巡视器下降过程中移动系统展开和锁定,这些动作将产生反冲力,也会导致巡视器的摆动。

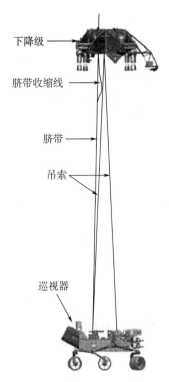

下降级

脐带收缩线

脐带

吊索

巡视器

图 13 - 51   MSL 空中吊车结构配置

第三个需求与巡视器着陆后巡视器与下降级的分离相关。巡视器触地后,最多 3 s 的时间内,火星土壤将完全支撑巡视器。在这 3 s 的时间里,确认发动机羽流和空中吊车吊索没有作用于巡视器上非常重要。为了防止这两种情况发生,下降级和巡视器在水平和垂直方向的位移都要求保持在特定范围内,如图 13 - 52 所示。

第四个需求与完成着陆后吊索的切断有关。

以上提及的需求不足以保证探测器安全着陆。然而这种飞行系统系统级的需求能够作为指导子系统设计的原则。当子系统完成建模并被整合到一起进行系统级的仿真时,表明安全着陆的目标能够完成。

13.2.1.3   ADAMS 系统模型介绍

(1) 机械结构系统模型

MSL 的机械结构在 ADAMS 中可以最简化成三个组件:下降级、BUD、巡视器。在巡视器与动力下降级分离之前无须建立详细的 ADAMS 模型。因此,下面主要介绍从分离到巡视器着陆过程中的模型建立。

下降级是一个相对稳定的结构,其振动频率带宽远高于控制器的振动频率带宽,此

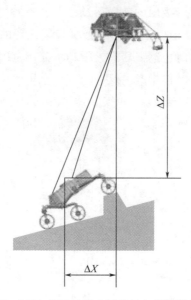

图 13-52　MSL 着陆过程中下降级与巡视器位移控制

外，在空中吊车阶段它还具有相对良好的飞行载荷。动力下降级被建成一个具有规定质量属性的刚体模型。8 个火星着陆发动机组负载被施加在刚体的合适位置。

下降级与巡视器上甲板之间通过 3 根吊索相连。这 3 根吊索交汇在下降级 Z 轴上的一点（见图 13-53），它们被缠绕在 BUD 的线轴上，终端固定在线轴上的一个 U 形钩上。当线轴上的吊索完全放开后，巡视器不再相对下降级下降。BUD 线轴是一个电磁制动的锥形鼓，被安装在下降级内。在 ADAMS 中，BUD 的速度由一系列二阶微分方程来表征，这些微分方程中线轴半径和吊索角度具有时间独立变量，方程中线轴与制动器的角位移是基本变量。这些方程通过指令语言被明确写入 ADAMS 模型中，随后，这些方程被 ADAMS 数值积分器自动添加到运动系统方程组中。在巡视器展开过程中，吊索刚度是一个变量，其数值从一个查找表中读出，确定吊索刚度的依据是其瞬时长度。

图 13-53　BUD

好奇号巡视器结构复杂，但是在这个仿真过程中，它可以被简化成两个主要部件：一个刚性底盘和一个柔性、铰链连接的移动系统（见图 13-54）。移动系统动 ADAMS 模型由弹性梁构件、集中质量和铰链处的运动学连接组成。这些铰链模型大部分设置了柔度、死区、正常摩擦阻力、滞后性。

开始时，巡视器移动系统处于收叠状态，巡视器底盘与下降级通过 3 个与吊索悬挂点毗邻的螺栓刚性连接（见图 13-54）。在巡视器与下降级分离后不久，巡视器前后摇杆被释放，在重力作用下，各自绕摇杆展开枢轴旋转，完成一定角位移达到极限位置后被一个啮合和闩锁装置锁死。

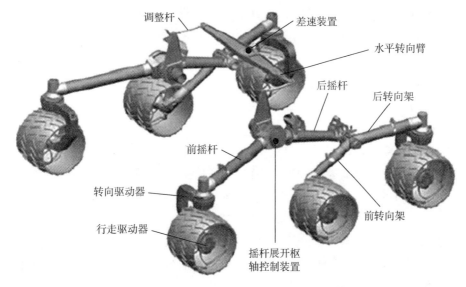

图 13-54　MSL 摇杆-转向架移动系统行走时的结构配置

摇杆锁定动作是移动系统乃至整个空中吊车配置中动载荷的重要来源。在前、后摇杆锁定后，它们能够作为一个整体绕主差速器铰链旋转。巡视器左右两边的旋转通过差速装置相联系，该差速装置可以绕一个位于巡视器上甲板的主差速器铰链旋转。这个中央铰链被一根牵引弹簧抑制转动。类似地，转向架在 BUD 展开阶段处于收叠状态，随后在重力作用下运动至展开位置。移动系统展开后，巡视器着陆准备工作完成。

该 ADAMS 模型经过了一些动态和静态试验以论证其对于移动系统展开和着陆过程具有足够的预测能力。

（2）制导、导航与控制（GNC）子系统建模

动力下降阶段在火星表面以上 1 km 处开始。在下降级与巡视器被分离之前若干操作必须实现。首先，在动力靠近阶段，车体水平速度必须被消除。TDS 能够检测车体与地面的距离，在动力靠近阶段结束时，要求车体与地面的距离保持在一定范围内。紧接着，动力靠近阶段，车体被要求按照控制轨道垂直下降，在这一过程中车体完成空中吊车阶段的初始条件部署（包括高度和下降速度）。空中吊车阶段的轨道是垂直的，在此过程中下降速度恒定。在空中吊车阶段开始一定时间（预先设定）后，巡视器与下降级分离，空中

吊车仍然恒速下降直至着陆操作完成。巡视器被放置在地面，着陆完成后，吊索被切断，空中吊车飞离巡视器。

在实际火星 EDL 序列中，Honeywell 的微型惯性测量单元（MIMU）和 JPL 研发的 TDS 为制导导航与控制分系统提供至关重要的飞行状态信号。车体的 6 个自由度由 8 台火星下降发动机完全控制。

基本的制导导航与控制算法如下：状态预估、制导（轨道指挥和控制）、姿态调整和控制、推进逻辑单元。整合在 ADAMS 环境中的 GNC 模型算法是飞行系统算法的复制品。ADAMS 仿真也考虑了航电设备的潜在影响因素和火星着陆发动机动力学因素。状态预估能够为 GNC 的其他部分提供车体相对于地面的位置和速度估计，依据惯性获得的姿态和角速度估计值，以及地面坐标系和惯性坐标系之间的坐标转换。

制导（轨道指挥和控制）的基本作用是建立以地面为参照的基准弹道，并且通过指挥一个适当的速度矢量来使车体按照建立的轨道运动。由于着陆发动机是固定在车体上的实体，车体能够通过指挥适当的力矢量来使之跟随基准弹道。这个力矢量被施加在沿车体 Z 轴的方向上。

车体姿态的感知是通过姿态调整和控制功能来实现的。姿态预估计算出一个参考姿态，该参考姿态允许车体推进轴（车体 Z 轴）指向制导控制惯性力矢量的方向。这描绘了在制导预计姿态和当前姿态之间存在极大偏差时的转向操作。只有在动力飞行开始阶段需要这种转向。这种参考姿态被传递至姿态控制功能模块。姿态控制功能模块能够计算出一个合适的转矩值，从而使状态估计提供的参考姿态和速度的误差估计值最小化。依据姿态调控转矩和制导力，推进逻辑单元可计算出推进剂节流阀调整参数，从而使合力和合力偶与控制值相一致。

（3）耦合子系统模型

GNC 飞行软件的精确复制模型被作为目标文件编辑和连接在 ADAMS 仿真中。两个模型之间使用一个 ADAMS 用户自定义子程序作为最高接口层。从 ADAMS 数据库进入接口界层的输入包括下降级速度、位移和角位移。输出为每个推进器的受力情况。ADAMS 模型调用 GNC 模块的频率为 1 kHz。

除了以上介绍的三种导航和控制功能以外，GNC 算法还能为仿真提供各种飞行模式切换功能。其中，两个最相关的模式转换是"巡视器释放"和"着陆动作探测"。第一种模式是请求将巡视器从动力下降级上分离，第二种模式是请求切断吊索和脐带。ADAMS 中用传感器元件来代替这些 GNC 触发器，它们的作用是控制仿真过程中巡视器分离动作和吊索切断动作的初始化。仿真时，摇杆、转向架、差速器的释放都由 ADAMS 模型控制。

整合的 ADAMS - GNC 编码是 JPL 机械载荷及仿真团队和 JPL GNC 团队共同努力的结果。ADAMS 综合仿真的最终结果通过与 GNC 的 CAST 仿真（控制分析模拟场 Simulation，一个 JPL 内部计算机程序）结果对比获得验证。CAST 仿真与 ADAMS 具有相同的编码。在 CAST 仿真中的巡视器具有与 ADAMS 巡视器相同的质量属性，但是没有 ADAMS 的完全机械保真性。由于 CAST 仿真的机械保真度有限，两个模型（见图 13 - 55）试验结果存在一定差异（滞后 5.75 s），但是这一结果还是比较理想的。

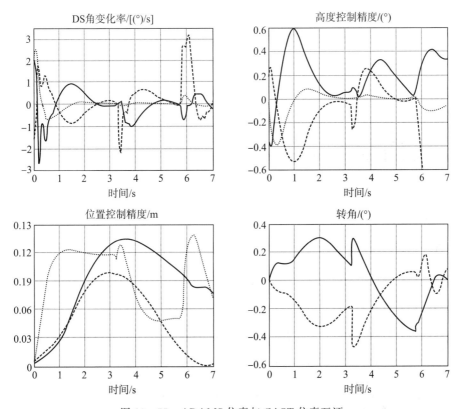

图 13 - 55　ADAMS 仿真与 CAST 仿真互证

（4）火星土壤建模

火星勘测轨道器（MRO）的成像仪为 MSL 使命的实现提供了便利。MRO 能够提供分辨率高于 25 cm 的火星地表照片，通过对照片的立体加工，可以获得火星表面分辨率为 1 m 的 DEM。在这些 DEM 中，一个 2 m 长的斜坡其斜度精度可以达到 1°。

分析四个候选着陆区的 DEM，可以获得着陆区在 2 m 基线上的斜坡统计数据。验证团队在一个栅格化的 150 m×150 m 的容器内建立这些斜坡模型。着陆在栅格任意单元的可能性通过一个端对端 EDL 动力学仿真来确定。着陆可能性的分布对着陆椭圆进行集中加权。这就是说，在着陆椭圆边缘的像素点权重比在着陆椭圆中央的像素点低。这样，将斜坡统计数据与着陆可能性分布函数相结合，一个 2 m 基线上斜坡分布的经验公式被建立起来了。

ADAMS 仿真通过在各个累积分布函数中随机取样的方式来应用斜坡累积分布函数。ADAMS 取样后将斜坡放置在一个 100 m×100 m 的平面上并对斜坡与一个刚性低损平面定义“接触”。图 13 - 56 所示为 ADAMS 蒙特卡洛仿真中实现的表面斜坡分布图。

通过运用 Golombek 的幂次定律，估计每一个单元中所有岩石的数量。为了简化处理，ADAMS 仿真中只使用了三种尺寸离散的岩石：直径 30 cm，直径 40 cm 和直径 55 cm。

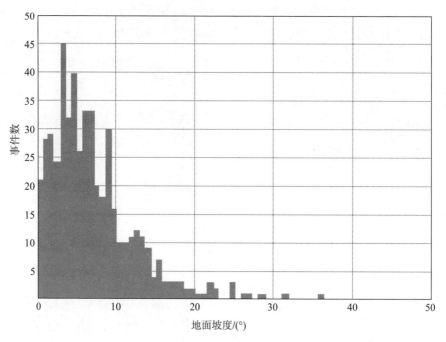

图 13-56　由着陆点可能性和 MRO 数字高程图观察到的斜坡相结合获得的斜坡分布图

累积分数区域幂次定律模型能够用来确定那些能够最真实地重新生成期望的岩石分布图的各种尺寸岩石的数量。这些特定尺寸特定数量的半球形刚性岩石随后被随机分布在一个 20 m×20 m 的模拟着陆区。图 13-57 展现的是一个随机产生的岩石场地，累积分数区域为 20%。

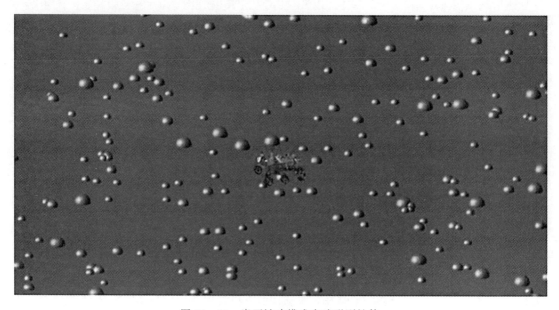

图 13-57　岩石被建模成半球形刚性体

平面斜坡与半球形岩石的作用关系依据一个简单的法向力-摩擦力模型确定。摩擦系数为 $u=1.0$。这一摩擦系数的确定是对巡视器载荷灵敏度研究的结果，它是设计载荷的一个边界值，它代表着陆地面是一个高黏性地面。第二组研究中，$u=0.5$，这是一个最小边界值。

（5）空中吊车仿真

空中吊车的所有仿真都在 ADAMS 中利用由 JPL 程序化脚本控制的概率性蒙特卡洛分析来完成。

综合 ADAMS 仿真从等速下降阶段开始，动力下降级初始条件如下：

1）高度＝55 m；

2）车体垂直速度＝20 m/s；

3）车体水平速度＝0 m/s；

4）姿态：沿 Z 轴向下；

5）姿态调整速度：所有方向为 0（°）/s。

通过对期望的分布函数取样获得离散的着陆垂直速度和水平速度数据，考虑到合理的导航误差，进而得到 GNC 控制算法。

（6）系统需求论证

本部分列举了关键的系统级响应量。飞行系统级的需求论证是通过对比 1％和 99％统计量，置信区间及需求中提出的值域来完成的。从图 13-58 中可以看出下降级在空中吊车操纵阶段具有优良的稳定性。这种稳定性一直维持到巡视器-土壤相互作用阶段。巡视器-土壤相互作用是干扰力的主要来源。巡视器摆动角度不超过 1°，如图 13-59 所示。图 13-60 所示的结果表明巡视器横向运动预计大约为 25 cm（平均值）。对摩擦系数不敏感表明，在着陆过程中，岩石和巡视器相对斜坡横向运动的方向与摩擦系数相比，是对侧向

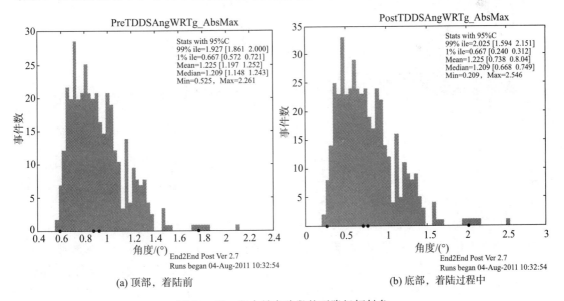

(a) 顶部，着陆前　　　　　　　　(b) 底部，着陆过程中

图 13-58　空中吊车阶段的下降级倾斜角

平移影响更大的变量。最后，巡视器上甲板预计会产生 8°的倾斜（平均值），但绝对不会侧翻（见图 13 - 61）。

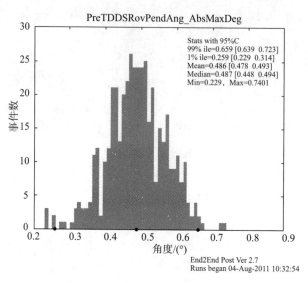

图 13 - 59　巡视器摆角

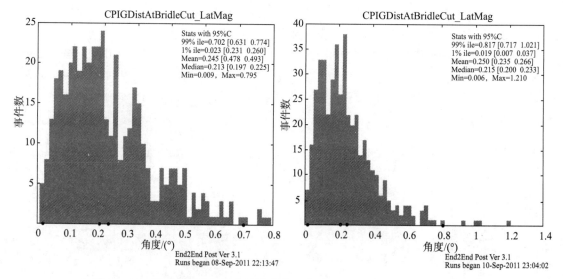

图 13 - 60　巡视器着陆过程中的横向移（动顶部 mu＝1.0，底部 mu＝0.5）

13.2.1.4　着陆触发器设计和性能验证

　　着陆触发器是一个负责探测巡视器着陆的算法。其使命是探测吊索何时已经完全释放载荷从而能够被切断，从而空中吊车可以执行飞离操作。着陆触发器的设计概念是检测下降级在着陆过程中的载荷改变。当吊索完全放松时，下降级载荷的改变应当等于巡视器的质量 899 kg；然而，着陆触发器算法的设计要求其能够有效检验着陆动作，当巡视器降落在斜坡或岩石上时，将通过着陆发动机组的节流阀开度调整来估计下降级承载的有效质

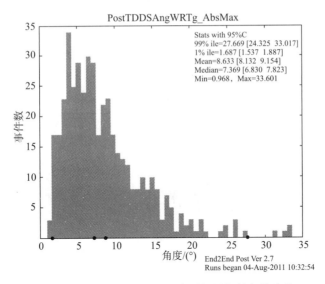

图 13 - 61　巡视器着陆过程中顶部甲板转角最大值

量，并计算出 N 秒的时间内巡视器移动平均数和移动标准偏差。当以下两个条件满足时，着陆动作宣告完成，如图 13 - 62 所示。

1) 移动平均数低于一个临界值（M_a），这表明巡视器绝大部分质量被释放；

2) 移动标准偏差低于临界值（M_s），这表征有效质量估计的平整度。

ADAMS 综合仿真被用来调整着陆触发器的参数（ $N = 1.5$ s，$M_s = 600$ kg，$M_a = 1\ 200$ kg）。试验表明这些参数可以保证着陆探测的成功率达到 99.78%。另外 0.22% 的失效是当巡视器着陆在滑移的岩石坡上，90% 的巡视器质量被释放时，触发器宣布着陆动作完成。

13.2.2　MSL 热真空安全性及有效性测试

MSL 自 2009 年初步准备发射至 2011 年的发射窗口，很多问题导致了项目的延迟。在延迟过程中，为降低项目风险，进行了发射/巡航热真空测试。由于飞行系统和地面系统成熟度和能力不同，以安全形式执行测试任务面临着许多挑战。本节主要研究安全成功有效地执行测试将面临的技术、管理方面的挑战和测试行为。

13.2.2.1　发射/巡航热真空测试的目的

探测器热真空测试用来验证火星模拟环境中热设计以及在极端温度环境下的功能状态。测试需要验证飞行硬件系统热力设计是否符合飞行过程温度、热梯度、模拟极端热环境下的热稳定性要求、操作条件要求。此外，此测试也旨在获得足够数据来进行热力数学建模，以便通过分析来验证不可测试的条件。在极端热力环境中的功能表现及系统的可调节性的验证和热硬件表现也是本测试的重要组成部分。

火星表面独特的热力环境是不能在地球轨道和外太空巡航获得的。火星 8 torr 的二氧化碳大气环境形成了两大额外的热传输机制：1) 额外传导路径（气体传导）；2) 对流

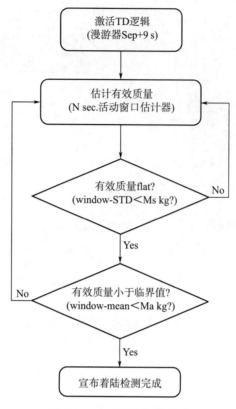

图 13 - 62　着陆触发器算法

（火星上多风环境）。此外，车体的表面操作是展开的移动结构。降落在火星表面后，车体展开，在发射和巡航阶段，车体收藏在隔热罩内部。发射/巡航阶段和表面操作之间构架和环境的差别需要两套独立的热力测试系统。表 13 - 13 展示了实验基本目标。

表 13 - 13　发射/巡航系统热力测试初始表

测试项	目标	模拟飞行		预计完成时间/h
		AU 距离	S/C 消耗	
过渡测试案例				
1. 抽空和过渡冷却	抽真空去除水气。获得下降级无线电和电子设备预热特点。对容器罩加压，过渡至 S/C 冷环境	—	STT 前	30
冷环境				
2. 下降级系统最坏冷环境平衡	DS 支撑系统在 WC 冷环境中热力设计验证	1.63	巡航	40
3. 热力瞬变的最终方式	验证 CS 推进器、RCS、MLEs catbed 加热器和 MARDI 加热器	1.63	最终方法	36

续表

测试项	目标	模拟飞行		预计完成时间/h
		AU 距离	S/C 消耗	
4a. 飞行软件定位点测试	提高巡航和下降阶段推进线定位点温度	1.63	后巡航	4
4b. 支援加热器功能测试	损害前加热器,测试后备加热器。交换 C 防热系统泵 A/B	1.63	后巡航	4
5. 探测器巡航功能测试——冷环境	飞行系统探测器 ST－3 在模拟飞行冷环境中测试	1.63	看需求	10
6. 巡航级推进系统最坏冷环境热平衡	巡航推进系统和 S/A 在 WC 冷环境中热力设计验证	1.63	后巡航	40
热环境				
7. EDL 最坏热力平衡	EDL 前期最坏热环境热力平衡	1.5	后巡航	36
8. 探测器 EDL 功能测试——热环境	飞行系统探测器 ST－3 在模拟飞行热环境中的测试	1.5	看需求	10
9. 探测器最坏热环境热力平衡	巡航推进系统和 S/A 在 WC 热环境中的热力设计验证	1	早期巡航	36
10. 探测器巡航功能测试——热环境	飞行系统探测器 ST－3 在模拟飞行热环境中测试	1	看需求	10
11. 回填和开放容器	回填和开放容器	—	最小	25
总时间(防热系统):281 h;天数:11.7				

13.2.2.2 实验计划和准备

(1) 早期实验计划

首先确定物理结构(机械、电子和 RF),然后关注执行细节(设计安排、人员安置等)。有许多因素影响其物理结构:飞行硬件的几何布置、热容器的限制/特点、计划的热力案例、特殊功能测试和硬件安全的必要要求。每周选择一个关注点进行研究,以早期结构构想成熟为目标。以红外线(IR)灯阵列为例,上面是 IR 灯阵列,下面是需测试单元。测试使用了太阳光模拟器来提供车体的太阳辐射通量和热防护罩来控制辐射边界条件。没有太阳光模拟器或者防护罩有问题都会使飞行硬件超过飞行限制温度。必须使用热量冗余源,确定 IR 灯。

(2) 重新审视发射测试

随着计划延迟,项目开始回头重新审视 L/C STT,以满足降低风险的目标。表 13－14 是修改后的发射/巡航系统热力测试。关键的改变在于仅关注热力平衡(没有过渡)和巡航级极端环境(最坏的热、冷环境),没有关注下降阶段的极端环境,因为 DS 的风险比较低。案例数目维持为原来的计划。

表 13 - 14　修改的发射/巡航系统热力测试

测试项	目标	模拟飞行		预计完成时间/h
		AU 距离	S/C 消耗	
过渡测试案例				
1. 抽空和过渡冷却	抽真空去除水气。获得下降级无线电和电子设备预热特点。对容器罩加压,过渡至 S/C 冷环境	—	STT 前	30
冷环境				
2. 下降级系统最坏冷环境平衡	DS 支撑系统在 WC 冷环境中热力设计验证	1.63	巡航	40
5. 探测器巡航功能测试——冷环境	飞行系统探测器 ST - 3 在模拟飞行冷环境中测试	1.63	看需求	10
9. 探测器最坏热环境热力平衡	巡航推进系统和 S/A 在 WC 热环境中的热力设计验证	1	早期巡航	36
10. 探测器巡航功能测试——热环境	飞行系统探测器 ST - 3 在模拟飞行热环境中测试	1	看需求	10
11. 回填和开放容器	回填和开放容器	—	最小	25

总时间(防热系统):151 h;天数:6.3

（3）测试准备评审

在执行一个重大的测试前，JPL 和 NASA 规定必须有一个测试准备评审（Test Readiness Review，TRR）来降低硬件的风险。TRR 评估即将测试的飞行硬件的准备状况、人员准备状况，测试程序，测试设备以及测试设施的准备情况。评审的内容包括测试要求、成败标准和测试计划的详细描述，及足以确保测试安全的程序、工具、设施状况/程序，人员状况，硬件的结构配置都需要检查，包括校准和匹配等。

（4）"麻烦"（gremlins）部分

从电力测试和功能测试到环境测试（动态和热真空测试），使得飞行硬件在物理结构配置上重大转变，也为飞行硬件和人员增加了风险。这一转变，和 ATLO 团队典型的测试实验多样性一起，展现了同一水平上的硬件和人员安全的管理挑战。这些训练部分，被称为"麻烦"部分。在电子地面支持设备（EGCE）移至热真空室外的测试区为前测电子设备检查做准备时（ATLO 团队将探测器放入容器内，做准备的时间），执行"麻烦"部分。由于该部分的目的是迫使使用应急设备，EGCE 使用计划好的测试程序获取能量和构型。该部分大约 2 h，ATLO、热力、设备人员被分为两个小队。每小队在控制台控制半个部分，而在剩下半个部分观察其他队。

设计"麻烦"来测试应急设备。其中一个例子是切断测试电源热真空，进而验证不间断电源（Uniterruptable Power Supplies，UPS）设备稳定性，同时测试应急柴油发电机的功能，及供电电路的可靠性。UPS 用来填补测试电源突然断电并转向备用发电机供电所需的时间间隔。然而，在测试时转向备用发电机是由测试人员手动转换，导致电源转向失

败，并且使得控制室全是烟。在"麻烦"部分结论处，换置了设备转换器，更正了 UPS
支持的零件。

13.2.2.3　结论

对于 MSL L/C 系统热真空测试，实验的成功归功于周详的计划、彻底的准备与检查
工作、专注的执行。巨大的测试设备和热力人员安排、实验短时间的操作都需要"麻烦"
部分支持。除了培训团队和熟悉程序，该部分提供了一个检测、解决问题的机会，确保硬
件、人员的安全。例如，IR 灯用于室内紧急加热。工作假设是 IR 灯是排空的
（evacuated），事实上，是被加压了。总而言之，计划、程序、紧急情况的措施，人员训练
都为整个计划的成功进行做出了贡献。

13. 2. 3　MSL 巡视器结构的离心试验验证与确认

离心试验是证明中小型试验样品总体结构合格的真实有效的方法。在 MSL 结构验证
项目中，离心试验方法应用到了大型航空航天结构中。随着试验样品尺寸的增加，先前微
不足道的参量现在成为影响试验硬件设计和实现的复杂因素。这些被忽略的试验参量包
括：设备能源和结构功能、试验样品界面结构、外壳和外壳空气动力学。在 MSL 的开发
过程中，其尺寸造成了许多设计和试验困难。然而，其解决问题的方法为将来大型航空航
天结构的研发开辟了道路。以下所述离心试验可作为将来类似大小样品离心试验的指南。

13.2.3.1　简介

MSL 是美国在火星上着陆移动工具伟大目标的第三次尝试，承接着索杰纳号和机遇
号、勇气号的步伐。因此，MSL 的开发可以吸收很多宝贵经验技术，不仅在设计开发方
面，还包括最关键的验证与确认项目。对于巡视器来说，有两个关键位置：局部和整体负
载。两个负载分类有不同的试验。局部负载可以通过直接将单个静态负载向量应用到接口
结构来模拟试验。对于火星巡视器（包括 MSL 巡视器），可以通过在拉力设备附上一个液
压油缸和在接口运用静态负载来实现。其他试验方法包括振动试验和离心试验，它们在先
前火星任务中的应用很成功。在前两个巡视器任务中，前面所描述的着陆的整体负载事件
就是使用离心机测试的。

13.2.3.2　试验样品

为了在离心试验中成功证明这种结构合格，试验样品和边界条件应尽可能跟飞行情况
一样。最理想但不太实际的试验是使用真实飞行件。作为飞行件的替代，使用了钻机转换
机构试验件。在巡视器底盘基本结构上没有额外物品的情况下，钻机转换机构工作。底盘
基本结构如图 13 - 63 所示。图中移动系统的收拢构型将经历试验所需的发射、再入负载
情形，这两个子系统已完全包括了所需验证的结构。

为了适当地加载上述巡视器结构，结构上面布满了巡视器内外部所有零部件配重物理
模型。每个配重模型不仅在质量上，而且在质心方面都模拟了所代表的飞行件。额外的质
量模型使总的巡视器质量达到了飞行件质量的 90%。质量不足部分（10%）是由于没有布

线以及其他紧固件，紧固件因在结构中比较分散而没有呈现。

图 13 - 63　试验件展开图

　　试验件被 3 个双脚架按照同飞行件一样的方式固定。飞行件底盘的甲板上部和下降级结构与 3 个双脚架连接。为了确保负载被适当地转移到了巡视器界面，制造了下降级双脚架复制品，以把巡视器试验件固定到离心机接口结构上。图 13 - 64 描述了双脚架接口细节。巡视器/下降级界面位置周围的支撑结构构成了底盘结构中两个主要荷载路径中的一个，是结构验证的首要目标。

图 13 - 64　安装在下降级接口双脚架上的试验件

（1）加速度要求

　　离心机上的加速度试验包括再入阶段的 Z 轴加速度和发射阶段的 X/Y 轴加速度试验。再入阶段 Z 轴的飞行件负载是 15 g；发射阶段 X/Y 轴的飞行件负载是 2.5 g。测试负载冗余系数为 1.2，使 Z 轴方向的离心加速度达到 18 g，X/Y 轴方向的加速度达到 3 g。上述试验件比真实飞行件轻 10%。由于试验件比预期的飞行件质量小，并且没有好方法弥补巡视器质量，将稍微增加试验负载，以确保下降级接口验证的有效性。

增加加速度负载以使交接点合格需要从飞行件其余部分的角度彻底分析增加的负载。制造的配重模型用于匹配飞行件质量，因此将加载到支撑结构中，增加试验负载。必须分析结构中每个受影响的局部，确保加速度负载的增加没有超越测试底盘结构的其他位置。分析的结果可以在下降级接口结构的不足测试和其他底盘界面结构的过度测试之间提供一个平衡。在发射阶段，巡视器将经历 X 和 Y 轴方向的横向加速。在早期的试验开发中，通过设计一个测试夹具，容纳可以测试 X 和 Y 轴的界面。X 和 Y 轴负载情况的加速度值（都是 3 g）与 Z 轴的 18 g 相比相对较小。

（2）负载情况

在再入阶段，底盘结构上的加速（度）负载在所有部分都是一致的。当大的离心机用于加速（度）负载时，通常假定试验件相对于离心机臂的长度是够小的，这样，整个试验件结构就有一致的负载。MSL 巡视器试验样品的收拢构型有将近 1 m 高，在 Z 轴负载方向上可提供 1.5 g 的变化。这个试验负载情况的变化在上述增加加速度负载时被考虑了。这种分析，与上述要求的分析一起，提供了巡视器质心径向位置的目标加速度值。为了监控试验件的加速度，对测试设备的额外要求是测量试验件 3 个径向位置的加速负载。

X 和 Y 轴负载情况的梯度都是 1 g。使用和 18 g 的 Z 轴情况一样的方法，试验负载定义在试验样品 CG，并监控了 3 个测点。这个过程中，一些硬件测试欠负载，另一些则过载，位于或邻近 CG 周围的硬件则是真实的负载。

（3）最终试验负载

平衡以上两种情况，为了确保足够资格和硬件安全，确定了标称试验负载，每个轴向加速度提高了 10%，以解释前面所述的质量不足，而又不会增加过度试验的风险。

13.2.3.3　试验设备

试验基本参数确定后，分析了可以处理大型 MSL 试验样品的候选试验设备。试验样品质量是 2 000 磅（1 磅＝0.454 千克），假设 10% 的加速（度）增加，试验负载是 19 g。为了调查候选设备，外壳估计在 2 000～3 000 磅之间。基于这些投入，离心设备所需的负载容量在 76 000 磅到 100 000 磅之间。除了能处理臂上的轴向负载，还需处理臂尾端的垂直重力负载（vertical gravity load）。试验设备必须有足够的空隙容纳试验样品。最后一个设备要求是要有一个有足够能量的驱动机提高试验样品速度，并在试验期间维持所需的速度。最终选定了美国国家技术系统（National Technical Systems，NTS）的设备。这套离心设备曾用于 MER 和火星探路者项目。设备的设计负载性能是 100 000 磅。MER 离心试验使用改良的臂确定了一个最高的达到 109 000 磅的负载。最近修改了设备，显示出了与地面间足够的空隙，为大型巡视器测试样品提供了保障。设备的驱动电动机是一个 300 hp（1 hp＝0.746 kW）的柴油卡车电机。

13.2.3.4　试验件外壳

为了装入和保护离心机臂尾端的巡视器，设计了一个离心机适配器盒子（Centrifuge Adaptor Box，CAB）。对于小型试验件，外壳的设计很容易，唯一要求是适当地与离心机臂和试验件本身相接。像 MSL 巡视器这样大的试验件，则有很多设计制约，它们影响着试验件外壳的总体设计。标准接口要求仍存在，以确保适当连接。大型试验件设计的额外制约是关于离心机工作性能的，包括总体尺寸、重量和气动性能。这些制约主导了 Z 轴试验情况，原因是要求很高的加速度。X 轴、Y 轴测试时的负载比较低，因此有助于设备余隙和操作约束。

为了最小化外壳大小，内部尺寸为巡视器保留了 2～3 in（1 in＝25.4 mm）的空隙。这么小的空隙增加了把巡视器安装到外壳里的整合操作的挑战性，但确保了离心机适配器盒子（CAB）的尺寸和重量最小化。虽然进一步减小空隙对重量效率有利，但是很重要的一点是确保在最大负载情况下，试验件的弹性挠曲和离心机适配器盒子（CAB）不会接触。CAB 和试验件的近距离接近发生在轮质量模型处，在这里，它们放射状地沿着加速度矢量（acceleration vector）方向向外偏，而 CAB 墙则放射状地向内偏向试验件。考虑到内部尺寸最小化了和巡视器结构是由 6 平方铝管组成的，外壳外部尺寸则长 12 尺（1 尺＝0.33 米），高 4 尺，宽 8 尺。

（1）硬度和重量

在 MER 离心试验项目中，离心机证明试验的载荷达到了 109 000 磅，标称的性能是 100 000 磅。试验件和外壳设计的重量目标是 4 300 磅。在这个重量下，试验负载是 19 g，证明试验负载是 23 g，匹配了声明的离心机，并提供了一个高于 8% 的安全因素。

最初的设计方法是整个结构用铝合金，以满足试管最大硬度特性。在焊接位置，考虑到焊接点的热度，硬度可能降低到未处理的状态。焊接位置在焊接后会变得很弱，需要大大加强以防止失败，而要加强硬度又会影响重量预算。

考虑到硬度要求，会导致重量很大，因此提出了两条并行路径：用钢结构，创新铝合金处理。但是使用能提供所需硬度的低碳钢就会影响质量平衡。第二种途径被证明是更合算的，为最终产品提供了材料和工艺方案。外壳的零部件用的是铝合金。然而，不是使铝处于处理过的状态，全部焊接前的材料开始时的硬度都较低。在硬度较低状态下焊接材料，然后经过一系列处理，可以实现比焊接前的材料硬度增加 20%。这个材料计划中，结构的重量最优化了，重量减少到了 4 300 磅，刚好在离心机性能范围内。

（2）气动力学

气动力学通常对离心试验影响很小。小型试验件的主要考虑因素是确保试验件的平稳。当试验件的尺寸变大时，气动力学因素就变得重要了。像 CAB 大小的试验件，气动力学的影响就大了。当试验离心机臂半径稍微大于 7.5 m 时，试验件和外壳的线速度就要求达到 36 m/s 了。

①阻力

钝头体测试外壳在该速度下的阻力是很大的。7.5 m 长的臂尾端的阻力要求驱动发动机的连续输出能力达到 500 hp。试验设备发动机标称的轴输出是 300 hp。为了定义 CAB 的阻力要求，假定降了 50 hp，以解决传输中的损失；另外还降了 50 hp，以解决臂阻力和其他未确认的功率衰减。这些降调偏保守，因为设备可获得的驱动功率是一个固定值，设备功率衰减从没被确定。功率衰减的量级和大小在过去不是一个问题，因为没有试验件要求驱动机有完全功率能力。

②升力

鉴于使用整流罩以降低阻力的要求，还必须分析升力特征。径向轴的升力矢量是主要考虑因素。带有整流罩的 CAB 的总长度估计是 6 m。对于 7.5 m 离心机臂带有 6 m 的物体，风对试验件的攻角是 10°，该攻角可能导致大的径向升力负载，从而增加对设备的刚度要求。

③稳定性

与气动力学相关的试验设备的稳定性也是主要考虑因素。离心机臂尾端的试验件的大小、重量造成了大的惯性约束，降低了离心机扭转弯曲的自然谐振频率。虽然不太可能，但还是要排除颤振反应的可能性。离心机弯曲和扭转的刚度非常高，即使有惯性约束，高频率也足够使不稳定状态发生。横拉条和桁架电缆也加强了离心机臂的结构，从而增加了刚度和结构阻尼。因此，不稳定性对我们这个特殊试验设备不再是威胁，但在以后的试验项目中仍需注意。

④整流罩设计

为了使试验件成流线型，以满足最大 $0.5C_d$ 的要求，需要一个细长尾整流罩。带有足够长的尾整流罩和 CAB 前部通过自然几何过渡，就可实现小于 $0.5C_d$。与已知阻力的物体相比，可以发现 C_d 必须低于 0.5，但是仍不知道 CAB 结构在 10°攻角自由流下的表现。除了原始 C_d，增加了额外产生的 C_d，以及起升力量级的作用，基于这些原因，设计了一系列曲线尾整流罩，与原型结构结合，用于风洞试验。

⑤试验

为了表征候选整流罩的升力、阻力，制造了一个比例模型用于风洞试验。测试了两个尾整流罩，其中一个比另一个长 25%。还测试了 3 个弯曲整流罩以对比圆形和尖形、对称和非对称几何。

结果显示细长尾整流罩的 C_d 比稍短的对等物的 C_d 降了 33%。再入舱头整流罩之间的阻力差异比尾整流罩的小，对称的圆整流罩的 C_d 比不对称的尖整流罩的 C_d 小 10%。在所引起的攻角下，较长的尾整流罩的升力系数比较短的尾整流罩的升力系数平均高 13%。不同尾整流罩的升力系数并没有显示出阻力系数那样的明显的主导趋势（见图 13-65）。非对称整流罩的 C_d 稍高，但也在 3%～6%的范围内。

图 13-66 显示的是短尾整流罩和对称弯曲整流罩的流体视觉化测试。综合这些数据和工艺研究产生了图 13-66。整流罩前部比试验件稍微短，但是是对称的，以最小化升力。后部则是 1:1 的比例。基于收集的数据，最终构型的预期 C_d 接近 0.15，使离心机能量输出能力有更多余裕。选择最小的阻力整流罩构型意味着选择了较高 C_d 测试的构型。基于试验数据，10°攻角情况下，预期的升力系数大约是 0.2。安装有整流罩的试验件的升力可使径向力增加 1%。这个额外的负载在设计中已被考虑到了，方式是用大的接口能力和余裕应付这个径向负载。

图 13 - 65　氦泡流可视化候选整流罩构型

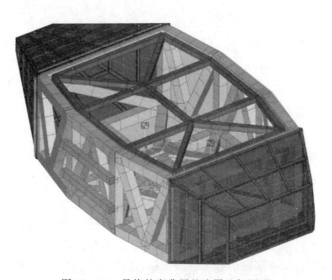

图 13 - 66　最终的弯曲尾整流罩几何图形

X、Y 轴的试验的线速度很低，阻力不会影响离心机的供能能力。这两个试验方向不需要整流罩。

13.2.3.5　测试仪器和数据收集

（1）测试仪器

测试仪器的第一个目的是确保硬件安全，第二个目的是收集结构性能的信息以确保模型预测关联性，第三个目的是控制。巡视器试验样品和 CAB 中安装了仪器以实现这 3 个目的。

①力传感器

为了测量对巡视器 3 个下降级交接点的力输入，在双脚架支撑负载路径上安装了一系列测压元件，测量轴向负载和 2 个轴扭转负载。

②应变片

巡视器结构上张力和应力的测量是通过安装在关键负载位置的应变片来实现的。应变片的 15 个信道可提供充足的试验数据。出于硬件安全考虑，试验期间，最重要的信道被实时监控了，其余的则被记录下来供试验后分析。

③加速计

9 个加速计安装在 CAB 外壳上，它们放射状地安装在巡视器的 3 个测点上，监控每个试验轴的试验负载。最重要的加速计安装在巡视器 CG 的径向位置。

（2）数据收集

活动试验平台的数据收集设计面临许多挑战。离心机的中心有一个大的集电环，为安装在离心机上的活动部分提供电能。大集电环还提供 100 个信道，传输数据到控制室。集电环接口的潜在问题是有电气噪声、仪表信号，特别是这个试验中用到的信号类型，需要在传输到控制室数据收集前被预处理和放大。

为了免除在离心机上安装信号预处理器，数据采集系统位于离心机的旋转部分。数据采集箱安装在离心机中心，它的加速负载最小，可以通过集电环获得电能，包括数据记录计算机和无线路由器。无线路由器把几个重要信道（包括控制加速计）的实时试验数据传给控制室。控制室里的虚拟图形用户界面可供试验管理者监控。接收无线信号的远程计算机也记录试验数据，但仅限少数几个低数据传输速率的信道。离心机中心的数据记录计算机则记录整个试验过程中所有收集到的数据，以确保无线数据缺失情况下的无缝数据对接。

为了合理化试验设置和布线，CAB 外壳有一个所有试验件都经过的接口舱，它消除了离心机 3 个接口的差异，可以让 3 个试验轴接近臂末端。一把大的线束，从安装在离心机中心的数据采集箱到试验样品接口，贯穿整臂。在安装试验设备时，线束将连接到 CAB 上的接口舱。

试验数据收集示意图如图 13 - 67 所示。

13.2.3.6　试验实施

和准备阶段相比，执行相对简单。试验执行包含两个部分：证明试验和最后试验。

（1）证明试验

为了确保巡视器试验件安全，整个设备必须有一个完全装配的负载水平比 3 个试验轴的试验负载高的证明试验。为了提供这个负载模拟，建立了一个质量模型，模拟巡视器质量和外壳接口。证明试验是实际试验的排练，为处理、集成大型 CAB 设备提供了练习机会。

（2）最后执行

在证明试验演习中排练和更新了所有处理、操作程序后，最后试验执行就不会出差错

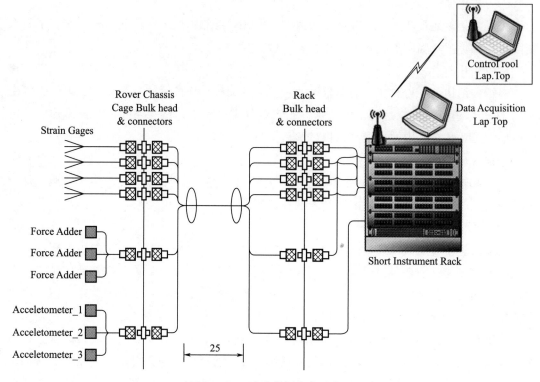

图 13 - 67　试验数据收集示意图

了。MSL 离心试验中，每 3 天测试一个轴，中间有一天用于数据分析和试验件重构。CBA 结构和整流罩的这种设计使 CBA 里的试验件不需要重新配置。唯一要求的构型改变是安装到离心机臂的方向。试验件的大小使重构变得复杂，但是通过使用合适的运输和装配设备还是可管理的。

13.2.3.7　结论

　　过去，离心试验被证明是一种安全简单的方法，用于总体负载环境下的中小型试验样品结构验证。随着试验样品的加大，产生了许多性能变量，并成为试验和硬件设计的主要影响因素。MSL 离心试验设备的成功设计以及将来试验的成功执行表明：离心试验对小型样品的有效性也可以应用到大型航天结构中。如前所述，前期准备工作很重要，但是，离心试验的安全、简单使其成为一种强大的工具，并且不仅仅只对小型测试硬件有效。

第 14 章　好奇号任务的前沿性分析

美国好奇号巡视器从安全降落在火星盖尔陨石坑内起，引起了全世界的高度关注。与此前的巡视器相比，携带 10 种科学仪器的好奇号彰显了火星探索的多种技术进步。

14.1　首次采用空中吊车着陆缓冲技术

好奇号首次采用空中吊车着陆缓冲技术。好奇号质量超过 900 kg，是 2004 年登陆火星的勇气号和机遇号质量的大约 5 倍，其着陆过程首次使用了一种被称作空中吊车的辅助设备助降。这项技术难度高，是目前人类在其他星球放置着陆器的最先进技术，好奇号因此也将是在火星表面着陆的最重探测器，其着陆精度也比其他任何探测器更高。空中吊车通过吊索与巡视器连接，像直升机移动一个大物体一样，空中吊车将好奇号软着陆在预定着陆区。这种创新性的设计同时也有效解决了使用着陆支架时的巡视器出口问题。着陆范围从纬度＋10°～－15°扩大到＋60°～－60°，着陆点精度也有很大提高。

14.2　续航能力强劲

勇气号和机遇号等使用太阳能电池板的巡视器受制于火星季节变化，电池板提供的能量也有限，而好奇号利用放射性钚衰变产生的热量发电，足以为好奇号同时运转的诸多仪器提供充足能量。好奇号巡视器利用波音公司制造的多任务放射性同位素热电发电机（MMRTG）供电，从而避免了由太阳能供电因火星表面气候条件恶劣而影响任务完成质量等问题，好奇号的核燃料电池设计寿命长达 14 年，也高于太阳能电池板的使用寿命。

多任务放射性同位素热电发电机则是新一代设备，专门设计用于在拥有大气层的行星体上（例如火星），或者在真空的太空环境中使用。除此之外，它还采用了更加灵活的模块化设计，可以适应多种不同的任务需求，供能相对稳定。这一设备的设计目标包括确保设备的高度安全，至少可以保证 14 年的供能，并在此基础上做到质量最小化。这台设备直径约 64 cm，长约 66 cm，质量约为 45 kg，其使用的锂离子电池也在加工技术、形状设计、装配方式等方面有所创新。

14.3　设计行程远

1997 年，由火星探路者号携带升空的索杰纳号巡视器着陆。与这位重约 10 kg 的老前辈相比，好奇号要先进得多。索杰纳号在火星上的总行程只有约 100 m，所到最远处距离着陆点也不超过 12 m。好奇号的车轮尺寸和车轮轴间距的增大则直接提高了巡视器的越障能力，其设计行程超过 19 km，并将在火星表面攀登高山，目前已行驶 22.6 km。

14.4　样本采集能力强

在好奇号之前，所有火星探测器都没有安装可提取岩石内部样本的工具，好奇号将改变这一状况——它可以利用机械臂末端的钻头钻入岩石内部取样。好奇号携带的 CheMin，还将在火星上首次使用 X 射线衍射技术分析样本，这将令好奇号的本领远超勇气号和机遇号。

好奇号样本操作系统是一个集样本采集、样本处理加工和样本传送等功能为一体的 17 自由度机械系统，它由机械臂、安装在机械臂转台上的仪器组及其他一些附件（备份钻头、有机检查材料、观察托盘和入口封盖机构）组成。转台仪器组包括钻机（Drill）、CHIMRA、DRT、MAHLI 和 APXS。

好奇号机械臂共具有 5 个自由度，其伸展长度为 2 200 mm，自重 67 kg，负载 34 kg。机械臂上安装有五工位转台，地面操作人员能够根据需要切换处于工作位置的科学仪器。此外，好奇号机械臂还能够通过驱动为钻机施压以协助钻机取样。

机械臂转台上的钻机是首次应用于火星探测的一类工具，它能够获取岩石内部 20～50 mm 处的粉末样本。钻机具有 4 个自由度，能够进行旋转、冲锤、平移和更换钻头四种动作。整个钻机工作的薄弱环节为钻头，钻头容易磨损和卡死，为此好奇号上有另外两组备用钻头。

岩石样本分析和处理机构能够对岩石粉末或风化层样本进行筛选和分组。为了促使样本流动，整个机构在振动环境下工作。岩石样本分析和处理机构内迷宫式样本通道要求既能完成指定的功能，又能最大限度地减少样本堵塞。

好奇号 DRT 的主要功能是清除覆盖于火星岩石上厚 2 mm 左右，直径不小于 45 mm 的风化层，使岩石表面裸露以供其他科学仪器研究。DRT 的质量为 925 g，它被装于一个长 154 mm，直径为 102 mm 的圆筒内，圆筒通过一个支架安装在钻机上。DRT 使用一个简单的无刷直流电机驱动。

14.5　任务更复杂

勇气号和机遇号的构造相对简单，任务是寻找水存在的证据。好奇号将测量火星岩石和泥土中不同化学元素的丰度，评估火星表面辐射环境及其对未来登陆火星航天员的危害，探索火星是否宜居，寻找行星演化的线索。

14.6　科学仪器多样化且能有机协作

好奇号任务共搭载了 11 台科学探测仪器，其中好奇号巡视器搭载了 10 台探测仪器，

能够从物理、化学和生物等角度开展一系列科学研究；下降级空中吊车搭载了一台 EDL
仪，用于监测着陆过程的气流环境参数。

14.7　结构特点灵活

目前世界上最先进的移动系统技术应用在好奇号巡视器上，好奇号采用摇臂-转向架
悬架形式，与索杰纳号、MER 较为相似，并且在材料、润滑、密封、电机、轴承、控制
等方面均有较大突破。好奇号巡视器共有 6 个车轮，其每个车轮都是驱动轮，前面两轮和
后面两轮可以作为转向轮，车轮由 Al 7075 铝合金材料制造，其外周冲压有 Z 型齿，具有
防止车轮打滑的作用。移动系统主体材料选用强度和质量特性好的 Al 6061 铝合金材料，
系统中要求限制摩擦转矩的枢轴采用类磷酸盐黏接剂、二硫化钼基黏接薄膜/不锈钢轴衬
系统。为了了解系统的越障能力和地面适应性，研制人员对系统进行了一系列论证和
试验。

6 轮结构的好奇号，长约 3.0 m，宽约 2.8 m，高约 2.2 m，质量为 850～900 kg（其
中包括 80 kg 的科学仪器）。2 个前轮和 2 个后轮分别具有独立的转向发动机（steering
motor），使好奇号能够原地 360°旋转。好奇号沿用了以往的索杰纳号、机遇号、勇气号巡
视器的摇臂-转向架式结构，在翻越多岩石的不平整表面时具有最高程度的稳定性。好奇
号能够翻越约 65～75 cm 高的障碍物，越过直径约为 50 cm 的坑，在平整坚硬的地面上行
驶的最高速度为 4 cm/s，每天能够在火星表面累计行驶 200 m，计划总行驶路程约为
20 km。好奇号的机械臂非常灵活，有 3 个关节，包括肩、肘和腕，能够像人类手臂那样
进行伸展、弯曲和定位，可以完成拍摄图像、打磨岩石、分析岩石和土壤组成等多种
任务。

14.8　软件系统功能强

与之前的巡视器相比，好奇号数据获取能力大幅度提高，而且通信技术也有很大进
步；好奇号既可直接与地球进行通信，也可通过中继卫星与地球通信，并且许多任务可以
实时地自动化处理，例如在好奇号的巡视器着陆过程中可以实时获取降落影像，而在早期
的勇气号和机遇号任务中只能获取几幅降落影像，且只能在后期传回地球；由于好奇号巡
视器的行驶速度和距离较早期的探测任务有了很大提高，其获取的数据量也急剧增加，相
应地其数据存储能力也有很大改进，而且日传输数据量也有所加大，可达到 800 MB。同
时，与以往火星任务的测控数传系统不同的是，好奇号巡视器上安装了一种名为"伊莱卡
-精简版"的软件无线电收发器，其首次实现了火星轨道器与着陆器之间的软件无线通信，
它的使用可以大大提高测控数传系统的性能。

对于上一代巡视器 MER，其电机控制利用集中式控制方案，即用一台计算机控制大
量电机控制器卡。每个电机控制器卡界面与火星巡视器末端电机相连。计算机与电机控制

器卡相连并命令一个或多个与电机控制器卡相连的电机。这一结构提供了电机电子控制的主机代管功能，但是对于探测器设计提出了很多挑战。这一设计不同于传统集中式电机控制，它能够减小未来探测器的尺寸、质量及电机控制电路功率。

14.9　自主热控系统

MSL 在发射阶段、巡航阶段、EDL 阶段和火星表面操作阶段都需要经受复杂并且恶劣的热环境，热控系统要保证其仪器设备能在适宜的温度范围内正常工作。表面巡视探测器的热控系统，解决在外热流环境、复杂工作模式下的温度控制问题；在热环境中散热，在冷环境中保温。MSL 采用主动被动加热相结合的热控方式，使用流体回路和 MMRTG 相结合的设计，使整个探测器的热控设计更加灵活，具有较强的环境适应能力。

好奇号采用 CFC-11 作为工质，它的作用是将放射性同位素释放的大量热量疏散以防止 MMRTG 破坏，同时将热量运送至恒温电子箱等设备以防止设备低温失效。流体回路和 MMRTG 相结合的设计大大降低了探测器的隔热要求，减小了热控受机械结构和构型布局的影响，使得 MSL 不必加隔热材料而利用一定厚度的低压气体层（8 Torr[①] 的 CO_2）就能满足要求，仪器设备装在电子设备板上，通过钛支撑结构吊在巡视器顶板上。流体回路和 MMRTG 的使用使整个探测器的热控设计更加灵活，具有较强的环境适应能力，能够在火星任何季节的南北纬 60°范围内工作。

可以说 MSL 是火星探测的一次技术革新，在任务实施过程中应用的多项科学与工程技术代表了未来火星巡视探测器发展的趋势。MSL 的科学探测成果令人期待，所获取和发布的各类数据将支持全世界的火星研究者开展更为广泛和更加深入的研究。

①　1 Torr＝133.322 Pa。

第 15 章　好奇号任务的组织管理

15.1　研制流程

好奇号火星探测使命从论证、研制到发射着陆，长达 10 年，它是美国历次火星探测中规模最大的一次，其项目进度如图 15-1 所示。项目经费的控制与使用如图 15-2 所示。

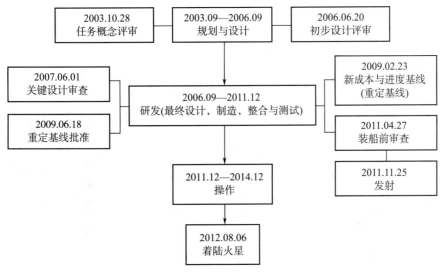

图 15-1　MSL 计划时间表

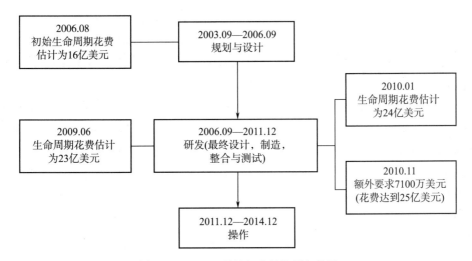

图 15-2　MSL 项目经费的控制与使用

在完成使命必要性和可行性论证之后，产品研制阶段开始，火星科学实验室研制历程大致见表 15 - 1。

表 15 - 1　火星科学实验室的研制历程

时间	进展
2006.09	美国国家航空航天局计划 2009 年发射火星科学实验室
2008.04	美国国家航空航天局宣布项目成本超支 2.35 亿美元
2008.10	火星科学实验室超支接近 30%
2008.11	美国国家航空航天局宣布已经筛选出 4 个着陆地点：埃伯斯沃德(Eberswalde)、盖尔环形山(Gale Crater)、霍尔登(Holden)和马沃斯(Mawrth)；火星科学实验室的研制基本完成，大部分硬件和软件研制已经完成，正在测试阶段
2008.11	美国国家航空航天局宣布因测试时间不足，将火星科学实验室发射时间推迟到 2011 年年底；行星科学委员会在 2009 年的一次会议上指出，火星科学实验室延迟发射的原因还有技术攻关和预算超支问题
2010	进行火星科学实验室的测试工作
2011.07	确定火星科学实验室着陆地点为盖尔环形山
2011.11—2011.12	完成测试并发射火星科学实验室
2012.08	登陆火星
2012.08—至今	好奇号在火星表面上进行探测活动

注：美国国家航空航天局通过官方网站向社会大众公开为火星科学实验室火星车征名，2009 年 5 月，好奇号成为火星科学实验室火星车的昵称。

美国国家航空航天局原定于 2009 年发射 MSL，但由于测试时间不足、预算超支、技术攻关等原因，发射时间最后延迟到 2011 年 11 月 26 日。

15.2　参研单位及任务分工

美国国家航空航天局（NASA）的 MSL 火星探测器是美国第四个火星探测器，是 NASA 十年一次的"旗舰"级探测任务。从 2003 年 10 月 NASA 提出 MSL 计划到 2012 年 8 月 6 日好奇号成功着陆火星，MSL 的研制共经历了 8 年，期间有上百名科学家、几十家科研部门、上百所高校参与了该项目的计划与实施。

美国航天管理体制分为三层：总统与国会为决策层，主管最高决策以及立法和预算审查；国防部与 NASA 为计划层；承包商（工业界）、科研部门、大学等为实施层。MSL 火星探测计划由 NASA 提出，由洛克希德·马丁公司、波音公司、喷气推进实验室（JPL）承包，由 NASA 下设研究中心、其他研究机构、高校、相关企业按合同管理形式实施。其所涉及的主要政府航天部门、承包商、相关企业、高校及国际合作机构将在本章进行详细论述。

15.2.1　政府航天部门

所涉及的政府航天部门见表 15 - 2。

表 15 - 2　政府航天部门

政府航天部门	主要负责人	参与范围
NASA	查尔斯·博尔登(局长) 道格·麦克奎斯逊(NASA 行星科学部门火星探测项目的主管)	制订 MSL 火星探测计划的目的和指标,拟订达到目的和指标的战略,监督战略的实施,解决实施中遇到的问题
JPL	查尔斯·埃拉奇(实验室主任)	作为 MSL 火星探测计划的最大承包商之一,主要负责 MSL 及好奇号火星巡视器上十大有效载荷的研制工作
美国能源部 (U. S. Department of Energy)	朱棣文(部长)	提供电能(同位素热电发电机)

15.2.2　研究机构

所涉及的研究机构见表 15 - 3。

表 15 - 3　研究机构

机构名称	参研范围
艾姆斯研究中心 (Ames Research Center)	提供 CheMin、酚碳热烧蚀板、地面数据系统、数据材料、负责好奇号火星巡视器的 EDL 系统及验证工作
戈达德航天飞行中心 (Goddard Space Flight Center)	提供 SAM
约翰逊航天中心 (Johnson Space Center)	为 EDL 系统工程提供技术支持,负责向各部门提供导航、控制运算信息
肯尼迪航天中心 (Kennedy Space Center)	负责好奇号火星巡视器的最后集成、装配、发射工作
兰利研究中心 (Langley Research Center)	为 EDL 系统工程提供技术支持,负责向各部门提供导航、控制运算信息
洛斯·阿拉莫斯国家实验室(转包商) (Los Alamos National Laboratory)	为好奇号火星巡视器提供锂离子电池,提供动力及多任务同位素热电发电机(MMRTG)、化学与矿物学分析仪(CheMin)
美国西南研究所(转包商) (Southwest Research Institute)	参与辐射评估探测器的研制

15.2.3　参与高校

参与高校见表 15 - 4。

表 15 - 4　参与高校

高校	参与范围
加州理工学院 (California Institute of Technology)	参与 MSL ChemCam 的科研工作
亚利桑那大学 (University of Arizona)	参与 MSL ChemCam、中子动态反照率探测器(DAN)、MAHLI、火星实验室再入-下降-着陆仪(MEDLI)及 MastCam 的科研工作

续表

高校	参与范围
康奈尔大学 (Cornell University)	参与 MSL APXS、MAHLI、MEDLI 及 MastCam 的科研工作
印第安纳大学 (Indiana University)	参与 MSL ChemCam、MAHLI、MEDLI 及 MastCam 的科研工作
基尔大学 (Kiel University)	参与 MSL RAD 的科研工作
密歇根大学 (University of Michigan)	参与 MSL REMS 的科研工作
巴黎大学 (University of Paris)	参与 MSL SAM 的科研工作

15.2.4　国际合作机构

所涉及的国际合作机构见表 15-5。

表 15-5　国际合作机构

机构名称	合作范围
俄罗斯联邦航天局 (Russian Federal Space Agency)	为好奇号提供一个寻找水的基于中子的氢探测器、中子动态反照率探测器(DAN)
西班牙教育部 (Spanish Ministry of Education and Science)	为 NASA 提供气象组件
加拿大航天局 (Canadian Space Agency)	加拿大航天局提供 APXS,德国马克斯·普朗克学会化学研究所与加拿大航天局合作为 NASA 提供分光计
德国马克斯·普朗克学会化学研究所 (MPI für Biochemie)	
西班牙航空局 (Centro de Astrobiología，Spain)	参与 REMS 的研制工作

15.2.5　参与企业

参与企业见表 15-6。

表 15-6　参与企业

企业名称	参与或合作范围
马林空间科学系统有限公司(转包商) (Marlin Space Science System)	为好奇号提供所有照相设备,包括 MastCam、MAHLI、MEDLI 等
Aeroflex 控股公司 (Aeroflex Holding Corp)	为 MSL 提供电机

15.2.6　MSL 项目办人员名单

MSL 项目办人员名单见表 15 - 7。

表 15 - 7　MSL 项目办人员名单

成员	所属机构或单位	负责项目
Meyer，Michael	NASA 总部	项目科学家
Anderson，Robert C.	JPL	火星样本获取、处理与操作分系统研究小组科学家
Behar，Alberto		中子动态反照率探测器研究小组科学家
Blaney，Diana		CheMin 研究小组科学家
Brinza，David		RAD 研究小组科学家
Crisp，Joy		火星科学实验室子项目科学家
de la Torre Juarez，Manuel		火星巡视器 REMS 研究小组科学家
Vasavada，Ashwin		火星科学实验室子工程科学家
Yen，Albert		CheMin 与 APXS 研究小组科学家
Maki，Justin		火星科学实验室工程科学家
Grotzinger，John	加州理工学院	火星科学实验室子工程科学家

15.2.7　有效载荷研究人员名单

（1）APXS 研究小组成员

APXS 研究小组成员见表 15 - 8。

表 15 - 8　APXS 研究小组成员

成员	所属单位或机构	职责
Campbell，Ianin	圭尔夫大学	合作研究员
Gellert，Ralf	新墨西哥大学和西安大略大学	
King，Penny	NASA 总部	
Lugmair，Guenter	加州大学圣迭戈分校	
Spray，John	新不伦瑞克大学	
Squyres，steven	康奈尔大学	
Yen，Albert	JPL	

（2）CheMin 研究小组成员

CheMin 研究小组成员见表 15 - 9。

表 15 - 9　CheMin 研究小组成员

成员	所属单位或机构	职责
Wiens，Goger Craig	Los Alamos 国家实验室	主要研究员

续表

成员	所属单位或机构	职责
Vaniman, David	Los Alamos 国家实验室	合作研究员
Blaney, Diana	JPL	
Bridges, Nathan	美国总统轮船公司	
Clark, Benton	空间科学研究机构	
Clegg, SAM	Los Alamos 国家实验室	
Cremers, David	应用研究联合股份有限公司	
d'Uston, Claude	加拿大产业研究援助计划	
Herkenhoff, Ken	美国地质勘测局	
Kirkland, Laurel	避雷研究所	
Langevin, Yves	法国奥赛天体物理研究所	
Mangold, Nicolas	LPGN	
Manhes, Gérard	地球地形巴黎研究所	
Mauchien, Patrick	美国经济顾问委员会	
Maurice, Sylvestre	加拿大产业研究援助计划	
McKay, Christopher	艾姆斯研究中心	
Newsom, Horton	新墨西哥大学	
Poitrasson, Franck	GET	
Sautter, Violaine	美盛资金管理公司	

（3）ChemCam 研究小组成员

ChemCam 研究小组成员见表 15 – 10。

表 15 – 10　ChemCam 研究小组成员

成员	所属单位或机构	职责
Blake, David F.	艾姆斯研究中心	主要研究员
Anderson, Robert	火星科学实验室	合作研究员
Yen, Albert	火星科学实验室	
Feldman, Sabrina	火星科学实验室	
Crisp, Joy	火星科学实验室	
DesMarais, David	艾姆斯研究中心	
Gailhanou, Marc	法国科学研究中心	
Ming Douglas	约翰逊航天中心	
Morris, Richard	约翰逊航天中心	
Treiman, Allan	避雷研究所	
Vainman, David	Los Alamos 国际实验室	
Downs, Bob	亚利桑那大学	

续表

成员	所属单位或机构	职责
Farmer，Jack	亚利桑那州立大学	
Bish，David	印第安纳大学	
Joy，David	田纳西大学	合作研究员
Stolper，Ed	加州理工学院	
Chipera，Steve	切萨皮克能源公司	
Sarrazin，Philippe	美国 InXitu 公司	

（4）中子动态反照率探测器研究小组成员

中子动态反照率探测器研究小组成员见表 15-11。

表 15-11　中子动态反照率探测器研究小组成员

成员	所属单位或机构	职责
Mitrofanov，Igor G.		主要研究员
Kozyrev，Alexandre S.	空间科学研究机构	
Litvak，Maxim		
Sanin，Anton B.		合作研究员
Behar，Alberto	火星科学实验室	
Boynton，Bill	亚利桑那大学	

（5）MAHLI、MEDLI 及 Mastcam 研究小组成员

MAHLI、MEDLI 及 MastCam 研究小组成员见表 15-12。

表 15-12　MAHLI、MEDLI 及 MastCam 研究小组成员

成员	所属单位或机构	职责
Edgett，Kenneth S.	马林空间科学系统有限公司	MAHLI 主要研究员
Malin，Michael C.		MastCam 主要研究员
Herkenhoff，Kenneth E.	美国地质勘测局	
Maki，Justin	火星科学实验室	
Parker，Timothy J.		
Edwards，Laurence	艾姆斯研究中心	
Bell，James F.		
Thomas，Peter C.	康奈尔大学	合作研究员
Sullivan，Robert J.		
Dietrich，Willian E.	加州大学伯克利分校	
Hallet，Bernard	华盛顿大学	
Heydari，Ezat	Jackson 州立大学	
Kah，Linda C.	田纳西大学诺斯维尔分校	

续表

成员	所属单位或机构	职责
Lemmon，Mark T.	得克萨斯农工大学	
Olson，Timothy S.	萨利希科特奈大学	
Minitti，Michael E.	亚利桑那州立大学	
Rowland，Scott K.	夏威夷马诺大学	合作研究员
Schieber，Juergen	印第安纳大学	
Sumner，Dawn Y.	加州大学戴维斯分校	
YinGCt，Aileen R.	维斯康星大学绿港分校	
Cameron，James	光风暴娱乐有限公司	

（6）RAD 研究小组成员

RAD 研究小组成员见表 15-13。

表 15-13　RAD 研究小组成员

成员	所属单位或机构	职责
Hassler，Donald	美国西南研究所	主要研究员
Bullock，Mark		
Zeitlin，Car y	美国西南研究所	
Rafkin，Scot		
Grinspoon，David		
Posner，Arik	NASA 总部	
Brinza，David	火星科学实验室	
Cleghorn，Timothy	约翰逊航天中心	合作研究员
Cucinotta，Frank		
Reitz，GÜnther	美国国防后勤局	
Bottcher，Stephan		
Burmerster，Sonke		
MartÍn CarcÍa，César	基尔大学	
Mueller - Mellin，Reinhold		
Wimmer - Schweingruber，Robert		

（7）REMS 研究小组成员

REMS 研究小组成员见表 15-14。

表 15-14　REMS 研究小组成员

成员	所属单位或机构	职责
Gómerz - Elvira，Javier Centro de Astrobiologia	西班牙航空局	主要研究员

续表

成员	所属单位或机构	职责
Martínez - Frías，JesÚs	西班牙航空局天体生物学研究中心	合作研究员
Harri，Ari - Matti	芬兰气象局	
Torre Juarez	火星科学实验室	
Haberle，Robert	艾姆斯研究中心	
Richardson，Mark	密歇根大学	
Renno，Nilton		
Ramos，Miguel	阿尔卡拉德埃纳雷斯大学	

（8）SAM 研究小组成员

SAM 研究小组成员见表 15 - 15。

表 15 - 15　SAM 研究小组成员

成员	所属单位或机构	职责
Mahaffy，Paul	戈达德航天飞行中心	主要研究员
Conrad，Pamela		合作研究员及主要研究员代表
Leshin，Laurie	NASA 总部	合作研究员
Webster，Chris	火星科学实验室	
Jones，John	约翰逊航天中心	
Morris，Richard		
Ming，Douglas		
McKay，Christopher	艾姆斯研究中心	
Steele，Andrew	华盛顿卡尔基研究所	
Goesmann，Fred	马普太阳系研究所	
Cabane，Michel	LATMOS	
Gorevan，Stephen	蜜蜂机器人学	
Atrya，Sushil	密歇根大学安娜堡分校	
Brinckherhoff，Willian	约翰·霍普金斯大学	
Coll，Patrice	巴黎大学	
Raulin，Francois	巴黎大学	
Jakosky，Bruce	科罗拉多大学波尔多分校	
Navarro - González，Rafael	墨西哥国立自治大学	
Owen，Tobias	夏威夷大学	
Pepin，Robert	明尼苏达大学	
Squyres，Steven	康奈尔大学	
Rober，Francois	美盛资金管理公司	

15.3　工作模式

几十家科研机构、企业、高校，上百位科学家参与了火星科学实验室（MSL）的科学研究项目。例如，十大科学仪器，每件仪器都有其主要研究人员、相关的合作研究员以及合作商，其他参与人员还包括未予列出但参与其中的科学家以及这些科学家的合作伙伴，JPL 的许多科学家和工程师在该项目中发挥了至关重要的作用。实现该项目的科学目标需要所有参与者相互合作（比如，数据共享，交互式、跨学科的数据分析与解读，联合出版等）。

参研单位的分工合作简图如图 15 - 3 所示，参研单位分工合作表见表 15 - 16。

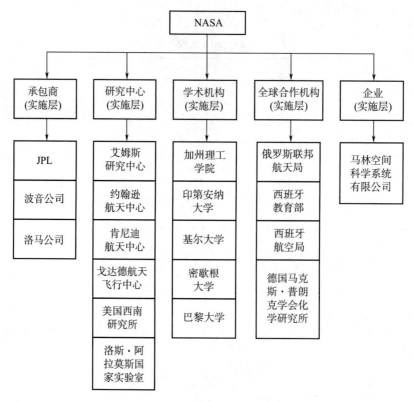

图 15 - 3　参研单位的分工合作简图

15.3.1　MSL 科学团队成员

由主要研究员领导的各研究团队，其成员包括主要研究员、合作研究员以及合作人员，各成员为自己的行为负责以完善其团队的行为活动。然而，在本书中，科学团队中所指的"团队"概念要比单个的由主要研究员领导的研究团队中所指的"团队"概念要大得多。这一点非常关键，因为这样可以让大家意识到实现 MSL 的所有目标需要综合地理学、化学、物理学等各领域的研究结果，而实现这些目标的最好办法便是将各个分散的团队整

表 15－16　参研单位分工合作表

人员 / 职责	局长办公室	行政人员和任务保证办公室	任务董事会 副局长	中心主管 制度	中心主管 技术授权	项目经理	子项目经理
战略策划	确定机构战略优先权和指导;批准机构战略计划与项目体系实施指南;批准实施由任务董事会制订的计划	制订机构战略计划(PA&E);制订年度战略策划指南(PA&E);制订年度绩效计划(PA&E)	保障机构战略策划;制定与机构战略策划策、项目体系和顶层指南一致的董事会实施策划;交叉董事会体系计划	保障机构和任务董事会战略计划,保障研究		保障任务董事会战略实施计划	
项目启动	批准项目对中心的任命	批准项目主工程师(技术授权)(OCE)	通过确定授权文件启动新项目;推荐中心对中心任命;批准项目经理的任命	提供执行确定授权文件的人员和其他资源;向任务董事会推荐项目副局长;任命中心一类子项目经理	咨询并经 OCE 批准后,任命项目主工程师(技术授权);任命中心专业工程师	成立用来指导/监督项目中子项目的项目办公室和组织	
子项目启动	批准中心一类子项目的任命	批准一类子项目主工程师的任命(OCE);被告知二类、三类子项目主工程师的子项目的任命(技术授权)(OCE)	通过确定授权文件启动的子项目;推荐中心一类子项目的任命;任命二类和三类子项目经理;批准一类和被选出的二类子项目经理的任命	提供执行确定授权文件的人员和其他资源;向局长推荐中心一类和三类子项目经理;任命一类和三类子项目经理	咨询并经 OCE 批准后,任命一类子项目主工程师(技术授权);与 OCE 共同任命二类和三类子项目的主工程师(技术授权)	对子项目经理任命	成立用来指导/监督子项目的办公室和组织
方针制定		制定机构适当的保障机构;技术授权(OCE)、SMA 职责,健康和医疗职责;建立和维护适用于项目、机构范围的工程标准	制定适用子项目(子项目、董事会目的董事会);制定适用于和程序(如指南、风险优先权和采购优先权)	确保中心方针与机构和任务董事会方针相一致;制定方针和程序,确保项目和子项目的实施与机构的技术和管理相一致	制定制度上的工程设计并验证/确认对子由中心提供的产品和服务的最佳实践;在中心,逐步开展技术授权实施计划		

续表

人员/职责	局长办公室	行政人员和任务保证办公室	任务董事会 副局长	中心主管 制度	中心主管 技术授权	项目经理	子项目经理
项目/子项目概念研究		如果要求,提供先进的概念研究技术专家	对项目和未完成的子项目表述的概念研究,逐步提供具体的指导和指南	对完成的子项目表述的概念研究,逐步提供具体的指导和指南		启动,保障并实施项目的概念研究,使之与MDAA的指导和指南相一致	启动,保障并实施项目的概念研究,使之与上级项目的指导和指南一致与项目的指导和指南相一致的子项目(或完成相一致的机构)
项目要求的确定			制定,调整并批准高级别的项目要求;制定,调整并批准高级别的子项目要求,包括功能	按照指定,对项目和子项目要求制定提供保障	批准所有TA要求的变更和弃权	提出与PCA一致的项目要求;批准施加在子项目上的项目要求	提出与项目目要求一致的子项目要求
资源管理(项目预算)	确定任务董事会和任务保障办公室的预算	管理并协调机构年度预算分配	确定项目和子项目的预算;向负责子项目的机构分配预算资金;实施年度项目预算分配评审	保障年度项目和子项目预算分配,并确认中心的投入;为完成认定的项目和子项目,提供必要的人员,设备,资源和培训	确保保障技术授权实施的资源的独立性;为确保技术和项目/子项目卓越,设核心竞争力要求的评审,维护开发和维护供应源	实施与预算相一致的项目;协调保障预算成本计划的进行;提供年度项目预算分配投入;管理项目资源	进行任务选择,管理并实施对保障预算进行成本估计;实施子项目预算,提供年度子项目预算分配投入;管理子项目资源
PCA	批准项目委员会协议(NASA AA)	配合项目委员会协议(OCE)	制定并批准项目委员会协议			保障项目委员会协议的制定	
项目计划			批准项目计划	配合项目计划		制订并批准项目计划;执行项目计划	
子项目计划			如果要求,批准子项目计划	批准子项目计划		批准子项目计划	制订并批准子项目计划;执行子项目计划

续表

职责＼人员	局长办公室	行政人员和任务保证办公室	任务董事会副局长	中心主管 制度	中心主管 技术授权	项目经理	子项目经理
项目/子项目绩效评估	通过季度情况评审,评估项目和一类子项目技术、进度和成本绩效;实施机构 PMC	对局长进行特殊的研究	评估项目技术、进度和成本绩效,适当采取措施来降低风险;执行任务董事会 PMC	评估项目和子项目技术、进度和成本绩效,作为中心管理委员会的一部分		评估项目和子项目技术、进度和成本绩效,适当采取措施来降低风险	评估子项目技术、进度和成本绩效,适当采取措施来降低风险
项目/子项目绩效问题			沟通问题以及对项目和子项目的风险,提出恢复的计划	在解决技术和项目问题中,对项目和子项目提供保障和指导;沟通项目和子项目技术及绩效问题以及对任务董事会机构的风险,并提出恢复建议		沟通项目和子项目绩效问题以及对中心和任务董事会管理的风险,提出恢复计划	沟通子项目绩效问题以及对项目、中心和任务董事会管理的风险,提出恢复计划
最终评审	通过 PMC 机构,确定并授权项目和一类子项目的最终评审		通过 MD PMC,确定并授权项目以及二类和三类子项目的最终评审,与局长协调最终的决定	保障最终评审,如果需求,进行保障分析,确定最终评审		进行项目和子项目分析,保障最终评审	保障最终评审
独立评审	根据 NAR 和其他论者,授权项目和一类子项目的实施	组织并保障项目和一类、二类子项目的独立评审;对项目和一类、二类子项目提供 SRB 评审管理者;通过 PDR/NAR,提供成本和管理体系 SRB 要求时,保障独立评审或技术评估	配合并保障独立评审	确保适当的核对和平衡(如技术授权)	配合并保障独立评审	准备并提供项目和子项目的评估,准备实施	准备并提供子项目的评估

续表

人员\职责	局长办公室	行政人员和任务保证办公室	任务董事会副局长	中心主管 制度	中心主管 技术授权	项目经理	子项目经理
KDP（所有）	授权项目和一类子项目从而通过KDP		授权项目和二类、三类KDP（在项目计划中通过MDAA可以代表三类子项目KDP），向NASA AA提出项目和一类子项目建议	进行保障分析，确认已经准备好进行项目和一类、二类、三类子项目的KDP，对一类、二类和选出的三类子项目进行评审；确认已经准备好通过KDP		对项目的KDP进行评审，对一类、二类和三类子项目的KDP进行评审；确认项目和子项目已经准备好通过KDP	对子项目的KDP进行评审，确认已经准备好通过KDP
国际的和政府间的协议		保障制定和协商国际的和政府间的协议（OER）	协商协议的内容，使之与国际的外部组织相一致			保障协议内容的制定与相应的其他政府机构相一致	保障协议内容的制定与国际的和其他政府机构相一致
核和载人任务的发射标准	批准发射请求；向OSTP转交核发射批准请求	向局长确认、证实并批准载人和发射准备（OCE、OSMA和OCHMO）	批准发射准备	确认指定的项目和子项目的发射准备		制定项目发射准备标准	制定子项目发射准备标准

注：OCE—首席工程师办公室；PA&E—项目分析和评估；SMA—安全和任务保证；OSMA—安全和任务保证办公室；MDAA—任务董事会副局长；TA—技术授权；PCA—项目委员会协议；AA—副局长；PMC—项目管理委员会；OCHMO—首席健康和医疗官办公室；SRB—常设评审组；NAR—非提倡者评审；PDR—基础设计评审；KDP—关键决策点；OER—外部关系办公室；MD—任务董事会。

合成一个交互合作式的整体团队，而不是一个分散独立的个体团队。为此，确定了 MSL 科学团队的成员，其中包括：各科学小组中的主要研究员、合作研究员、未经筛选的主要科学家、项目科学家和项目荣誉科学家，以及研究员。

15.3.2　MSL 科学团队合作人员

大多数情况下，合作人员将会深入该项目的科学工作中，但是同科学团队的各成员相比，他们在该项目中所承担的责任相对较小，相应地，他们所享有的特权较少。MSL 科学团队的大多数合作人员将会同某位主要研究员或主要科学家联系起来，也不排除某些特殊情况，比如根据实际情况将合作商同喷气推进实验室某些 MSL 项目成员联系起来。合作人员可以是在方案中具体提及过的某成员，也可以是与科学团队成员合作但未在方案中提及的学生、博士后、技术人员等。合作人员所服务的科学团队，其团队成员将代表所有合作人员理解并接受 MSL 科学团队管理规范。

15.3.3　增员与裁员

经各主要科学组的联合主席批准，或为了满足 NASA 的相关需求（比如，对外籍科学家的需求），可以适当增加科学团队成员和合作人员。由主要科学组成员或某位主要科学家推荐具体的新成员人选。需要注意的是，如果团队成员或合作人员解除了与 MSL 项目的合作关系（比如辞职），且主要科学组成员同意解除其合作关系，那这些人将不再受制于 MSL 的运行规则，除了一些特殊情况，比如，这些人没有提交与 MSL 数据相关的文章，或者没有把利用 MSL 项目特权所获得的相关数据对外发布。

15.3.4　运行方针

火星巡视器的研制工作及科学仪器着陆火星之后进行一系列科学活动的程序管理工作，其工作运行机制需要在科学专题研究小组成员或火星巡视器工程师的指导下，由科学活动事务委员会开会商讨制定。MSL 科学团队的任何成员也可以是一个或多个专题小组的成员。每个专题小组由负责多个科学仪器的团队成员组成，同团队成员一起分析科学研究结果、制订科学活动计划、探讨本组的科学目标。在科学活动事务委员会举行的会议上，科学专题小组的带头人将介绍其小组活动计划。为了支持某些科学战略活动的开展，整个科学团队都可共享所有的科学研究结果和数据（包括初步的和更新的研究结果和数据）。

与科学仪器相关的研究结果将通过参与专题研究小组活动，由研究该仪器的小组成员公布。负责有效载荷向地球传输和向上传输工作的领导人，将在科学活动工作组举行的会议上提出与科学仪器相关的问题和建议。根据战略需要，主要科学团队将授予科学活动事务委员会主席决策权，但任务管理人员可以否决其决议。决议被否决时，科学活动事务委员会主席可以向项目负责人起诉，但如果没有项目负责人和主要负责科学家，任务管理人将拥有最终决定权。在极少数情况下，各主要科学小组的联合主席或各小组委托人可以说服科学活动事务委员会主席，让其改变决定，做出让步。

　　主要科学小组将制订表面科学战略计划，并为长期战略规划师和科学活动事务委员会主席提供战略指导。探讨与工程和宇宙探测器相关的问题，项目负责人可以参与且可否决主要科学小组的决议。主要科学小组有权向火星计划办和火星探测计划主管提出申诉。

15.3.5　活动信息

　　各组的主要研究员须将项目所需的所有相关信息写入活动计划书，包括活动信息库、决策模式、特征描述等。

15.3.6　参与测试与训练

　　研究仪器的各团队须尽量参与火星巡视器着陆前的研发工作，帮助研究员确定仪器操作阶段所需的一些性能，包括项目级的测试和培训练习。

15.3.7　仪器向上传输信息的准备工作

　　根据科学活动事务委员会对 MSL 项目组提出的建议，经 MSL 向上传输战略领导人和任务管理者批准，对十大科学仪器进行操作（按顺序下达指令、确定优先向地传输的数据）。

15.3.8　用于工程技术的仪器设备

　　根据现有的条件和要求，用于工程技术的仪器设备，其相关工作（比如，检查火星巡视器或其他仪器设备，测试越障功能，寻找太阳位置，描述火星环境或其他测试功能）可以优先开展。在整个科学活动开展过程中，研究人员都可向科学活动事务委员会提出上述要求。

15.4　管理模式

　　美国航天管理体制分为三层：总统与国会为决策层，主管最高决策以及立法和预算审查；国防部与 NASA 为计划层；承包商（工业界）、科研部门、大学等为实施层。美国政府主要通过合同管理的办法对美国的航天企业进行管理。美国航天工业是一个以国防部、NASA 进行宏观管理，以科研单位、工业界、大学为基础的公私结合、军民结合的综合体系。这一体系的特点是：庞大复杂、相互制约、集中决策、分散实施。

　　美国负责民用航天的 NASA 颁布了在 NASA 全系统内贯彻 TQM 的 NMI1270.2 管理指令，并成立了由高层管理人员组成的"TQM 推行指导委员会"，负责制定政策、把握方向、进行指导。

15.4.1　NASA 总部项目管理组织及其管理职能

　　图 15-4 是 2009 年 5 月 NASA 发布的最新组织机构，包括位于华盛顿特区的 NASA

总部、下属的九个中心以及一个喷气推进实验室。此外，NASA 与学术界、私营部门、州政府、其他联邦机构以及一些国际组织都建立了合作关系。

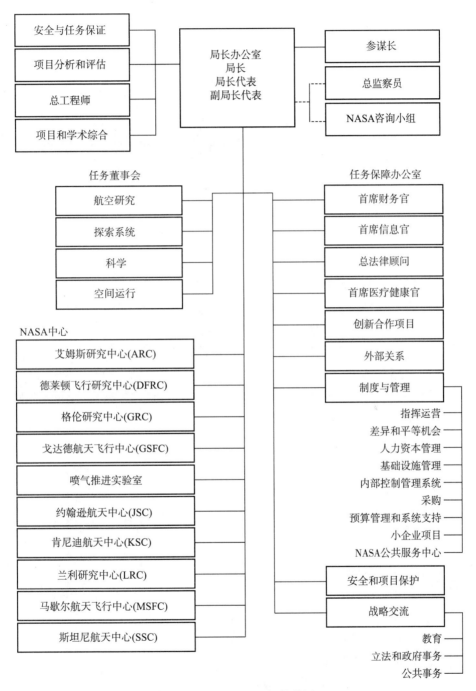

图 15-4 NASA 组织结构图

15.4.1.1 NASA 局长

NASA 局长的职责是对中心批准项目和一类子项目的任命。

15.4.1.2　副局长

NASA 副局长的职责是在机构级别，项目的技术和项目的结合、任命机构 PMC、为项目和一类子项目的 KDP 决策权服务以及批准 PCA。

15.4.1.3　首席工程师

首席工程师的职责包括以下几点：

1）制定 NASA 工程和项目/子项目管理过程的方针、监督和评估政策；

2）实施工程技术授权过程；

3）在关于技术能力和按计划实施 NASA 项目/子项目的准备状态的问题上，作为局长和其他高层官员的主要建议者；

4）指挥 NASA 工程和安全中心（NESC），以及指挥项目/子项目，使其响应来自 NESC 对用于独立技术评估的数据和信息的要求，并使其响应这些评估。

15.4.1.4　首席安全和任务保证官

首席安全和任务保证官的职责包括以下几点：

1）通过程序监督功能的开发、实施，评估机构范围的安全性、可靠性、维修性和质量方针；

2）确保安全、任务保证过程以及活动的稳健性；

3）在关于机构范围的安全性、可靠性、维修性和质量保证问题上，作为局长和其他高层官员的主要建议者；

4）按照任务进行审计和确认，执行独立的项目和子项目，实施 SMA 技术授权过程。

15.4.1.5　首席健康和医疗官

首席健康和医疗官的职责包括以下几点：

1）负责制定所有与 NASA 任务相关的健康和医疗问题的方针、监督和评估政策；

2）负责医疗/健康技术授权过程的实施；

3）在与机构职员相关的健康和医疗问题上，作为局长和其他高层官员的主要建议者。

15.4.1.6　首席财务官

首席财务官的职责包括以下几个方面：

1）负责财务记录和报告准确地反映所有项目和子项目资金获得的情况，包括资产、车间和设备；

2）负责保障这些活动的必要控制。

15.4.1.7　任务董事会副局长

任务董事会副局长的职责包括以下几个方面：

1）负责管理任务董事会的项目；

2）向中心建议项目和一类子项目的分配；

3）向中心分配二类、三类子项目；

4）服务于二类、三类子项目的决策权；

5）负责任务董事会的所有的项目要求，包括预算、进度和施加在子项目上的高层项目要求。

任命项目主管或项目执行者，组合和评估项目/子项目活动，根据项目/子项目范围和复杂程度不同，管理要求也不同。子项目分为一、二、三类，依据为：

1）项目寿命周期成本（LCC）估计，核能源的使用，以及是否为人造探测器进行的开发；

2）与 NASA 活动相关的重要程度、国际参与的程度、新的或未测试的技术应用的不确定度以及探测器开发的风险等级决定的优先级。表 15 - 17 为子项目分类指南，分类也可依据任务委员会副局长考虑子项目面临风险因素的建议进行改变。首先工程师办公室负责 NASA 项目和子项目以及分类情况的正式清单。

表 15 - 17　子项目分类指南

优先级	LCC＜250 万美元	250 万美元＜LCC＜10 亿美元	LCC＞10 亿美元，使用核能源或用于载人航天器
高	二类	二类	一类
中	三类	二类	一类
低	三类	二类	一类

15.4.2　全面质量管理（TQM）措施

美国自 1988 年以来，一直在国防部、NASA 以及航天产品承包商和供应商中大力推行全面质量管理，希望能借助这一方法来解决航天型号研制这种复杂大系统的质量管理问题。采取的具体措施主要有以下几方面。

15.4.2.1　高层参与，组织保证

美国国防部、NASA 都成立了由高级管理人员参加的 TQM 推行指导委员会，国防部发布了 DOD5000.51 和 DOD5000.51D 命令，NASA 发布了 NMI1270.2 命令。

国防部第 5000.51 命令宣布在国防系统推行 TQM，确定了政策和责任，并以此支持政府的 12637 号行政命令。DOD5000.51G 为全面质量管理的实施指南，该命令用于支持 DOD5000.51 的贯彻实行。它可以适用于各种情形，还可以做一些修订以满足用户的需要。它还提供了贯彻 TQM 的七个阶段的模型，如果按照这个步骤即可以得到不断改进产品性能的效果。

NASA 的 NMI1270.2 命令规定了在全局贯彻 TQM 的政策和各部门的职责，提出每一个机构和总部都应根据"使机构充满活力的战略"（1987 年 8 月颁布）以及 NASA 承包商工作组的"计划生产率，提高生产率和质量战略总结"（1986 年 4 月提交）两份文件制定本部门贯彻 TQM 的措施，其内容必须包括以下 10 个方面：

1）领导人亲自负责参与和长期坚持；

2）确定工作目标并促进达到世界一流的质量和性能；

3）支持新技术和组织现代化；

4）创造一个革新与挑战的气氛；

5）采用现代管理技术使个人、集体的贡献增大；

6）在工作人员、承包商和顾客中进行有效的信息交流；

7）促进每个人参与；

8）教育与培训；

9）开发能评定工作效能的方法；

10）用户至上。

同时，NASA 和国防部还颁布了一系列关于全面质量管理的规章制度。

15.4.2.2 重视质量文化氛围

美国国防部 TQM 政策指导委员会提议由国防系统管理学院（DSMC）作为实施 TQM 培训工作领导单位。DSMC 已经提出了"服务于国防部采购部门的全面质量管理教育与培训战略"，这项战略的主要培训对象是采购经理，美国国防部已经把培训对象从后勤系统转到采购部门。美国国防部在实施 TQM 的计划中提出，使 TQM 成为一种生活方式，要求主承包商、子承包商和供应商都接受 TQM 培训，参与到 TQM 活动中来。

NASA 也提出，要使每一个 NASA 的人员及承包商，明白自己在航天任务中的地位和作用，人人都为质量做贡献。NASA 的专家还提出，充分了解安全和任务保证部门的作用是在整个 NASA 系统内实施 TQM 必不可少的步骤。NASA 还设立了质量奖，并开展了质量月活动（1990 年的质量月为 10 月），每年评选当年的 TQM 成就，出版专集，定期召开 NASA 和 NASA 承包商的 TQM 研讨会。

15.4.2.3 推行质量管理新观念

NASA 的 TQM 专家认为在制造中对过程缺乏控制仍然是当今美国一个比较普遍的问题，NASA 的航天飞机先进固体发动机项目也是如此。项目办公室的人很少花时间去了解用于制造一件产品的工艺，管理者都只注重高的生产率。因此，实施 TQM 的一个重要观念变化就是，没有质量，生产率是没有意义的，而在过程得到控制之前质量是不可能保证的。有鉴于此，先进固体发动机的承包商将在其研制过程中实施 5 阶段过程控制计划，即发展、成形、修改、控制、改进。在这些阶段中将借助于一些"工具"，如因果图/控制图、质量分布表、矩形图、排列图、分布曲线、流程表等来帮助管理者进行过程控制。NASA 的航天飞机主发动机项目的总工程师办公室在航天飞机的主发动机制造过程中推行"持续改善"（CI）方法来实施 TQM，并提出用"准则式管理"来代替"控制式管理"。按照 NASA 质量专家的解释，这两种方式的主要区别见表 15-18。

表 15-18　控制式管理与准则式管理的差异

控制式管理	准则式管理
只有管理人员知道正确的方法	尊重人的多样性,促进建设性意见的提出
详尽的程序	过程改进

续表

控制式管理	准则式管理
强调专业人员的作用	强调小组的集体努力
只有高层人物掌握全部情况	所有的层次都了解全部情况
控制	授权
自上而下做决策	自下而上做决策
领导	指导
下命令	做评论

15.4.3　经费管理

NASA 的航天经费预算过程也很复杂，所以美国政府管理和预算局要求它同政府其他机构一样，提前制订第三年的预算。这样一来，NASA 每年都同时有三项预算工作在进行中：一为当年的预算（正被执行中）；二为明年的预算（正在接受管理和预算局-总统-国会的审查过程中）；三为后年的预算（是 NASA 总部根据各航天中心呈报的科研和工程项目预算汇总、平衡后编制出来的）。

NASA 的预算分 4 大块：研究与研制；空间飞行控制与数据通信；研究与项目管理；设施建造。后两笔钱不分年度，只要在规定的若干年内用完即可。允许 NASA 在 4 大块预算间做内部调节使用。但只允许把研究与研制费的 5% 转用于研究与项目管理。

NASA 的预算报到管理和预算局之后，该局先削掉它认为 NASA 预算中该削减的部分。在就削减后的预算与 NASA 取得共识后，再纳入总统的预算咨文一起上报国会。国会两院的授权委员会（预算委员会）及其几个小组委员会对 NASA 的预算及其开支项目逐项进行研究，两院的授权委员会都有权增减 NASA 的预算额度，遇有意见相左时则召开两院授权委员会联席会议，共同制定一个向 NASA 的最高拨款额，有时还就这笔钱怎样使用加以限制，或施加先决条件。然后把这些决定转给两院拨款委员会审查执行。各拨款委员会也有权调整 NASA 的预算申请额度，但它们不像授权委员会那样逐项细查。最后定下来的拨款额度，就是 NASA 两年后的实际开支额。例如拨款委员会 1997 年列入计划拨款中的资金，也就是 NASA 1999 年概算额度的实际数字。由于以上预算过程是逐年滚动式的，所以 NASA 每年都可得到今后第三年的概算数字，并可凭借这些数字制订其 5 年研究、研制和预算计划。

15.4.4　招标和外包程序

首先，项目办公室向采办局提出项目招标申请书，然后，采办局会同指定的合同官员和技术官员，共同做出以下判断：该项目申请内容（产品或服务）能否从政府其他机构买来；该项目申请内容是否属于某些优先来源供应项目；同时也判断招标方式，即采用封闭式招标、竞争式招标，还是别的招标途径。

在做出这些判断之后，NASA 的合同官员就开始起草意见征集书（招标书），然后予以公布。

招标时可按选定的公司名单逐家通知。平时就把这些公司立档待查，包括它们的能力、产品、服务项目，列成清单。待到招标时，根据平时积累的档案，开出公司名单，向它们各发一份招标书。公司选择要既能确保竞争又不过多过滥。也可借助其他部门的信息来选择通知招标对象，如利用 NASA 小企业管理局的自动化采办源信息系统等。

招标分封闭式和竞争式两种。这两种招标方式的不同在于对投标书的评价标准不同。

15.4.4.1　封闭式招标

封闭式招标的评价标准是价格。因为采购数量、规格或性能一般都已明确，交货日期已定，这种合同授予报价最低的投标者即可。

15.4.4.2　竞争式招标

竞争式招标则不是单纯地评价投标者的报价，还要考虑它们的技术能力和工作效率。这种招标方式适用于研究、研制项目，这在 NASA 招标项目中占大多数。

在评价了建议书（投标书）之后，看哪些公司可以初选入围，就同它们进行会谈，对明显中意者做意向性选定，在授予合同之前再做最后洽谈。如双方达成共识即可签署合同。

投标书由采办源评价委员会评价。该委员会由 NASA 挑选既懂采办程序又懂招标技术的官员组成。

一旦授予合同并开始生效执行，NASA 就进行合同管理。合同管理由 NASA 合同官员负责，但有些则委托国防部有关部门来管理。

15.4.5　在国际航天交流中应遵循的原则

NASA 在国际航天交流中遵循的原则如下：

1）每个参加国政府指定一个政府机构进行协作项目的会谈及监督执行；
2）只进行有科学依据而又互利的计划和活动；
3）只就具体项目而不就一揽子计划达成协议；
4）每方参加机构对其在合作项目中所做的贡献负财务责任；
5）各方对合作活动的成果进行最广泛最实用的分发交流。

总之，美国航天对外合作多限于科学领域，而在商业航天领域则较少合作。即使在科学领域，这种合作的出发点也是要对美国有利或有时是"互利"。

美国在航天方面的国际合作有浓厚的功利色彩，本国的国家利益是其首先考虑的因素。如果合作和交流对美国没有什么利益或由于美国的贡献而损害了自己的利益，则它就不搞这种合作交流或对其采取消极态度。

15.5　管理方法

15.5.1　利用过程的方法进行项目管理

任何利用资源将输入转换为输出的活动或一组活动都可视为一个过程。过程是组织管理体系的基本单元，它包括输入、输出、活动和所使用的资源这四个基本要素。过程的方法强调对单个过程的管理，其目的是对组成系统的部分实施控制，以提高过程运作的质量，从而支持体系运作的有效性和效率。组织应系统地识别所应用的过程，确定预期的输出，确定为取得预期的结果所需要的输入和资源，确定为将输入转化为输出所需要的活动等，并建立运行和控制的准则与方法。此外，一个过程不可能独立存在，通常，该过程的输出直接成为另一个过程的输入。

因此，还应识别哪些过程为该过程提供输入、该过程的输出提供给哪些过程等，对过程的关系、作用以及接口进行分析使过程间协调和兼容。项目管理是一项由许许多多相互关联、相互影响的要素（过程）组合起来的复杂的系统工程。项目综合管理水平不高往往是对项目的组成要素以及要素之间的相互影响关系界定不清，从而使项目的总体计划编制不完善而造成的。设想在一个存在缺陷的项目计划的指导下进行工作，项目的绩效水平最终如何是可想而知的。利用过程的方法对项目进行管理，有助于提高项目的计划、执行和监控的绩效水平。将过程的方法用于项目管理的实质是把对项目这一复杂的系统工程的管理转化为多个相对简化的流程的管理和流程之间相互关系的管理，从而达到降低项目管理复杂程度，提高项目综合管理水平的目的。PMBOK2000 中，按照项目的生命周期理论，将项目管理论定义为 5 个过程组：启动过程组——批准一个项目或阶段；计划编制过程组——界定和改进目标，从各种备选的行动方案中选择最好的方案，以实现项目所要求达到的目标；执行过程组——协调人力和其他资源，执行计划；控制过程组——通过定期监控和测量进展情况，确定与计划之间存在的偏差，以便在必要时采取纠正措施，以确保目标的实现；收尾过程组——项目或阶段的正式验收，并且有序地结束该项目或阶段。每个过程组又包括一个或多个管理过程（包括核心过程和辅助过程）。这么来看项目管理这个复杂的系统工程就变成了对一个个相对简单的流程管理和流程之间相互关系的管理。

NASA 的项目和子项目管理是通过提供航天产品和能力这一核心流程和战略的管理、知识的生成、知识的传播和应用这三个辅助流程来实现的。提供航天产品和能力流程中又包括陈述、执行、评价和批准四个子流程，这些子流程之间又包括许多更低层面的子流程。NASA 的项目管理实际上就是通过系统管理这些流程、流程的相关要素以及这些流程之间的相互影响关系来成功实现的。

PMBOK2000 和 NASA 的项目管理流程和规章中提供的流程的定义和划分的方法为我们提供了很好的模板；然而，我们在实际的项目管理过程中，还应根据具体项目的特点来科学合理地定义流程，管理流程。因此，将过程的方法有效应用于我国项目管理的实践，有利于提高项目系统的工作效率，提高项目的综合管理水平。下面给出了基于四个标准的不同项目组织形式的大体适用的例子。这四个标准是：

新项目的发生频率（发生频率如何，或者项目的上级组织在项目相关活动方面的参与程度如何）；项目的工期（一个典型的项目延续多长时间）；项目的规模（与执行组织的其他活动相应的员工、资金等资源的对比水平）；关系的复杂性（项目所包括的职能领域的数量和相互关联的程度）。对于中等规模和更高复杂性的项目以及中等或更大规模的项目，矩阵组织和纯项目形式更加适用。这些类型的项目的资源和信息需求更大，要求项目经理和集成者具有强有力的核心授权。特别是在同时有几个项目进展的时候，以及在所有人都可以在兼职的基础上共享职能的资源的时候，矩阵形式的组织运作得最好。相反，当项目之间的差别很小时，在专业人员必须全职工作时，以及期望完全的授权时，纯项目组织形式好些。当项目是组织的"生存形式"，而且风险很高的时候，两种形式都适合。由于矩阵组织的复杂性和纯项目组织产生的巨大的对员工和设备的需求，会给项目的执行机构带来一定的问题，因此，当更简单的形式可以发挥同样的作用时，应避免采用这两种形式。

对于包含数个职能领域的小型项目，连接了职能领域的任务小组和团队更加适合。在一个或数个职能领域内的短期项目可以借助兼职的任务小组来有效处理，该小组由某个职能领域的联络员来管理。当其中包括数个部门时，具有一个协调人的多功能任务小组更为适合，协调员直接向最高管理者报告项目的进展情况。对工期较长，但规模较小，复杂程度低的项目，最好由具备协调员的全职项目团队来处理。当完成任务所需团队的规模逐渐变大，人际关系变得过于复杂时，应建立临时性的矩阵和局部项目。团队、任务小组和项目中心在现有组织机构和组织工作流不能被中断的时候是适用的。在选择项目形式时，还应考虑项目的风险程度、技术不确定性、时间的紧急性和成本目标以及项目的独特性等指标。例如，任务小组和团队通常在项目任务确定性高、风险小，以及时间和成本不是主要因素时比较适合。当风险和不确定性都很大，而时间和成本要求很严格时，矩阵组织和纯项目形式则可以更好地承担高度集成和控制的责任。当项目与执行组织的日常经营存在巨大差异时，应考虑组织局部的或完全的纯项目。

以上观点完全是出于项目的角度来进行考虑的，事实上，在制定项目组织形式的决策时，往往项目执行组织自身的特点和以往的经验是最终决定的主要依据。例如，在小型组织中，因为组织不具备足够的资源和管理者来委托，所以，不管其执行什么项目，矩阵和纯项目的形式很少被使用。因此，在选择项目组织形式时，最重要的决定因素往往是企业关于项目的经验和对项目的正确理解。

由于NASA所从事的项目多以规模大、周期长、风险高、复杂程度高的航天产品和技术的研究、开发为主，而且新项目在NASA内部发生的频率很高，因此，NASA的项目组织形式多以纯项目和常设的矩阵组织为主。对于我国的项目执行组织在选择项目组织形式时，首先应正确认识组织自身和项目所具有的特点，在此基础之上选择最为适宜的项目组织形式。然而，适宜的组织形式只是万里长征的第一步。执行组织还应依据所选择的组织形式量身订做完善的管理制度，包括：授权程度、职责分工、报告关系、沟通要求等，并将其形成书面的程序和作业指导书，在需要时可以随时获得。另外，制度应得到切实有效的贯彻和落实，切忌流于形式。保证制度执行的最好方式是建立有效的监控和激励机制。鉴于中国目前的国情，建议采用对制度的执行情况进行考核，考核的结果直接与项目成员个人收入挂钩的形式。

15.5.2　利用标准化的方法进行项目管理

在 NASA 项目管理流程和规章中提及"采用国际单位体系作为基线的测量指标体系，并在项目陈述阶段的早期应用该测量指标体系"和"使用 ISO9000 质量管理体系标准，并对供方进行适当的评价和监控"；NASA 的质量管理体系政策是完全依据 ISO9000 质量管理体系标准来制定的。这些都充分体现了标准化的管理思想在 NASA 项目管理中的应用。标准化的管理思想在项目管理中应用的实质是：利用通行的标准设计、生产项目产品，建立和运行项目管理体系。将标准化的思想应用于项目管理实践中有如下好处：

1）提高项目产品设计和项目管理体系设计的科学性；

2）为项目产品的验收、项目监控和项目绩效的考核提供科学的依据和检测的标准；

3）使项目阶段之间、流程之间、工作包之间的接口标准化、规范化，提高系统运行效率，降低系统风险；

4）提高项目系统集成的工作效率；

5）为项目内部的沟通和项目与外部之间的沟通提供标准化的沟通语言；

6）提高项目产品的生存能力。

我国目前在产品的设计和制造领域常用的标准为 GB 系列标准，国际标准化组织的 ISO 系列标准也在世界范围内被广泛使用，除此之外，还有很多行业标准、地区标准，甚至企业标准等。对于中国的项目执行机构而言，若能有效地识别标准，并将标准科学地在项目中使用，将有助于提高项目管理的综合水平。尤其是对于那些需要系统集成的项目，在项目内部实现标准化的管理，将大大提高系统集成的绩效。

15.5.3　加强项目人力资本的开发与培训

一方面随着我国经济的发展，项目管理的应用领域不断拓展和深化，确实存在着对于某些专业领域的项目管理人才需求大于供给的现象；另一方面由于项目执行机构日常对项目管理人力资本的开发与培训力度不足，造成在项目需要某方面的专业人才时出现临时抱佛脚的尴尬局面。第一方面的问题属于国家宏观方面的问题，需要通过调整人才结构，加大对紧缺行业的专业人才的培养等全社会的共同努力来解决。第二方面的问题属于项目执行组织人力资本管理的微观层面上的问题。可以通过三个步骤有效的改进，甚至解决。

第一，将项目的人力资本管理上升到战略的高度，即依据组织的战略发展方向，分析现有的人力资本情况，预测未来对人力资本的需求，并采取措施满足组织发展的需求。

第二，加强项目执行组织人才资源库的建设。项目执行组织内部是获取项目人才的重要途径，但应不仅限于此。项目执行组织在人才获取途径上应把眼界放得更宽一些，如与执行组织之间有合作关系的组织、行业协会、其他地区的组织甚至国际组织的人才都可以通过某种契约的形式被纳入执行组织的项目管理人力资本库中来。因此，问题的根源不在于是否存在某个方面的专业人才，而是执行组织应如何去发掘人才，并用最经济的手段将其吸收到自己的资源库中。认证机构调用全球范围内的审核员资源完成跨国审核项目就是很好的例证。

第三，加强人力资本的培训。学术观点强调项目管理胜任能力的提高主要是通过工作实践的方式，并可以配合一些辅助的方式和工具，如正式的培训、开发工作、大学院校的项目、团队咨询服务、在线学习和其他一些自动化工具等。NASA 项目管理流程中描述的 NASA 的项目人力资本的培训方式为我国的项目管理实践提供了一个非常好的模板。NASA 通过项目管理开发流程（工作实践）、项目管理资质认证课程（正式的培训）、在线学习和项目管理工具的学习与应用、专家的咨询与指导、经验交流和论坛等活动进行系统的、全面的培训。国内目前项目管理发展的状况足以支持项目组织执行类似于 NASA 式的人力资本培训模式。问题的关键是国内组织应真正认识到项目人力资本培训工作的重要性，形成一套适应自身特点的人力资本培训模式，将其视为日常性的工作，常抓不懈。

为了深入理解和认识航天工业不断发展、不断追求新的平衡的历程，必须利用系统的理论和方法对这个复杂的系统进行深入的分析研究：

1）分析它的体系结构、功能、特性、状态和行为；

2）分析国际、国内政治、经济、技术大环境的变化规律和对这个系统的影响；

3）分析相关的政府部门、用户单位、分承包方、外协配套方和元器件供应方等多方面参与者的意图，干预的方式和程度，配套的进展和质量对这个系统的影响；

4）分析研究系统在内部因素，特别是人与环境的相互作用中不断适应和发展的过程。

第 16 章　未来火星探测规划

火星是太阳系中与地球最为相似的行星，也是除月球之外载人深空探测的首选目标。经过 60 年对火星的持续探测，人类对这颗红色星球的拼图已经基本完成。但人类探索精神远远不能满足于此，人类每隔 26 个月的深空探测大戏还将继续一幕幕上演。

2018 年，国际太空探索合作组织 ISECG 发布了《全球探索路线图》3.0 版（见图 16-1），该探索路线图包含了世界主要航天机构的探索计划，其中包括中国和美国的航天探索计划，在该计划中，再次延续了 2015 年《NASA 的火星之旅：开拓空间探测下一步》计划中的规划，采用近地空间、地月空间、火星空间的步骤，最终于 2040 年左右实现载人火星探测。

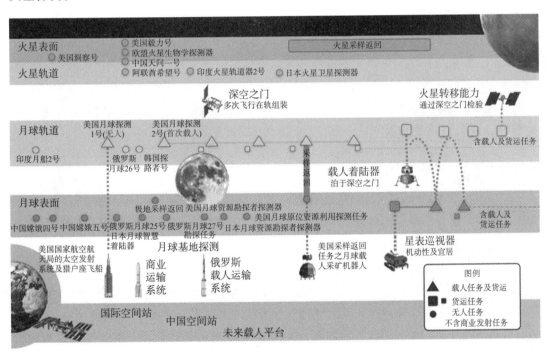

图 16-1　ISECG 全球探索路线图

16.1　美国火星发展规划

16.1.1　美国火星探测发展规划历程

自 20 世纪 50 年代起，美国历任总统均会在任期内出台相应的国家太空政策，指导美国开展航天活动，引领美国的太空探索计划，美国的火星探测计划都在该太空政策的框架下规划。

2010 年 2 月 1 日，时任美国总统奥巴马向国会提交了 2011 财政年度政府预算报告，建议国会在未来 5 年内为 NASA 增加约 60 亿美元预算，同时建议取消美国的重返月球计划，而将火星作为美国载人航天计划的目的地。此后，奥巴马在 NASA 肯尼迪航天中心发表演讲，较为详细地阐明了美国 21 世纪新太空探索计划。除了肯定 2011 财政年度预算申请报告中所阐述的"放弃星座计划"外，他还进一步明确了未来载人太空探索的发展目标，那就是到 2030 年中期使人类再入火星轨道并安全返回，随后载人登陆火星。奥巴马签署的《美国国家太空政策》中，也以载人火星探测为新太空探索计划的目标。

特朗普政府组建之后，对航天领域尤为重视。为维持美国在世界航天领域的霸权地位，特朗普政府不仅于 2017 年 6 月 30 日下令重启了搁置 25 年的美国国家航天委员会，并于 2018 年 3 月 23 日着手制定美国的第一个"国家航天战略"，还颁布了一系列太空指令。"国家航天战略"的一个重要特色就是把美国的商业航天纳入国家战略中，使未来人类的廉价太空旅行成为可能。

2017 年 12 月 11 日，美国总统特朗普签署"1 号航天政策指令"，宣布美国航天员将前往月球并最终前往火星，同时，"1 号航天政策指令"还终止了"载人登陆小行星"计划。NASA 相关官员表示，美国的深空计划将分三步走，当前阶段继续利用国际空间站作为研究平台，第二阶段将在 2024 年前后实现载人登月，并在月球轨道上建立深空门户太空港，第三阶段则是在 2033 年前后进军到火星轨道。目前，美国的太空探索计划重点放在 2024 年前后实现载人登月上，并以火星探测作为最终目标。

16.1.2 美国火星发展战略规划

2015 年，NASA 发布《NASA 的火星之旅：开拓空间探测下一步》报告，NASA 要首先在近地轨道和月球附近的地月空间"试验场"积累载人航天飞行经验，最终在 21 世纪 30 年代送人登上火星，如图 16-2 所示。NASA 一段时间以来一直在研究这一分三步走的火星载人探测路线。

规划中的第一步已在进行，报告称之为"依赖地球"阶段。NASA 及其国际伙伴的航天员自 2000 年 11 月以来一直在不间断地按大概 6 个月的轮换周期在国际空间站上生活。他们所获得的经验正在帮助研究和任务规划人员更好地认识航天飞行对生理和心理的影响。此外，该站还使 NASA 及其伙伴方得以开发和试验生命保障和天地通信等领域的关键技术。截至 2020 年 3 月，国际空间站已进行了 61 次载人轮换飞行，开展了大量空间科学试验。根据国际空间站的运行情况，将延寿至 2025 年，预计超期服役 10 年。国际空间站是良好的火星载人飞行近地试验场，为长期载人火星飞行积累了大量生物学知识。

第二步称为"试验场"阶段。飞往火星的航天员必须有很高的独立性。NASA 拟通过在未来大约 10 年的时间里在月球附近开展一系列任务来获取深空飞行经验，其中一个项目是"小行星转向任务"。在这项任务下，一个无人探测器将从一颗近地小行星上提取一块巨砾，并将其拖至月球轨道，以便随后派航天员前去造访。该探测器将采用先进的太阳

图 16-2　美国火星探测任务规划

能电推进系统，而该系统被 NASA 视为向火星运送大型有效载荷所需的一项关键技术。发射"猎户座"探测器（拟在 2018 年上天，后推迟至 2020 年 12 月），开展一次为期 7 天的不载人绕月飞行。届时探测器中地月空间初始居住能力将验证人员长时间飞往火星途中所必需的全部各项能力和应对措施。

　　受特朗普政府的政策影响，NASA 的"小行星转向任务"已取消，并将重点放在了 Artemis 任务上，争取在 2024 年重返月球。此后，将利用月球验证载人火星的部分技术，并尝试将月球作为火星探测的跳板。

　　第三步称为"不依赖地球"阶段，将利用前两步的成果把人员送到火星附近，比如再入火星低轨道或登上火星的一颗卫星，并最终踏上火星表面。报告称，送人登火星这一大胆目标的实现，要依靠国际合作和在空间站、试验场载人飞行任务中获取的经验以及无人火星探测器采集的全部数据。

　　除上述 NASA 官方宣布的火星探测计划外，受美国商业航天政策刺激，美国部分民间机构也公布了自己的火星探测计划，其中典型的为 SpaceX 公司的火星探测计划。SpaceX 公司的火星探测计划首次在 2016 年由该公司的首席执行官 Elon Musk 公布，当时称为"行星际运输系统"火星殖民构想，计划一次性运送 100 人到达火星表面，实现火星表面的开发，该系统拟由完全可复用的探测器部分（设两个尾翼）和助推火箭组成，LEO 运载能力高达 120t。此后，该系统几经更改，2019 年年底更名为"星船-超重"系统，并进行了技术指标的更新，现在正在进行地面研发试验。

综合近期的美国火星探测规划可知，火星探测的最终目标是实现载人火星探测。从美国的官方角度看，仍倾向于稳健式的火星探测策略，采用"近地-月球-火星"分步走的方式。这种策略包括了一条通往远期目标的路线，同时又能带来近期效益，并形成一个能适应预算变化、政治重点、新科学发现、技术突破和伙伴关系演变的弹性架构。在民间方面，更倾向于直接通过可重复使用系统，快速实现载人火星飞行。

16.1.3　近期美国火星探测器

21世纪以来，在每一个火星探测窗口，NASA 都会发射火星探测器，美国目前的火星探测器及其科学目标如图 16-3 所示。NASA 在 2030 年前计划实施如下火星探测任务，同时，ESA 与 NASA 的联合火星采样返回计划也已提上日程。

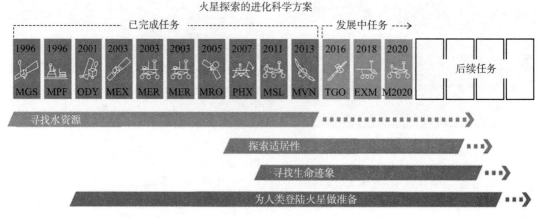

图 16-3　美国目前的火星探测器及其科学目标

16.1.3.1　2020 年发射 Mars 2020 巡视器

Mars 2020 是 NASA 部署的第 5 个巡视器，基于好奇号平台研制而成，带有首架星际探测直升机。此次任务致力于用最尖端的探测技术寻找火星生命的最直接证据。作为现役好奇号的升级版，Mars 2020 计划的两大主任务是：

1）探测火星表面环境中潜在的宜居性和曾经可能存在生命的痕迹；

2）收集和存储火星的岩石和土壤样本，并对其物理和化学等信息进行原位探测。

Mars 2020 提供了一个独特的世界，可以窥探太阳系中可能的宜居性，同时在火星上进行一系列技术验证试验，更加深入地了解火星尘埃和大气以及它们对未来人类火星生存的可能影响；同时也将研究能否利用火星上的资源制造出氧气和火箭燃料，为未来的载人火星探测提供技术储备。

Mars 2020 携带 8 组主要仪器设备，包括原位资源利用设备、制造火星氧气试验设备、火星直升机侦察兵、研究岩石成分的超级成像仪等。整个 Mars 2020 携带多达 23 个摄像头，自带麦克风，在火星表面巡视期间同时录制火星表面的声音。

Mars 2020 巡视器于北京时间 2020 年 7 月 30 日 19：50 从美国卡角空军基地 SLC - 41 发射台发射升空，预计于 2021 年 2 月 18 日登陆火星，着陆在火星表面耶泽洛（Jezero）陨石坑。

2020 年 3 月，Mars 2020 命名为毅力号。研制中的 Mars 2020 以及其在火星上巡视的概念图如图 16 - 4、图 16 - 5 所示。

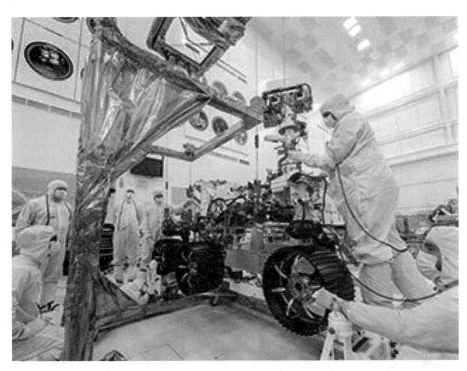

图 16 - 4　研制中的 Mars 2020 巡视器

图 16 - 5　Mars 2020 在火星上巡视的概念图

16.1.3.2　2022 年发射 Mars 2022 轨道器

该探测器将接替火星奥德赛，为火星表面着陆器和巡视器提供通信中继支持。Mars 2022 轨道器可能采用试验性新技术，如高功率太阳能电推进技术、光通信程序包等。这些将大大改善传输速率和传输容量。同时，Mars 2022 还将携带健全的科学仪器，对火星进行遥感探测。

16.1.3.3　2030 年左右火星采样返回

2019 年 4 月，NASA 和 ESA 签署了一份意向声明，开始火星采样返回研究。该计划预计耗资 70 亿美元，分为四步进行。

（1）第一步：采样

目前，第一阶段的目标已基本完成。首先由 2020 年发射的 Mars 2020 毅力号入轨，将在有 40 亿年历史的耶泽洛陨石坑着陆，然后由毅力号巡视器在该着陆地的一个古老河流三角洲寻找古代生命迹象。该古老河流三角洲曾经存在一个 500 m 深的湖泊，据推测，可能存在大约 35 亿到 39 亿年前的微生物。巡视器可四处活动，完成科学实验，钻探小块泥岩和其他岩石（这些岩石可能蕴藏着古老生命的"蛛丝马迹"），采集岩心样本。每个样本将包含 20 g 岩石和粗砂，存储于约手电筒大小的管内，NASA 会将一些样本管暂时寄存在火星表面；另一些则放在巡视器上，等待后续探测器取走样本。

（2）第二步：取样

NASA 将在 2026 年发射一个新的着陆器，这个着陆器类似于月球的登月舱，它上面携带着返回火箭和 ESA 建造的取样巡视器，经过 2 年的飞行，着陆器将在 2028 年 8 月登陆火星，然后取样巡视器从着陆器上驶出，寻找几年前散落的样本管，经过半年左右的时间执行任务。当巡视器完成样本收集任务之后，就会返回着陆器，同时将样本管放到一个篮球大小的钛容器内，等待下一步处理。

（3）第三步：交接

当巡视器成功返回着陆器之后，返回火箭就会启动，带着装满的容器升到距火星表面 3 000 km 的轨道内。到达轨道之后，它会与返回地球轨道器进行对接，将样本管再次转移给该轨道器的一个密置的模块中，随后进行密封和消毒，由其带着火星样本返回地球，降落于沙漠之中。

（4）第四步：返回

火星返回轨道器将于 2031 年回到地球，完成降落之后，这些火星样本将会罩于一个隔离设施中，使其不受地球微生物等污染。至此，整个火星采样返回任务结束，整个采样返回任务耗时 11 年左右。火星采样返回过程如图 16 - 6 所示。

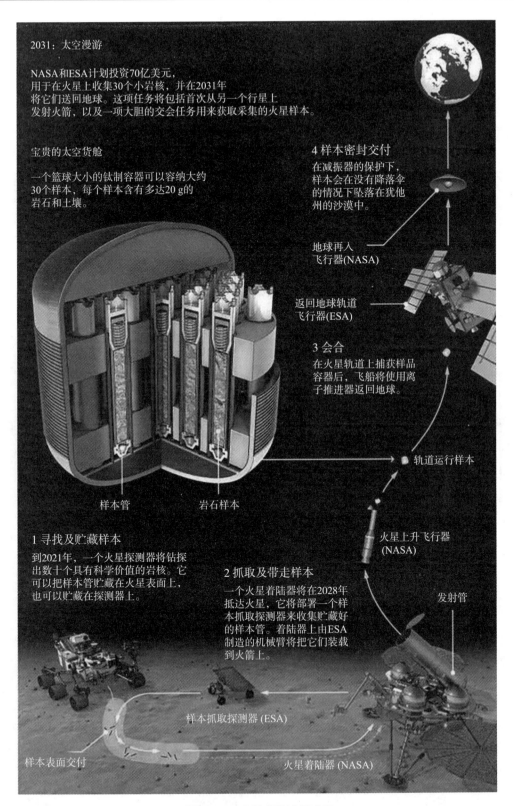

2031：太空漫游

NASA和ESA计划投资70亿美元，
用于在火星上收集30个小岩核，并在2031年
将它们送回地球。这项任务将包括首次从另一个行星上
发射火箭，以及一项大胆的交会任务用来获取采集的火星样本。

宝贵的太空货舱

一个篮球大小的钛制容器可以容纳大约
30个样本，每个样本含有多达20 g的
岩石和土壤。

4 样本密封交付
在减振器的保护下，
样本会在没有降落伞
的情况下坠落在犹他
州的沙漠中。

地球再入
飞行器(NASA)

返回地球轨道
飞行器(ESA)

3 会合
在火星轨道上捕获样品
容器后，飞船将使用离
子推进器返回地球。

轨道运行样本

火星上升飞行器
(NASA)

样本管　　　岩石样本

发射管

1 寻找及贮藏样本
到2021年，一个火星探测器将钻探
出数十个具有科学价值的岩核。它
可以把样本管贮藏在火星表面上，
也可以贮藏在探测器上。

2 抓取及带走样本
一个火星着陆器将在2028年
抵达火星，它将部署一个样
本抓取探测器来收集贮藏好
的样本管。着陆器上由ESA
制造的机械臂将把它们装载
到火箭上。

样本抓取探测器 (ESA)

样本表面交付

火星着陆器 (NASA)

图 16 - 6　火星采样返回过程

16.2　俄罗斯火星发展规划

俄罗斯于 2012 年先后制定了《俄罗斯 2030 年前航天活动发展战略》和新修订了《俄罗斯 2016—2025 年太阳系探测总体规划》，充分展现了俄罗斯在太阳系探测领域的雄心。虽然俄罗斯在 2030 年之前主要以载人登月项目为重点，但也对火星探测进行了发展规划。在 2030 年之前，俄罗斯对火星探测的规划主要是参与国际合作，部署火星表面永久研究站网络。同时，俄罗斯将研制新式可重复使用运载火箭及更先进、更大容量的载人探测器，而这些也将为未来火星载人飞行打下坚实基础。

2012 年制定的《俄罗斯 2030 年前航天活动发展战略》中包含 12 项航天项目，其中有"准备火星载人飞行，开展国际合作，在火星上建立无人研究网络"等内容。俄罗斯航天局在该发展战略中制定了"四步走"发展计划，分别以到 2015 年、2020 年、2030 年及2030 年以后 4 个时间段为发展节点，规划安排俄罗斯未来航天发展，如图 16 - 7 所示。

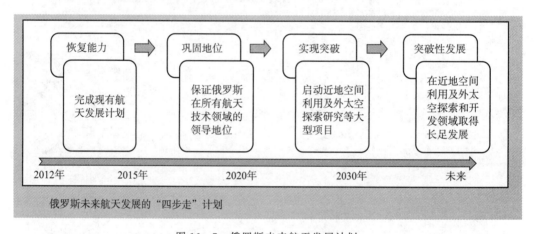

图 16 - 7　俄罗斯未来航天发展计划

根据新修订的《俄罗斯 2016—2025 年太阳系探测总体规划》，俄罗斯规划在 2026—2040 年将实施载人登月任务和载人火星考察，将于 2032 年前在月球建立长期考察站，在2035 年后进行载人火星考察。在计划中明确了探月、载人登月和驻月是俄罗斯载人航天发展战略的重要方向。在建立永久性的月球基地后，俄罗斯将以月球基地为平台，实施载人火星飞行。

为了实现 2035 年载人登陆火星计划，俄罗斯最近关于火星探测的航天活动是"火卫一土壤"发射计划。它希望采集"火卫一"的样本，探测"火卫一"表面特性。虽然在2012 年发射失败，但对火星进行无人探测仍是未来 10 年发展的重点。俄罗斯计划于 2025年再次实施"火卫一土壤"采样返回任务。

16.3　ESA 火星发展规划

ESA 把火星探测活动放在近年来太阳系探测的第二位，2003 年发布"曙光计划"（Aurora）确立了未来 30 年欧洲太阳系探测的发展战略和路线，如图 16 - 8 所示。2005 年发布的《宇宙憧憬 2005—2025》描绘了欧洲未来 20 年空间科学发展的蓝图。

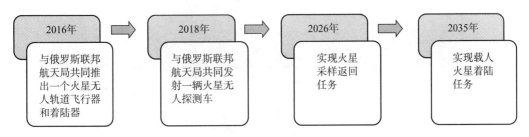

图 16 - 8　未来 30 年欧洲太阳系探测的发展战略和路线

欧洲发布的"曙光计划"，提出在 21 世纪 30 年代中期实现载人火星探测的长期目标。计划的核心为火星探测，并将通过建立月球前哨基地进行载人火星任务的技术开发和验证，最终实现载人火星探测。目前，ESA 已与俄罗斯正式签署协议共同实施 2018 年的"火星生物学"（ExoMars）任务。

ExoMars - 2020 探测器由欧洲首辆巡视器"罗莎琳德·富兰克林"（发现 DNA 结构的科学家）和俄罗斯"哥萨克舞"火星表面平台组成。该巡视器装有 6 个轮子，每个火星日移动大约 100 m，可适应火星表面复杂的地形。它由太阳能电池板供电，通过加热器和电池过夜。它的 2 m 长钻头将尝试挖掘埋藏在火星地表下的生命元素。质量为 827.9kg 的俄罗斯"哥萨克舞"火星表面平台设计寿命为 1 年，用于研究火星的环境。

Exo Mars 探测器计划于 2020 年 7 月发射，2021 年一季度着陆火星表面欧克西亚平原，但受国际形势影响，延期到 2022 年发射。

16.4　中国火星发展规划

中国预计在 2020 年 7 月 23 日～8 月 5 日间发射中国的无人火星探测器——火星全球遥感轨道器与小型巡视器，并按预计时间发射成功，将于 2021 年 2 月抵达火星，2021 年 4 月着陆火星。2019 年 11 月，我国火星探测器命名为天问一号。天问一号用于寻找火星生命迹象以及曾经存在的证据。这是中国首次自主部署的行星轨道探测器。天问一号探测器将一次性完成火星表面的"绕、落、巡"3 项任务。

天问一号由环绕器（也称为轨道器）、着陆器和巡视器组成，在 400 km 高度的火星轨道上探测整个行星空间环境、大气层、磁场、地表、地质矿物等状况。天问一号携带 7 种仪器设备，包括高分辨率相机、磁力仪、通信中继器等。该探测器将突破火星制动捕获而再入、下降和着陆，长期自主管理，远距离测控通信，火星表面巡视等，实现对火星全球综合性环绕探测和区域性巡视探测，获取火星探测科学数据，使我国深空探测能力和水平进入世界航天第一梯队，实现跨越式发展。天问一号火星探测器飞行效果图和着陆器着陆效果图如图 16 - 9、图 16 - 10 所示。

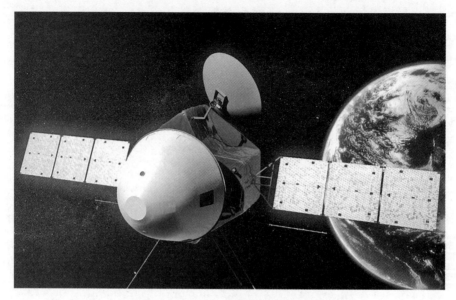

图 16 - 9　天问一号火星探测器飞行效果图

图 16 - 10　天问一号着陆器着陆效果图

后续，中国将继续开展火星探测，主要探测目标包括火星表面的生命活动信息，火星过去、现在及未来的生命迹象，火星的环境条件；针对火星本体，开展火星磁层、电离层和大气层探测与环境科学探测。未来，中国将计划实施 3 次左右无人火星探测任务，在 2030 年左右实现火星采样返回。

16.5　其他国家火星发展规划

新兴航天国家也将目光锁定在了火星探测，并相继提出了探测计划。

16.5.1　印度

印度未来对火星的探测活动主要是以无人探测为主，并未提出载人登陆发射计划。印度于 2013 年实施火星探测任务，成功发射了火星探测器曼加里安号。此后，印度火星探测计划较少，主要精力放在了月球探测上。

16.5.2　日本

日本在 2015 年 6 月宣布将于 2021 年向火星卫星发射采样探测器，实现火星卫星的首次采样返回。日本的火星探测器将着陆于"火卫一"Phobos，调查 Phobos 的沙土和岩石成分，并通过分析堆积在火星表面的物质，探索火星的形成过程。该探测器还将搭载 NASA 的观测仪器，除调查卫星表面的元素组成和氢含量外，还有助于选择登陆点。

16.5.3　阿联酋

阿联酋的首个火星探测器叫希望号，为紧凑型六棱柱结构（见图 16 - 11），设计寿命为 2 年，发射质量为 1.5 t，用日本 H - 2A 运载火箭送入太空，采用环绕探测火星方式研究火星大气和环境。希望号预计于 2020 年 7 月 20 日发射，并按预计时间发射成功，将于 2021 年 2 月到达火星。希望号将用于全面探测火星大气，研究火星气候变化，低空天气变化，预测沙尘暴等，有望成为第一颗真正的火星气象卫星。

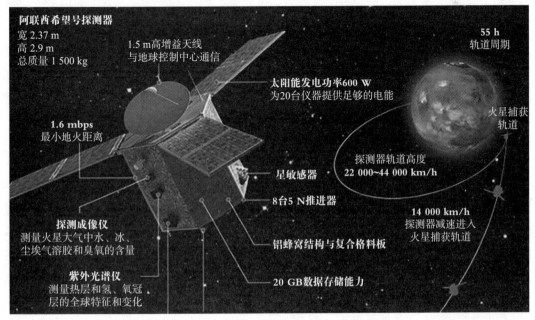

图 16 - 11　阿联酋希望号火星探测器组成

16.5.4　韩国

韩国也提出了火星探测计划。韩国计划在完成月球探测之后，预期于 2030 年开始火星和小行星的探测。

16.6　典型载人火星探测案例

载人火星探测作为火星探测的终极手段，一直受到人类的关注，并得到了广泛的研究。自 1949 年首次提出载人火星探测概念之后，20 世纪，国内外多次提出不同载人火星探测方案，并进行了相关关键技术的研究。典型研究包括美国载人登陆火星计划（Design Reference Architecture，DRA）DRA 1.0，DRA 3.0，NASA 90 天研究，火星 500 实验等。21 世纪以来，载人火星探测研究又进入了一个新的高潮，目前，代表性的载人火星探测案例有 ESA 的"曙光计划"、NASA 的 DRA 5.0 以及商业航天公司 SpaceX 的火星移民计划。

16.6.1　ESA 的"曙光计划"

"曙光计划"（Aurora）由 ESA 于 2001 年 11 月提出，最终目标是在 2025 年至 2030 年的时间框架内实现人类探索火星。

ESTEC 的联合设计机构在 2003 年 9 月至 2004 年 2 月的时间段内，分两个阶段总共 23 个部分对人类探索火星的计划（被称为人类探索火星任务研究）进行了评估。这项研究的主要目的不是要确定 ESA 的"人类探索火星的参照任务"，而是要启动一个反复累积的过程，帮助 ESA 最终确定探索的策略及相关任务，为下一步任务的设计和为探索计划提供资料制定要求。

该载人火星探测计划在 2033 年左右施行，机组总人员数 6 人，其中 3 人在环火轨道停留，3 人着陆火星表面，并在火星表面停留 30 天左右。整个飞行过程轨迹如图 16-12 所示。ESA 的载人火星计划中，拟采用俄罗斯的能源号（Energia）运载火箭作为任务的主要运载火箭，其 LEO 运载能力为 80 t。

截至目前，"曙光计划"进展缓慢，ESA 的火星探测时间将进一步向后延迟。

16.6.2　NASA 的 DRA 5.0 方案

2004 年 1 月，NASA 成立了探索系统任务委员会（Exploration Systems Mission Directorate，ESMD），展开了探索体系探究（Exploration Systems Architecture Study，ESAS）。ESAS 研究主要针对月球转移系统，在该研究中，研究人员注意到，月球转移系统研究必须综合考虑后续探索计划的发展。于是，2007 年 1 月，NASA 成立了火星探测工作组（Mars Architecture Working Group，MAWG），牵头进行 DRA 5.0 研究。DRA 5.0 研究仅作为一种火星探索的建议方案，并不能作为载人火星探测的最终基准方案。

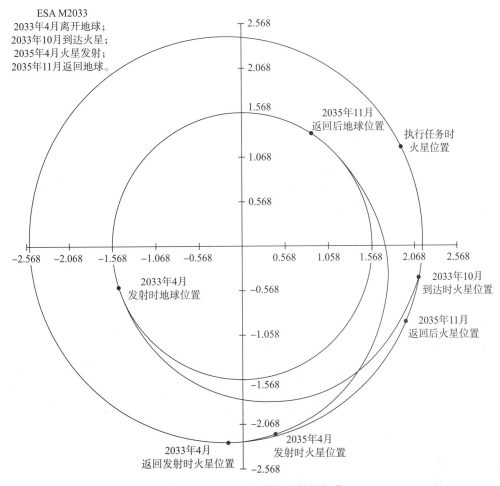

图 16 - 12　2033 年任务的轨迹概览

在 NASA 的 DRA 5.0 方案中，6 名航天员登陆火星，在火星上三个不同地点进行探测。探测器的飞行方案为合点航线方案（长时间驻留方案），其中有一个货运探测器先行发射，所有人员需要的物资都由该探测器先行发射至火星轨道。先行发射的货运探测器可以选用低能量消耗的地火转移轨道，从而可以携带更多物资。同时先期发射的货运探测器也可利用火星大气，为后来的载人探测器上升级提炼所必需的推进剂等，从而减小载人探测器规模。货运探测器的能源消耗来自于在火星表面建立的核电站。

载人系统的运载火箭采用 Ares V，该运载火箭经过多次载人登月后技术逐渐成熟，因此可降低载人火星探测的风险。使用 Ares V 需要最少发射 7 次，实际发射情况还需根据任务需求更改。每次发射时间间隔 30 天，探测器各部分在近地轨道上对接，因此需要在地火转移窗口到达前几个月完成发射任务。

任务的第一阶段首先发射货运飞船的两个主要部分：下降/上升器（Descent/Ascent Vehicle，DAV）以及人类月面居住舱（Surface HABitat，SHAB）。这两部分首先发射，然后在 LEO 轨道组装。在货运飞船所有部分组装完毕后，货运飞船在 LEO 轨道上等待地月转移窗口，然后进入最小能量奔火轨道。整个飞船应在乘员舱发射前 2 年发射，在飞船到达火星上方时，进入大椭圆火星轨道。SHAB 在火星轨道上进入半休眠状态，等待 2 年后人员到达。DAV 停留的火星轨道为暂时性火星轨道，在该轨道上，DAV 能够自主再入、下降及在指定点着陆。着陆后，飞船首先进行状态自检，然后展开核反应堆，开始火星表面原位资源利用操作。人员到达前的货运飞船的自动迁移、自主核电站展开、自动推进剂生产等操作对载人任务有着至关重要的影响，因此该任务决定了后续任务的进行情况。

DRA 的第二阶段是在下一个射入转移窗口发射和组装乘员火星转移飞行器（Mars Transfer Vehicle，MTV）。MTV 主要用作地火转移和火地转移过程的人员居住舱。在MTV 进入地火转移之前，需要另外的在轨检查维护人员对 MTV 的状态进行检查维护。在 DAV、SHAB 以及 MTV 就位之后，航天员进入快速地火转移轨道，开始奔火。转移时间随任务不同而有所差别，在 175～225 天之间。在到达火星之前，航天员执行与SHAB 的交会对接，并下降到火星表面。

返回地球之前，首先对火星表面上升级及 MTV 进行检查，并将火星表面设备转入休眠模式，以备后续使用。同时将部分火星设备转入自动工作状态，可由地面控制进行火星表面探索。航天员乘坐 DAV 进入火星轨道，并与停留在火星轨道的 MTV 对接之后，进入奔地轨道，然后再入地球，完成飞行任务。

火星表面居住舱包括一个中心居住舱、两个小型加压巡视器和两个无压巡视器（与阿波罗号使用的月球巡视器基本相同）。火星表面巡视器要具有爬坡能力，能够运行 1～2 周，覆盖 100 km 范围。巡视器需要能够将人员放置到可能的研究地点，并支持人员出舱活动。

DRA 5.0 的主要系统很多，较新的系统包括运载火箭、星际转移系统、EDL、"猎户座（Orion）"载人探索飞行器（Crew Exploration Vehicle，CEV）、火星 DAV 以及星际转移居住舱（也是 DRA 5.0 的重要组成部分）。DRA 5.0 采用星座计划中的大推力运载火箭 Ares V 发射各探测器。在星际飞行中，核热推进系统较化学推进系统性能更好，但化学推进系统可作为气动捕获时的备用推进系统。在 DRA 方案中，采用独立小型舱段执行地球返回任务。在 DRA 5.0 中，可通过对登月用的 CEV 进行一定升级改进后执行地球返回任务。而火星表面的系统，则根据航天员在火星表面的任务，在后续过程逐渐细化设计。

合点路线下的 DRA 5.0 载人火星探测流程如图 16 - 13 所示。

16.6.3　SpaceX 的火星移民计划

SpaceX 的火星移民计划最早由 Elon Musk 在 2016 年公布。此后，每年 Elon Musk 都将公布其火星移民计划，并对前一版本进行更新。但其总目标及实现方法一直未变，即使用 LEO 运载能力达到百吨级的可重复使用运载火箭，将 100 人一次性运送到火星表面。基于可重复使用运载火箭的载人火星探测方案，通过降低近地轨道发射成本，可大大提高任务可行性。据 Musk 介绍，基于全部可重复使用的探测器，可使得载人探火成本大大降低，约为不可重复使用方案的 5 万分之一。

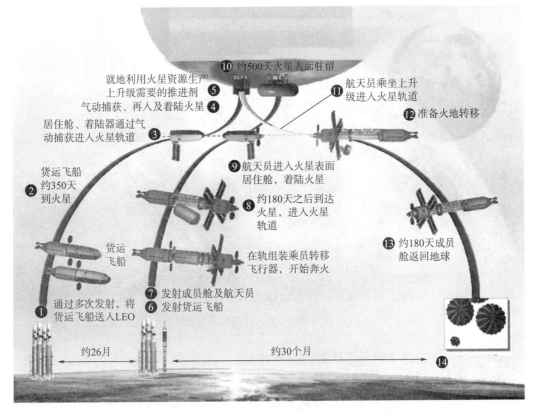

图 16 - 13　合点路线下的 DRA 5.0 载人火星探测流程

　　SpaceX 的历次载人火星探测方案中，飞行过程基本一致，如图 16 - 14 所示。首先发射近地轨道百吨级运载能力的可重复使用运载火箭，包括具有 1 000 m³ 容量的贮箱作为火箭的推进剂贮箱。整个运载火箭分为推进级和轨道级两级，两级都完全可重复使用。然后，火箭轨道级留轨，推进级返回地面。接下来，在近地轨道，通过多次发射，在轨完成奔火探测器的组装，以及向轨道级探测器加注推进剂，然后轨道级飞往火星。在火星表面，利用轨道级实现乘员由火星表面到环火轨道的发射，乘员乘坐轨道级实现地火-火地往返飞行。

　　2016 年，Musk 公布的运载系统名称为星际转移运输系统，此后每年都有新名称。2019 年，Musk 的火星探测器又更名为"星船-超重"（Starship - Super Heavy）系统。该系统全箭高 118 m，起飞总重为 5 000 t，起飞推力 7 400 t，上行载荷 150 t，返回载荷 50 t。它是目前人类发射过的最大、推力最强劲的火箭。

　　"星船-超重"系统由星船部分和超重部分两部分组成，其中星船部分为轨道级，超重部分为推进级。"超重"高 68 m，直径 9 m，推进剂加注量为 3 300 t，干质量 400 t（估算值），最多可设 37 台"猛禽"发动机，设 4 个菱形栅格舵并设 6 个固定尾翼兼着陆支腿。"星船"高 50 m，直径 9 m，推进剂加注量为 1 200 t，干重 85 t（估算值），设 6 台"猛禽"（3 台海平面型＋3 台真空型），采用梯形双鸭翼＋双尾翼，设 6 个可伸缩着陆支腿。

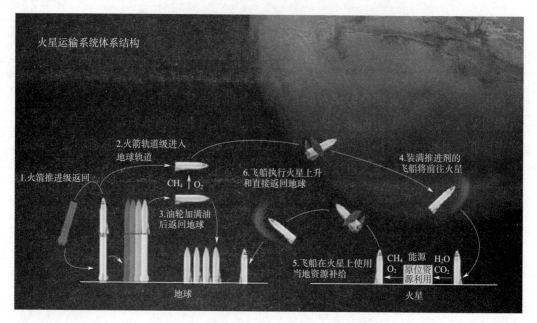

图 16-14　Musk 的火星移民飞行过程

防热采用防热瓦。RCS 为挤压式液氧/甲烷推进器。

　　"星船-超重"系统（见图 16-15）的载人火星探测方案基于超大规模的运载火箭，不可否认，目前"星船-超重"系统仍面临诸多挑战。若其成功，将实现低成本大质量天地往返运输，极大增强人类进入空间的能力，颠覆现有众多航天系统的设计，并将引领空间探索进入一个新时代。

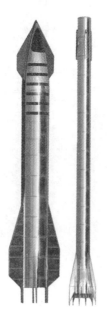

图 16-15　SpaceX 的"星船-超重"系统

第 17 章　总结与展望

从早期的天文观测到发射探测器进行巡视探测，人类对于火星的研究和探索从未间断。自 20 世纪 50 年代开始，全球航天事业开始蓬勃发展，其中行星探测一直广受关注和期待，尤其是针对火星的探测研究一直以来都是科技强国研究的焦点任务。当前火星探测任务取得的科技成果十分可观，并成为推动火星探测持续发展的巨大动力。可想而知，未来几十年的时间内，全球深空探测的风口热点依然会指向火星探测。

随着航天技术及制造技术的高速发展，在火星上建立基地开发及原位火星资源利用以及建立火星家园实现星球移民都将在未来成为现实。2016 年 1 月中国正式批复首次火星探测任务，中国火星探测任务正式立项，火星探测项目是我国继载人航天工程、探月工程之后又一个重大空间探索项目，也是我国首次开展的地外行星探测活动，我国计划于 2020 年进行首次火星探测任务，并按预计时间实际实施，预计一次实现"绕""落""巡"三大任务。

本书详细介绍了人类历史上取得较大成果的火星探测任务，重点围绕好奇号巡视器的总体技术方案、科学目标、各分系统及关键技术等进行全方面解析，梳理和总结出好奇号巡视器技术的继承性和创新性以及好奇号任务项目的组织管理模式等。总而言之，通过解密好奇号火星探测任务及研究其取得的巨大的科学和工程成果，为今后进一步探测和开发火星资源奠定了坚实的基础，其研发技术的先进性和创新性以及项目组织管理模式都将成为今后各国空间探测任务的典范，具有较好的借鉴作用，同时也为广大科研人员、工程师及空间探索爱好者提供一份难得的资料。

参 考 文 献

［1］ 李爽，江秀强. 火星 EDL 导航、制导与控制方案综述与启示［J］. 宇航学报，2016，37（05）：499 - 511.

［2］ 高滨. 火星探测器着陆技术［J］. 航天返回与遥感，2009，30（01）：1 - 9，20.

［3］ LANDIS G A. Exploring Mars with Solar - powered Rovers［C］// IEEE Photovoltaic Specialists Conference. IEEE，2005.

［4］ BRINCKERHOFF W B，MAHAFFY P R. Mass Spectrometry on Future Mars Landers［C］// Analogue Sites for Mars Missions：Msl& Beyond. Analogue Sites for Mars Missions：MSL and Beyond，2011.

［5］ P R MAHAFFY I，L BLEACHERL，et al. Bringing a Chemical Laboratory Named Sam to Mars on the 2011 Curiosity Rover［C］// American Geophysical Union，Fall Meeting 2010.

［6］ BAJRACHARYA M，MAIMONE M W，HELMICK D. Autonomy for Mars Rovers：Past，Present，and Future［J］. Computer，2008，41（12）：44 - 50.

［7］ HOWARD T M，MORFOPOULOS A，MORRISON J，et al. Enabling Continuous Planetary Rover Navigation Through FPGA Stereo and Visual Odometry［J］. IEEE Aerospace Conference Proceedings，2012.

［8］ JOHNSON A E，GOLDBERG S B，CHENG Y，et al. Robust and Efficient Stereo Feature Tracking for Visual Odometry［C］// IEEE International Conference on Robotics & Automation. IEEE，2008.

［9］ 居鹤华. 月球车运动规划方法研究［D］. 北京：北京工业大学，2009.

［10］ GOLDBERG S B，MAIMONE M W，MATTHIES L. Stereo Vision and Rover Navigation Software for Planetary Exploration［C］// IEEE Aerospace Conference. IEEE，2002.

［11］ BIESIADECKI J J，MAIMONE M W. The Mars Exploration Rover Surface Mobility Flight Software Driving Ambition［C］// Aerospace Conference. IEEE，2006.

［12］ GREGORY GOTH. Software on Mars［J］. Communications of the Acm，55（11）：13 - 15.

［13］ ESTLINT，CASTANO R，BORNSTEIN B，et al. Automated Targeting for the MER Rovers［C］// IEEE International Conference on Space Mission Challenges for Information Technology. IEEE，2009.

［14］ ESTLIN T A，BORNSTEIN B J，GAINES D M，et al. AEGIS Automated Science Targeting for the MER Opportunity Rover［J］. Acm Transactions on Intelligent Systems & Technology，2012，3（3）：1 - 19.

［15］ FOX J M，SHAMS K S，PYRZAK G，et al. MSLICE Science Activity Planner for the Mars Science Laboratory Mission［J］. Nasa Tech Briefs，2009：29.

［16］ MASTROPIETRO A J，BEATTY J S，KELLY F P，et al. Multi - Mission Radioisotope Thermoelectric Generator Heat Exchangers for the Mars Science Laboratory Rover［J］. 2012.

[17] DUO WANG, et al. FPGA for Power Control of MSL Avionics [J] . NASA Tech Briefs, 2011 (35), 9: 39.

[18] ELLIOTT J O, LIPINSKI R J, POSTON D I. Design Concept for a Nuclear Reactor - Powered Mars Rover [J] . Aip Conference Proceedings, 2003.

[19] S HAYATI, G UDOMKESMALEE, R CAFFREY. Initiating the 2002 Mars Science Laboratory (MSL) Focused Technology Program, in IEEEAerospace Conf. , Golden, CO, USA, March 2004.

[20] DAVID A HENRIQUEZ, et al. Mars Science Laboratory Workstation Test Set [J] . NASA Tech Briefs, 2009.

[21] JOHN J FRANCIS, JAMES TUTTLE. Cryogenic Chamber for Servo - Hydraulic Materials Testing [J] . NASA Tech Briefs, 2009 (33), 11: 24.

[22] The Mars Science Laboratory Organic Check Material [J] . Space Science Reviews, 2012, 170 (1 - 4): 479 - 501.

[23] ANONYMOUS. Qualification of Fiber Optic Cables for Martian Extreme Temperature Environments [J] . NASA Tech Briefs, 2011, 35 (11).

[24] PEDERSEN L, BUALAT M, KUNZ C, et al. Instrument deployment for Mars Rovers [C] // IEEE International Conference on Robotics & Automation. IEEE, 2003.

[25] 严丞翊 . "好奇"的火星之旅 [N] . 第一财经日报, 2012 - 09 - 05 (C01).

[26] 张扬眉 . 性能优异的美国"火星科学实验室"[J] . 国际太空, 2011 (11): 17 - 23.

[27] 李秀婷 . 好奇号火星踱步 [N] . 南方日报, 2012 - 08 - 27 (A12).

[28] 田媛 . 美国"好奇"号探测器今天登陆火星 [N] . 北京日报, 2012 - 08 - 06 (015).

[29] 刘进军 . 火星科学实验室 [J] . 卫星与网络, 2012, 000 (001): 50 - 56.

[30] 岳宗玉, 邸凯昌 . 好奇心号巡视器及其特点分析 [J] . 航天器工程, 2012, 21 (05): 110 - 116.

[31] 程绍驰, 吴水香 . "火星科学实验室"主要技术突破分析 [J] . 中国航天, 2012 (11): 30 - 34.

[32] G R WILSON, J M ANDRINGA, et al. Mars Surface Mobility: Comparison of Past, Present, and Future Rover Systems [J]

[33] Benjamin Riggs. Mars Science Laboratory Rover Mobility Bushing Development [C] . // Aerospace mechanisms symposium, 2003.

[34] J CAMERON, A JAIN, T HUNTSBERGER, et al. Vehicle - terrain interaction modeling andvalidation for planetary rovers. Technical Report 10 - 15, National Aeronautics and Space Administration. JetPropulsion Laboratory. California Institue of Technology, Pasadena, California, 2009.

[35] SAPER L M, ALLEN C C, OEHLER D Z. Rover Exploration of Acidalia Mensa and AcidaliaPlanitia: Probing Mud Volcanoes to Sample Buried Sediments and Search for Ancient and Extant Life [J] . 2012.

[36] BRIAN D HARRINGTON, CHRIS VOORHEES. The Challenges of Designing the Rocker - Bogie Suspension for the Mars Exploration Rover [C] . //Proceedings of the 37th Aerospace Mechanisms Symposium, Johnson Space Center, 2004.

[37] 邓宗全, 胡明, 王少纯 . 摇臂-转向架式行星探测车移动系统的准静态分析 [J] . 机器人, 2003 (03): 217 - 221.

[38] MCKINNEY C M, YAGER J A, MOJARRADI M M, et al. Distributed Motor Controller (DMC)

for operation in extreme environments [J]. IEEE Aerospace Conference Proceedings, 2012.

[39] MACKNIGHT P A. Inflatable docking station/garage for Mars rover [J]. 2008.

[40] JOSHUA S MEHLING, et al. Robotic Arm Comprising Two Bending Segments [J]. NASA Tech Briefs, 2010 (34), 4: 40 - 42.

[41] RIUS BILLING, et al. Mars Science Laboratory Robotic Arm [C]. // ESMATS 2011, European space mechanisms and tribology symposium. 2011.

[42] LUIS MORENO, et al. Low mass dust wiper technology for MSL rover [C]. // In Proceedings of the 9th ESA Workshop on Advanced Space Technologies for Robotics and Automation's ASTRA 2006 ESTEC, The Netherlands, 2006.

[43] LOUISE JANDURA. Mars Science Laboratory Sample Acquisition, Sample Processing and Handling: Subsystem Design and Test Challenges [C]. //Proceedings of the 40th Aerospace Mechanisms Symposium, NASA Kennedy Space Center, May 12 - 14, 2010

[44] STELTZNER A, KIPP D, CHEN A, et al. Mars Science Laboratory entry, descent, and landing system [C] // IEEE Aerospace Conference. IEEE, 2006.

[45] DYAKONOV A, SCHOENENBERGER M, NORMAN J V. Hypersonic and Supersonic Static Aerodynamics of Mars Science Laboratory Entry Vehicle [C] // AiaaThermophysics Conference. 2012.

[46] 彭玉明, 李爽, 满益云, 等. 火星进入、下降与着陆技术的新进展——以"火星科学实验室"为例 [J]. 航天返回与遥感, 2010, 31 (4): 7 - 14.

[47] SCHROENENBERGER M, YATES L, HATHAWAY W. Dynamic Stability Testing of the Mars Science Laboratory Entry Capsule [C] // AiaaThermophysics Conference. 2009.

[48] MENDECK G F. Mars Science Laboratory Entry Guidance [J]. 2011.

[49] 田阳, 崔平远, 崔祜涛. 深空探测着陆阶段导航制导方法研究 [C] // 中国宇航学会深空探测技术专业委员会学术年会暨 863 计划"深空探测与空间实验技术"重大项目学术研讨会. 2009.

[50] JOHANSEN C, DANEHY P, ASHCRAFT S, et al. PLIF Study of Mars Science Laboratory Capsule Reaction Control System Jets [C] // Aiaa Fluid Dynamics Conference & Exhibit. 2011.

[51] SINGH G, SANMARTIN A M, WONG E C. Guidance and Control Design for Powered Descent and Landing on Mars [C] // IEEE Aerospace Conference. IEEE, 2007.

[52] POLLARD B D, CHEN C W. A Radar Terminal Descent Sensor for the Mars Science Laboratory mission [C] // IEEE Aerospace Conference. IEEE, 2009.

[53] 鲁媛媛, 荣伟, 吴世通. "火星科学实验室"EDL 方案及其新技术分析 [J]. 航天器工程, 2012, 21 (05): 117 - 123.

[54] HOFFMAN P, RIVILLINI T, SLIMKO E, et al. Preliminary Design of the Cruise, Entry, Descent, and Landing Mechanical Subsystem for MSL [C] // Aerospace Conference. IEEE, 2007.

[55] GALLON J. Verification and validation testing of the Bridle and Umbilical Device for Mars Science Laboratory [C] // Aerospace Conference. IEEE, 2012.

[56] 贾贺, 荣伟. 火星探测器减速着陆技术分析 [J]. 航天返回与遥感, 2010, 31 (03): 6 - 14.

[57] SENGUPTA A, WITKOWSKI A, ROWAN J, et al. Overview of the Mars Science Laboratory Parachute Decelerator System [C] // Aiaa Aerodynamic Decelerator Systems Technology Conference & Seminar. IEEE, 2007.

［58］ 于莹潇，田佳林. 火星探测器降落伞系统综述［J］. 航天返回与遥感，2007，28（4）.

［59］ SENGUPTA A，STELTZNER A，COMEAUX K，et al. Results from the Mars Science Laboratory parachute decelerator system supersonic qualification program ［C］// Aerospace Conference. IEEE，2015.

［60］ BRUGAROLAS P B，MARTIN A M S，WONG E C. Entry Attitude Controller for the Mars Science Laboratory ［C］// Aerospace Conference，2007 IEEE. IEEE，2007.

［61］ BRUGAROLAS P B，MARTIN A M S，WONG E C. Entry Attitude Controller for the Mars Science Laboratory ［C］// Aerospace Conference，2007 IEEE. IEEE，2007.

［62］ MOJARRADI M M，TYLER T R，ABEL P B，et al. Electro - Mechanical Systems for Extreme Space Environments ［J］. 2011.

［63］ ESTLINT，CASTANO R，BORNSTEIN B，et al. Automated Targeting for the MER Rovers ［C］// IEEE International Conference on Space Mission Challenges for Information Technology. IEEE，2009.

［64］ GREGORY GOTH. Software on Mars. 2012，55（11）：13 - 15.

［65］ MAKI J N，THIESSEN D，POURANGI A，et al. The Mars Science Laboratory（MSL）Hazard Avoidance Cameras（Hazcams）［C］// Lunar & Planetary Science Conference. Lunar and Planetary Science Conference，2012.

［66］ The Mars Science Laboratory Engineering Cameras ［J］. Space ence Reviews，2012，170（1 - 4）：77 - 93.

［67］ BARNES J M. NASA's Advanced Multimission Operations System：A Case Study in Formalizing Software Architecture Evolution ［C］// International AcmSigsoft Conference on Quality of Software Architectures. ACM，2012.

［68］ FEATHER M S，FESQ L M，INGHAM M D，et al. Planning for V&V of the Mars Science Laboratory Rover Software 1，2 ［C］// Aerospace Conference. IEEE，2004.

［69］ MASTROPIETRO A J，BEATTY J S，KELLY F P，et al. Multi - Mission Radioisotope Thermoelectric Generator Heat Exchangers for the Mars Science Laboratory Rover ［J］. 2012.

［70］ ANDERSON D J，SANKOVIC J，WILT D，et al. NASA's Advanced Radioisotope Power Conversion Technology Development Status ［C］// Aerospace Conference，2007 IEEE. IEEE，2007.

［71］ GITZENDANNER R，PUGLIA F，SANTEE S. Advances in Energy，Power Density Of Lithium - Ion Batteries Enhancing Battery Designs for Manned And Unmanned Undersea Applications ［J］. Sea Technology，2009，50（11）：39 - 41.

［72］ EDQUIST K，DYAKONOV A，WRIGHT M，et al. Aerothermodynamic Design of the Mars Science Laboratory Heatshield ［C］// AiaaThermophysics Conference. 2009.

［73］ EDQUIST K，DYAKONOV A，WRIGHT M，et al. Aerothermodynamic Design of the Mars Science Laboratory Backshell and Parachute Cone ［C］// AiaaThermophysics Conference. 2009.

［74］ ROSETTE K A. Mechanical accommodation of Mars Science Laboratory surface thermal requirements ［C］// Aerospace Conference. IEEE，2009.

［75］ JOHNSON M R，JOEL BIRUR，et al. Mars Science Laboratory Rover integrated pump assembly bellows jamming failure ［J］. 2012.

[76]　史世平. 火星着陆器地形测图技术研究 [J]. 航天器工程，2012 (01)：106 - 109.

[77]　LAUER H V，MING D W，SUTTER B，et al. Thermal and Evolved Gas Analysis of Calcite Under Reduced Operating Pressures：Implications for the 2011 MSL Sample Analysis at Mars (SAM) Instrument [C] // Lunar & Planetary Science Conference. Lunar and Planetary Science Conference，2010.

[78]　SANTOS J A，OISHI T，MARTINEZ E R，et al. Isotherm Sensor Calibration Program for Mars Science Laboratory Heat Shield Flight Data Analysis [C] // AiaaThermophysics Conference. 2011.

[79]　PEDERSEN L，BUALAT M，KUNZ C，et al. Instrument deployment for Mars Rovers [C] // IEEE International Conference on Robotics & Automation. IEEE，2003.

[80]　ARCHILLES C，MING D W，MORRIS R V，et al. Detection Limit of Smectite by Chemin IV Laboratory Instrument：Preliminary Implications for Chemin on the Mars Science Laboratory Mission [J]. 2011.

[81]　WIENS R C，MAURICE S，BENDER S，et al. Calibration of the MSL/ChemCam/LIBS Remote Sensing Composition Instrument [C] // Lunar & Planetary Science Conference. Lunar and Planetary Science Conference，2011.

[82]　谢志东，托马斯·夏普，保尔·迪卡利. 火星陨石 Zagami 中冲击熔融脉的矿物学研究：冲击压力及溅射机制 [J]. 矿物岩石地球化学通报，2008 (04)：41 - 45.

[83]　EDGETT K，BELL III J，HERKENHOFF K，et al. The Mars hand lens imager (MAHLI) for the 2009 Mars Science Laboratory [J]. 2005.

[84]　M C MALIN，J F BELL，J CAMERON，et al. The Mast Cameras and Mars Descent Imager (MARDI) for the 2009 Mars Science Laboratory [C] // Lunar and Planetary Science Conference. NTRS，2005.

[85]　HOFFMAN C，MUNOZ B，GUNDERSEN C，et al. High Temperature Life Testing of 80Ni - 20Cr Wire in a Simulated Mars Atmosphere for the Sample Analysis at Mars (SAM) Instrument Suite Gas Processing System (GPS) Carbon Dioxide Scrubber [J]. 2008.

[86]　MCADAM A C，MAHAFFY P R，BLAKE D F，et al. Evolved Gas Analysis and X - Ray Diffraction of Carbonate Samples from the 2009 Arctic Mars Analog Svalbard Expedition：Implications for Mineralogical Inferences from the Mars Science Laboratory [J]. 2010.

[87]　ORZECHOWSKA G E，KIDD R D，FOING B H，et al. Analysis of Mars analogue soil samples using solid - phase microextraction，organic solvent extraction and gas chromatography/mass spectrometry [J]. International Journal of Astrobiology，2011，10 (03)：209 - 219.

[88]　ACHILLES C N，MING D W，MORRIS R V，et al. Effects of Kapton Sample Cell Windows on the Detection Limit of Smectite：Implications for CheMin on the Mars Science Laboratory Mission [J]. 2012，100 (40)：961 - 973.

[89]　马艺闻，杜振辉，孟繁莉，等. 激光诱导击穿光谱技术应用动态 [J]. 分析仪器，2010 (03)：9 - 14.

[90]　DUTTA S，BRAUN R D，RUSSELL R P，et al. Comparison of Statistical Estimation Techniques for Mars Entry，Descent，and Landing Reconstruction [J]. Journal of Spacecraft & Rockets，2013，50 (6)：1207 - 1221.

[91]　BECK R，KARLGAARD C，O'KEEFE S，et al. Mars Entry Atmospheric Data System Modeling

and Algorithm Development ［C］// AiaaThermophysics Conference. 2009.

［92］ MAHAFFY P R，WEBSTER C R，CABANE M，et al. The Sample Analysis at Mars Investigation and Instrument Suite ［J］. Space ence Reviews，2012，170（1-4）：401-478.

［93］ ANDERSON R B，MORRIS R V，CLEGG S M，et al. Partial Least Squares and Neural Networks for Quantitative Calibration of Laser - induced Breakdown Spectroscopy（LIBs）of Geologic Samples ［C］// Lunar & Planetary Science Conference. Lunar and Planetary Science Conference，2010.

［94］ 郭文瑾，吴先明，王俊. 月球（火星）中子（水冰）探测仪初步方案研究 ［J］. 航天器工程，2010，19（05）：64-69.

［95］ BUSCH M W，AHARONSON O. Measuring subsurface water distribution using the Dynamic Albedo of Neutrons instrument on Mars Science Laboratory ［J］. Nuclear Instruments and Methods in Physics Research Section A：Accelerators，Spectrometers，Detectors and Associated Equipment，2008，592（3）：393-399.

［96］ The Rover Environmental Monitoring Station Ground Temperature Sensor：A Pyrometer for Measuring Ground Temperature on Mars ［J］. Sensors，2010，10（10）：9211-9231.

［97］ MITROFANOV I G，LITVAK M L，VARENIKOV A B，et al. Dynamic Albedo of Neutrons （DAN）Experiment Onboard NASA's Mars Science Laboratory ［J］. space science reviews，2012，170（1-4）：559-582.

［98］ HASSLER D M，ZEITLIN C，Wimmer - Schweingruber R F，et al. The Radiation Assessment Detector（RAD）Investigation ［J］. Space ence Reviews，2012，170（1-4）：503-558.

［99］ MUMM E，KENNEDY T，CARLSON L，et al. Sample Manipulation System for Sample Analysis at Mars ［J］. Aiaa Journal，2013.

［100］ JANDURA L，BURKE K，KENNEDY B，et al. An Overview of the Mars Science Laboratory Sample Acquisition，Sample Processing，and Handling Subsystem ［C］// Workshop on Biennial International Conference on Engineering，Construction. 2010.

［101］ EVANS J P. Managing the Mars Science Laboratory Thermal Vacuum Test for safety and success ［C］// IEEE Aerospace Conference. IEEE，2010.

［102］ LEVIN G V，MILLER J D，STRAAT P A，et al. Detecting Life and Biology - Related Parameters on Mars ［C］// IEEE Aerospace Conference. IEEE，2007.

［103］ OEHLER D Z，ALLEN C C. Vernal Crater，SW Arabia Terra：MSL Candidate with Extensively Layered Sediments，Possible Lake Deposits，and a Long History of Subsurface Ice ［J］. 2007.

［104］ 孙广友. 火星探测器着陆区地貌环境特征初释 ［J］. 地球科学进展，2005（03）：366-370.

［105］ 史建魁，刘振兴，程征伟. 火星探测研究结果分析 ［J］. 科技导报，2011（10）：66-72.

［106］ 童民. 为新一代火星车寻找最佳着陆点 ［J］. 科学24小时，2009，000（004）：16-17.

［107］ RICHARD A KERR，et al. 为火星探测寻找最佳着陆地点 ［J］. 太空探索，2007，000（009）：28-31.

［108］ 王海涛，付丽璋，蒋万松."凤凰号"火星探测器着陆过程 ［J］. 航天返回与遥感，2009（3）.

［109］ BAJRACHARYA M，MAIMONE M W，HELMICK D. Autonomy for Mars Rovers：Past，Present，andFuture ［J］. Computer，2008，41（12）：44-50.

［110］ 付丽璋，吴世通，王海涛. 火星着陆地形信息融合分析技术 ［J］. 航天返回与遥感，2010（01）：34-39.

[111] 梁雅港，周杨，张勇，等．基于 OSG 的火星形貌 3 维建模与绘制［J］．测绘与空间地理信息，2011，34（01）：53-56.

[112] 娄路．基于视觉和 MEMS-IMU 融合的火星车导航定向技术［J］．航天控制，2012，30（04）：32-36，48.

[113] 王大轶，黄翔宇．深空探测自主导航与控制技术综述［J］．空间控制技术与应用，2009，35（03）：6-12，43.

[114] 宁晓琳，房建成．一种基于纯天文观测的火星车自主导航方法［J］．空间科学学报，2006（02）：142-147.

[115] 马·萨·别拉科夫斯基，塔·康·布列乌斯，奥·维·沃洛申，等．载人火星探索与"火星-500"项目［J］．载人航天，2011，17（04）：1-7.

[116] LI R，DI K，MATTHIES L H，et al. Rover Localization and Landing - Site Mapping Technology for the 2003 Mars Exploration Rover Mission［J］．Photogrammetric Engineering & Remote Sensing，2004，70（1）：77-90.

[117] MAKI J N，THIESSEN D，POURANGI A，et al. The Mars Science Laboratory（MSL）Hazard Avoidance Cameras（Hazcams）［C］// Lunar & Planetary Science Conference. Lunar and Planetary Science Conference，2012.

[118] The Mars Science Laboratory Engineering Cameras［J］．Space ence Reviews，2012，170（1-4）：77-93.

[119] MAKI J N，THIESSEN D，POURANGI A，et al. The Mars Science Laboratory（MSL）Navigation Cameras（Navcams）［J］．2011.

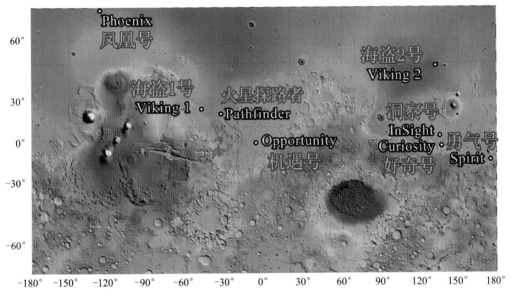

图 2-9 美国历代巡视器的着陆地点（P23）

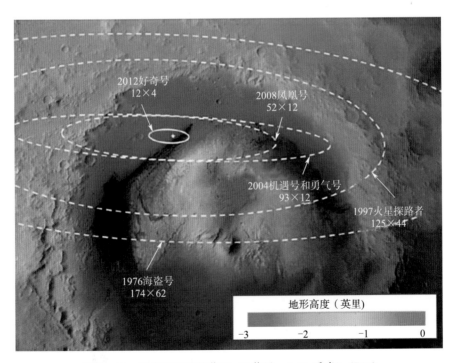

图 2-10 历代巡视器的落区（1英里＝1.61千米）（P23）

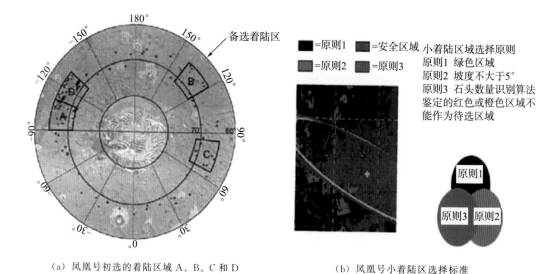

=原则1　　=安全区域
=原则2　　=原则3

小着陆区域选择原则
原则1　绿色区域
原则2　坡度不大于5°
原则3　石头数量识别算法
鉴定的红色或橙色区域不
能作为待选区域

原则1

原则3　原则2

（a）凤凰号初选的着陆区域 A、B、C 和 D　　　　　　（b）凤凰号小着陆区选择标准

图 2-13　凤凰号着陆区域选择（P26）

图 3-5　海尔火山口的斜坡上地形结构图（P36）

含水量

图 3-7 目标岩石"Knorr"的图片（P37）

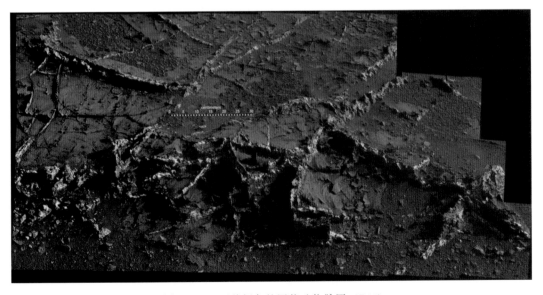

图 3-14 两种颜色的网状矿物脉图（P43）

波长范围/nm	34 mm中角相机	100 mm窄角相机
440±12.5	×	×
440±10+ND⁵	×	
525±10	×	×
550±130	×	×
675±10	×	
750±10	×	
800±10		×
865±10	×	
880±10+ND⁵		
905±12.5		×
935±12.5		×
1 035±50	×	×

图 5-5　桅杆相机滤光片通频带（P84）

注：粉红色代表两种相机通用的滤波。

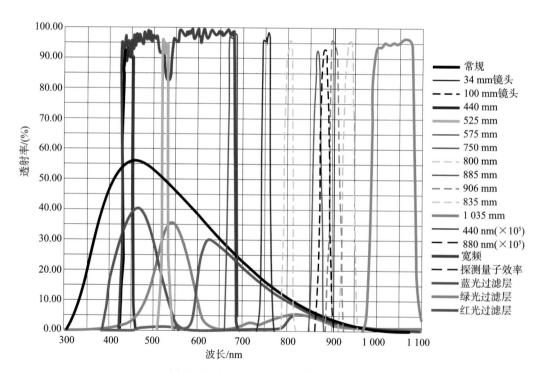

图 5-6　导航相机滤光镜透射率（P84）

图 5 - 7　两个 M - 100 相机拍摄的图像 （P85）

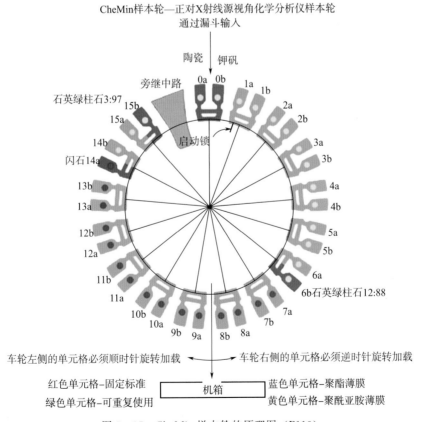

图 5 - 17　CheMin 样本轮的原理图 （P113）

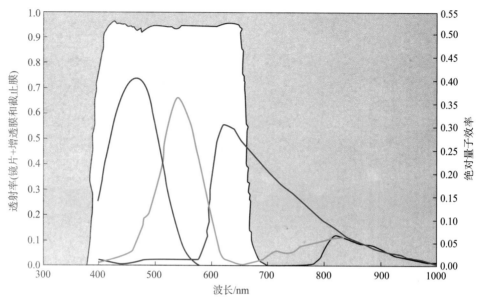

图 5-21 MAHLI 在近焦拍摄时其对焦镜组的光学图（P117）

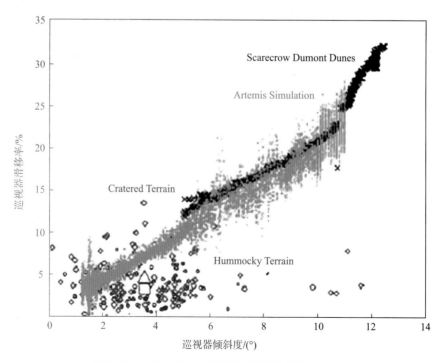

图 6-18 巡视器滑移率与地形坡度的关系图（146）

图 7-46　一级拍击机构（P188）

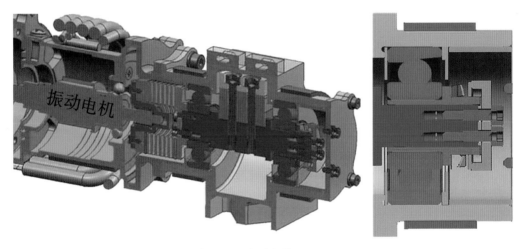

振动电机

图 7-47　振动机构（P189）

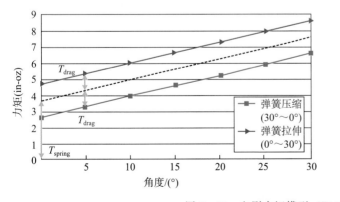

图 7-53　电刷力矩模型（P193）

电子元器件	AFLK 0.6u 350Kgates CMOS ASIC	X	X	X	X	X	X	X	X	X	X	X
	CMOS CRYST AL OSCILLATOR	X	X	X	X	X	X	X	X	X	X	X
	HNV MONOL YTHIC CMOS 12bit ADC	X	X	X	X	X	X	X	X	X	X	X
	AFLX MDNOL YTHIC CMOS 16bit RDC	X	X	X	X	X	X	X	N/A	N/A	N/A	N/A
	AFLX MONOLYTHIC CMOS OIFFERENTIAL HMITTER	X	X	X	X	X	X	X	N/A	N/A	N/A	N/A
	H-BRD-GE MONOLYTHIC HIGH/LOY SIDE GATE DRIYERS	X	X	X	X	X	O	O	O	N/A	N/A	N/A
	IR POVER MOSFETS	X	X	X	X	X	X	X	X	N/A	N/A	N/A
	IR SMALL SIGNAL MOSFETS	X	X	X	X	X	X	X	X	X	N/A	N/A
	YISCHAY MATCHED PAIR HICH OAIN NCH JFET	X	X	X	X	X	X	X	X	X	N/A	N/A
	MATCHED PAIR HIGH GANBYPOLAR PCH TRANSISTORS	X	X	X	X	X	X	X	X	X	N/A	N/A
	VISCHAY JFET 1ma CURRENT SOURCE	X	X	X	X	X	X	X	X	X	N/A	N/A
	THIN FILM RESISTOR"s	X	X	X	X	X	X	X	X	X	X	X
	CERAMIC NPO AND X7R DELECTRIC CAP ACITORS	X	X	X	X	X	X	X	X	X	X	X
	IR 5V POYER CONVERTER	X	X	O	O	N/A	N/A	N/A	N/A	N/A		N/A
	5V BAND GAP DIODE	X	X	X	X	X	X	X	X	O	O	O
电机	AFLX 4POLE 3PHASE ELECTROM AGMETIC MOTOR	X	X	X	X	X	N/A	N/A	N/A	X	O	O
	ARMA TURE SUPPORT BALL BEARINGS	X	X	X	X	X	N/A	N/A	N/A	X	O	O
传感器	FESOLVER	X	X	X	X	X	N/A	N/A	N/A	X	X	N/A
	AFLX HALL SENSOR	X	O	O	O	N/A	N/A	N/A	N/A	N/A	N/A	N/A

彩色标记

X	通过全功能测试
X	通过部分功能测试
O	测试失改
N/A	无法获得测试数据

AFLX AEROFLEX
HNV HONEYWELL
IR international rectifier

图 7 - 65 JPL 样机控制器元件耐极限低温试验（P205）

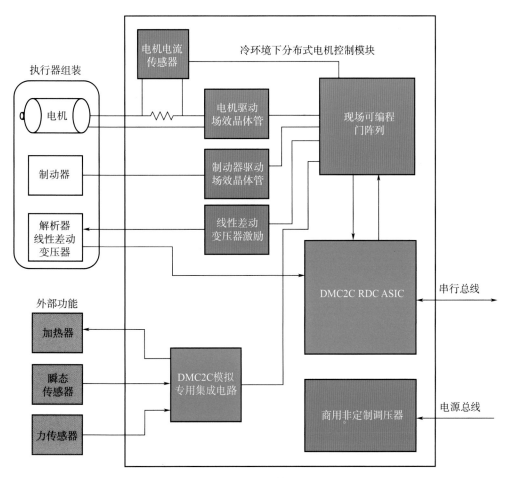

图 9 - 3 DMC 组成（P230）

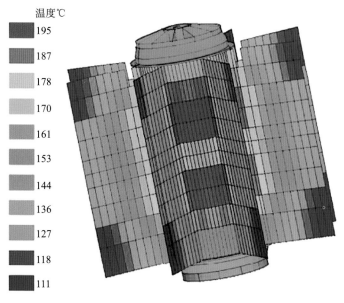

图 10 - 15 罩/翅片温度分布基准案例（P261）

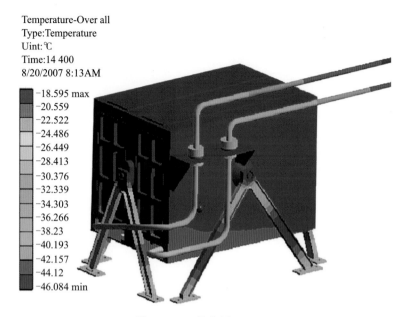

Temperature-Over all
Type:Temperature
Uint:℃
Time:14 400
8/20/2007 8:13AM

-18.595 max
-20.559
-22.522
-24.486
-26.449
-28.413
-30.376
-32.339
-34.303
-36.266
-38.23
-40.193
-42.157
-44.12
-46.084 min

图 10-17 热分析 (P262)

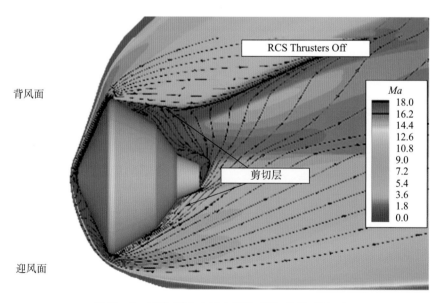

RCS Thrusters Off

背风面

Ma
18.0
16.2
14.4
12.6
10.8
9.0
7.2
5.4
3.6
1.8
0.0

剪切层

迎风面

图 11-9 MSL 再入火星大气时 CFD 仿真 (P272)

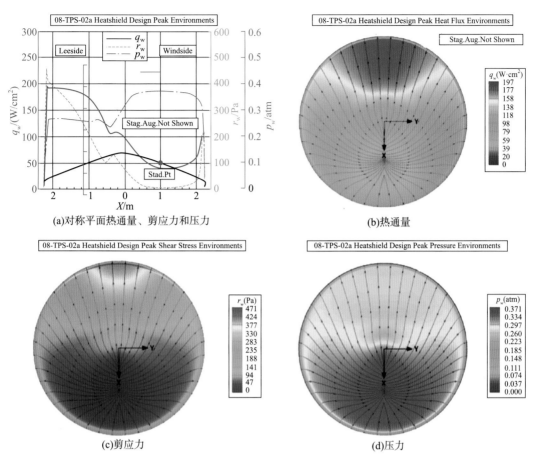

(a)对称平面热通量、剪应力和压力

(b)热通量

(c)剪应力

(d)压力

图 11 - 10　隔热罩力热分布图 （P272）

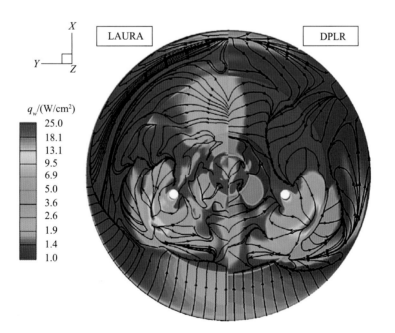

图 11 - 12　极端气动压力环境下，RCS 发动机点火时，后部壳体热流分布 （P273）

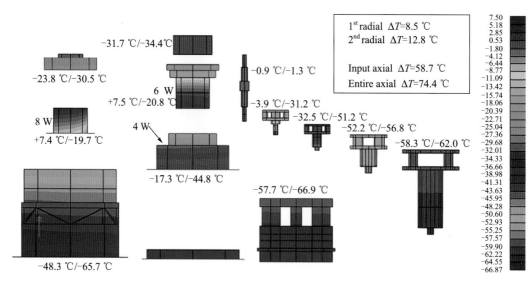

图 11-39　遥感桅杆升降驱动机构温度梯度云图 （P293）

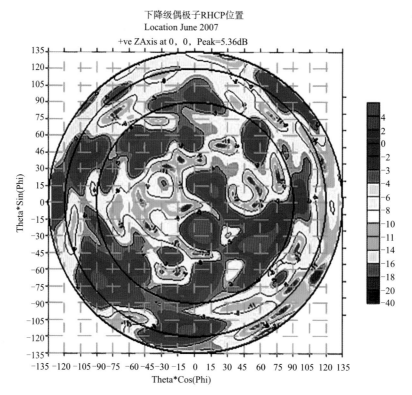

图 12-16　下降级 UHF 天线辐射图 （P314）

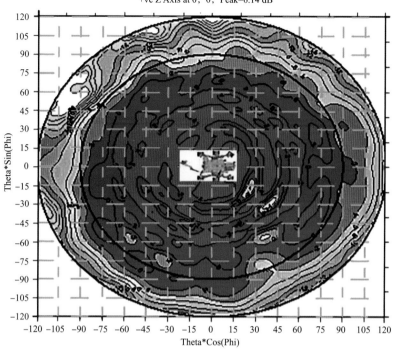

图 12 - 21　巡视器 UHF 天线接收方向图 （P317）

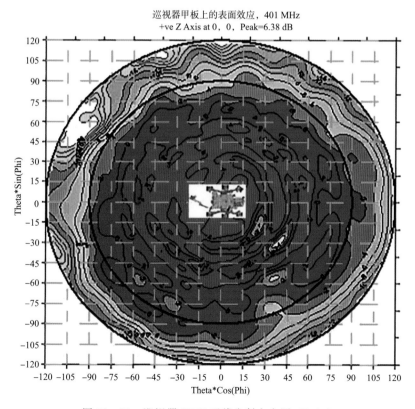

图 12 - 22　巡视器 UHF 天线发射方向图 （P317）

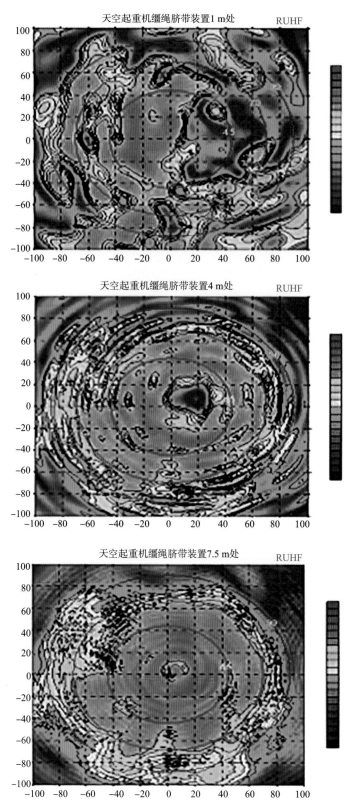

图 12-24　空中吊车阶段巡视器 UHF 辐射遮挡分析结果 (P319)

图 13 - 26　缰绳退出向导 （P344）

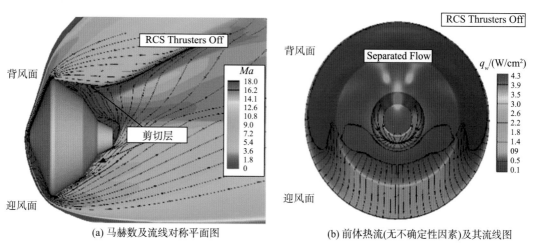

(a) 马赫数及流线对称平面图　　　　　(b) 前体热流(无不确定性因素)及其流线图

图 13 - 40　LAURA 解决方案动压处于最高峰值时对 08 - TPS - 02a 轨道的影响情况 （P355）

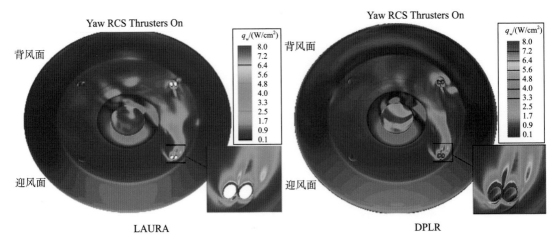

图 13-42　08-TPS-02 轨道最高动压峰值时偏航反控系统推进器对热流的影响 （P357）

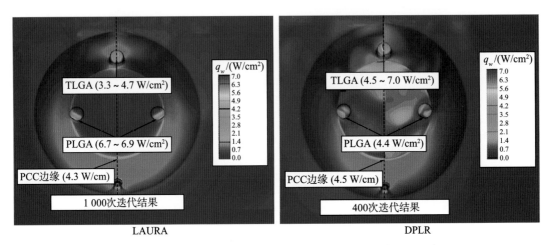

图 13-43　动压达到最大值时天线罩热流情况 （不考虑其他不确定性因素） （P357）

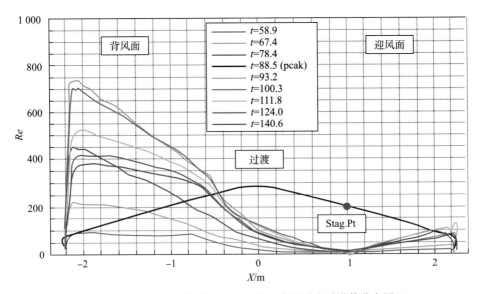

图 13-45　08-TPS-01a 轨道 LAURA 层流动量厚度雷诺数分布图 （P360）